电气试验

（第四版）

陈天翔　温定筠　王寅仲　海世杰　编著

吕景顺　主审

中国电力出版社
CHINA ELECTRIC POWER PRESS

内 容 提 要

本书在第三版基础上，继续秉持绝缘预防性试验理念，按照最新颁布的《电力设备预防性试验规程》（DL/T 596—2021）对本书内容进行了全面修订，删除了部分过时内容和错误之处。同时结合电力设备电气试验技术最新发展和现场专业技术人员需求，给本书补充进来许多新的内容。在总字数基本不增加的基础上，新增和修改内容 20 多万字，使本书内容更加精炼、更加与时俱进、更加实用。

本书内容紧密结合生产现场实际，内容丰富，通俗易懂，实用性强。本书可供电力及厂矿企事业单位电气试验检修人员使用，可以作为高等学校、高职高专电气工程专业教材使用，也可以作为电气试验工种职业技能鉴定和培训教材。

图书在版编目（CIP）数据

电气试验／陈天翔等编著. —4 版. —北京：中国电力出版社，2023.1（2024.8重印）
ISBN 978-7-5198-6272-5

Ⅰ. ①电…　Ⅱ. ①陈…　Ⅲ. ①电气设备-试验　Ⅳ. ①TM64-33

中国版本图书馆 CIP 数据核字（2021）第 247871 号

出版发行：中国电力出版社
地　　址：北京市东城区北京站西街 19 号（邮政编码 100005）
网　　址：http：//www.cepp.sgcc.com.cn
责任编辑：孙世通（010-63412326）
责任校对：黄　蓓　朱丽芳　于　维
装帧设计：王红柳
责任印制：钱兴根

印　　刷：北京雁林吉兆印刷有限公司
版　　次：2005 年 7 月第一版　2023 年 1 月第四版
印　　次：2024 年 8 月北京第二十五次印刷
开　　本：787 毫米×1092 毫米　16 开本
印　　张：27
字　　数：671 千字
定　　价：98.00 元

前　言

《电气试验（第三版）》2016 年 1 月出版发行后，一如既往受到读者厚爱，累计已印刷 23 次。一本普通专业书籍这么大发行量，让作者深受鼓舞，感觉我们做了一件对大家有帮助且有意义的事。

已到耄耋之年的王寅仲高工怀着对专业技术的严谨态度和对电气试验技术的热爱之情，不断地对本书中一些不足进行修正完善、拾遗补阙，年富力强、正在电力一线现场从事高压电气设备检测技术的温定筠、海世杰同志根据电力设备和电气试验新技术发展和需求不断给本书补充进来许多新的内容。

2021 年 5 月本书作者、吕景顺主审和中国电力出版社的编辑们在成都对本书修订稿进行了认真的研讨和审核，根据审稿意见我们又对书稿进行了认真细致的修改完善。2022 年按照国家能源局最新颁布的中华人民共和国电力行业标准《电力设备预防性试验规程》（DL/T 596—2021）又对本书内容进行了全面修订。

"满眼生机转化钧，天工人巧日争新；预支五百年新意，到了千年又觉陈。"本书修订了《电气试验（第三版）》中部分过时的内容和一些错误之处，在总字数基本不增加的基础上，新增和修改内容达 20 多万字，使本书内容更加精炼、更加与时俱进、更加实用。

现在一些规程标准和专业论文把变压器铁芯写成变压器铁心，《现代汉语字典（第 7 版）》对铁心的释义是"指下定决心"，对铁芯的释义是"电机、变压器、电磁铁等电器的中心部分，多用硅钢片等材料制成"。本书严格按照《现代汉语字典（第 7 版）》的准确释义，仍统一采用"铁芯"表述。

"问渠那得清如许？为有源头活水来。"让我和王寅仲高工、吕景顺高工欣慰的是温定筠、海世杰等年轻作者已逐渐成为本书编写的主力军，希望他们今后接过我们的班，继续把本书不断修订完善下去。

感谢成都理工大学、国网甘肃电科院、国网甘肃培训中心和中国电力出版社对本书编写工作的大力支持，也恳请广大读者继续对本书提出指正和建议。

陈天翔　教授

2022 年 11 月于成都理工大学

第一版前言

1992 年，当我最小的弟弟考上大学后，我母亲就病倒在床上了。那一年，我母亲 51 岁，在兰州军区总医院通过先进的彩色多普勒检测仪检查，被确诊为一种名叫动脉导管未闭的先天性心脏病。像我母亲这么大年龄的先天性心脏病人，医生们都说世界罕见。有的医生还责怪我们为何不早点来看，因为这种先天性心脏病在人年轻的时候很好做手术，很容易治疗恢复，而现在年龄大了，血管老化了，做手术风险太大。从我记事起，我母亲就一直身体不好，家里的病历有近一尺厚，在许多大医院的病历上都写着："风湿性心脏病，注意休息，不要从事重体力劳动……"等诸如此类的诊断结论与意见。由于医生诊断水平导致的误诊，使我母亲失去了最佳的治疗时机。1993 年，我和父亲陪我重病的母亲去沈阳看病，在沈阳军区总医院我们遇到了医德高尚、医术高超的汪曾炜教授和他领导下的张根成、宫汉东等优秀大夫，汪曾炜教授是全国著名的心血管病专家，那年他已 70 多岁，仍然是医院的副院长、心外科主任。汪曾炜教授以他对我母亲病情准确的诊断治疗，在我母亲住院治疗恢复体力半年后，放弃了传统的心脏体外循环的手术方案，以其高超的医术为我母亲进行了手术，使我母亲奇迹般生还，手术后 20 天我母亲即出院回家了。这些年来我母亲一直跟我们健康地生活在一起。

那时候我是一位在基层从事电气试验工作的电气试验班班长。我想，电气试验工作与医生的工作有异曲同工之处：医生给人看病，电气试验人员给电力设备看"病"；医生给人看病需要责任心、知识、技能、经验及不断改进的医疗检测仪器与手段，电气试验人员也同样需要责任心、知识、技能、经验及不断改进的试验检测仪器技术与手段；不合格的医生误诊病人，给病人和家属会带来巨大的痛苦与遗憾，一个不合格的电气试验人员，如果误诊或者该检查出的电力设备缺陷未查出，也会给企业和社会带来不良后果；相同等级医院、相同职称的医生的医疗水平有时相互差异很大，不同的单位、不同的电气试验人员水平也有差异，这就需要不断的、积极的学习、交流与实践来提高。我也一直为自己有一次通过带电测试的方法发现了一起 220kV 磁吹避雷器重大缺陷，从而避免了一次可能发生的重大设备或电网事故而自豪。但医生的工作与电气试验人员的工作也有不同，最大的不同是医生治疗上的失误往往造成的后果是病人的痛苦与遗憾、生命的缩短与消失，一般不危及医生自身的安全；而电气试验人员的工作失误则可能既危及电网及电力设备的安全，又危及自身及他人的生命安全。电气试验人员的工作既有高电压下的工作，又有高空带电作业的工作，电气试验工作必须至少两人以上方可进行，多数工作需要多人配合共同工作。因此，电气试验人员首先应具备特别过硬的安全素质。任何事情均有其规律，只要掌握了规律，就可以利用，就不可怕。电气试验工作保障安全的规律就是要严格遵守《电业安全工作规程》，一个合格的电气试验人员首先要熟练掌握并严格遵守《电业安全工作规程》，工作中就可以做到"三不伤害"：不伤害自己、不伤害别人、不被别人伤害。我刚参加工作时，师傅们就告诉我一条安全经验：不见地线不干活（带电作业工作例外）。即对电力设备进行预防性试验时，被试验的电力设备两侧没有明显断开点、可能带电的部位没有可靠接地，绝不攀登干活。

在医院里陪我母亲治病时，我萌生了一种想法：我想借鉴、搜集各种资料、文章，结合自己在现场从事电力设备预防性试验的一些知识经验，写一本电气试验方面的书，与同行、同事们交流，共同做好电气试验工作。

近年来，电气试验技术发展很快，高电压、大容量电力设备制造技术也改进很大，绝缘监测的新技术、新手段层出不穷。新技术、新仪器在现场也有一个推广、适应、被大家熟悉的过程，一些智能化的试验仪器，其绝缘在线监测技术也在逐步推广应用，因而对电气试验人员也提出了较高的素质要求。新技术的应用，离不开老经验的积累。现场的情况千差万别、千奇百怪，只有在熟悉理论知识并不断实践，才能更好地掌握应用新技术。

本书在介绍现场实用的传统预防性试验项目、方法、原理的基础上，介绍了一些新的内容，如电力设备局部放电试验、变压器的绕组变形试验、断路器机械特性试验、橡塑电缆试验、红外成像技术等，使本书内容更加深入全面。本书内容分为三篇三部分，第一篇是电力设备预防性试验的基本知识与基本方法；第二篇是各类电力设备的预防性试验；第三篇是绝缘在线监测技术。

写作是快乐的，工作和生活是快乐的，阅读学习也应当是快乐的。为了改变以往专业技术书籍枯燥呆板单一的形象，提高学习的趣味性，我们在书中对每一章的重点内容及要求做了提示说明，对一些在安全和技术上需特别注意的地方用图解等形式做了提示、强调，部分章节附上讨论题及可供讨论的参考资料，供读者拓宽思路。这也是我们为提高阅读效果，使专业技术书籍形式活泼多样化的一种尝试。

我的写作伙伴王寅仲高级工程师，1965 年毕业于西安交通大学高电压技术专业，热爱专业技术工作，一直在火电厂一线从事电气试验技术工作，是一位具有丰富现场经验和高超技术的老专家。没有他的参与写作及帮助，本书肯定是不完整的。

本书写作过程中，李彦明教授，海世杰、陈广、陈有学等同行朋友对本书提出了宝贵的建议并提供了有关资料。对他们为本书完成出版付出的辛勤劳动和无私帮助表示衷心感谢！

本书主要作为电力、农电及工矿企业的电气试验人员学习使用，也可供高等学校、中等专业学校、职工大学电类专业师生学习使用。

我的父亲常说："当官一时荣，文章千古事。"鼓励我多读书、多写文章，勉励我认真写好本书。电气试验技术涉及知识面非常广泛，是一门发展很快，现场实践性、经验性很强的技术学科。我们在详细介绍电气试验各种方法的原理知识、常用试验仪器的使用和预防性试验规程要求的基础上，突出介绍了现场测量中经常出现的一些安全和技术上的问题，以及如何判断解决这些问题的经验及措施，供读者参考。我们有尽最大努力写好本书，以给读者某些方面提供有价值的帮助的强烈愿望和渴求，但限于我们的水平所限，书中不妥和错漏之处在所难免，恳请广大读者批评、指正。

陈天翔

2004 年 5 月于西安交通大学

第二版前言

《电气试验》一书自 2005 年 7 月出版发行以来，由于切合现场工作实际，受到了读者好评和欢迎，先后印刷 6 次，加之作者主编的 1998 年版《电气试验》一书发行近 4 万册。本书被我的母校西安交通大学高电压与绝缘技术系当做教材，被一些省的电力行业技能鉴定中心作为电气试验工种技师、高级技师技能鉴定的培训教材和唯一的参考教材，一些电力企业的培训单位邀请我们去讲课，热心的读者也纷纷来信向我们提出修改完善的建议，对本书寄予厚望。

近两年来，电网有了很大的发展，电气试验技术和试验设备仪器也有了很大的提高和改进。结合国家有关部门和国家电网公司等企业新出台的有关规程和一些新的规章制度，我们对《电气试验》第一版的内容进行了全面的修改完善和充实更新，新增了 3 章和 10 多节内容，新增及修改内容近 40 万字。由于本书作者均是多年从事现场试验工作的技术人员，本书继续保持原书通俗易懂、充分结合生产实际、现场实践经验丰富、针对性实用性强的特色，使《电气试验》内容更新、更加丰富全面，使用和参考价值更大。

《电气试验》第二版的修订工作主要由王寅仲高工负责。海世杰是兰州超高压输变电公司的技术人员，从事 110～750kV 电力设备的预防性试验近二十年，经常负责大型电力设备的现场试验任务，熟悉新的电力设备和新的电气试验技术，与王寅仲高工一样具有丰富的现场经验。

本书经天津城东供电公司李志坚高工、福建南平供电局魏盛彪高工和厦门理工学院陈丽安教授审阅并提出了宝贵意见，由甘肃省电力公司高电压技术专业技术带头人、甘肃电力科学研究院总工程师吕景顺审阅定稿。

由于作者和鲁华祥研究员等著的《电力设备 $\tan\delta$ 在线监测技术》一书已由中国电力出版社出版发行，因此对《电气试验》一书第三部分"绝缘在线监测方法"未做大的修改，欢迎感兴趣的读者阅读《电力设备 $\tan\delta$ 在线监测技术》一书和同类读物。

本书在编写过程中，参考了许多教材和文献，参考并引用了有关同志的研究结论和试验结果，在此向他们表示衷心的感谢！

限于编者水平所限，书中难免存在不足和错误之处，恳请广大读者一如既往给予厚爱，继续批评、指正。

陈天翔博士

2008 年 10 月于厦门理工学院

第三版前言

《电气试验（第二版）》于 2008 年 11 月出版发行以来，继续受企业技术人员和大学师生等读者的欢迎，先后印刷 10 余次，发行四万多册。

近七年来，电网和电力设备制造技术发展变化很大，电气试验技术和试验设备仪器又有了新的发展和改进，本着与时俱进和更好为读者服务的思想，在继续保持本书内容全面、有针对性和实用性强的基础上，作者充分结合生产实际新情况和现场试验新要求，对《电气试验（第二版）》内容进行了大幅度的修改完善和充实更新，删改了比较陈旧的 3 章 20 多节内容，新增了 9 章 20 多节新内容，新增及修改内容达 30 万字以上，使本书内容更加适合读者的需求。

《电气试验（第三版）》修订工作主要由王寅仲高工负责完成，王寅仲高工退休后被聘为技术专家一直活跃在生产现场，协助企业解决电气试验技术问题，从事他热爱的电气试验技术工作。作为一个终身从事电气试验工作的老专家，他不顾 76 岁高龄，投入大量精力，多方征求现场技术人员的需求和意见，以一个老专家对技术的热爱精神和认真、严谨、无私、负责的态度修改本书，本书修订工作处处都浸透着王高工的心血。本书新增第二、三、二十四、二十五、三十一、三十二章由王寅仲高工编写，新增第九、十二、二十八章由温定筠高工编写。温定筠高工 2007 年研究生毕业于西安交通大学高电压技术专业，在甘肃电力科学研究院从事高压电气设备故障诊断、设备技术监督和状态评价等工作，是甘肃省电力公司优秀专家和国家电网公司专业领军人才。本书最后由甘肃省电力公司高电压技术专业首席专家吕景顺高工审阅定稿。

科学无国界，技术无止境。由于编者水平有限，书中难免有不足之处，恳请广大读者继续给予厚爱，给予批评指正和良好建议。

陈天翔博士

2015 年 9 月于厦门理工学院

目　录

第一篇　电力设备预防性试验的基本知识与基本方法

📖 第二篇　各类电力设备的预防性试验

第三篇　绝缘在线监测方法

第一篇

电力设备预防性试验的
基本知识与基本方法

第一章

预防性试验的基本知识

第一节 预防性试验的意义

电力系统运行着众多的电力设备，而电力设备的安全运行是保证安全可靠发供电的前提。

众所周知，由于电力设备在设计和制造过程中可能存在着一些质量问题，而且在运输安装过程中也可能出现损坏，由此将造成一些潜伏性故障。运行中的电力设备，由于电压、热、化学、机械振动及其他因素的影响，其绝缘性能会出现劣化，甚至失去绝缘性能，造成事故。

据有关统计分析，电力系统中 60% 以上的停电事故是由设备绝缘缺陷引起的。设备绝缘部分的劣化、缺陷的发展都有一定的发展期，在此期间，绝缘材料会发出各种物理信息、化学信息及电气信息，这些信息反映出绝缘状态的变化情况。这就需要运行部门的电气试验人员通过电气试验，了解设备投入之前或运行时的绝缘情况，以便在故障发展的初期就能准确及时地发现并处理。预防性试验由此而得名。预防性试验包括停电试验、带电检测和在线监测。

电力设备的绝缘缺陷分为两大类：第一类是集中性缺陷，如局部放电，局部受潮、老化，局部机械损伤；第二类是分布性缺陷，如绝缘整体受潮、老化、变质等。绝缘缺陷的存在必然导致绝缘性能的变化。电气试验人员通过各种试验手段，测量表征其绝缘性能的有关数据参数，查出绝缘缺陷并及时处理，可使事故防患于未然。

电力系统中的电力设备应根据 DL/T 596《电力设备预防性试验规程》（简称《规程》）的要求进行各种试验。

目前，有些单位开展电力设备状态检修，要求对电力设备进行例行试验、诊断性试验等试验，但其思想仍然是"预防性试验"。

第二节 电气试验的分类

电气试验一般可分为出厂试验（包括例行试验、型式试验和特殊试验）、交接验收试验、预防性试验（包括大、小修试验）等。

出厂试验是电力设备生产厂家根据有关标准和产品技术条件规定的试验项目，对每台产品所进行的检查试验称为例行试验。一批产品中抽取一台所进行的全项目试验，称为型式试验。制造厂和用户在技术协议上所列试验项目，称为特殊试验。试验目的在于检查产品设计、制造、工艺的质量，防止不合格产品出厂。一般大容量重要设备（如发电机、大型变压器）的出厂试验应在使用单位人员监督下进行。每台电力设备制造厂家应出具齐全合格的出厂试验报告。

交接验收试验、大修试验是指安装部门、检修部门对新投设备、大修设备按照有关标准及产品技术条件或《规程》规定进行的试验。新设备在投入运行前的交接验收试验，用来检查产品有无缺陷，运输中安装有无损坏等。大修后设备的试验用来检查检修质量是否合格等。

预防性试验是指设备投入运行后，按一定的周期由运行部门、试验部门进行的试验，目的在于检查运行中的设备有无绝缘缺陷和其他缺陷。与出厂试验及交接验收试验相比，它主要侧重于绝缘试验，试验项目较少。

按照试验的性质和要求，电气试验分为绝缘试验和特性试验两大类。

绝缘试验是指测量设备绝缘性能的试验。绝缘试验以外的试验统称特性试验。绝缘试验一般分为两类。一类是非破坏性试验，是指在较低电压下，用不损伤设备绝缘的办法来判断绝缘缺陷的试验，如绝缘电阻和吸收比试验、介质损耗因数 $\tan\delta$ 试验、泄漏电流试验、油色谱分析试验等。这类试验对发现缺陷有一定的作用与有效性。但这类试验中的绝缘电阻试验、介质损耗因数 $\tan\delta$ 试验、泄漏电流试验的试验电压较低，发现缺陷的灵敏性还有待于提高。但目前这类试验仍是一种必要的不可放弃的手段。另一类是破坏性试验，如交流耐压试验、直流耐压试验，用较高的试验电压来考验设备的绝缘水平。这类试验优点是易于发现设备的集中性缺陷，考验设备绝缘水平；缺点在于电压较高，个别情况下有可能给被试设备造成一定损伤。

应当指出，破坏性试验必须在非破坏性试验合格之后进行，以避免绝缘的无辜损伤甚至击穿。例如，互感器受潮后，绝缘电阻、介质损耗因数 $\tan\delta$ 试验不合格，但经烘干处理后绝缘仍可恢复。若在未处理前就进行交流耐压试验，将可能导致绝缘击穿，造成绝缘修复困难。

特性试验主要是对电力设备的电气或机械方面的某些特性进行测试，如断路器导电回路的接触电阻，互感器的变比、极性，断路器的分合闸时间、速度及同期性等。

各类试验方法各有所长，各有局限。试验人员应对试验结果进行全面综合分析：①与该产品出厂及历次试验的数据进行比较，分析设备绝缘变化的规律和趋势（纵向比较）；②与同类或不同相别的设备的数据进行比较，寻找异常（横向比较）；③将试验结果与《规程》给出的标准进行比较，综合分析是否超标，判断是否有缺陷或薄弱环节。

第三节　电气试验人员应具备的素质

电气试验人员在保证设备安全运行方面担负着重要责任，应力争既不放过设备隐患，造成设备事故，又不误判断，将合格设备判为不合格，造成检修人员的额外、无效劳动。做一个合格的电气试验人员，必须具备以下条件。

一、具有全面的安全技术知识

电气试验既有低压工作，又有高压工作；既有地面作业，又有高处作业；既有停电试验，又有带电检测。因此，电气试验人员必须具有全面的安全技术知识、良好的安全自我保护意识，总的来讲必须严格遵守相关企业的安全工作规程。

啊！一个电气试验工首先要具备安全技术知识，没有工作票绝不允许工作。工作时不得少于两人。第一种工作票许可的工作，被试品导电部分没有接地可能不上！安全措施要齐全噢！

高压试验应遵守的基本要求如下：

（1）高压试验应填写第一种工作票。在一个电气连接部分，同时有检修和试验时，可填写一张工作票，但在试验前应得到检修工作负责人的许可。

在同一电气连接部分，高压试验的工作票发出以后，禁止再发出第二张工作票。

加压部分与检修部分之间的断开点，按试验电压有足够的安全距离，并在另一侧有接地短路线时，可在断开点的一侧进行试验，另一侧可继续工作。但此时在断开点上应挂有"止步，高压危险！"的标示牌，并设专人监护，且监护人不得擅自离开现场。

（2）高压试验工作不得少于两人。试验负责人应由有经验的人员担任，开始试验前，试验负责人应对全体试验人员详细布置试验中的安全注意事项。

（3）因试验需要断开设备接头时，拆前应做好标记，接后应进行检查校对。

（4）试验装置的金属外壳应可靠接地；高压引线应尽量缩短，必要时用绝缘物固定牢固。试验装置的电源开关，应使用可明显断开的双极刀闸。为了防止误合刀闸，可在刀刃或刀座上加绝缘罩。试验装置的低压回路中应有两个串联电源开关，并加装过载、过电压自动跳闸装置。

拆除互感器等设备的二次引线或短接二次引线时须向负责人请示是否涉及保护问题，事先怎么拆事后就照原样恢复。短接线千万不要忘了拆除噢！

（5）试验现场应装设遮栏或围栏，向外悬挂"止步，高压危险！"的标示牌，并派人看守。

（6）加压前必须认真检查试验接线，表计倍率、量程，调压器零位及仪表的开始状态，均应正确无误，经确认后通知所有人员离开被试设备，并取得试验负责人许可，方可加压；加压过程中应有人监护并呼唱。高压试验工作人员在加压全过程中，应精力集中，不得与他人闲谈，随时警戒异常现象发生，操作人员应站在绝缘垫上。

（7）变更接线或试验结束时，应首先断开试验电源并放电，同时将升压设备的高压部分短路接地。

（8）未装接地线的大电容被试设备，应先行放电再做试验。高压直流试验时，每告一段落或试验结束时，应将设备对地放电数次，并短路接地。

（9）试验结束时，试验人员应拆除自装的短路接地线，并对被试设备进行检查，恢复试验前的状态。

二、具有全面熟练的试验技术

电气试验工作本身既是一种繁重的体力劳动，又是一种复杂的脑力劳动。一个合格的电气试验人员，应当达到以下要求：

（1）了解各种绝缘材料、绝缘结构的性能、用途。了解各种电力设备的类型、用途、结构及原理。

（2）熟悉发电厂、变电站电气主接线及系统运行方式。熟悉电力设备，了解继电保护及电力设备的控制原理及实际接线。

（3）熟悉各类试验设备、仪器、仪表的原理、结构、用途及使用方法，并能排除一般故障。

（4）能正确完成实验室及现场各种试验项目的接线、操作及测量，熟悉各种影响试验结果的因素及消除方法。

三、具有严肃认真的工作作风

严肃认真的工作作风是保证安全、正确完成试验任务的前提。电气试验人员应当做到：

（1）试验前进行周密的准备工作，根据设备及试验项目，准备齐全完好的试验设备及仪器、仪表、工器具等，不要漏带仪器、设备及器具。

（2）合理布置试验场地，做好安全措施，与带电部分保持足够安全距离。测量、控制及操作装置应在就近处放置，以便操作及读数。

（3）正确无误地接线、操作。

（4）详细记录被试设备编号、试验项目、测量数据、使用仪器编号，以及试验时的温度、湿度、日期、试验人员等，最后整理好试验报告。

（5）对于测试数据反映出的设备缺陷应及时向运维单位反馈，并填写有关记录。

四、与时俱进，努力钻研新技术，掌握新的测试理论和方法

当前，科学技术突飞猛进发展，新的绝缘材料不断被研制出来，新的测试技术和方法不断出现，各种测试仪器仪表日新月异。为了更好地完成高压试验工作，必须努力学习、钻研新技术。目前已发现个别传统的试验项目已不适用于新的设备，如直流泄漏和耐压试验对橡塑电力电缆已不适用，已由变频串联谐振的交流耐压代替。还有金属氧化物避雷器以前停电进行试验，但目前已广泛开展带电试验工作来代替停电试验工作。今后电力设备实行状态检修是发展方向，但实现这个目标必须由电气试验作为技术支撑，电气试验包括停电试验、带电检测和在线监测等多种形式和内容。这就要求高压试验人员必须提高素质，必须刻苦学习新的理论知识和试验技能。

本章提示

本章介绍了预防性试验的意义、电气试验的分类、电气试验人员应具备的素质。

如果你是新参加工作的人员，具备全面的安全技术知识是第一重要的。保证安全的技术措施有停电、验电、装设接地线、悬挂标示牌或装设围栏；保证安全的组织制度有工作票制度、工作许可制度、工作监护制度、工作间断转移终结制度。任何一项工作都要严格按《安规》要求进行，要做到"四不伤害"：不伤害自己，不伤害他人，不被他人伤害，保护他人不被伤害。另外还要记住，万用表的两根线一定要是黑红两种颜色的线，不能是同一种颜色的线。

1. 预防性试验结果的综合分析。
2. 高压试验工作应严格遵守的安全要求。

复习题

1. 简述预防性试验的意义。
2. 电气试验如何分类，为什么破坏性试验必须在非破坏性试验合格之后进行？
3. 一名合格的电气试验人员应具备怎样的素质？
4. 高压试验应遵守哪些安全基本要求？

第二章

电气绝缘试验基础知识

电介质通常指广泛应用的绝缘材料，按化学成分分为有机材料和无机材料；按形态分为气体、液体和固体三种。气体电介质有空气、SF_6 气体等；液体电介质有绝缘油、硅油等；固体电介质有白布带、云母、硅橡胶、陶瓷、玻璃和合成绝缘等。

电介质在外加电压相对较低时，内部会发生极化、电导和损耗过程，但这些过程发生缓慢，性能相对稳定，因此被定义为绝缘状态。上述过程对电介质的绝缘性能也会产生影响。电介质在外加电压较高时，可能会丧失绝缘性能，发生击穿。通过电介质在电场作用下的电气性能变化研究，可以了解电介质极化、夹层介质的吸收现象、相对介电常数 ε_r 和热性能等。

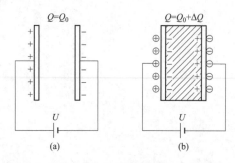

图 2-1 极化现象
（a）电极间为真空；（b）电极间充满介质

一、电介质的相对介电常数 ε_r

如图 2-1 所示，在两平板电极间施加直流电压 U，当极间为真空时，极板上的电荷量为 Q_0，当极间填充一块固体介质后，极板上的电荷则增加为 $Q_0 + \Delta Q$，这种现象是由电介质的极化造成的。在电场作用下，电介质发生极化，在沿电场方向的两个表面上产生极化电荷，靠近正极板的表面上产生的是负电荷，而靠近负极板的表面上产生的是正电荷。极化电荷产生的场强与外施电压产生的场强方向相反，如果极板上的电荷保持不变，电场空间中的场强将减小。事实上，在其他条件不变的情况下，固体介质插入前后电场空间中的场强应保持不变。因此，为维持电场恒定，极板上的电荷必然会增加，增加的电荷用以抵消极化电荷所产生的反电场。

两平板电极在真空中的电容量为

$$C_0 = \frac{Q_0}{U} = \frac{\varepsilon_0 S}{d} \qquad (2\text{-}1)$$

式中　S——极板面积，cm^2；

　　　d——极间距离，cm；

　　　ε_0——真空的介电常数，$1/(36\pi) \times 10^{-11} F/cm$。

极间插入固体电介质后，电容量增为

$$C = \frac{Q_0 + \Delta Q}{U} = \frac{\varepsilon S}{d} \qquad (2\text{-}2)$$

式中　ε——固体介质的介电常数。

$$\varepsilon_r = \frac{\varepsilon}{\varepsilon_0} \qquad (2\text{-}3)$$

式中　ε_r——电介质的相对介电常数，它是表征电介质在电场作用下极化程度的物理量。

由式（2-3）得出

$$\varepsilon = \varepsilon_0 \varepsilon_r \qquad (2\text{-}4)$$

由式（2-2）可知，在两电极间充满介电常数 ε 较大的电介质时，则电容量较真空时大增，所以在制造电容器时，为了得到大的电容量，必须在两电极间充填 ε_r 较大的电介质；另外，高压电力设备绝缘结构大部分采用几种电介质组成的复合绝缘。以两种电介质组成的绝缘为例，如图 2-2 所示。由于电介质的阻抗远大于容抗，在交流电压作用下电路图可简化为图 2-2（b）。

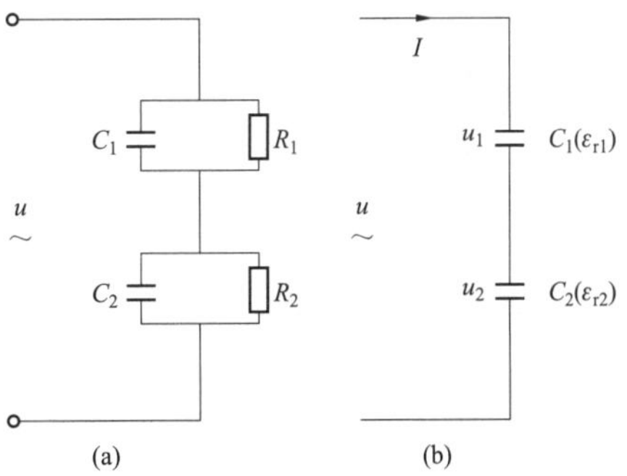

由图 2-2（b）可以计算电流 I

$$I = u_1 \omega C_1 = u_2 \omega C_2 \qquad (2\text{-}5)$$

图 2-2　交流电压下双电介质示意图
（a）电路图；（b）简化等效电路图

由式（2-5）得

$$\frac{u_1}{u_2} = \frac{I}{\omega C_1} \cdot \frac{\omega C_2}{I} = \frac{C_2}{C_1} \qquad (2\text{-}6)$$

式（2-6）再经变换为

$$\frac{u_1}{u_2} = \frac{\varepsilon_2 S}{d} \Big/ \frac{\varepsilon_1 S}{d} = \frac{\varepsilon_2}{\varepsilon_1} = \frac{\varepsilon_0 \varepsilon_{r2}}{\varepsilon_0 \varepsilon_{r1}} = \frac{\varepsilon_{r2}}{\varepsilon_{r1}} \qquad (2\text{-}7)$$

由式（2-7）可知，不同电介质承受电压与相对介电常数 ε_r 成反比，即相对介电常数 ε_r 大的承受电压低，而相对介电常数 ε_r 小的承受电压高。这就是固体、液体电介质中存在气泡易发生局部放电的机理。当固体或液体电介质存在气泡，由于气泡的 ε_r 小，则承受的电压相对较高，而气泡本身绝缘强度低，因此易发生局部放电。变压器等充油设备在注油过程中抽真空以防止气泡进入是十分必要的。

二、电介质极化

电介质有四种极化方式，即电子式、离子式、偶极子和夹层式极化（也称空间电荷极化）。

（1）电子式极化。如图 2-3 所示为电子式极化示意图。将原子中的电子用一个静止的负电荷替代，使其在远处所产生的电场保持不变，则该等效负电荷所处的位置即为电子的作用中心。无外电场时，正电荷的作用中心与负电荷的作用中心（即电子运动轨道中心）重合，原子对外不显极性，如图 2-3（a）所示。有外电场作用时，电子运动轨道发生了变形，并且与原子核间发生了相对位移，正电荷作用中心与负电荷作用中心不再重合，如图 2-3（b）所示。这种由电子发生相对位移形成的极化称为电子式极化。

电子式极化存在于一切电介质中。它具有如下特点：

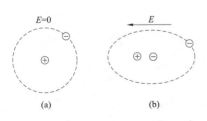

图 2-3　电子式极化示意图
（a）极化前；（b）极化后

1）极化过程所需的时间极短，约 10^{-15} s。这就意味着，即使外加电场的交变频率很高，电子式极化也来得及完成。因此这种极化与频率无关。

2）极化过程中没有能量损耗。去掉外电场后，由于正、负电荷的相互吸引，电介质将自动回到原来的非极性状态，故没有能量损耗。

3）温度对极化过程的影响很小。

（2）离子式极化。其发生于离子结构的电介质中。固体无机化合物（如云母、陶瓷、玻璃等）的分子多属于离子结构。在无外电场作用时，介质内大量离子对的偶极矩互相抵消，故平均偶极矩为零，介质对外没有极性，如图 2-4（a）所示。在有外电场作用时，正、负离子沿电力线向相反方向发生偏移，使平均偶极矩不再为零，介质对外呈现出极性，如图 2-4（b）所示。这种由离子的位移造成的极化称为离子式极化。

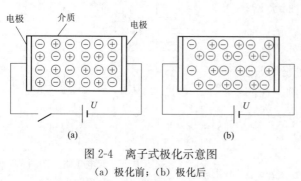

图 2-4 离子式极化示意图
（a）极化前；（b）极化后

离子式极化具有如下特点：

1）极化过程所需的时间很短，约为 10^{-13} s，在一般使用的频率范围内，可以认为极化过程与频率无关。

2）极化过程中没有能量损耗。

3）温度对极化过程有影响。温度升高时，一方面离子间的结合力降低，使极化程度增大；另一方面离子的密度降低，又使极化程度降低。一般前者的影响大于后者，所以这种极化的极化程度随温度的升高而增大。

（3）偶极子式极化。极性电介质的分子本身就是一个偶极子。在没有外电场作用时，单个的偶极子虽然具有极性，但各个偶极子处于不停的热运动中，排列毫无规律，对外的作用互相抵消，整个介质对外不呈现极性，如图 2-5（a）所示。在有电场作用时，偶极子受电场力的作用发生转向，并沿电场方向定向排列，整个介质的偶极矩不再为零，对外呈现出极性，如图 2-5（b）所示。这种由偶极子转向造成的极化称为偶极子式极化。

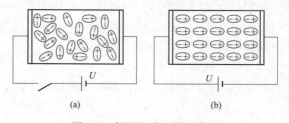

图 2-5 偶极子式极化示意图
（a）无外电场时；（b）有外电场时

偶极子式极化具有如下特点：

1）极化过程所需的时间较长，约为 $10^{-10} \sim 10^{-2}$ s，故极化程度与外加电压的频率有较大关系。频率很高时，由于偶极子的转向跟不上电场方向的变化，因而极化减弱。

2）极化过程中有能量损耗。因偶极子在转向时要克服分子间的吸引力而消耗能量，消耗掉的能量在偶极子复原时不可能收回，故这种极化存在能量损耗。

3）温度对极化过程影响很大。温度升高时，一方面电介质分子间的结合力减弱，使极化程度增大；另一方面分子热运动加剧，妨碍偶极子沿电场方向转向，使极化程度减小。电介质总体上的极化程度随温度的变化取决于这两个相反过程的相对强弱。

（4）夹层式极化。前三种极化是单一电介质极化，是由于电介质中束缚电荷位移或转动方向形成的。而实际上高压设备绝缘往往是由几种不同电介质组成的复合绝缘结构，如变压器绝缘就是由绝缘油和固体绝缘组成的。

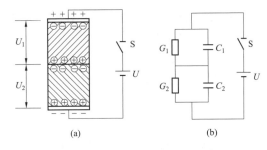

图 2-6　夹层式极化物理过程示意图
（a）极化物理过程；（b）等值电路图

如图 2-6（a）所示，将直流电压 U 突然加在两平板电极上，由图 2-6（b）所示的等值电路可知，在开关 S 刚合闸瞬间（相当于加很高频率的电压），两层介质上的电压分配与各层电容成反比，即

$$\left.\frac{U_1}{U_2}\right|_{t \to 0} = \frac{C_2}{C_1}$$

到达稳态时，各层上分到的电压与各层的电导 G 成反比，即

$$\left.\frac{U_1}{U_2}\right|_{t \to \infty} = \frac{G_2}{G_1}$$

一般来说，对两层不同的介质，$C_2/C_1 \neq G_2/G_1$，即

$$\left.\frac{U_1}{U_2}\right|_{t \to 0} \neq \left.\frac{U_1}{U_2}\right|_{t \to \infty}$$

所以合闸后，两层介质上的电压有一个重新分配的过程，即 C_1、C_2 上的电荷要重新分配。设 $C_1 > C_2$，$G_1 < G_2$，则在 $t \to 0$ 时，$U_1 < U_2$；而在 $t \to \infty$ 时，$U_1 > U_2$。这样，在 $t > 0$ 后，随着时间的增加，U_2 逐渐下降，因为 $U_1 + U_2 = U$ 为定值，故 U_1 逐渐升高。即 C_2 上的一部分电荷要经 G_2 放掉，而 C_1 则要经过 G_2 从电源再吸收一部分电荷（称为吸收电荷），结果使两层介质的分界面上出现了不等量的异号电荷，从而呈现出极性（分界面上正电荷比负电荷多，呈现正极性，否则呈现负极性）。这种使夹层电介质分界面上出现电荷积聚的过程称为夹层式极化。由于夹层极化过程中吸收电荷，故夹层极化相当于增大了整个电介质的等值电容（比 C_1 和 C_2 的串联值大）。

由以上分析可知，夹层电介质分界面上电荷的积聚是通过电介质的电导进行的，因电介质的电导一般很小，对应的时间常数很大，故夹层极化过程非常缓慢，夹层极化只在低频时才来得及完成。显然，夹层极化过程中有能量损耗。

在电气试验中，利用夹层介质极化现象，测量高压电力设备的吸收比和极化指数可判断绝缘受潮情况。

三、电介质的性能

电介质具有很高电阻率（$10^8 \sim 10^{19} \, \Omega \cdot m$），在电力设备中主要起绝缘作用，把不同电位的导体分隔开来，使之在电气上不连接。为了达到上述功能，必须对电介质的各种性能进行测试研究，掌握电介质的电气性能、机械性能、物理性能和化学性能等。

（1）电气性能。电介质的电气性能是应用电气设备时需要关注的主要性能。电气性能主要有绝缘电阻、相对介电常数、介质损耗和绝缘强度等。

1）绝缘电阻。电介质的绝缘电阻是施加一定幅值的直流电压 1min 后所测到的电阻值。

绝缘电阻的测量虽然比较简单，但对判断电力设备绝缘状态是非常重要的。有关绝缘电阻测量、判断标准、影响因素等参见第五章。

2）电介质的相对介电常数。有关电介质的相对介电常数参见本章的论述内容。

3）电介质的介质损耗。电介质在交流电场作用下，会产生电能损耗，也就是介质损耗。通过测量电介质的损耗，可判断电介质电气性能的优劣，详细内容参见第七章内容。

4）电介质的绝缘强度。电力设备的绝缘在运行中除承受运行电压外，还要承受雷电过电压、操作过电压和其他内过电压作用，在运行过程中在一定幅值的过电压作用下不应击穿。

（2）电介质的热性能。电介质在热的作用下，会发生劣化，甚至热击穿，因此电介质热性能也是很重要的。热性能用最高允许温度衡量。如果电介质在允许温度下运行，可以保证设计的使用寿命，如果超过最高允许温度，寿命大为缩短。A级和B级若超过最高允许温度8℃，则寿命减半。各种电介质耐热等级和最高允许温度见表2-1。

表 2-1 电介质耐热等级和最高允许温度

电介质耐热等级	Y	A	E	B	F	H	C
最高允许温度（℃）	90	105	120	130	155	180	>180

（3）电介质的机械性能。固体电介质在正常情况下，承受的机械力不是很大，能保证安全运行。但遇到电力设备出现异常时，就会承受巨大的机械力，如电网短路造成变压器变形。另外，电力设备在运行中，由各种原因产生热胀冷缩现象，使之产生裂纹，逐渐发展导致损坏。户外支柱绝缘子的损坏，就是由这方面机械力引起的。

（4）物理和化学性能。电介质如果遇到外界酸碱作用，会受到腐蚀，发生化学变化，导致电介质损坏。电介质在电场、热和自然作用下物理性能也会发生变化。

本章提示

本章介绍电介质的三种状态，在电压作用下所发生的变化。

作为一名电气试验人员一定要知道电介质的相对介电常数 ε_r 的作用，并在工作中注意在液体和固体绝缘中避免混入气泡。

本章重点

1. 多层电介质在交流电压下电压分配的影响因素。
2. 电介质在设计使用期间，不能超过它的最高允许温度。

复 习 题

1. 夹层式极化的原理是什么？
2. 在液体和固体中混入气泡有什么危害？
3. 电介质的电气性能有哪些？

第三章

气象条件对电力设备试验的影响和采取的技术措施

电力设备现场试验时，尤其是户外设备试验对环境气象条件有严格要求，《规程》规定，进行绝缘试验时，被试品温度不低于5℃，户外试验应在良好的天气进行，且空气相对湿度一般不高于80％；还规定进行与温度和湿度有关的试验时，应同时测量并记录被试品的温度以及环境的温度和湿度。

一、温度

电力设备进行试验时，如果被试品和环境温度低于5℃，则试验结果准确性较差，不能正确判断试验结果，如某单位在温度低于5℃时对106件互感器和套管进行$\tan\delta$测量，并在环境温度为10～15℃复试，从复试结果可以看出约有60％的被试品在低温条件下不能正确判断设备绝缘状态，见表3-1。

表 3-1 低温下设备的绝缘试验结果分析

	试验数量	高低温均良好	不能正确分析判断情况				
			低温不良高温良好	低温良好高温不良	低温良好高温可运行	低温不良高温可运行	低温不能下结论
件	106	44	14	8	4	2	34
％	100.0	41.5	13.2	7.53	3.77	1.89	32.1

注 高低温间未作任何检修处理。

有一台SW_6-220型少油断路器B相在进行预试时，油耐压18kV，油中水含量超标，但到了冬季12月再次取样时油耐压又合格了。因为北方地区油中水已凝结为冰，运行到来年4月初该相在运行中爆炸。经过研究认为4月油中冰由于温度升高融化为水，再由于该设备密封不严，内部又进入一些水，最后导致爆炸。

气象条件不能满足试验要求，而又必须进行试验时，如新设备投运交接试验，工期在冬季，这时如何判断试验结果呢？一般可以采用纵横比较分析法。该方法适用于A、B、C一组设备，包括当前试验值在内的至少两次试验，分别记为a_1、b_1、c_1（上次试验值）和a_2、b_2、c_2（本次试验值）。现分析A相设备的当前试验值是否正常，可按式（3-1）计算F值。

$$F = \left| 1 - \frac{a_2(b_1+c_1)}{a_1(b_2+c_2)} \right| \times 100\% \tag{3-1}$$

式（3-1）计算结果判断标准，F应不大于30％，若F超过30％为异常。

如果试验条件不符合相关规程规定要求，投运后应在条件满足要求时，安排停电复试。

（一）设备温度取值

电力设备电气试验时，应正确测量设备温度，否则会产生不能允许的误差。发电机热态试验时，测量绕组温度以定子绕组埋设点 3～4 个测试值的平均值为准；电力变压器和电抗器以上层油温测量值为准；变压器套管（包括电抗器套管）由于一部分在油中，一部分在空气中，温度以测量变压器上层油温的 2/3 加上环境温度的 1/3 之和为准；其他电力设备由于体积小，易散热和吸热，以测量的环境温度为准。

（二）温度换算

电力设备试验数据和温度有关时，对于试验结果应换算至同一温度进行比较。不在同温度下的试验结果无法进行比较，因此不能正确判断出设备的状态。

1. 各种电力设备绕组的直流电阻温度换算

电力设备绕组的直流电阻和温度关系很大，大约 1℃ 会影响阻值的 0.04%，因此将测量值换算至统一温度（如 75℃）后进行比较。换算公式为

$$R_2 = R_1 \frac{T + t_2}{T + t_1} \tag{3-2}$$

式中 R_2、R_1——温度在 t_2、t_1 时电阻值；

T——计算用常数，铜导体取 235，铝导体取 225。

2. 发电机定子绕组绝缘电阻温度换算

目前发电机定子绕组在不同温度下绝缘电阻换算，只限于 A 级和 B 级绝缘。其换算可参照第二十二章第一节。

3. 充油变压器和电抗器绝缘电阻温度换算

《规程》要求，尽量在油温低于 50℃ 时测量，充油变压器和电抗器绝缘电阻与前一次测量结果比较，一般不低于上次值的 70%，这也就是要求换算到同一温度。换算公式为

$$R_2 = R_1 \times 1.5^{(t_1 - t_2)/10} \tag{3-3}$$

式中 R_1、R_2——温度为 t_1、t_2 时的绝缘电阻。

吸收比、极化指数不进行温度换算。

4. 充油变压器和电抗器 tanδ 温度换算

《规程》给出的是充油变压器和电抗器 tanδ 在 20℃ 的标准值。所以，异于 20℃ 的测量值应换算到 20℃ 的值，才能和《规程》比较。tanδ 换算参考公式为

$$\tan\delta_2 = \tan\delta_1 \times 1.3^{(t_2 - t_1)/10} \tag{3-4}$$

式中 $\tan\delta_2$、$\tan\delta_1$——温度为 t_1、t_2 时的 tanδ 值。

（三）有关温度的其他问题

（1）其他电力设备试验数据也和温度有关，但由于还未找出其与温度之间的关系，无法进行温度换算。

对于上述情况，《规程》只规定了 20℃ 的标准，SF$_6$ 气体含水量测量就是如此，干式变压器绝缘电阻也没有换算公式，且《规程》也没有给出具体的温度标准。

上述这些设备进行电气试验时，应在《规程》所要求的相近似的气象条件下进行，若由于特殊原因试验时温度与规程规定条件相差较大，应在条件合适时复测。

（2）油纸电容式设备（如电容式电流互感器和电容式套管等）tanδ 和温度关系不大，《规程》只给出了限值，不需要进行温度换算。

（3）部分试验项目，对被测设备有温度要求，如油浸式变压器和电抗器油中含水量测量，要求取样时顶层油温高于50℃；测量绕组的 tanδ 时则要求顶层油温低于50℃，因为变压器油和纸之间水分互相转移，在温度高时，纸中水分一部分转移到油中，而温度低时油中水分一部分转移到纸中。高温时如果油中含水分少，说明纸中含水分也少，可证明变压器没有受潮。测量绕组 tanδ 值可最终求出纸含水量的多少，间接判断出绝缘状态。如果在油温低时，测量的 tanδ 值小，说明纸中含水分也少，证明绕组绝缘干燥。

因此，测量油中含水量时应尽可能在顶层油温高于50℃时；而测量绕组 tanδ 时应尽可能在顶层油温低于50℃时。

（4）电力设备试验时，尽量在被试品温度和环境温度相近时进行。虽然有些试验数据不同温度可以换算，但如果温度相差较大，则换算误差也较大，而且被试品温度有时难以测准。如变压器上层油温受环境条件影响很大，对于停运的变压器，在夏季晴天，上层油温会随环境温度上升，而内部油和绕组（组件）温度变化则很小，以上层油温为准会使试验结果产生很大误差。因此对大型电力设备进行电气试验，应尽可能在被试品温度和环境温度相近时进行，减少换算误差，有时还需要综合分析。

二、湿度

湿度对一些户外电力设备试验数据有一定影响，严重时甚至会使本来合格的试验误判为不合格，见表3-2、表3-3。

表3-2　　　　　　　　　　不同空气相对湿度下测试 220kV 电流互感器的 tanδ（%）值

相别	空气相对湿度 70%～80%（1982.7.30　32℃，晴）		空气相对湿度 36%（1982.10.2　19℃，晴）
	瓷套表面未屏蔽时	瓷套表面屏蔽时	
A	1.255	1.198	0.44
B	1.525	1.424	0.525
C	1.215	1.215	0.527

注　两次试验间，对电流互感器未作检修处理。

表3-3　　　　　　　　　　不同空气相对湿度下测试 110kV 电流互感器的绝缘情况

相别	空气相对湿度 28%，$t=26$℃				空气相对湿度 95%，$t=26$℃			
	反接线		正接线		反接线		正接线	
	C_x（pF）	tanδ（%）	C_x（pF）	tanδ（%）	C_x（pF）	tanδ（%）	C_x（pF）	tanδ（%）
A	75	1.6	50	2.5	78	6.5	50	−1.2
B	74	1.7	49	2.6	77	7.2	49	−2.3
C	72	1.9	49	2.6	76	7.4	49	−3.1

由表3-2、表3-3可知，当环境相对湿度较大时，受瓷套表面泄漏电流影响，试验数据变化较大，易发生误判断，因此电力设备试验时应在天气良好，空气相对湿度不高于80%，瓷套表面干燥的条件下进行。

如果空气相对湿度大于80%，进行电力设备试验（如测绝缘电阻、直流泄漏和 tanδ 等），应采取以下措施，消除表面泄漏电流的影响。

（1）有条件时，待表面干燥后再测。如雨停后天气良好，但表面很潮湿，试验结果不可信。如夜里下雨，早上虽雨过天晴也不行，应等表面完全干燥后再测试。

（2）用电热风机将瓷套表面部分吹干，切断表面泄漏电流的通道。

（3）在瓷套部分瓷裙上涂硅油（硅脂）、石蜡等。这些涂料具有憎水性，由于水的界面张力，使瓷套表面无法形成连续的水膜，而是凝成不相连的水珠，可达到隔离表面泄漏电流的作用。某 110kV 油纸电容套管，相对湿度 80%、温度 26℃时，测量 A 相 $\tan\delta$，不采取任何措施测得 $\tan\delta = -6\%$；伞裙涂硅油后，$\tan\delta = 0.4\%$；伞裙涂石蜡后，$\tan\delta = 0.5\%$；用电热风机吹干伞裙（5min），测 $\tan\delta$ 和涂硅油（石蜡）效果相同。

作者曾在现场试验中多次采用上述方法，均达到理想的效果。

本章提示

本章介绍了气象条件对电力设备电气试验的影响和为了消除影响所采取的技术措施。

本章重点

1. 环境温度对电气试验的影响。

2. 环境湿度对电气试验的影响。

3. 消除气象条件对电气试验影响所采取的技术措施。

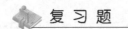 复 习 题

1. 哪些气象条件影响电气试验？

2. 《规程》规定的气象条件是什么？

3. 消除相对湿度对电气试验影响的技术措施有哪些？

第四章

电气设备外绝缘放电电压大气条件校正

电气设备外绝缘放电电压试验一般以标准参考大气条件为基础。如果电气设备外绝缘放电电压试验不是在标准大气条件下进行的，则应根据电气设备所处的大气条件对放电电压试验值进行校正。

一、标准参考大气条件

(1) 压力为 101.325kPa。

(2) 绝对湿度为 $11g/m^3$。

(3) 温度为 20℃。

二、不同于标准大气条件下放电电压校正

校正公式为

$$u_S = u_o \frac{\delta^n}{H^n} \tag{4-1}$$

式中　u_S——实际试验放电电压，kV；

　　　u_o——标准条件下放电电压，kV；

　　　δ——标准条件下相对空气密度，不同海拔时按表 4-1 或实测值确定；

　　　H——空气湿度校正系数，由式（4-2）、式（4-3）确定；

　　　n——指数，与绝缘长度有关，由式（4-4）确定。

表 4-1　　　　　　　　　　　不同海拔高度的气象参数

海拔（m）	0	500	1000	1500	2000	2500	3000	3500
相对气压	1	0.945	0.888	0.835	0.786	0.741	0.695	0.655
相对空气密度 δ	1	0.955	0.908 5	0.865	0.824	0.784	0.745	0.708
空气绝对湿度 h（g/m^3）	11	9.17	7.64	6.37	5.33	4.42	3.68	3.08

三、空气湿度校正系数 H

(1) 工频放电电压试验时，空气湿度校正系数 H 为

$$H = 1 + 0.012\,5(11 - h) \tag{4-2}$$

式中　h——空气绝对湿度，不同海拔时可按表 4-1 或实测值确定（$1 \leqslant h \leqslant 11$），$g/m^3$。

(2) 雷电及操作冲击电压波试验时，空气湿度校正系数 H 为

$$H = 1 + 0.009(11 - h) \tag{4-3}$$

四、指数 n

(1) 工频放电电压试验和正极性操作冲击电压波试验时，指数 n 为

$$n=1.12-0.12L_i \tag{4-4}$$

式中　L_i——绝缘长度（绝缘子即串的净长；空气间隙即间距），m。

式（4-4）适用于 $1 \leqslant L_i \leqslant 6$，对于其他的 L_i，$n=1$。

（2）正极性雷电冲击试验时，指数 n 为 1。

五、海拔对放电电压的校正系数

如果外绝缘放电电压仅考虑海拔的影响，每升高 100m，绝缘强度降低 1%，这样就可以估算海拔对外绝缘放电电压的影响，或根据校正系数 K 计算

$$K=\frac{1}{1.1-H \times 10^{-4}} \tag{4-5}$$

式中　H——电力设备所处海拔，m。

实际试验放电电压 u_S 为

$$u_S=u_o K \tag{4-6}$$

式中　u_S——实际试验放电电压，kV；

　　　u_o——标准条件下放电电压，kV；

　　　K——校正系数。

 **本章提示**

本章介绍标准参考大气条件和非标准大气条件下对放电电压的校正。

本章重点

1. 大气标准参考的内容。

2. 如果仅考虑海拔影响，放电电压的校正公式。

复习题

1. 标准参考大气条件内容是什么？

2. 不同于标准大气条件下放电电压的校正公式。

第五章

绝缘电阻、吸收比和极化指数试验

第一节　绝缘电阻、吸收比和极化指数测量的原理

电力设备中的绝缘材料（电介质）并不是绝对的不导电，在直流电压作用下，电介质中有微弱的电流流过，根据电介质材料的性质、构成及结构等的不同，这部分电流可视为由三部分电流构成，如图 5-1 所示。

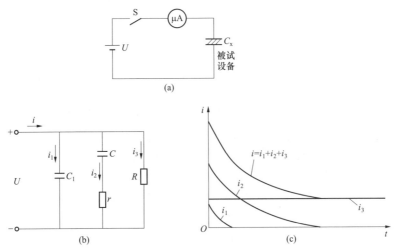

图 5-1　直流电压下不均匀介质中电流的构成

（a）试验接线图；（b）不均匀介质等值电路图；（c）吸收曲线

图 5-1 中，i_1 为电容电流。直流电压作用在绝缘材料上，加压瞬间相当于给电容充电。这部分随时间较快衰减的电容电流与绝缘材料的电容量和外加电压有关，它对时间的变化曲线如图 5-1（c）i_1 曲线所示。其电流回路在等值电路［见图 5-1（b）］中用一个纯电容 C_1 表示。

i_2 为吸收电流。不均匀介质中吸收电流由缓慢极化和夹层式极化产生，即在直流电压加上的瞬间，介质上的电压按电容分布，而电压稳定后，介质上的电压按电阻分布；由于不同介质的电容与电阻不成比例，因此在加上直流电压瞬间至稳定这一过程中，介质上电荷要重新分配，重新分配的电荷在回路中形成电流 i_2，其电流回路在等值电路［见图 5-1（b）］中用一个电容 C 和电阻 r 串联表示。吸收电流 i_2 随时间衰减的快慢与介质电容量大小有很大关系，如图 5-1（c）i_2 曲线所示。

i_3 为泄漏电流。电介质中有极少数束缚很弱的或自由的离子，当介质在直流电压作用

下时，正负离子分别向两极移动形成电流，该电流称为泄漏电流或传导电流。这部分电流是由介质的电导引起的，是一个恒定的电流，如图 5-1（c）i_3 曲线所示，其电流回路在等值电路［见图 5-1（b）］中用一个纯电阻 R 表示。

三个电流加起来，即 $i=i_1+i_2+i_3$，可得到在直流电压作用下流过绝缘介质的总电流 i 随时间变化的曲线，通常称为吸收曲线，如图 5-1（c）i 曲线所示。

从吸收曲线可以看出，电容电流 i_1 和吸收电流 i_2 经过一段时间后趋近于零，因此 i 趋近于 i_3。绝缘电阻就是指加于试品上的直流电压与流过试品的泄漏电流之比，即

$$R = U/i_3 \tag{5-1}$$

式中　U——加于试品两端的电压，V；

　　　i_3——对应于电压 U，试品中的泄漏电流，μA；

　　　R——试品的绝缘电阻，$M\Omega$。

由于电容电流和吸收电流经过一段时间后趋于零，因此在用绝缘电阻表进行绝缘电阻测量时，必须等到绝缘电阻表指示稳定后才能读数。对电容量较小的一般试品，通常认为摇测 1min 后，泄漏电流趋于稳定（即电容电流、吸收电流趋于零）。绝缘电阻一般是 1min 的值。

由于 i_3 的大小取决于绝缘材料的状况，当介质受潮、老化、表面脏污或有其他缺陷（如有裂缝、灰化、气泡等）时，R 降低，i_3 会增大。因此，测量绝缘电阻是了解电力设备绝缘状态最简便、常用的手段之一。

由于流过绝缘介质的电流有表面电流和体积电流之分，所以绝缘电阻也有体积绝缘电阻和表面绝缘电阻之分。体积绝缘电阻影响较大。当绝缘受潮或有其他贯通性缺陷时，体积绝缘电阻降低。因此，体积绝缘电阻的大小标志着绝缘介质内部绝缘的优劣。在现场测量中，当测量得到的试品绝缘电阻低时，应采取屏蔽措施，排除表面绝缘电阻的影响，以便测得真实准确的体积绝缘电阻值。

对于大容量试品（如变压器、发电机、电缆），《规程》除要求测量其绝缘电阻外，还要求测量吸收比或极化指数。

大容量试品的吸收曲线 i 随时间衰减较慢，尤其是吸收电流 i_2 随时间衰减较慢，有时可达数十分钟。常把 60s 的绝缘电阻与 15s 的绝缘电阻之比称为吸收比 K，即

$$K = \frac{R_{60s}}{R_{15s}} = \frac{U/i_{60s}}{U/i_{15s}} = \frac{i_{15s}}{i_{60s}} \tag{5-2}$$

为了便于理解，现分析极端情况，计算时间 $t=\infty$ 与 $t=15s$ 时的绝缘电阻之比，即

$$\frac{R_\infty}{R_{15s}} = \frac{(i_1+i_2+i_3)_{15s}}{i_3} = 1 + \frac{(i_1+i_2)_{15s}}{i_3} \tag{5-3}$$

绝缘受潮劣化时，泄漏电流 i_3 比 15s 时的电容电流和吸收电流之和 $(i_1+i_2)_{15s}$ 大得多，R_∞/R_{15s} 趋近于 1；绝缘良好时，i_3 很小，i_2 相对较大，则 $R_\infty/R_{15s}>1$。这就是说，吸收比的数据与绝缘状态有很大关系。而 K 是一个比值，与绝缘结构的几何尺寸无关，易于比较。由于无法测量 R_∞，只能根据经验测量吸收比 K，一般认为当 $K \geqslant 1.3$ 时绝缘是良好的。这一数据对分析 35～110kV 变压器、中型容量发电机是有效的。近年来，随着电力设备电压等级及容量的提高，发现用吸收比 K 判断大容量变压器绝缘状态会出现误判断现象。如某公司 15 台 90 000kVA 及以上的变压器，在 132 次吸收比测量中，有 76 次小于 1.3，占

58%。上述变压器油试验及其他试验均未发现异常，且运行一直正常。这种现象产生的原因很多，且与绝缘结构、油质、温度等因素相关，其中原因之一是大容量变压器的吸收电流衰减时间长，吸收比 K 反映不了整体绝缘的吸收现象，仅反映局部绝缘的吸收现象。

为克服测量吸收比可能产生的误判断，对于吸收比小于 1.3 的试品，常采用测量其 10min 与 1min 的绝缘电阻之比，即极化指数 P（R_{600s}/R_{60s}）来判断绝缘的优劣。如《规程》要求，电力变压器极化指数不低于 1.5。当 R_{60} 大于 10 000MΩ（20℃）时，极化指数可不作要求。容量为 6000kW 及以上的同步发电机，沥青浸胶及烘卷云母绝缘吸收比不应小于 1.3 或极化指数不应小于 1.5；环氧粉云母绝缘吸收比不应小于 1.6 或极化指数不应小于 2.0。

吸收比 K 和极化指数 P 不要求进行温度换算。吸收比 K 和温度有一定关系，一般良好的绝缘，温度升高吸收比 K 略有增加，绝缘不良时，温度升高吸收比 K 减小。若知道不同温度下的吸收比 K，可以对变压器绝缘状态进行初步分析。对于极化指数 P，温度变化时其值变化微小。综合分析对吸收比 K 和极化指数 P 不进行温度换算，目前也难以找到换算公式。

第二节　绝缘电阻表的种类和负载特性

绝缘电阻表是测量绝缘电阻的专用仪表。常见的绝缘电阻表根据其电压等级有 500、1000、2500、5000V 等几种；从使用形式上又分为手摇式和电动式。高压电力设备预防性试验中，常用的绝缘电阻表有 1000、2500、5000V 等几种。目前手摇式已很少使用。

绝缘电阻表测得的绝缘电阻与其端电压有关。绝缘电阻表所测得的绝缘电阻同端电压的关系曲线称为绝缘电阻表的负载特性，如图 5-2 所示。

当被试品绝缘电阻过低时，表内电压降将使其端电压显著下降。端电压剧烈下降时，测得的绝缘电阻值则不能反映绝缘的真实状态。一般绝缘电阻表的容量较小，因此测量大容量设备的绝缘电阻时准确性偏低。

不同型号的绝缘电阻表负载特性不同，因此使用不同型号的绝缘电阻表，测量结果会有明显差异。实际测量中，为便于纵向及横向比较，同类设备尽量采用同一型号的绝缘电阻表。

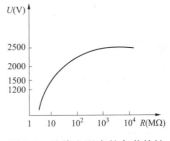

图 5-2　绝缘电阻表的负载特性

第三节　影响绝缘电阻的因素

一、温度的影响

运行中的电力设备其温度会随周围环境变化，其绝缘电阻也随温度变化。一般情况下，绝缘电阻随温度升高而降低，因为温度升高时，绝缘介质内部离子、分子运动加剧，绝缘内部杂质、水分、盐分等也呈扩散趋势，使电导增加，绝缘电阻降低。这与导体的电阻随温度的变化是不一样的。

不同的电力设备及不同材料制造的同类型电力设备，绝缘电阻随温度的变化不一样，现场测量也很难保证在完全近似的温度下进行，为了进行试验结果比较，有关机构曾给出一些设备的温度换算系数，但由于设备的运行年限、干燥程度、使用的测温方法等因素影响，很难得出比较准确的换算系数。因此实际测量绝缘电阻时，必须记录试验温度（环境温度及设备本体温度），而且应尽可能在相近温度下进行测量，以避免温度换算引起的误差。

二、湿度和电力设备表面脏污的影响

电力设备周围环境湿度的变化及空气污染造成的表面脏污对绝缘电阻的影响很大。空气相对湿度增大时，绝缘物表面会吸附许多水分，使表面电导率增加，绝缘电阻降低。当绝缘物表面形成连通水膜时，绝缘电阻更低。如雨后测得一组 220kV 磁吹避雷器的绝缘电阻仅为 2000MΩ；当屏蔽掉其表面电流再进行测量时，其绝缘电阻为 10 000MΩ 以上；第二天下午晴天，在表面干燥状态下测量其绝缘电阻也在 10 000MΩ 以上。

电力设备表面脏污还会使设备表面电阻大大降低，绝缘电阻显著下降。因此，现场测量绝缘电阻应采用屏蔽环或烘干（清洁）表面以消除表面泄漏电流影响，得到真实测量值。

三、残余电荷的影响

大容量设备运行中遗留的残余电荷或试验中形成的残余电荷未完全释放，会造成绝缘电阻偏大或偏小，引起测得的绝缘电阻不真实。残余电荷的极性与绝缘电阻表的极性相同时，测得的绝缘电阻将比真实值增大；残余电荷的极性与绝缘电阻表的极性相反时，测得的绝缘电阻将比真实值减小。因为极性相同时，由于同性相斥，绝缘电阻表输出电荷减小，输出电流减小；极性相反时，绝缘电阻表要输出更多电荷去中和残余电荷，输出电流增大。

为消除残余电荷的影响，测量绝缘电阻前必须充分接地放电，重复测量时也应充分放电，大容量设备应至少放电 5min。如一大容量变压器，充分放电后第一次测得其一个绕组的绝缘电阻为 4000MΩ，第二次再测同一绕组（未充分放电），绝缘电阻为 5000MΩ，充分放电 10min 后第三次测量，其绝缘电阻为 4000MΩ。

四、感应电压的影响

现场预防性试验中，由于带电设备与停电设备之间的电容耦合，使得停电设备带有一定电压等级的感应电压。

感应电压对绝缘电阻测量有很大影响。感应电压强烈时可能会损坏绝缘电阻表或造成指针乱摆，得不到真实的测量值。如一台由两节组成的 220kV 金属氧化物避雷器，测量上节绝缘电阻为 50 000MΩ，下节绝缘电阻为 20 000MΩ，将上节端部接地，从中部加压测量（测量上、下节并联绝缘电阻值），由于感应电压降低，测得的绝缘电阻为 100 000MΩ。又如一个 220kV 电流互感器某相高压引线感应电压强烈，测量其一次对末屏绝缘电阻时，指针在 500MΩ 左右摆动，将高压引线接地，用同一绝缘电阻表测量末屏对一次及地的绝缘电阻时，绝缘电阻为 2000MΩ。由此可见，感应电压对绝缘电阻的影响之大。测量绝缘电阻，必要时应采取电场屏蔽等措施克服感应电压的影响。

五、绝缘电阻表最大输出电流值影响

绝缘电阻表最大输出电流值（输出端经毫安表短路测得）对吸收比和极化指数测量有一定影响。所以测量吸收比和极化指数应采用大容量绝缘电阻表，即选用最大输出电流 1mA 及以上的绝缘电阻表，大型电力变压器宜选用最大输出电流 3mA 及以上的绝缘电阻表。

第四节　绝缘电阻的测量及其注意事项

一、测试步骤

（1）试验前先检查安全措施，被试品电源及一切对外连线应拆除。被试品接地放电，大容量设备至少放电 5min。勿用手直接接触放电导线。

（2）根据表面脏污及潮湿情况决定是否采取表面屏蔽或烘干、清洁措施，以消除表面脏污对绝缘电阻的影响。

（3）将被试品接于"L"与"E"端子之间，"L"端子接高压测量部分，"E"端子接低压或外壳接地部分，读取 1min 时的绝缘电阻值。

（4）试验完毕或重复试验时，必须将被试品对地或两极间充分放电，以保证人身、仪器安全并提高测量准确度。

（5）记录被试品设备铭牌、运行编号、本体温度、环境温湿度及使用的绝缘电阻表型号。

二、测试注意事项

（1）测试时，"L"与"E"端子引线不要靠在一起，并用绝缘良好的导线。"L"与"E"端子不能接错，接错会影响测量结果。由于绝缘电阻表"L"端子连接的部件有良好的屏蔽作用，绝缘电阻表本身的泄漏电流影响可以排除。

（2）测得绝缘电阻过低时应进行分析，排除环境温度、湿度、表面脏污、感应电压等因素影响。能分开试验的部分尽量分开，找出绝缘电阻最低的部分。

（3）为了便于比较，测量同类设备尽可能使用同型号绝缘电阻表。

（4）对测得的绝缘电阻可以进行温度换算的，应将所测绝缘电阻值换算到标准温度下再进行综合分析比较；不能进行温度换算的，也要与同期试验的同类设备横向比较。发现异常应及时查明原因或辅之以其他测试手段综合判断。

（5）注意感应电压的影响。同杆双回架空线路，当一回线路带电时，不得测量另一回线路的绝缘电阻，以防感应电压损坏绝缘电阻表并危及人身安全。对其他感应电压较高的线路及设备进行测量时，要采取防护措施，如加屏蔽等。

（6）测量电力电容器极间绝缘电阻时，由于电力电容器电容量大，吸收电流衰减时间长，很难测出其准确的绝缘电阻值；由于其残余电荷多，也很危险。此项试验参照第十四章相关内容。

注意试验前一定要直接对两极充分放电，以免残余电荷损坏仪表及危及人身安全。

（7）测量大容量设备时，应选择容量大的绝缘电阻表。

> 啊！停电了怎么电容器还有电？
> 大电容试品有残余电荷，一定要对两极直接放电后再接线，不要忘了试验后也要放电哟！

第五节　绝缘电阻表的类型和特点

一、绝缘电阻表类型

随着科学技术的发展，绝缘电阻表也不断更新换代。绝缘电阻表类型如下：

1. 手摇式

该仪表目前已很少使用，不再介绍。

2. 电动式

将较低的直流电压，经过变换、反馈、稳压后得到稳定的直流输出电压（100～5000V），再经过测量机构即简单的电流表头，组成电动式（晶体管式）绝缘电阻表。电源可采用电池或工频220V电源，非常方便。

3. 数字式

采用D/A转换器将所测绝缘电阻值转换为数字显示，即数字绝缘电阻表。

4. 智能化

在数字化基础上，使用单片机研制智能化绝缘电阻表，测量数据采集、计时、计算、打印全部自动化。这种智能化表的电压为500～5000V，量程为0～ 5×10^5 MΩ，可以直接测量吸收比和极化指数。

5. 专用型

如用于测量双水内冷发电机定子绕组绝缘电阻的绝缘电阻表，这种绝缘电阻表不仅输出功率要大，而且要有补偿回路和测量回路输入端接地，这种专用型绝缘电阻表可以在通水情况下，测量定子绕组的绝缘电阻。

二、绝缘电阻表特点

1. 理想的功能设置

（1）连续测量模式，可实时显示数据。开机即计时，每15s鸣叫报时一次，提醒记录15s的绝缘电阻值。

（2）自动报时和数据保持功能。开机即开始计时，每15s鸣叫报时一次，10min时，发出2min鸣叫报时信号，提醒记录10min的绝缘电阻值和测量结束。每15s读数锁定保持8s，便于试验者及时记录读数。

（3）吸收比 K 和极化指数 P 的检测智能化。当按下"吸收比"键后，开始吸收比测量，1min后仪器数据框直接显示被试品的吸收比 K 值，鸣叫20s后自动关机。当按下"极化指数"键后开始极化指数 P 测量，10min后仪器数据框显示极化指数值，连续鸣叫20s后自动关机。

（4）仪器结构为水平放置俯视式，便于读数；内置可充电电池，并设有智能充电电路，每次充电后，可保证仪器连续工作3～4h，方便现场使用。

2. 先进的安全措施

（1）短路自动保护功能。当被试品击穿短路时，仪器适时关机，高压自动消失，确保仪器和试品安全。

（2）防电压、电流冲击功能。电路设计先进，防电压反冲，防初始充电电流冲击能力强。开机后不必进行调"0"和"∞"的校正工作。测量时可先挂线后开机；测量结束后，可先关机后拆线。试品中残存的电磁能量，可经过仪器内的泄放通道泄入大地，从而保证了仪器、试品和试验人员的安全。一表两种电压，方便现场使用。

3. 优良的测试性能和抗干扰能力

当被试品处于较强的电磁干扰环境时，同样可以完成测试工作。目前主流绝缘电阻表的重复性、稳定性、负载特性等性能都是很可靠的。

用于绝缘测试时，测量电压为 50、100、250、500、1000、2500V 和 5000V 等，测量绝缘电阻值范围为 $0.01M\Omega \sim 1T\Omega$。

本章提示

本章介绍了绝缘电阻、吸收比和极化指数测量的原理、绝缘电阻表的原理与接线、影响绝缘电阻的因素，说明了绝缘电阻测试的注意事项。

作为电力工作人员，用绝缘电阻表测量绝缘电阻是最基本的方法，一定要弄清测量原理、熟练掌握测量方法，知道绝缘电阻表"G"端子的作用和大电容量试品残余电荷的危险。

本章重点

1. 直流电压下不均匀介质中电流的吸收现象。
2. 影响绝缘电阻的因素。
3. 绝缘电阻测量注意事项。

 复 习 题

1. 何谓绝缘电阻、吸收比、极化指数？
2. 何谓绝缘电阻表的负载特性？
3. 影响绝缘电阻的因素有哪些？
4. 试述绝缘电阻的测量步骤及注意事项。

第六章

直流泄漏电流试验及直流耐压试验

第一节　直流泄漏电流试验及直流耐压试验的原理及特点

　　直流泄漏电流试验与直流耐压试验的接线及原理相同，通常同步进行。直流泄漏电流测量与绝缘电阻测量的原理基本相同，不同之处在于直流泄漏电流测量所用的电源为可调的直流高压装置，并用微安级电流表直接测量流过试品的电流。直流泄漏电流测量与绝缘电阻测量比较有下列优点：

　　（1）试验电压较高，并且可连续调节。根据被试品不同的电压等级施加相应的直流试验电压，这个电压较绝缘电阻表的电压高得多。如对 110kV 变压器一次绕组，需施加 40kV 直流高压。因此，测量直流泄漏电流比用绝缘电阻表测量绝缘电阻更容易发现某些绝缘缺陷（如瓷质绝缘裂纹、局部损伤、绝缘油劣化、绝缘沿面炭化等）。

　　（2）用微安级电流表监测泄漏电流，灵敏度高，可多次重复比较。

　　（3）根据泄漏电流测量值可以换算出绝缘电阻值，而用绝缘电阻表测出的绝缘电阻值，一般不能换算出泄漏电流值，这是因为根据绝缘电阻表的负载特性，绝缘电阻表输出的端电压与被试品绝缘电阻值大小有关，不一定是绝缘电阻表铭牌标准电压。

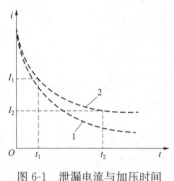

图 6-1　泄漏电流与加压时间
关系曲线

1—绝缘良好；2—受潮

　　（4）泄漏电流试验中可以作出泄漏电流与加压时间的关系曲线和泄漏电流与所加电压的关系曲线，通过这些曲线可以判断绝缘状态。

　　图 6-1 为泄漏电流随加压时间变化的过程，实际上就是吸收电流的变化过程。当绝缘受潮或有缺陷时，电流随加压时间下降得比较慢，达到的稳定值较大（见图 6-1 中曲线 2），即绝缘电阻较小。

　　正常良好的绝缘，泄漏电流与一定范围内的外加电压呈线性关系。在《规程》规定的试验电压下，泄漏电流与所加电压的关系应为一条直线，绝缘有缺陷时，二者就不一定是直线关系了。因此，通过对泄漏电流与所加电压的关系曲线的分析，可以发现某些局部缺陷。

　　直流耐压试验的试验设备轻便，容量小（与交流耐压试验比较，详见本书第八章），易于发现某些设备的局部绝缘缺陷。如直流耐压试验时，易发现发电机端部绝缘缺陷，而交流耐压试验易发现发电机槽部及出槽口的绝缘缺陷。

第二节　试验设备及接线

一、直流高压的获得

(一) 半波整流电路

半波整流电路原理接线如图 6-2 所示，一般用于大容量变压器、电缆等设备泄漏电流测量和直流耐压试验。半波整流电路的组成部分如下：

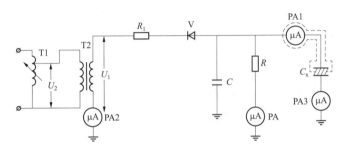

图 6-2　半波整流电路原理接线图

1. 交流高压电源

这部分包括自耦调压器 T1、升压变压器 T2 和控制保护装置等。理想情况下，输出的直流高压 $U_d=\sqrt{2}U_1=\sqrt{2}KU_2$，式中 K 为升压变压器 T2 的变比；U_1、U_2 为一、二次电压。当要求直流高压准确度高时，如用于测量避雷器泄漏电流，必须从高压侧直接测量直流高压，使用换算值误差较大。

2. 整流部分

这部分包括高压硅堆和稳压电容器（滤波电容器），作用是整流滤波，获得较理想的直流波形。一般情况下，高压硅堆的额定反峰电压应大于所加最高交流电压有效值的 $2\sqrt{2}$ 倍，额定电流也应满足试验电流的要求。

多只硅堆串联时，为了使每只硅堆电压分配均匀，需并联均压电阻 R，其数值一般为硅堆反向电阻的 $1/4\sim1/3$。

稳压电容器电容 C 的选择：当试验电压为 $3\sim10$kV 时，$C>0.06\mu$F；当试验电压为 $15\sim20$kV 时，$C>0.015\mu$F；当试验电压为 30kV 时，$C>0.01\mu$F。

因大容量设备，如大型发电机、变压器、电缆等试品，其本身电容量较大，测量泄漏电流或进行直流耐压试验时，可以不加稳压电容。

3. 保护电阻 R_1

保护电阻 R_1 的作用是限制被试品击穿时的短路电流，保护变压器、硅堆及微安级电流表。一般采用水电阻作为保护电阻。选用原则是：当试品击穿时，既能将短路电流限制在硅堆的最大允许电流之内，又能使控制保护装置的过电流保护可靠动作。正常工作时水电阻上的压降不宜过大（应在试验电压的 1% 以下），一般按 10Ω/V 取值，试验中常用有机玻璃管、透明硬塑料管充水制成，其表面爬电距离常按 $3\sim4$kV/cm 考虑。

4. 微安级电流表

微安级电流表主要用于测量泄漏电流，表的量程根据被试品的参数选择。测量时微安级电流表有三种接线方式：

（1）微安级电流表接在被试品高压端，如图 6-2 中 PA1 位置。这种接线的优点是测出的泄漏电流准确，排除了部分杂散电流的影响，接线简单。缺点是微安级电流表处于高电位，必须有良好的绝缘屏蔽；微安级电流表位置距试验员较远，读数和切换量程均不方便。另外，有一些微安级电流表表头在高电场下易极化，会造成较大的测量误差。当被试品接地端无法断开时常采用这种接线。

（2）微安级电流表接在试验变压器 T2 一次（高压）绕组尾部，如图 6-2 中 PA2 位置。这种接线的微安级电流表处于低电位，具有读数安全、切换量程方便的优点。这种接线的缺点是高压导线等对地部分的杂散电流均通过微安级电流表，测量结果误差较大，如图 6-3 所示。

（3）微安级电流表接在被试品低压端，如图 6-2 中 PA3 位置。当被试品的接地端能与地断开并有绝缘时（如避雷器），采用这种接线。这种接线的微安级电流表处于低电位，高压引线等部分的杂散电流不经过微安级电流表，读数、切换量程方便，屏蔽容易。推荐尽可能采用这种接线。

通常采用的微安级电流表保护回路如图 6-4 所示。图中 C_1 是滤波电容，滤掉测量回路中的交流分量并保证放电管稳定放电，可减小指针摆动，便于读数，其电容量可为 $0.5\sim5\mu F/150V$。当回路中出现超过微安级电流表量程的泄漏电流时，放电管迅速放电，将微安级电流表两端短路，以保护微安级电流表。放电管放电电压一般约为 $50\sim100V$。

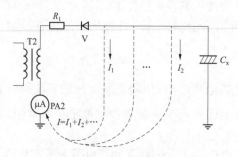

图 6-3　通过微安级电流表

PA2 的杂散电流路径示意图

I_1—电晕电流；I_2—泄漏电流；

I—通过 PA2 的杂散电流；R_1—保护电阻

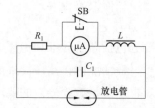

图 6-4　微安级电流表保护回路

微安级电流表流过较大电流时，增压电阻 R_1 增加放电管两端压降，可使放电管放电，R_1 的计算公式为

$$R_1 = U/I \times 10^6 \tag{6-1}$$

式中　U——放电管实际放电电压，V；

I——微安级电流表满量程电流，μA。

电感绕组 L 一般取 1H 左右，其作用是防止突然短路时放电管来不及动作，冲击电流损坏微安级电流表。通常电感绕组可用电能表电压绕组或小变压器绕组代替。

（二）倍压整流电路及多级串接整流电路

当需要较高的直流高压时，如对 35kV 电缆进行直流耐压试验，对 110kV 及以上金属氧化物避雷器进行泄漏电流试验时，就要采用倍压整流及三级串接整流，其接线如图 6-5 所示。

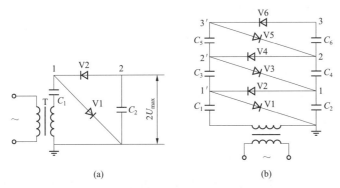

图 6-5　倍压整流及三级串接整流接线

(a) 倍压整流；(b) 三级串接整流

倍压整流 [见图 6-5（a）] 可以输出对地为 $2U_{max}$ 的直流高压。其原理为：当电源电压为正半波时（变压器接地端为负），变压器经硅堆 V1 导通，对 C_1 充电到 U_{max}；负半波时，变压器与电容 C_1 的电压叠加，经硅堆 V2 对电容 C_2 充电，如果 $C_1 \gg C_2$，则 C_2 经过一个周波充到 $2U_{max}$，一般 $C_1 = C_2$，所以 C_2 经若干周波后充到 $2U_{max}$，即为变压器输出电压峰值的 2 倍。串接式整流装置也是根据以上原理制成的，其接线如图 6-5（b）所示。理想情况下（即不考虑效率及损耗），图 6-5 中 1、2、3 点的对地电压值可分别达到 $2U_{max}$、$4U_{max}$、$8U_{max}$。

（三）成套直流高压试验仪器

近年来，随着电力电子技术的发展，晶体管直流高压发生器、可控硅逆变倍压整流直流高压发生器等成套试验仪器得到了广泛应用，其输出电压 30～400kV，设备具有体积小、质量轻的特点，广泛用于试验现场。

（四）新型测试仪

新型测试仪，如 ZGSIV 型直流高压试验器，采取的是电压大反馈，因此输出电压的稳定度得到了大幅度提高，电压漂移量极小，高压、过压稳定采用数字拨盘开关，能将整定电压值直观显示，并具有较高的整定精度；增设 $0.75U_{1mA}$ 高精度功能按钮，给氧化锌避雷器测量带来了极大的方便；输出电压调节采用单个多圈电位器，升压过程平衡，调节精度高，操作简单；装设计时器，使之在现场操作时更方便；毫安表为全屏蔽式高压表，可提高高压测量的准确度，且抗干扰、耐冲击。

二、直流高压的测量

直流高压的测量是泄漏电流试验中重要的一部分。试验时所加直流电压的准确性对试验结果影响很大。如对 FCZ3-110J 型避雷器加压 110kV 时，泄漏电流为 $370\mu A$，合格；加压 114kV 时，泄漏电流为 $460\mu A$，不合格。

直流高压的测量方法一般有以下几种：

1. 在试验变压器低压侧测量

在半波整流电路中，通过试验变压器的变比及测量变压器低压侧电压，可近似换算出直

流高压值，即

$$U_{DC} = \sqrt{2}KU_2 \qquad\qquad (6-2)$$

式中　U_{DC}——被试品上所加直流电压，V；

　　　K——变压器变比；

　　　U_2——变压器低压侧电压的有效值，V。

这种测量方法忽略了被试品的泄漏电流及保护电阻的压降等因素，测量误差较大。

2. 用高压静电电压表测量

对不同范围的直流高压选用不同量程的高压静电电压表，可以直接测出输出电压。由于现场使用不便，一般在室内试验时采用。

3. 用高压电阻串联微安级电流表测量

电阻杆测量电压接线如图 6-6 所示。测量原理为欧姆定律。该方法优点是高压直接测量，测量范围广，高压电阻经过严格校正后，精度可以保证。

电阻 R 可采用金属膜电阻、碳膜电阻，要求阻值稳定，随温度变化很小。电阻热容量及表面爬距符合相应规程要求。电阻 R 组装在密封的绝缘筒中，并采用良好的均压措施，如装防晕环。每次使用前，在低电压下校正，根据线性关系换算高压下的电流值。

4. 用分压器测量

如图 6-7 所示，用高值电阻 R_1 串联低值电阻 R_2，测量 R_2 上电压 U_2，再根据分压比 $K = \dfrac{R_1 + R_2}{R_2}$，计算出被测高压 $U_1 = KU_2 = \dfrac{R_1 + R_2}{R_2}U_2$。为安全起见，应在 R_2 电阻两端并联低压放电管。

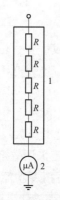

图 6-6　电阻杆测量电压接线

1—电阻杆；2—微安级电流表

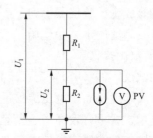

图 6-7　用分压器测量
直流高压接线

电阻分压器测量准确，携带方便，是高压直流电压测量首选的测量设备，但应注意定期校验。

第三节　影响泄漏电流测量的因素

一、高压引线的影响

如图 6-8 所示，高压引线及高压输出端均暴露在空气中，其对地、绝缘支撑物和邻近设备等均有一定的杂散电流、泄漏电流。这些电流有流过试品内部的体积泄漏电流 I_0、高压硅堆及硅堆至微安级电流表高压引线对地杂散电流 I_1、屏蔽线对地杂散电流 I_2、高压引线及高压端通过空气对地的杂散电流 I_3、高压引线输出端及加压端对邻近设备的杂散电流 I_4、设备高压端通过外壳表面对地的泄漏电流 I_5。

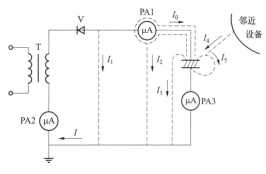

由图 6-8 可以看出，微安级电流表在不同位置时流过的电流分别为：在 PA1 位置时，$I_{PA1}=I_0+I_3+I_4+I_5$；在 PA2 位置时，$I_{PA2}=I_0+I_1+I_2+I_3+I_4+I_5$；在 PA3 位置时，$I_{PA3}=I_0+I_5$。

图 6-8　高压引线对地杂散电流及表面泄漏电流示意图

可以看出，在 PA2 位置时测量误差较大，且不易屏蔽。在 PA1 位置时，由于在高压侧测量，且高压引线被屏蔽，排除了 I_1、I_2 的影响，I_5 也可以通过在试品高压端加屏蔽环屏蔽掉，所以误差较小。在 PA3 位置时，杂散电流 I_1、I_2、I_3、I_4 均不通过微安级电流表，若在试品低压端采取屏蔽（接地），如避雷器下部瓷裙加短路线接地，则可以排除 I_5 的影响。I_5 电流与高压引线和低压微安级电流表引线距离有关，可以通过加大两者距离等办法减小影响。可见在 PA3 位置进行测量是一种比较精确的测量方法，用这种方法测得的泄漏电流偏小时，应考虑设备接地端对地绝缘是否良好。

在直流电压较高时，如 110kV 及以上避雷器泄漏电流测量，高压杂散电流对试验结果影响很大，现场应采取增加高压引线直径、减少尖端毛刺、进行屏蔽、增加对地距离、给微安级电流表选择适当位置等措施，以减少杂散电流对试验结果的影响。如对某变电站一相 FCZ2-110JN 型磁吹避雷器进行试验时，微安级电流表按图 6-8 中 PA2 位置接线，高压引线不加屏蔽，测得 100kV 下的泄漏电流为 720μA；高压引线加屏蔽后，测得泄漏电流为 690μA；将悬挂高压引线的绝缘杆端部屏蔽，测得泄漏电流为 670μA；再对试品高压端加屏蔽，泄漏电流下降为 630μA。微安级电流表改在图 6-8 中 PA3 位置进行低压侧测量，下部瓷裙不加屏蔽，泄漏电流为 660μA；下部瓷裙加屏蔽，泄漏电流为 620μA。可见，高压引线引起的杂散电流及表面泄漏电流对试验结果是有影响的。

二、温度的影响

与绝缘电阻测量相同，温度对泄漏电流测量结果影响较大，温度升高，绝缘电阻下降，泄漏电流增大，不同类型、材料、结构的试品其变化特性也有不同。经验表明，对于 B 级绝缘发电机的泄漏电流，温度每升高 10℃，泄漏电流增加 0.6 倍。因此，对不同温度下测得的泄漏电流值进行比较时，应考虑温度的影响。《规程》给出了部分设备不同温度下的泄漏电流参考值。

三、电源电压的非正弦波形对测量结果的影响

采用变压器低压侧电压换算出直流高压输出电压幅值的方法，电流、电压的非正弦波会造成输出高压的偏差，进而影响测量结果。系统中的三次谐波对正弦波的影响如图 6-9 所示。图 6-9（a）所示的合成波属于平顶波，最大值比基波的最大值小，会造成加于被试设备的试验电压偏低，整流后的直流电压小于交流电压有效值的 $\sqrt{2}$ 倍。图 6-9（b）所示的合成波与图 6-9（a）的正好相反，属于尖顶波，最大值要比基波最大值大，会造成输出直流电压偏大。一般采用以下方法克服非正弦波的影响：

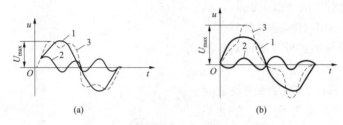

图 6-9　三次谐波对正弦波影响示意图
(a) 平顶波；(b) 尖顶波
1—基波；2—三次谐波；3—合成波

（1）用波形畸变小的自耦变压器调压。
（2）选择波形不易畸变的电压作为电源输出。
（3）直接在高压侧测量直流高压。

四、加压速度对泄漏电流测量结果的影响

大容量试品试验时，由于泄漏电流存在吸收过程，即 1min 时的泄漏电流不一定是真实的泄漏电流，可能包括一定的电容电流和吸收电流，而泄漏电流是指加压 1min 时的泄漏电流值，因此加压速度对试验结果也有影响。

为了得到较准确的试验数据，应采取逐级加压的方式，还应规定相应的升压速度和电压稳定时间。《规程》中对电缆直流耐压试验及泄漏电流测量规定的电压稳定时间为 5min，这是为了克服吸收现象造成的测量误差。一般现场测量时也都采用逐级加压方式。

五、残余电荷的影响

同测量绝缘电阻一样，被试品残余电荷对泄漏电流测量也有影响。残余电荷极性与直流输出电压同极性时，泄漏电流偏小；极性相反时，泄漏电流偏大。因此，泄漏电流试验前和重复试验时，均要对被试品进行充分放电。

六、直流输出电压极性对泄漏电流测量结果的影响

泄漏电流试验时，直流输出电压一般采用负极性而不采用正极性。试验证明，直流输出电压的极性对试验结果有影响。

以测量电缆的泄漏电流为例：若绝缘受潮，电缆芯加正极性试验电压时，由于绝缘中的水分带正电，在电场作用下，水分被排斥移向铅包，造成绝缘中水分相对减少，泄漏电流偏小；电缆芯加负极性高压时，在电场作用下，水分由铅包渗过绝缘向电缆芯集中，使绝缘中水分增加，泄漏电流增大。加负极性直流输出电压，能更严格地判断受潮程度。绝缘有局部缺陷时，负极性高压有助于使绝缘中的水分集中于局部缺陷区，易于发现局部缺陷。

因此，测泄漏电流时，要加负极性高压并读取 5min 时的泄漏电流值。同样，用绝缘电阻表测量绝缘电阻时，为了易于发现缺陷，要在"L"端子输出负极性高压。

七、表面水分及脏污的影响

与绝缘电阻测量相同，为了消除水分及脏污对测量的影响，应确保瓷套表面干燥、清洁，可在部分瓷裙涂有机硅油、硅脂石蜡。

第四节 异常现象分析及注意事项

一、异常分析

在交接及预防性试验中，常遇到以下异常情况，要注意分析。

1. 从微安级电流表反映出的异常现象

（1）指针来回摆动。这可能是由于电源电压波动，或直流电压脉动系数大，或试验回路和被试品有充放电过程。若摆动不大，可取其平均值；摆动大，则应检查主回路和微安级电流表的滤波电容是否良好，电容量是否合适，必要时可改变滤波方式。

（2）指针周期性摆动。这可能是被试品绝缘不良或回路存在反充电现象，应查明原因。

（3）指针突然冲击。若有小冲击，可能是电流回路引起的；若有大冲击，可能是试验回路或被试品出现闪络或间歇性放电引起的。遇这种异常时，应立即降压，查明原因。

（4）指针指示随测量时间而变化。若指示逐渐下降，可能是充电电流减小或被试品表面电阻增大引起的；若指示逐渐上升，一般是被试品绝缘老化引起的。

（5）指针反指。这可能是微安级电流表极性接错或被试品对测压电阻放电引起的。

（6）接好线，未加压，微安级电流表即有指示。这可能是由于外界干扰，微安级电流表表面极化或地电位抬高引起的。

2. 从泄漏电流数值上反映出的异常情况

（1）泄漏电流过大。这时应先对被试品、试验接线、屏蔽、试验电压等进行检查，然后依据影响泄漏电流的因素，排除外界影响因素后，再对被试品下结论。

（2）泄漏电流过小。这可能是接线错误、试验电压偏低、微安级电流表有分流等引起的。

（3）对无法在被试品低压端进行测量的，当泄漏电流偏大时，可考虑采用差值法，即先将高压引线悬空升压，测得一泄漏电流，然后将高压引线接被试品，再升压测得一泄漏电流，后者减去前者即为被试品泄漏电流值。差值法可排除高压引线、试验设备高压端的杂散电容对泄漏电流的影响。

二、注意事项

（1）按要求接线，并由专人认真检查接线和仪器仪表，尤其是检查操作部分外壳是否已可靠接地。确认无误后，方可通电升压。

（2）升压应均匀分级进行，不可太快。

（3）升压中若出现击穿、闪络等异常现象，应马上降压断开电源，并查明原因。

（4）试验完毕，降压、断开电源后，均应先对被试品充分放电才能更改接线。对较大容量被试品放电时，应用高电阻放电，不能用接地线直接放电。用高电阻放电棒进行放电时，先将放电棒逐渐接近试品，至一定距离后空气间隙开始游离放电，有"嘶嘶"声响。当无声音时再用放电棒放电，最后直接用接地线放电。放电时应注意放电位置，对于微安级电流表接在高压侧的，应对高压引线芯线放电，以免放电电流直接流过微安级电流表，将微安级电流表冲击烧坏；对于微安级电流表接在低压侧和试品低压端的情况，放电前应先将微安级电流表短接后再放电。对于附近设备有可能存有感应电荷时，也应放电或预先短接。如测量三相电缆其中一相的泄漏电流时，应先将非被试的两相电缆短路接地。

本章提示

本章介绍了直流泄漏电流试验及直流耐压试验的特点、测量设备及接线，介绍了影响泄漏电流的因素及测量注意事项。

直流泄漏电流试验及直流耐压试验前后的放电千万不能用接地线直接放电，一定要用电阻杆，否则放电声会吓你一大跳。你知道为什么直流高压输出一般为负极性吗？

本章重点

1. 获得直流高压的方法。
2. 微安级电流表不同位置时杂散电流对试验结果的影响。
3. 高压引线及直流输出电压极性对泄漏电流测量结果的影响。
4. 试验中异常现象的分析处理。

复习题

1. 泄漏电流试验与绝缘电阻试验比较，有哪些优点？
2. 简述倍压整流及三级串级整流装置输出直流高压的原理。
3. 简述直流高压测量的几种方法及其优缺点。
4. 影响泄漏电流测量的因素有哪些？
5. 试述微安级电流表在不同位置时杂散电流对试验结果的影响。
6. 试述直流输出电压极性对泄漏电流试验结果的影响。
7. 简述泄漏电流试验中常见的异常现象并分析产生的原因。
8. 泄漏电流试验应注意哪些事项？

第七章

介质损耗因数 tanδ 试验

第一节 tanδ 测量的原理和意义

在电压作用下，电介质产生一定的能量损耗，这部分损耗称为介质损耗或介质损失。产生介质损耗的原因主要是电介质电导、极化和局部放电。

一、电介质电导引起的损耗

在电场作用下电介质电导（又称漏导）产生的泄漏电流会造成能量损耗。这种损耗在交流与直流作用下都存在，且这种损耗与极化、局部放电引起的损耗相比是很小的。

二、极化引起的损耗

在交流电压作用下，电介质由于周期性的极化过程，电介质中的带电质点要沿交变电场的方向作往复的有限位移并重新排列，这时质点需要克服极化分子间内摩擦力造成能量损耗。极化损耗的大小与电介质的性能、结构、温度、交流电压频率等有关。

三、局部放电引起的损耗

绝缘材料中，不可避免地会有些气隙或油隙。在交流电压下，电场分布与该材料的介电常数 ε 成反比。气体的介电常数一般比固体绝缘材料低得多，因此承受的电场强度更高，当外加电压足够高时，气隙中首先发生局部放电。固体中气隙放电前后电场示意图如图 7-1 所示。

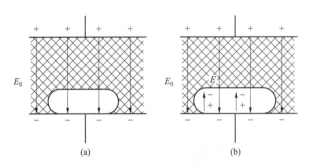

图 7-1 固体中气隙放电前后电场示意图

(a) 气隙未放电前；(b) 气隙放电后

气隙放电形成的电荷，在外施电场 E_0 作用下移动到气隙壁上，这些电荷又形成反电场 E，削弱了气隙中的电场，很可能会使气隙中的放电不再继续下去，如图 7-1 (b) 所示。但是如外加的为交流电压，半周后外施电场 E_0 反向，正好与前半周气隙中电荷形成的反电场 E 同向，加强了气隙中电场强度，使气隙中放电在更低电压下发生。所以交流电压下绝缘体里的局部放电及介质损耗比直流电压下严重。在油浸电容器、电容套管等的设计制造及运行中都要注意这一点，要尽量避免内部气隙、毛刺等引起的局部放电。一般油浸纸绝缘交流电容器或电缆用于直流电压下时，长期工作电压能提高到铭牌电压的 4～5 倍，原因就在于此。

绝缘介质损耗的大小，实际上是绝缘性能优劣的一种表示。同一台设备，绝缘良好，介质损耗就小；绝缘受潮劣化，介质损耗就大。

在交流电压 $\dot{U}$ 作用下电介质中流过电流 $\dot{I}$。电介质的并联等值电路及相量图如图 7-2 所示。电压 $\dot{U}$ 与电流 $\dot{I}$ 之间的夹角为 φ，φ 称为功率因数角，φ 的余角 δ，即为介质损耗角。根据图 7-2 可得

$$\tan\delta=\frac{I_R}{I_C}=\frac{1}{\omega C_p R} \tag{7-1}$$

介质损耗

$$P=UI_R=UI_C\tan\delta=U^2\omega C_p\tan\delta \tag{7-2}$$

由此可见，当电介质、外加电压及频率一定时，介质损耗 P 与 $\tan\delta$ 成正比，即可以用 $\tan\delta$ 来表示介质损耗的大小。同类试品绝缘优劣，可直接由 $\tan\delta$ 的大小来判断，而从同一试品 $\tan\delta$ 的历次数据分析，可掌握设备绝缘性能的发展趋势。

通过测量 $\tan\delta$ 可以发现一系列绝缘缺陷，如绝缘整体受潮、老化，绝缘气隙放电等。

$\tan\delta$ 是反映绝缘介质损耗大小的特性参数，与绝缘的体积大小无关。但如果绝缘内的缺陷不是分布性而是集中性的，则 $\tan\delta$ 有时反映就不灵敏了。被试绝缘的体积越大，或集中性缺陷所占的体积越小，集中性缺陷处的介质损耗占被试绝缘全部介质损耗的比重就越小，总体的 $\tan\delta$ 增加得也越少，$\tan\delta$ 测量就不灵敏。因此，测量各类电力设备的 $\tan\delta$ 时，能分开试验的部分应尽量分开试验。如测量变压器整体的 $\tan\delta$ 时，变压器整体绝缘体积比变压器套管大得多，套管的缺陷不能灵敏反映出来，应单独测量套管的 $\tan\delta$。套管的体积小，测套管的 $\tan\delta$ 时不仅可以反映套管绝缘的全面情况，有时还可以反映其中的集中性缺陷。

为了处理问题方便，也可以将图 7-2 所示的并联等值电路变成串联等值电路，如图 7-3 所示。

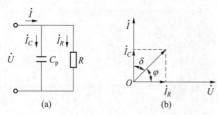

图 7-2　电介质的并联等值电路与相量图
(a) 并联等值电路；(b) 并联等值电路相量图
C_p—并联等值电容

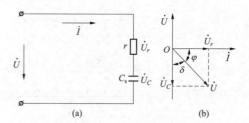

图 7-3　电介质的串联等值电路与相量图
(a) 串联等值电路图；(b) 串联等值电路相量图
C_s—串联等值电容

由图 7-3 可得

$$\tan\delta=\frac{U_r}{U_C}=\frac{Ir}{I/\omega C_s}=\omega C_s r \tag{7-3}$$

$$P=I^2 r=\frac{U^2 r}{r^2+\left(\dfrac{1}{\omega C_s}\right)^2}$$

$$= \frac{U^2 r}{\left(\frac{1}{\omega C_s}\right)^2 \left[(r\omega C_s)^2 + 1\right]}$$

$$= \frac{U^2 \omega C_s \tan\delta}{1 + \tan^2\delta} \tag{7-4}$$

即串联等值电路中 P 也与 $\tan\delta$ 有关。

两种等值电路都表示同一电介质的绝缘特性，因此两种等值电路情况下的电介质能量损耗与 $\tan\delta$，应当也是等值的，由式（7-1）～式（7-4）可得

$$\frac{1}{\omega C_p R} = \omega C_s r$$

$$U^2 \omega C_p \tan\delta = \frac{U^2 \omega C_s \tan\delta}{1 + \tan^2\delta}$$

联立解得

$$C_p = \frac{C_s}{1 + \tan^2\delta}$$

$$R = r\left(1 + \frac{1}{\tan^2\delta}\right)$$

对电介质来讲，$\tan^2\delta \ll 1$，所以可得

$$C_p \approx C_s = C, \ R \gg r$$

因此两种等值电路中的功率损耗可用一个共同的表达式表示，即

$$P = U^2 \omega C \tan\delta \tag{7-5}$$

大多数电力设备的绝缘是组合绝缘，是由不同电介质组成的，且具有不均匀结构，如油浸纸绝缘，含空气和水分的电介质等。对绝缘进行分析时，可把设备绝缘看成图7-4所示的多个电介质串、并联等值电路所组成的回路，这时的 $\tan\delta$ 值实际上是多个电介质串、并联后的综合 $\tan\delta$ 值。

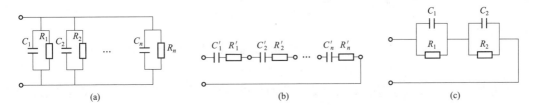

图 7-4 多个电介质串、并联等值电路所组成的电路图

(a) n 个电介质并联；(b) n 个电介质串联；(c) 两个电介质串联

图 7-4 (a) 是 n 个电介质并联的电路，总损耗 $P = P_1 + P_2 + \cdots + P_n$。将 $P = U^2 \omega C \tan\delta$ 代入，得

$$U^2 \omega C \tan\delta = U^2 \omega C_1 \tan\delta_1 + U^2 \omega C_2 \tan\delta_2 + \cdots + U^2 \omega C_n \tan\delta_n$$

$$C \tan\delta = C_1 \tan\delta_1 + C_2 \tan\delta_2 + \cdots + C_n \tan\delta_n$$

而 $C = C_1 + C_2 + \cdots + C_n$，所以得综合 $\tan\delta$ 为

$$\tan\delta = \frac{C_1 \tan\delta_1 + C_2 \tan\delta_2 + \cdots + C_n \tan\delta_n}{C_1 + C_2 + \cdots + C_n} \tag{7-6}$$

同理，得图 7-4（b）的综合 $\tan\delta$ 为

$$\tan\delta = \frac{\dfrac{\tan\delta_1}{C'_1} + \dfrac{\tan\delta_2}{C'_2} + \cdots + \dfrac{\tan\delta_n}{C'_n}}{\dfrac{1}{C'_1} + \dfrac{1}{C'_2} + \cdots + \dfrac{1}{C'_n}} \qquad (7\text{-}7)$$

图 7-4（c）的综合 $\tan\delta$ 为

$$\tan\delta = \frac{C_1\tan\delta_2(1+\tan^2\delta_1) + C_2\tan\delta_1(1+\tan^2\delta_2)}{C_1(1+\tan^2\delta_1) + C_2(1+\tan^2\delta_2)} \qquad (7\text{-}8)$$

由式（7-6）～式（7-8）可知，多个电介质绝缘的综合 $\tan\delta$ 值总是小于等值电路中个别 $\tan\delta$ 的最大值，而大于最小值。

这一结论表明：在测量多种及多层电介质绝缘时，当其中一种或一层 $\tan\delta$ 偏大时，并不能有效地在综合 $\tan\delta$ 值中反映出来，或者说 $\tan\delta$ 对局部缺陷反应不灵敏。

如某两种并联电介质，其中一种电介质的 $C_1 = 1800\text{pF}$，$\tan\delta_1$（％）$=0.2$，另一种电介质的 $C_2 = 200\text{pF}$，$\tan\delta_2$（％）$=5.0$，其综合 $\tan\delta$（％）为

$$\tan\delta（％）= \frac{C_1\tan\delta_1（％）+ C_2\tan\delta_2（％）}{C_1 + C_2}$$

$$= \frac{1800 \times 0.2 + 200 \times 5.0}{1800 + 200} = 0.68$$

尽管局部 $\tan\delta_2$（％）达 5.0，但综合 $\tan\delta$（％）仅等于 0.68。

通过测量 $\tan\delta$ 判断绝缘状态时，必须要与该设备历年的 $\tan\delta$ 值比较，并和处于同样运行条件下的同类设备比较，即使 $\tan\delta$ 值未超过标准，但和过去值比较及和同类设备比较，若 $\tan\delta$ 突然明显增大时，则必须引起注意，查清原因。如某供电局一台 110kV 耦合电容器，第一年预防性试验时测得其 $\tan\delta$（％）为 0.2，第二年预防性试验时测得 $\tan\delta$（％）为 0.7，按当时的标准 $\tan\delta$（％）小于 0.8 合格，但 $\tan\delta$（％）较上次增大了 0.5，未引起注意，结果第二年预防性试验后不久即在运行中爆炸。

第二节　测 量 $\tan\delta$ 的 仪 器

测量 $\tan\delta$ 有平衡电桥法（QS1、QS3 型西林电桥）、不平衡电桥法（M 型介质试验器）、功率表法、相敏电路法四种方法。测量 $\tan\delta$ 的仪器有 QS1 型高压西林电桥、M-8000 型介质损耗仪等。

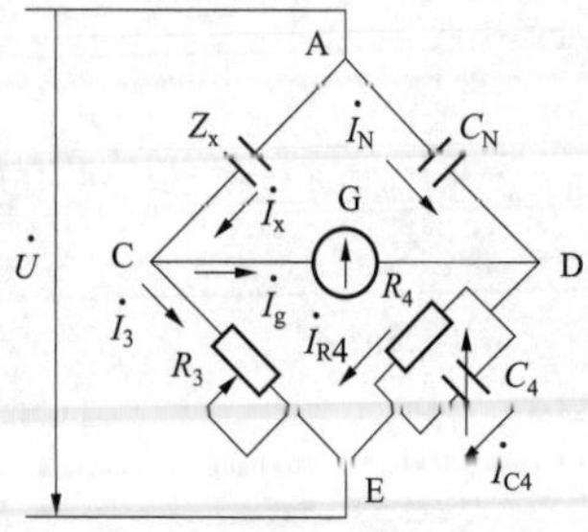

QS1 型高压西林电桥（简称 QS1 电桥）的原理接线如图 7-5 所示。不管采用正接线、反接线，电桥平衡时检流计 G 中电流 $\dot{I}_g = 0$，即

图 7-5　QS1 电桥的
原理接线

$$\dot{I}_{CE} = \dot{I}_{AC} - \dot{I}_x$$

$$\dot{I}_{DE} = \dot{I}_{AD} = \dot{I}_N$$

$$\dot{U}_{CE} = \dot{U}_{DE}$$

$$\dot{U}_{AD}=\dot{U}_{AC}=\dot{U}_x$$

各桥臂复数阻抗值应满足

$$Z_3 Z_N = Z_4 Z_x \tag{7-9}$$

式中 Z_x——被试品绝缘的等值阻抗;

Z_4—— R_4 与 C_4 并联的等值复阻抗。

将 $Z_3=R_3$, $Z_N=\dfrac{1}{j\omega C_N}$, $Z_4=\dfrac{1}{\dfrac{1}{R_4}+j\omega C_4}$, $Z_x=\dfrac{1}{\dfrac{1}{R_x}+j\omega C_x}$ 代入式 (7-9), 得

$$\left(\frac{1}{\dfrac{1}{R_x}+j\omega C_x}\right)\times\left(\frac{1}{\dfrac{1}{R_4}+j\omega C_4}\right)=\frac{R_3}{j\omega C_N}$$

整理后得

$$\frac{1}{R_x R_4}-\omega^2 C_x C_4+j\left(\frac{\omega C_4}{R_x}+\frac{\omega C_x}{R_4}\right)=j\frac{\omega C_N}{R_3} \tag{7-10}$$

令式 (7-10) 左右的实部相等, 得

$$\frac{1}{R_x R_4}-\omega^2 C_x C_4=0$$

$$\frac{1}{\omega R_x C_x}=\omega R_4 C_4$$

则有

$$\tan\delta=\frac{1}{\omega R_x C_x}=\omega R_4 C_4 \tag{7-11}$$

在电桥中, 取 $R_4=\dfrac{10^4}{\pi}\approx3184\Omega$, 当电源频率为 $50\,Hz$ 时, $\omega=2\pi f=100\pi$, 则有

$$\tan\delta=2\pi f\times\frac{10^4}{\pi}\times C_4=10^6 C_4 \quad (C_4\ \text{单位为 F})$$

C_4 是可调电容, 当电桥调到平衡时, C_4 的微法数等于被试品的 $\tan\delta$ 值。

由式 (7-10) 虚部相等可得

$$\frac{\omega C_4}{R_x}+\frac{\omega C_x}{R_4}=\frac{\omega C_N}{R_3} \tag{7-12}$$

$$C_x=\frac{C_N R_4}{R_3}\times\frac{1}{1+\tan\delta}=\frac{C_N R_4}{R_3}, \quad pF \tag{7-13}$$

为了扩大可测的被试品电容值范围, 也就是扩大允许的试品电流 $\dot{I}_x$ 的范围, 在电阻 R_3 旁并联可分挡调节的分流电阻, 可使最大被试品电容由 $3000\,pF$ 扩大到 $0.4\,\mu F$, 如图 7-6 所示。

图 7-6 中电桥的电阻 R_3 与分流电阻接成电阻三角形, 三角形三边全部电阻值为 $(100+R_3)\ \Omega$, 电桥平衡后, 电桥的左下臂电阻 R_3' 为 R_n 与 $(R_3+\rho)$ 并联后的电阻, 即

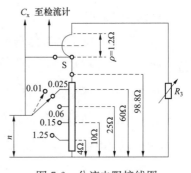

图 7-6 分流电阻接线图

$$R'_3 = \frac{n(R_3 + \rho)}{100 + R_3} \tag{7-14}$$

式中 n——分流电阻值，见表 7-1。

表 7-1   **分 流 电 阻 值**

分流位置	0.01	0.025	0.06	0.15	1.25
分流电阻（Ω）	$100 + R_3$	60	25	10	4
可测最大电容值（pF）	3000	8000	19 400	48 000	40 000

所测得的 C_x 为

$$C_x = C_N \frac{R_4}{R'_3} = C_N \frac{R_4(100 + R_3)}{n(R_3 + \rho)} \tag{7-15}$$

测量电容量 C_x 对判断绝缘状态也有价值。如对耦合电容器，如果 C_x 明显增加，常表示电容层间有短路或水分浸入；C_x 明显减小，常表示内部渗油严重或层间有断线。

第三节　电磁场干扰下的 tanδ 试验

在现场运行的高压电力设备附近进行 tanδ 试验时，仪器会受到现场电磁场干扰。这种外界干扰会给测量带来较大的误差，甚至无法测试。现分析干扰对测量结果的影响及其消除方法。

一、磁场干扰

当电桥靠近电抗器、阻波器等漏磁通较大的设备时，会受到磁场干扰。这一干扰通常是由于磁场作用于电桥检流计内的电流线圈回路引起的。

现场测试时，当西林电桥检流计的极性转换开关处于"断开"位置时，如果光带展宽即说明有磁场干扰。

磁场干扰时的等值电路如图 7-7（a）所示。磁场干扰可以看作是在电桥的检流计回路中串联一固定感应电压 $\Delta\dot{U}$ 和等值阻抗 Z_g。为了简化分析，将并联在检流计电流绕组，用于调节灵敏度、阻值很大的电阻 R，忽略不考虑。

在磁场干扰情况下调节电桥平衡，可以认为检流计回路在 A、B 处断开时，$\dot{U}_{DB}$ 与 $\dot{U}_{DA}$ 之差，即断开处的电位差正好等于 $\Delta\dot{U}$。如果满足这一条件，则实际测量时，即断开处接通时，流过检流计的电流应为零。

如图 7-7（b）所示为有磁场干扰时的电压相量图。图 7-7（b）中 $\vec{Oa}$ 表示无磁场干扰时电桥平衡后的 $\dot{U}_{DA}$ 和 $\dot{U}_{DB}$（二者相等），与 $\dot{I}_N$ 成 δ 角。当存在磁场干扰而在检流计回路中产生 $\Delta\dot{U}$ 时，调节电桥平衡后，$\dot{U}_{DA}$、$\dot{U}_{DB}$ 和 $\Delta\dot{U}$ 将组成三角形。图 7-7（b）中 $\vec{Ob}$ 表示 $\Delta\dot{U}$，则调节 R_0 到 R'_0，使 $\dot{U}_{DA}$ 由 $\vec{Oa}$ 沿原方向增加到 $\dot{U}'_{DA}$，同时调节 C_4 到 C'_4 以改变 $\dot{U}_{DB}$ 的方向（$\dot{U}_{DB}$ 的大小也略有改变），使之变为 $\dot{U}'_{DB}$，$\dot{U}'_{DA}$、$\Delta\dot{U}$ 和 $\dot{U}'_{DB}$ 组成三角形。此时由 C'_4、R_4 算得的 tanδ 值为 $\tan\delta' = \omega C'_4 R_4$，$\delta'$ 角为 $\dot{U}'_{DB}$ 与 $\dot{I}_N$ 的夹角，小于实际试品的 δ 值。

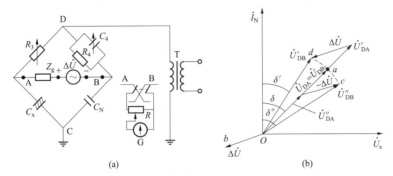

图 7-7 有磁场干扰时的等值电路及相量图

（a）磁场干扰时的等值电路；（b）有磁场干扰时的电压相量图

将检流计的极性转换开关投入另一位置，$\Delta\dot{U}$ 方向反相。调节电桥平衡后得电压相量图中的 $\dot{U}''_{DA}$、$\Delta\dot{U}$ 和 $\dot{U}''_{DB}$，此时由 C''_4、R_4 求得的 $\tan\delta''=\omega C''_4 R_4$，$\delta''$ 为 $\dot{U}''_{DB}$ 与 $\dot{I}_N$ 的夹角，大于实际试品的 δ 值。

上述分析表明，磁场干扰将造成 $\tan\delta$ 值的测量误差，使其增大或减小。

实际测量时磁场干扰必须予以消除。消除的办法一种是将电桥移到磁场干扰以外；另一种是在检流计极性转换开关处于两种不同位置时，调节电桥平衡，求得每次平衡时的试品 $\tan\delta$ 值和电容值，然后再求取两次的平均值，以消除磁场干扰的影响。

在图 7-7（b）中，当磁场干扰不强烈时，可以把图 7-7（b）中虚线圆弧 $\overset{\frown}{cd}$ 近似看作直线并经过 a 点，于是得试品的实际 $\tan\delta$ 为

$$\tan\delta\approx\frac{\tan\delta'+\tan\delta''}{2}$$

$\dot{U}_{DA}$ 也可看作是 $\dot{U}'_{DA}$ 和 $\dot{U}''_{DA}$ 的算术平均值，由于二次调节电桥平衡时流过 R_3 的电流不变（试品电流），故相应于 $\dot{U}_{DA}$ 的 R_3 为

$$R_3\approx\frac{R'_3+R''_3}{2}$$

试品的实际电容 C_x 为

$$C_x=C_N\frac{R_4}{R_3}=C_N R_4\frac{2}{R'_3+R''_3}$$

因为 $C_N\dfrac{R_4}{R'_3}=C'_x$，$C_N\dfrac{R_4}{R''_3}=C''_x$，则有

$$C_x=\frac{2C'_x C''_x}{C'_x+C''_x} \tag{7-16}$$

二、电场干扰

电桥接线完成后，合上试验电源前先投入检流计，并逐渐增加灵敏度，观察检流计。如果检流计光带明显扩宽，则证明存在电场干扰，光带越宽说明干扰越强。

外界带电设备及导线通过与被试品间的电容耦合，使被试品产生一干扰电流 $\dot{I}_g$（见图 7-8），此电流在电桥臂上引起压降，改变各臂间平衡条件，造成 δ 角偏大或

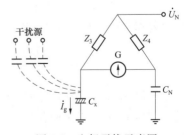

图 7-8 电场干扰示意图

偏小误差，严重时会造成"－tanδ"测量结果。

现场采用的排除电场干扰的方法有以下几种：

（1）提高试验电压。试验电压提高，通过试品的电容电流增大，信噪比提高，干扰电流对δ角的影响相对减小。这种方法适用于对弱干扰信号的消除。

（2）尽量采用正接线。实践证明：西林电桥正接线抗干扰性能比反接线强。如测某变电站一个110kV电流互感器的介质损耗因数值，反接线倒相测得正、反两种极性下 $\tan\delta_1$（％）＝2.7，$\tan\delta_2$（％）＝－29.5；而正接线倒相测得 $\tan\delta_1$（％）＝1.3，$\tan\delta_2$（％）＝2.6。正接线时两种均为正的 $\tan\delta$。

（3）屏蔽法。在被试品上加装屏蔽罩，使干扰电流经屏蔽流走，不经过电桥桥臂。此方法仅适用于体积较小的设备，如套管、电流互感器等。由于现场屏蔽费工又费时，且对测量结果有影响，一般不采用。

（4）选相、倒相法。轮流由A、B、C三相选取试验电源，每相又在正、反两种极性下测出两次 R_{31}、$\tan\delta_1$，R_{32}、$\tan\delta_2$，选取三相中 $\tan\delta_1$ 和 $\tan\delta_2$ 差值最小的一相，取平均值，可得到被试品 $\tan\delta$ 的近似值。

若 $\tan\delta_1$ 和 $\tan\delta_2$ 均为正值，则

$$\tan\delta=\frac{R_{32}\tan\delta_1+R_{31}\tan\delta_2}{R_{31}+R_{32}} \tag{7-17}$$

$$C_x=\frac{159\ 200\times\left[100+\left(R_{31}+R_{32}\right)/2\right]}{n\left(\dfrac{R_{31}+R_{32}}{2}\right)} \tag{7-18}$$

若出现一个负介质损耗因数，如"－$\tan\delta_2$"，则应先将负介质损耗因数按式 $\tan\delta_2'=\dfrac{R_{32}}{3184}\left|-\tan\delta_2\right|$ 换算，则试品真正介质损耗因数为

$$\tan\delta=\frac{R_{32}\tan\delta_1-R_{31}\tan\delta_2'}{R_{31}+R_{32}}$$

若出现两个负介质损耗因数，则

$$\tan\delta=\frac{R_{31}\tan\delta_2'-R_{32}\tan\delta_1'}{R_{31}-R_{32}}$$

$\tan\delta_1'$、$\tan\delta_2'$ 分别为负介质损耗因数值 $\tan\delta_1$、$\tan\delta_2$ 的计算值。

带分流器时，$R_3'=\dfrac{R_3R_n}{R_3+R_n}$，实测负介质损耗因数值换算公式为

$$\tan\delta_m'=\frac{R_3'}{3184}\left|-\tan\delta_m\right|=\frac{100R_3}{3184\times\left(100+R_3\right)}\left|-\tan\delta_m\right|$$

采用倒相法时，如果同时存在磁场干扰，还需在两种电源极性下，分别倒换检流计极性开关（"接通Ⅰ"，"接通Ⅱ"）进行测量，获得4次数据，以4次数据的平均值作为试验结果。

如某被试品在极性开关"接通Ⅰ"位置下电源正反相测得 $R_{31}=189.5\Omega$，$\tan\delta_1$（％）＝1.3，$R_{32}=197.4\Omega$，$\tan\delta_2$（％）＝0.9；"接通Ⅱ"位置下测得 $R'_{31}=191.3\Omega$，$\tan\delta'_1$（％）＝1.7，$R'_{32}=199.6\Omega$，$\tan\delta'_2$（％）＝0.4，则被试品的真正介质损耗因数 $\tan\delta$（％）和电容量 C_x（假设分流位置0.01）为

$$R_{3Ⅰ}=\frac{R_{31}+R_{32}}{2}=193.4(\Omega)$$

$$R_{3Ⅱ}=\frac{R'_{31}+R'_{32}}{2}=195.4(\Omega)$$

$$\tan\delta_Ⅰ（％）=\frac{R_{31}\tan\delta_2+R_{32}\tan\delta_1}{R_{31}+R_{32}}=1.1$$

$$\tan\delta_Ⅱ（％）=\frac{R'_{31}\tan\delta'_2+R'_{32}\tan\delta'_1}{R'_{31}+R'_{32}}=1.06$$

因为 $\quad R_3=\dfrac{R_{3Ⅰ}+R_{3Ⅱ}}{2}=194.4$（$\Omega$），代入式（7-14）得

$$C_x=\frac{159\ 200\times(100+R_3)}{n\ (R_3+\rho)}=\frac{159\ 200}{194.4}$$
$$=818.9\ (pF)$$

$$\tan\delta（％）=\frac{\tan\delta_Ⅰ（％）+\tan\delta_Ⅱ（％）}{2}$$
$$=\frac{1.1+1.06}{2}\approx1.1$$

第四节　影响 $\tan\delta$ 测量的因素

绝缘介质的 $\tan\delta$ 值除受试品本身的绝缘状态、结构、介质材料、是否有分布性缺陷，以及电磁场干扰等影响外，还受温度、电压、频率、局部缺陷、表面因素的影响。

一、温度的影响

温度对 $\tan\delta$ 测量影响较大。绝大多数情况下，对同一试品而言，$\tan\delta$ 随温度的升高而增高。$\tan\delta$ 随温度的变化关系与试品绝缘结构有关。温度为 20～80℃时，$\tan\delta$ 随温度变化的经验公式为

$$\tan\delta=\tan\delta_0 e^{\alpha(t-t_0)} \tag{7-19}$$

式中　$\tan\delta_0$——温度为 t_0 时的介质损耗因数值（一般取 $t_0=20℃$）；

$\quad\quad\tan\delta$——温度为 t 时的介质损耗因数值；

$\quad\quad\alpha$——取决于绝缘结构的绝缘状态系数。

如图 7-9 所示为一些绝缘结构和绝缘状态的 $\tan\delta$ 与温度的变化曲线。从图 7-9 可以看出，$\tan\delta$ 与温度的变化关系与试品实际的绝缘状态有关。有些绝缘结构的试品 $\tan\delta$ 随温度升高，受潮与干燥的被试品 $\tan\delta$ 之差越来越小，如图 7-9（b）所示。而有些绝缘结构，受潮与干燥绝缘的 $\tan\delta$ 之差，随温度升高而越来越大，如图 7-9（a）、（c）所示。

因为绝缘状态的不同，不同温度下测得的 $\tan\delta$ 值，若按某一常数进行 $\tan\delta$ 温度换算，往往会产生不符合绝缘实际状况的换算误差。因此，一般情况下进行 $\tan\delta$ 的温度换算是不

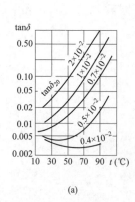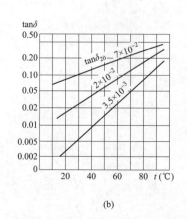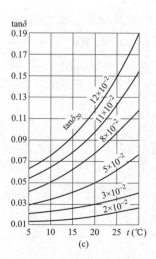

图 7-9　tanδ 与温度的变化曲线

(a) 变压器；(b) 油纸套管；(c) 胶纸套管

准确的。在不同温度下对高压电力设备绝缘的 tanδ 进行测量表明，仅在温度为 10～30℃时进行换算才比较准确。

实践表明，试验温度小于 0℃或在天气潮湿（相对湿度大于 85%）条件下进行绝缘 tanδ 测量，不能得到反映绝缘状态的测量结果，因此一般不能用低温下的 tanδ 值来估算实际绝缘状态。

另外，温度换算的另一个重要问题是实际试品的温度测量问题。如运行中的电力变压器，试验时不同部位绝缘的温度是不同的，一般测得的是变压器的上层油温，而变压器绕组的温度不易测得，根据测量不准的温度进行 tanδ 温度换算，必然会导致误差。又如运行中的电容式变压器套管的温度，既不同于变压器主体温度，也不同于环境温度。运行中的变压器套管温度一般建议按下式计算

$$t_1 = 0.66t_2 + 0.34t_3 \tag{7-20}$$

式中　t_1——变压器套管的温度；

　　　t_2——变压器上层油温；

　　　t_3——环境温度。

综上所述，tanδ 随温度的关系与绝缘介质的结构、绝缘材料以及本身绝缘状态等有关，不能用一个典型的温度换算系数进行绝缘 tanδ 的温度换算。由于停电进行 tanδ 测试多在不同温度下进行，tanδ 换算到 20℃时应考虑换算系数的影响因素及因换算产生的误差。为了分析绝缘状态，避免换算误差，应尽量选择在相近温度条件下进行绝缘 tanδ 试验。

二、电压的影响

正常良好的绝缘，在一定试验电压范围内，流过介质中电流的有功分量 $\dot{i}_R$ 和无功分量 $\dot{i}_C$ 随电压的增加成比例增加，因此 tanδ 一般不变或略有变化（上升或下降）。但是如果绝缘有缺陷时，tanδ 随电压的变化会很明显，这可以通过作 $tanδ = f(U)$ 曲线反映出来。

如图 7-10 所示为一组反映油浸纸绝缘电容式套管绝缘 tanδ 随电压变化的典型曲线。曲线 a 表示绝缘良好的套管，其起始游离电压高于工作电压 U_w，即在工作电压下内部无局部

放电。曲线 b 表示绝缘中有气泡，其游离电压低于工作电压 U_w。在试验电压下，介质内部的局部放电会造成 $\tan\delta$ 增加。曲线 c 表示绝缘中有较多气泡，在电压升高时气隙全部游离放电，$\tan\delta$ 有一最大值。当电压升高到一定程度时，局部放电会严重到使气泡完全短路，局部损耗下降，$\tan\delta$ 也随着下降。曲线 d、e 表示运行中绝缘严重劣化的套管，如有较大气隙或套管在绝缘层中形成了半导体层（如炭化）等。曲线 f 表示绝缘严重受潮，$\tan\delta$ 特别高。

因此，现场 $\tan\delta$ 测量时应录取 $\tan\delta = f(U)$ 曲线。当发现 $\tan\delta$ 随电压变化有明显变化时，应认真检查分析原因。

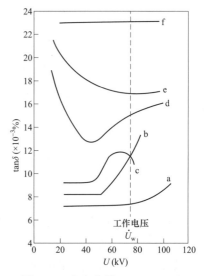

图 7-10 电容套管 $\tan\delta = f(U)$
关系曲线

a—绝缘良好套管；b、c、d、e、f—
绝缘有缺陷套管

三、频率的影响

如图 7-11 所示，频率对 $\tan\delta$ 有一定影响，随着频率的增加，起初 $\tan\delta$ 增加，且有一最大值。这是由于频率增加时，加强了介质内部极化分子的翻转，极化损耗增加，$\tan\delta$ 上升。而当频率增加到一定程度时，极化分子翻转变缓，极化分子间摩擦损耗下降，$\tan\delta$ 也就随之下降了。

四、局部缺陷的影响

局部缺陷对整体 $\tan\delta$ 测量结果有影响。这种影响既与局部缺陷占整体的体积大小有关，又与局部缺陷本身的绝缘状态有关。

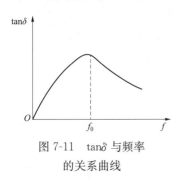

图 7-11 $\tan\delta$ 与频率
的关系曲线

假设在被试绝缘中有局部绝缘缺陷，如受潮、局部放电等。绝缘缺陷部分的体积为 V_1，其相应的电容量和介质损耗因数为 C_1、$\tan\delta_1$；而其余绝缘良好部分的体积为 V_2，相应的电容量和介质损耗因数为 C_2、$\tan\delta_2$；绝缘总体积为 V，相应的电容量和介质损耗因数为 C_x、$\tan\delta$。

局部绝缘缺陷与绝缘良好部分可用并联等值电路表示，则

$$V = V_1 + V_2$$
$$C_x = C_1 + C_2$$
$$\tan\delta = \frac{C_1\tan\delta_1 + C_2\tan\delta_2}{C_1 + C_2}$$

对工程绝缘介质而言，可以近似认为，在并联等值电路中，绝缘各部分的电容量正比于其各部分的体积，即 $V_1/V_2 = C_1/C_2$，代入上式，可得

$$\tan\delta = \frac{V_1\tan\delta_1 + V_2\tan\delta_2}{V_1 + V_2}$$
$$= \frac{V_1\tan\delta_1 + V_2\tan\delta_2}{V}$$

一般 $V_1 \ll V_2 \approx V$，则

$$\tan\delta \approx (V_1/V)\ \tan\delta_1 + \tan\delta_2 \tag{7-21}$$

由上可见，$\tan\delta$ 与 $\tan\delta_1$ 的关系取决于 V_1/V 的大小。当受潮或局部缺陷部分的体积很

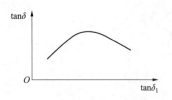

图 7-12　整体的 $\tan\delta$ 与局部缺陷部分的 $\tan\delta_1$ 的关系曲线

小时，测量整体的 $\tan\delta$ 对反映局部缺陷不灵敏，一般仅有微小的增加。因此，现场测试时能分开试验的部分尽量分开试验，通过减小整体绝缘的体积 V，提高反映局部缺陷的灵敏度。

整体 $\tan\delta$ 与局部缺陷部分的 $\tan\delta_1$ 的大小有关系。如图 7-12 所示为局部缺陷体积一定时，整体 $\tan\delta$ 与 $\tan\delta_1$ 的变化曲线。

在局部缺陷发展初期，$\tan\delta$ 随 $\tan\delta_1$ 增加而增加，增加的幅度与 V_1/V 大小有关。而当 $\tan\delta_1$ 发展到一定程度，$\tan\delta$ 反而会下降。因为局部缺陷严重到一定程度时，局部缺陷部分近似成为导体，其局部损耗反而下降造成的。也就是说，$\tan\delta$ 测量对局部缺陷的发展初期还可以反映，但对局部缺陷发展的后期反映就不灵敏了。

五、表面的影响

当空气相对湿度较大或表面脏污时，受瓷套表面泄漏电流的影响，测试结果难以置信，易发生误判断。如用 QS1 型电桥测量 110kV 电流互感器的 $\tan\delta$ 时，不同相对湿度影响下的测量结果见表 7-2。

表 7-2　　　　　不同空气相对湿度下测试 110kV 电流互感器的绝缘情况

相别	不同试验条件下的测试值							
	空气相对湿度 28%，$t=26$℃				空气相对湿度 95%，$t=26$℃			
	反接线		正接线		反接线		正接线	
	C_x（pF）	$\tan\delta$（%）	C_x（pF）	$\tan\delta$（%）	C_x（pF）	$\tan\delta$（%）	C_x（pF）	$\tan\delta$（%）
A	75	1.6	50	2.5	78	6.5	50	−1.2
B	74	1.7	49	2.6	77	7.2	49	−2.3
C	72	1.9	49	2.6	76	7.4	48	−3.1

由表 7-2 可以看出，试验应在天气良好、瓷套表面清洁干燥的状况下进行。

当空气相对湿度大于 80% 或表面脏污时，应采取以下措施消除瓷表面泄漏电流的影响：

（1）有条件时，可以在太阳光下干燥后再进行试验。如果夜里下过雨，不要在早上进行试验，可以在下午进行。现场经过多次试验证明，上午试验不合格，但经过一上午太阳光照射，下午试验合格。

（2）用电热风机将瓷套表面伞裙吹干，效果也很好。现场不允许自然干燥后测量时，则可以用电热风机吹干后试验，排除表面泄漏电流的影响。

（3）瓷套部分涂上憎水材料，如有机硅油、硅脂或石蜡等，由于水的界面张力，使水膜在瓷表面凝成不相连的水珠，达到切断表面泄漏电流通道的作用。采用上述涂憎水材料后，当空气相对湿度大于 80% 时，测量的结果见表 7-3。

表 7-3　　　　　　　　　套管的瓷套表面涂硅油和涂石蜡时测试的 **tanδ** 值

套管类型		试验条件		tanδ 值（%）		
		温度（℃）	相对湿度（%）	未涂时	涂硅油（四裙）	涂石蜡（四裙）
110kV 油纸电容器	A	26	81	−6.0	0.4	0.5
	B			−6.5	0.3	0.4
	C			−7.2	0.5	0.5

如果用电热风机吹干 4 个瓷套伞裙表面，在吹干 5min 后测量结果与涂硅油或石蜡后测得结果基本相同。

第五节　新型介质损耗测试仪的特点

QS1 型介质损耗测试仪是现场普遍使用的介质损耗测试仪器，但也存在很多缺点，如调压器、升压变压器和桥体需现场组装，使用很不方便，且又不抗干扰，遇有试品有干扰需要进行移相试验等。随着新技术的发展，新型 tanδ 测试仪克服了 QS1 型的缺点。它集变频高压试验电源、高压电桥、高压标准电容器和控制器等部件为一体，通过变频、数字滤波等先进抗干扰技术，有效消除现场干扰，且操作简单、方便。现场常用的有 M-8000 型介质损耗测试仪、A1-6000 系列自动抗干扰精密介质损耗测试仪。这些新型介质损耗测试仪功能齐全、精度高、抗干扰能力强、操作简单，还可自动测量并打印结果。

本章提示

本章介绍了 tanδ 测量的原理和测量 tanδ 的仪器 QS1 电桥的使用，还介绍了 tanδ 测量克服电磁场干扰及影响 tanδ 测量的因素。

本章重点

1. tanδ 测量的原理。
2. 多种介质串联或并联时，整体 tanδ 与局部缺陷 $tanδ_1$ 的关系。
3. QS1 电桥测量原理。
4. 电磁场干扰下 tanδ 测量的方法。

复习题

1. 引起电介质损耗的原因有哪些？
2. 为什么介质损耗因数 tanδ 能反映电介质的绝缘状态？测量 tanδ 可以发现哪些绝缘缺陷？
3. 试分析在测量多种及多层电介质绝缘时，tanδ 对局部缺陷为何反应不灵敏？
4. 简述 QS1 型电桥的原理。
5. 简述影响介质损耗因数 tanδ 的因素。

第八章

交 流 耐 压 试 验

第一节　交流耐压试验的目的与意义

虽然对电力设备进行的一系列非破坏性试验，能发现一部分绝缘缺陷，但因这些试验的试验电压一般较低，往往对某些局部缺陷反应不灵敏，而这些局部缺陷在运行中可能会逐渐发展为影响安全运行的严重隐患。如局部放电缺陷可能会逐渐发展成为整体缺陷或局部缺陷，在过电压作用下设备绝缘遭受破坏，从而引发事故。因此，为了更灵敏有效地查出某些局部缺陷，考验被试品绝缘承受各种过电压的能力，就必须对被试品进行交流耐压试验。

交流耐压试验的电压、波形、频率和被试品绝缘内电压分布，一般与实际运行情况相吻合，因而能较有效地发现绝缘缺陷。交流耐压试验应在被试品的非破坏性试验均合格之后进行。如果这些非破坏性试验已发现绝缘缺陷，则应设法消除，并重新试验合格后再进行交流耐压试验，以免造成不必要的损坏。

交流耐压试验对固体有机绝缘来说，会使原来存在的绝缘缺陷进一步发展，使绝缘强度进一步降低，虽在耐压时不至于击穿，但形成了绝缘内部劣化的积累效应、创伤效应，这种情况应尽可能避免。因此，必须正确地选择试验电压的标准和耐压时间。试验电压越高，发现绝缘缺陷的有效性越高，但被试品被击穿的可能性也越大，积累效应也越严重。反之，试验电压越低，发现缺陷的有效性越低，使设备在运行中击穿的可能性也越大。《规程》根据各种设备的绝缘材料和可能遭受的过电压倍数，规定了相应的试验电压标准。

绝缘的击穿电压值不仅与试验电压的幅值有关，还与加压的持续时间有关。这一点对有机绝缘特别明显，其击穿电压随加压时间的增加而逐渐下降。《规程》中一般规定工频耐压时间为 1min。一方面是为了便于观察被试品的情况，使有缺陷的绝缘来得及暴露（固体绝缘发生热击穿需要一定的时间）；另一方面，又不致因时间过长而引起不应有的绝缘损伤。

交流耐压试验一般有以下几种加压方法。一是工频（45～65Hz）耐压试验，即给被试品施加工频电压，以检验被试品对工频电压升高的绝缘承受能力。这种加压方法是鉴定被试品绝缘强度最有效和最直接的试验方法，也是经常采用的试验方法之一。二是感应耐压试验，对某些被试品，如变压器、电磁式电压互感器等，采用从二次绕组加压而使一次绕组得到高压的试验方法来检查被试品绝缘。这种加压方法不仅可以检查被试品的主绝缘（指绕组对地、相间和不同电压等级绕组间的绝缘），而且还对变压器、电压互感器的纵绝缘（同一绕组层间、匝间及段间绝缘）进行了检查。而通常的工频耐压试验只是检查了主绝缘，却没有检查纵绝缘，因此要做感应耐压试验。感应耐压试验又分为工频感应耐压试验及倍频（100～400Hz）感应耐压试验两种。对变压器进行倍频感应耐压试验时，通常在低压绕组上施加频率为100～200Hz，2倍于额定电压的试验电压，其他绕组开路。因为变压器在工频额定电压下，铁芯伏安特性曲线已接近饱和，若在被试品一侧施加大于或等于 2 倍额定电压的电压，则空载电流会急剧增加，超过允许值。为了施加 2 倍的额定电压又不使铁芯磁通饱和，多采用增加频率的方法，即倍频耐压方法。

第二节 交流耐压试验的方法

一、试验接线

如图 8-1 所示为交流耐压试验常用的原理接线。实际的试验接线应根据被试品的要求和现场设备的具体条件来确定。

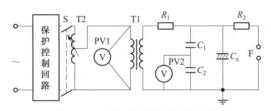

图 8-1 交流耐压试验原理接线

T1—试验变压器；T2—调压器；R_1、R_2—保护电阻器的电阻；
F—球隙；S—开关；C_x—被试品的电容；C_1、C_2—分压电容器

根据图 8-1，可以把交流耐压试验接线分为五部分：交流电源部分、调压部分、控制保护部分、电压测量部分和波形改善部分。

二、试验设备

（一）交流电源部分

交流耐压试验电源多为 220、380V 和 6、10kV 交流电源，一般小容量被试品交流耐压试验多采用 220、380V 试验电源，试验电源电压波形要求较高时，多采用线电压 380V。大容量超高压试验变压器多采用 6～10kV 移圈式调压器进行调压，故需 6～10kV 试验电源。试验电源一般从系统中抽取。

（二）调压部分

对调压器的基本要求是电压应能从零开始平滑地进行调节，以满足试验所需的任意电压，并且在调节过程中电压波形不发生畸变。常用的调压器有自耦调压器、移圈式调压器和感应调压器。调压器的输出波形应尽可能接近正弦波，调压器的容量通常要求与试验变压器容量相同。

1. 自耦调压器

采用自耦调压器调压是现场常用的一种简单的调压方式。自耦调压器具有体积小、质量轻、效率高、可以平滑调压、输出波形好、功耗小等优点。由于自耦调压器是用移动碳刷接触调压，所以容量受到限制，单台容量可做到 30kVA，一般用于电压 50kV 以下小容量试验变压器的调压。

2. 移圈式调压器

移圈式调压器原理接线及结构如图 8-2 所示。它是通过移动一个可以活动的绕组 L3 来调节电压的。其结构特点是：在铁芯的上、下部各套一绕组 L1、L2，两者匝数相等，绕向

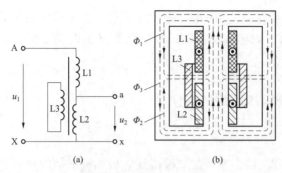

图 8-2 移圈式调压器原理接线及结构

(a) 原理接线图；(b) 结构图

相反，互相串联。在这两个绕组外面还套着一个可沿铁芯上下移动的短路绕组 L3。改变短路绕组 L3 与反相串联的 L1、L2 两绕组之间的相对位置，可改变两绕组的阻抗和电压分配，即改变输出电压 u_2。它调节电压的原理是：在 AX 端加电源电压 u_1后，电流 i 在上、下部铁芯中产生方向相反的磁通 Φ_1 和 Φ_2，它们分别通过非导磁材料各自构成闭合回路，如图 8-2（b）所示。当转动把手使短路绕组 L3 移至铁芯下端时，Φ_2 和 L3 交链，在 L3 内感应的电流产生和 Φ_2 相反的磁通 Φ_3，其大小与 Φ_2 相等，使交链 L2 的磁通为零，L2 的感应电动势为零，输出电压也为零。当绕组 L3 移至铁芯的上端时，Φ_1 和 L3 交链，在 L3 中感应的电流产生与 Φ_1 相反的磁通，大小与 Φ_1 相等，所以交链 L1 的磁通为零，即电压为零，全部电压都加在 L2 上，则输出电压等于全电压 u_1。当绕组 L3 移至铁芯中间位置时，Φ_1 和 Φ_2 与 L3 的交链情况相同，但在 L3 中产生的感应电动势方向相反，互相抵消，使绕组 L3 内无感应电流，则电压 u_1 在 L1 和 L2 两个绕组上各占一半，输出电压大小等于外电压 u_1 的一半，即 $U_2 = \frac{1}{2}U_1$。所以，当移圈式调压器通过移动绕组 L3 由下端向上端移动时，输出电压由零逐渐增大为 U_1。

移动绕组 L3 可以制成手动或电动式。移圈式调压器没有滑动触头，因此容量可造得较大。目前国内可以生产电压 10kV、容量 2500kVA 的移圈式调压器，它的体积较大。由于其主磁通 Φ_1、Φ_2 要经过一段非导磁材料（空气或变压器油），磁阻较大，因此励磁电流相当大，漏抗也很大，但其铁芯却不易饱和，这两方面对工频电压输出的波形具有一定影响。铁芯不易饱和使得输出波形畸变的因素减弱，而漏抗很大将促使波形发生畸变。因此，移圈式调压器效率低，空载电流大，在低电压和接近额定电压下使用，波形易发生畸变。

为了改善试验电压的波形，在使用移圈式调压器调压时，应在调压器输出端或变压器低压侧装设滤波器，如图 8-3 所示。电容 C 一般选 $6 \sim 10 \mu F$，根据需要滤掉的谐波频率 f 按下式计算出 L 的数值

$$f = \frac{10^{-3}}{2\pi\sqrt{LC}} \qquad (8\text{-}1)$$

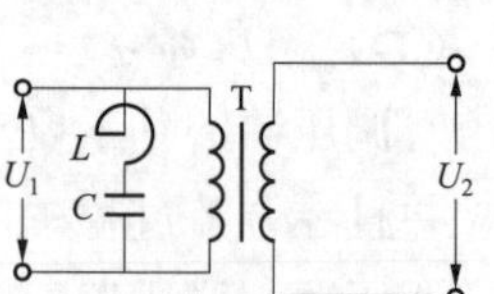

图 8-3　滤波回路图

L、C—滤波用电感、电容；

U_1、U_2—试验变压器的输入与输出电压值

式中　f——需要滤掉的谐波频率，Hz；

　　　C——电容，一般取 $6 \sim 10 \mu F$；

　　　L——电感，mH。

当用移圈式调压器调压时，其容量一般应等于或大于试验变压器的容量，必要时，可允许过负荷 25%。

移圈式调压器在高压试验室及现场应用很广，它是 100kV 以上试验变压器常用的配套调压装置。

3. 高压试验变压器

用于高压试验的特制变压器，称为高压试验变压器。它与电力变压器比较，具有容量不大、额定电压较高、允许持续工作时间短、多工作在电容性负荷下、经常短路放电、通常高压绕组一端接地、不需要附加散热装置、体积较小等特点。

(1) 试验变压器电压、电流及容量的选择。试验时应根据被测试设备的电容量和试验时的最高电压来选择试验变压器。其额定电压不应低于被试品所需施加的最高电压，同时试验变压器低压侧电压应和试验现场的电源电压及调压器电压相配套。

因为被试品大多为电容性的，由被试设备的电容量可计算出试验中通过试验变压器高压绕组的电流 I_T（主要是电容电流），计算公式为

$$I_T = \omega C_x U_{exp} \times 10^{-6}, \text{ mA} \tag{8-2}$$

式中　C_x——被试品电容量（见表 8-1），pF；

　　　U_{exp}——给被试品施加的试验电压（有效值），kV；

　　　ω——所加电压的角频率。

选择试验变压器时，应使其高压绕组的额定电流不低于式（8-2）的计算值。

表 8-1　　　　　　　　　　　　常 见 被 试 品 电 容 量

试品名称	电容值	试品名称	电容值
线路绝缘子	<50pF	电容式电压互感器	3000~15 000pF
高压套管	50~600pF	电力变压器	1000~15 000pF
高压断路器、互感器	50~1000pF	电力电缆	150~400pF/m

所需试验变压器的容量 S_T 为

$$S_T = \omega C_x U_{exp}^2 \times 10^{-9}, \text{ kVA} \tag{8-3}$$

式中　U_{exp}——被试品所加的试验电压（有效值），kV；

　　　C_x——被试品的电容量（见表 8-1），pF；

　　　ω——所加电压角频率。

应当指出，选择的试验变压器容量应尽可能大于式（8-3）的计算结果。这是因为试验线路、试验设备本身对地存在杂散电容，因此估算的试验电流小于实际值。

有时在试验大电容被试品时试验变压器容量不够，可采用补偿的方法来减小流经变压器高压绕组的电流，以满足试验对变压器容量的要求。如采用高压电抗器与被试品并联，使流过电抗器的感性电流与流过被试品的容性电流相补偿，可减小流过试验变压器的电流，从而减小试验变压器的所需容量。这时变压器的容量可按下式计算

$$S_T = \left(\omega C_x \times 10^{-12} - \frac{1}{\omega L} \right) U_{exp}^2 \times 10^3, \text{ kVA} \tag{8-4}$$

式中　L——补偿线圈电感，H。

由式（8-4）可知，采取补偿后，试验变压器的容量大大减小了。目前常用串联谐振装置（电感与被试品串联）来满足大容量被试品的试验要求。

(2) 串级式试验变压器。试验室现场试验时，有时需要较高的试验电压，而单台试验变

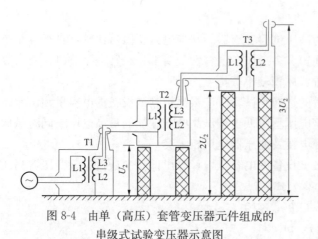

图 8-4　由单（高压）套管变压器元件组成的
串级式试验变压器示意图

压器的电压不会太高。由于经济技术方面的原因（费用、绝缘、运输），常采用几个变压器串接的办法来提高试验电压。如图 8-4 所示为由单（高压）套管变压器元件组成的串级式试验变压器示意图。图中绕组 L1 为低压绕组，L2 为高压绕组，L3 为供给下一级励磁用的串级励磁绕组。第一台试验变压器的高压绕组 L2 的一端接地，另一端串联一绕组 L3，供给第二台变压器低压绕组励磁，第二台变压器的 L1 和 L2 各有一端和变压器的外壳相连，它们都处于第一台高压端的对地电压，即为 U_2，因此第二台变压器的外壳必须对地绝缘。第二台变压器高压端的对地电压是两台变压器的高压端输出电压之和，即为 $2U_2$。显然，第三台变压器的外壳电位为 $2U_2$，其高压端对地电位为 $3U_2$，即通过三台变压器串联，可以获得 3 倍于单台试验变压器额定电压的试验电压。

串级式试验变压器的试验输出额定容量不等于装置总容量。对图 8-4 中的三台变压器串接组成的串级式试验变压器来讲，若该装置输出的额定试验容量 $S_{\text{exp}} = 3U_2 I_2$，则最高一级变压器 T3 的高压侧绕组额定电压为 U_2，额定电流为 I_2，装置的额定容量为 $U_2 I_2$。变压器 T2 的额定容量为 $2U_2 I_2$。因为变压器除了要直接供应负载 $U_2 I_2$ 的容量外，还得供给最高一级变压器 T3 的励磁容量 $U_2 I_2$。同理，最下面一台变压器 T1 应具有的额定容量为 $3U_2 I_2$。所以每台变压器的容量是不相同的。串级式试验变压器整套设备的总容量应为各变压器容量之和，即

$$S_{\Sigma} = U_2 I_2 + 2U_2 I_2 + 3U_2 I_2 = 6U_2 I_2$$

所以可用的试验容量 S_{exp} 与装置总容量 S_{Σ} 之比即试验装置的利用率 η，即

$$\eta = \frac{S_{\text{exp}}}{S_{\Sigma}} \times 100\% = \frac{3U_2 I_2}{6U_2 I_2} \times 100\% = 50\%$$

n 台变压器串级使用时，其装置利用率为

$$
\begin{aligned}
\eta &= \frac{S_{\text{exp}}}{S_{\Sigma}} \times 100\% \\
&= \frac{nU_2 I_2}{U_2 I_2 (1 + 2 + 3 + \cdots + n)} \times 100\% \\
&= \frac{nU_2 I_2}{U_2 I_2 \left[\dfrac{n(n+1)}{2} \right]} \times 100\% \\
&= \frac{2}{n+1} \times 100\%
\end{aligned}
$$

即随着串级级数的增加，装置的利用率显著降低。这是这类串级式试验变压器的一个缺点。一般串级的级数 n 为 3。

第三节　交流高压的测量

交流耐压试验时，试验电压的准确测量是一项非常重要的环节。

试验电压的测量方法可概括为两类，即低压侧测量和高压侧测量。被试品电容量较小时，如油断路器、瓷绝缘子、绝缘工器具等，试验电压可在低压侧测量，而当被试品的电容量较大或对电压幅值及波形要求较高时，试验电压必须在高压侧测量。

一、低压侧测量

在试验变压器的低压侧或测量绕组的端子上，用 0.5 级电压表测量二次电压，然后通过试验变压器变比换算高压侧的电压，计算公式为

$$U_2 = KU_1 \tag{8-5}$$

式中　U_2——换算出的高压侧电压，V；

　　　U_1——变压器低压侧测得电压或在测量绕组上测得电压，V；

　　　K——高压绕组与低压绕组或测量绕组之间的变比，可查铭牌或通过校核获得。

这种测量方法简便，但准确性不高。

二、高压侧测量

工频耐压试验时易出现"容升现象"。工频耐压试验的等值电路及 $U_C > U$ 时的相量图如图 8-5 所示。

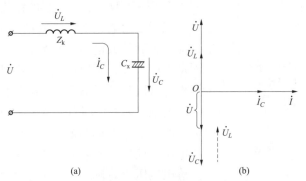

图 8-5　工频耐压试验的等值电路及 $U_C > U$ 时的相量图

(a) 等值电路；(b) $U_C > U$ 时的相量图

Z_k—试验变压器短路阻抗；C_x—被试品电容；$\dot{U}$—试验变压器的高压侧电压

由图 8-5（a）可知：$\dot{U} = \dot{U}_L + \dot{U}_C$。由于 $\dot{U}_C$ 与 $\dot{U}_L$ 反相，其值 $U_C = U + U_L$，使被试品 C_x 上的电压 U_C 大于试验变压器输出电压 U，如图 8-5（b）所示。令 $\Delta U = U_C - U$，则 $\Delta U = U_C - U = U_L$，$U_L = I_C Z_k$。将 $I_C = 2\pi f C_x U_C$，$Z_k = Z_N Z_k(\%) = \dfrac{U_N}{I_N} Z_k(\%) = \dfrac{U_N^2}{S_N} Z_k(\%)$ 代入式中，有

$$\Delta U = U_L = 2\pi f C_x U_C \frac{U_N^2}{S_N} Z_k(\%) \tag{8-6}$$

式中　U_C、U_L——电容、电感上的电压；

　　　I_C——在施加试验电压下，通过被试品的电容电流；

Z_k、$Z_k\%$——试验变压器的短路阻抗和短路阻抗百分数；

　　　　C_x——被试品电容；

U_N、I_N、S_N、Z_N——试验变压器的额定电压、额定电流、额定容量、铭牌阻抗。

由式（8-5）可知，当试验变压器选定，被试品为电容性，且试验电压一定时，被试品电容量越大，则被试品上电压 U_C 较 U 升高越多，这就是所谓的"容升现象"。对于大容量被试品，为了避免"容升现象"给试验带来的影响，在试验时应尽量在高压侧直接测量，以克服试验电压的测量误差。

高压侧测量的方法有以下几种。

1. 用电压互感器测量

在试验变压器高压侧与被试品并联一测量用电压互感器，在电压互感器低压二次侧接电压表或示波器测量电压，然后根据所测电压值和电压互感器的变比换算出高压侧电压。一般要求电压互感器准确度在 0.5 级及以上。这种方法测量简单，准确度高，但测量电压不宜太高。测量电压太高时电压互感器的一次电压同样也应较高，这样制造出的电压互感器体积较大，成本较高，且不易携带。

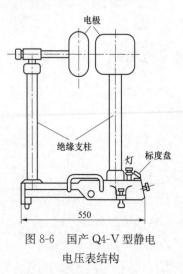

图 8-6　国产 Q4-V 型静电
电压表结构

2. 用静电电压表测量

用静电电压表可以方便地测量交流高压侧的有效值。测量时，将静电电压表与被试品并接，可直接测出被试品的高压电压。

国产 Q4-V 型静电电压表的结构如图8-6所示。静电电压表能耐受的电压由两极间的距离及固定高压电极的绝缘支柱表面的放电电压决定。改变电极间距离，能改变测量电压范围，所以静电电压表常为多量程。用静电电压表还可以测量频率高达 1MHz 的电压。

静电电压表两极间有绝缘介质（空气），电容量极小（10~30pF），因此阻抗较大，测量时几乎不改变被试品上的电压，还可用来测量感应电压。

静电电压表的缺点：额定电压 1000V 及以上的静电电压表的电极暴露在外面，无屏蔽密封措施，现场使用时受风、天气、外界电磁场干扰影响较大，现场不宜使用，多用于试验室内。

3. 用电容分压器测量

如图8-7所示为用电容分压器测量交流高压的接线图。电容分压器一般由高压电容 C_1 和低压电容 C_2 组成。

测量的原理：串联电容器上电压按电容值反比分配，使被测电压通过串联的电容分压器进行分压，测出低压电容 C_2 上的电压 U_2，再用分压比 K 算出被测电压 U_1，即

$$U_1 = KU_2 = \frac{C_1 + C_2}{C_1} U_2$$

实际测量时，由于电容分压器的分压比随所加电压和周围环境的不同而有所变化，所以每次耐压试验时，都需与试验变压器空载时的变比进行比较，以确定试验时分压器低压侧电压表的读数，即校准分压比。具体方法是，将电容分压器与空载变压器 T1 高压侧连接，逐

渐升高试验变压器的输出电压 U_1，同时对应每一个 U_1 值记录相应分压器低压电容上的电压 U_2，得到若干组数据，并将得到的数据做成校正曲线，如图 8-8 所示。试验时接上试品，在校正曲线上找出所需加试验电压对应的 U_2 读数，按 U_2 升压试验。

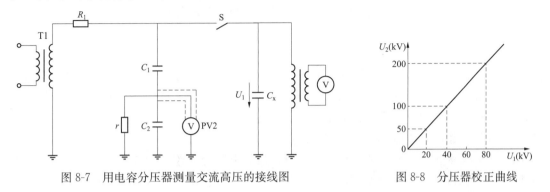

图 8-7　用电容分压器测量交流高压的接线图　　　　图 8-8　分压器校正曲线

图 8-7 中的 r 可消除试验时 C_2 上的残余电荷，使分压器具有良好的升降特性，一般取 $r \gg \dfrac{1}{\omega C_2}$。

图 8-7 中的电压表 PV2 采用静电电压表或高阻抗交流电压表时可测得电压有效值；用峰值电压表时可测得电压峰值；采用示波器时，既可测出电压峰值，又能观察电压波形。

因为电容分压器结构简单，携带方便，准确度较高，所以用电容分压器测量交流高压是目前现场常用的方法。

4. 用电阻杆串联整流装置测量

在现场如果没有上述测量设备时，也可采用电阻杆串联整流装置测电压，其接线如图 8-9 所示。开始时不带试品，仅给电阻杆施加 0.3、0.6、0.9 倍的试验电压。此电压可由试验变压器变比和低压绕组所加电压值乘积决定（因为试验变压器空载时，高压侧和低压侧电压符合变压比）。施加电压同时测量相应的电流值，由电压和电流值绘制出电压和微安表读数的曲线图，如图 8-10 所示。根据此图由 u_S 值查到对应的电流值 I_S；正式试验时，PA

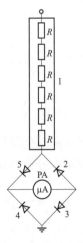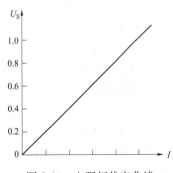

图 8-9　电阻杆串联整流装置测电压接线　　　　图 8-10　电阻杆伏安曲线
1—电阻杆；PA—μA 表；2、3、4、5—整流二极管

读数达 I_s，则被试品上施加电压达 u_s。现场经过多次使用，效果很好。

为了准确，每次使用电阻杆测压时，应事先进行 u_s-I 曲线绘制。

第四节　交流耐压试验的操作要点及异常现象分析

一、操作要点

（1）试验前，应了解被试品的试验电压，其他试验项目结果及以前的试验结果。若被试品有缺陷及异常，应在消除后再进行交流耐压试验。对于电容性被试品，根据其电容量及试验电压估算试验电流大小，判断试验变压器容量是否足够，并考虑过电流保护的整定值（一般应整定为被试品电容电流的1.3～1.5倍）。

（2）试验现场应装设遮栏或围栏，挂好标示牌，并派专人监护。被试品应断开与其他设备的连线，并保持足够的安全距离，距离不够时应考虑加设绝缘挡板或采取其他防护措施。

（3）试验前，被试品表面应擦拭干净，将被试品的外壳和非被试绕组可靠接地。被试品为新充油设备时，应按《规程》规定使油静置一定时间再试验。

变压器等充油设备，在注油过程中，会产生许多气泡，潜伏在油和部件中。气泡的相对介电常数小于油和其他固体绝缘材料，随着电压的升高、气泡首先发生放电，气泡周围绝缘材料局部温度升高，电流增大，温度再升高，最后导致绝缘击穿。注油后静置一段时间使气泡排空后再进行交流耐压试验，可以防止气泡引起的放电损伤变压器。

静置时间通常如下：110kV 及以下设备，不少于 24h；220～330kV 设备，不少于 48h；500kV 设备，不小于 72h；750～1000kV 设备，不小于 96h。

（4）接好试验接线后，确认无误后方可准备升压。

（5）加压前，首先要检查调压器是否在零位。调压器在零位方可升压，升压时应相互呼唱。

（6）升压过程中不仅要监视电压表的变化，还应监视电流表的变化，以及被试品电流的变化。升压时，要均匀升压，不能太快。升至规定试验电压时，开始计算时间，时间到后，缓慢均匀降下电压。不允许不降压就先跳开电源开关。不降压电源开关即跳相当于给被试品施加冲击电压，可能损伤设备绝缘。

（7）试验中若发现表针摆动或被试品有异常声响、冒烟、冒火等，应立即降下电压，拉开电源，在高压侧挂上接地线后，查找原因。

（8）交流耐压试验前后均应测量被试品的绝缘电阻，有条件时，还要测量局部放电。

二、试验中的异常现象分析

交流耐压试验时应严密监视仪表的指示，同时注意声音的变化及异常，以便根据仪表指示、放电声音及被试品的绝缘结构等，并根据实践经验来综合分析判断试品是否合格。

1. 仪表指示异常时的分析

（1）若给调压器加上电源，电压表就有指示，可能是调压器不在零位。若此时电流表也出现异常读数，调压器输出侧可能有短路或类似短路的情况，如接地棒未摘除等。

（2）调节调压器，电压表无指示，可能是自耦调压器碳刷接触不良、电压表回路不通或变压器的一次绕组、测量绕组有断线。

（3）若调节调压器，电流增大，电压基本不变或有下降趋势，可能是被试品容量较大而试验变压器容量不够或调压器容量不足，可改用大容量的试验变压器或调压器。

（4）试验过程中，电流表的指示突然上升或突然下降，电压表指示突然下降，都是被试品击穿的表征。

当被试品击穿时，电流表的指示是上升还是下降与试验变压器的选择有很大关系。试验变压器的感抗与被试品的容抗是串联的，当容抗等于感抗时，会引起串联谐振，合闸时电流很大，在被试品上会引起较严重的过电压，这在试验中是不允许的。遇到这种情况须采取改变试验回路参数（即选用不同感抗的变压器）或增大限流电阻等办法来解决，如要求被试品电容值为

$$C_x < 3.18 \times \frac{10^9}{X}$$

式中　　C_x——被试品电容值，pF；

　　　　X——折算至高压侧的变压器感抗与调压器感抗之和，可以从短路试验求出，Ω。

同时为避免试验变压器高压侧的感抗与被试品的电容并联谐振，还要求

$$0.08 \frac{S_N}{U_N^2} \times 10^6 < C_x < 1.3 \frac{S_N}{U_N^2} \times 10^6$$

式中　　S_N——试验变压器额定容量，kVA；

　　　　U_N——试验变压器额定电压，kV；

　　　　C_x——被试品电容量，pF。

当容抗与感抗之比等于 2 时，虽然被试品击穿，但电流表的指示不会变化；当容抗与感抗之比小于 2 时，虽然试品击穿，但电流表指示反而会下降；大于 2 时，击穿电流必然上升。

一般情况下，被试品的容抗远大于试验变压器的感抗，但是对于大容量的被试品或试验变压器感抗较大时，有可能出现试品击穿，电流表指示不变或下降的现象。

2. 放电或击穿时声音的分析

（1）在升压阶段或耐压阶段，发生很像金属碰撞的清脆响亮的"当当"的放电声，这是由于油隙距离不够或者是电场畸变（如变压器引线没有进到套管均压球里去，圆弧的半径太小等）造成油隙一类绝缘结构击穿发出的。当重复试验时，放电电压下降不明显。

（2）放电声音也是很清脆的"当当"声，但比前一种小，仪表摆动不大，在重复试验时放电现象消失，这种现象是被试品油中气泡放电所致。

（3）放电的声音如果是"咻—"，"吱—喽"，或者是很沉闷的响声，电流表的指示立即超过最大偏转指示，这往往是固体绝缘爬电引起的。

（4）加压过程中，充油试品内部有如炒豆般的响声，电流表指示却很稳定，这可能是悬浮的金属件对地放电引起的。如变压器铁芯没有通过金属片与夹件连接，而是在电场中悬浮，当静电感应并产生一定的电压时，铁芯对接地的夹件放电。

（5）在试验过程中，若由于空气湿度或被试品表面脏污等的影响，引起表面滑闪放电，不应视被试品为不合格，而应对被试品表面进行清擦、烘干等处理，然后再进行试验判断其合格与否。若被试品表面瓷套釉层绝缘损坏、老化或有裂纹，应视为不合格。

3. 其他异常分析

（1）有条件时耐压试验前后应进行被试品的油中溶解气体分析、局部放电测量。根据耐

哎，试验时没击穿，怎么现在绝缘电阻反而不合格了？哇！刚才试验没均匀降压到零就拉开电源开关了！

压试验前后油中气体含量及局部放电量变化的趋势，可判断是否还有一些不明显的潜伏性故障。如某气体含量或总烃有明显增长，或局部放电量耐压试验前后有明显增长时，应根据情况具体分析缺陷的性质或缺陷的部位。

（2）有机绝缘材料，如绝缘棒、绝缘梯等试验后，触摸时发现试品普遍或局部发热应视为绝缘不良，需经烘干处理后再进行试验。

（3）试验时被试品是合格的，无明显异常，试验后却发现被击穿了，这往往是由于试验后没有降压就直接拉掉电源造成的。

第五节　新的交流耐压试验方法

《规程》要求 110kV 及以上的电力设备在必要时应进行耐压试验，如变压器、互感器、SF_6 断路器和 GIS、隔离开关、套管等，橡塑电缆目前的共识也是定期进行交流耐压试验。虽然交流耐压有些设备可以采用倍频感应、操作波感应或外施工频耐压试验方法，但前两种现场难以解决，尤其是额定电压高、容量大的设备，现场更难解决。外施工频耐压是理想的耐压方法，但同样现场难以实现，尤其是额定电压高、容量大的设备，高压试验变压器非常笨重、不易搬动，现场连试验电源也不易解决。所以，现场解决耐压试验必须另想方法。

一、采用并联电抗器补偿法

如果现场试验的高压试验变压器输出电压满足要求，但输出电流太小，不能满足要求，这时可采用并联电抗器法。用并联电抗器来补偿试品的电容电流，可使总电流大大减小。采用电抗器并联补偿进行试验的工作原理及相量图如图 8-11 所示。

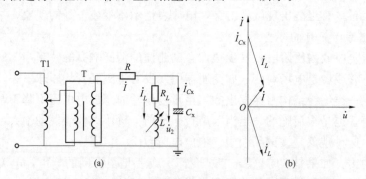

图 8-11　采用电抗器并联补偿进行试验的工作原理及相量图

(a) 原理图；(b) 相量图

T1—调压器；T—高压试验变压器；R—限流电阻器；L—高压电抗器；
R_L—并联电抗器有功损耗等值电阻；C_x—被试品

由图 8-11 可知，调整并联电抗器的电感 L，使 $\omega L = \dfrac{1}{\omega C_x}$，回路产生谐振。两支路电流可能很大，但总电流很小，高压试验变压器的输出电流满足要求。由于流过试品的电流 $\dot{I}_{Cx}$ 很大，则试品两端电压 $\dot{U}_2 = \dfrac{1}{\omega C_x} \dot{I}_{Cx}$ 达到试验电压 $\dot{U}_2$。

如果试验回路的试品击穿，则试验变压器会严重过载，可能会损坏。所以，试验变压器原边应设速断过电流保护，以确保试验变压器安全。

二、采用串联电抗器谐振法

如果被试品额定电压较高，现场试验变压器输出电压不能满足要求时，可采用串联电抗器谐振方法。串联谐振装置工作原理图和等值电路图如图 8-12 所示。

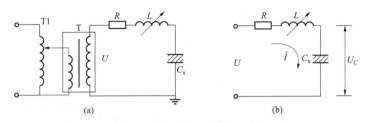

图 8-12　串联谐振装置工作原理图和等值电路图
（a）工作原理图；（b）等值电路图

T1—调压器；T—试验变压器；R—限流电阻器；L—高压电抗器；C_x—被试品

由图 8-14 可得

$$U_C = IX_C = \frac{UX_C}{\sqrt{R^2 + (X_L - X_C)^2}}$$

当调整 L 值，使 $\omega L = \frac{1}{\omega C}$ 时，即达到谐振，$U_C = \frac{U}{R} X_C = \frac{U}{R} X_L$。设谐振回路品质因数为 Q，$Q = \frac{\sqrt{L/C}}{R} = \frac{1}{\omega CR}$，则 $U_C = QU$，即被试品 C_x 上的电压为励磁电压的 Q 倍。

输入功率 $P_{in} = UI\cos\varphi$，由于 $\cos\varphi = 1$，故 $P_{in} = UI$，被试品上容量 $P_x = U_C I$。在大多数情况下，Q 值为 30～50。由 $U_C = QU$，$P_x = QP_{in}$，说明被试品上获得的电压、容量分别为试验变压器输电出压的 Q 倍，也就是说用小容量的试验变压器就可以对较大容量的设备进行试验了。另外，由于回路处于谐振状态，回路本身具有良好的滤波作用，可使电源波形中的谐波在试品 C_x 两端大大减小，试验电压有良好的正弦波形；当试品击穿时，试验回路立即失去谐振条件，电源输出电流自动减小，试品两端电压立即下降，限制试品损伤。

上述两种试验回路，均为调节电感 L 达到谐振。但被试品并联电容器，使 C_x 增加，X_C 减小，同样也能达到谐振目的。如果有多台试品，可将电容器组合使回路达到谐振。为了更灵活，电抗器可以采取串、并联组合。

三、采用变频串联谐振法

上面介绍的两种方法，有时调整会存在困难，达不到理想的效果。根据 $\omega L = \frac{1}{\omega C}$，改变电源频率同样可达到谐振的目的。变频电源技术已经成熟，已被应用到高压试验中解决现场 10～1000kV 电力设备交流耐压的试验工作。变频串联谐振试验接线图如图 8-13 所示。

根据有关标准，可以调整电源频率以满足试验要求，一般电源频率在 10～300Hz 范围内。

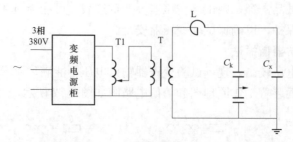

图 8-13　变频串联谐振示意图

T1—调压器；T—励磁变压器；L—电抗器；C_k—分压电容；C_x—被试品

第六节　交流耐压试验频率选择

为了有效地开展不同类型电力设备交流耐压试验，试验电压的频率不能只限于 50Hz。交流耐压试验频率选择的通常做法如下：

（1）工频耐压试验。若电力设备交流耐压试验频率没有特殊要求，则属于工频耐压性质，频率为 45～65Hz。这类试验对象包括电机（包括发电机和电动机）、变压器（外施电压）、高压套管、支柱绝缘子（包括隔离开关）、悬式绝缘子、母线、互感器（主绝缘的耐压）、真空断路器、低压装置等。

（2）50Hz 耐压试验。

1）有些电力设备交流耐压试验数据反映运行情况，则这类试验频率必须为 50Hz，如金属氧化物避雷器工频参考电压试验。

2）有些被试品交流耐压试验频率也必须为 50Hz，如电力安全工器具和带电作业工器具。试验时的频率、电压与实际使用时更加接近，效果更好。

（3）橡塑电力电缆交流耐压试验。其试验频率为 20～300Hz。

（4）SF6 断路器和 GIS 装置交流耐压试验。其试验频率为 10～300Hz。

（5）高压交流复合绝缘子人工污秽交流耐压试验。其试验频率为 48～62Hz。

（6）变压器和电磁式电压互感器感应耐压试验。其试验频率采用 100、150、200Hz 等，是额定频率的倍数，称为倍频感应耐压试验。由于频率太高会使铁芯损耗增大，故倍频感应耐压试验频率不宜大于 400Hz。目前由于变频技术的应用，频率不一定是额定频率的整数倍。

🔍 **本章提示**

本章介绍了交流耐压试验的目的、方法、试验设备，介绍了交流高压的测量方法，介绍了交流耐压试验的操作要点及异常现象分析。

交流耐压试验必须在对试品的一系列非破坏性试验（绝缘电阻、泄漏电流、tanδ 试验）合格后方能进行，交流耐压试验后应均匀降压至零电压后拉再开电源，千万不可直接拉开电源断电。

📖 **本章重点**

1. 交流耐压试验的接线与试验设备选择。

2. 交流高压测量应注意的"容升现象"。

3. 交流耐压试验的操作要点及异常现象分析。

复 习 题

1. 试述交流耐压试验的意义。

2. 如何选择试验变压器的电压、电流及容量?

3. 简述交流高压测量的方法。

4. 简述交流耐压试验的操作要点及异常现象分析。

第二篇

各类电力设备的预防性试验

第九章

电 力 变 压 器 试 验

电力变压器是发电厂、变电站和用电部门最主要的电力设备之一，是输变电能的电器。

随着电力工业的发展，电力变压器的数量越来越多，用途越来越广泛，而且其绝缘结构、调压方式、冷却方式等均在不断发展中，对电力变压器进行预防性试验是保证电力变压器安全运行的重要措施。

第一节　绕组绝缘电阻、吸收比和极化指数试验

一、测量方法

测量绕组绝缘电阻、吸收比和极化指数，能有效地检查出变压器绝缘整体受潮情况，部件表面受潮或脏污情况，以及贯穿性的集中性缺陷，如瓷件破裂、引线接地、器身内有金属接地等缺陷。

测量绕组绝缘电阻时，应依次测量各绕组对地和对其他绕组间的绝缘电阻值。测量时，被测绕组各引线端均应短接在一起，其余非被测绕组皆短路接地。

绝缘电阻和吸收比（极化指数）测量的顺序及部位见表 9-1。

表 9-1　　　　变压器绝缘电阻和吸收比（极化指数）的测量顺序和部位

顺序	双绕组变压器		三绕组变压器	
	被测绕组	接地部位	被测绕组	接地部位
1	低压绕组	外壳及高压绕组	低压绕组	外壳、高压绕组及中压绕组
2	高压绕组	外壳及低压绕组	中压绕组	外壳、高压绕组及低压绕组
3	—	—	高压绕组	外壳、中压绕组及低压绕组
4	高压绕组及低压绕组	外壳	高压绕组及中压绕组	外壳及低压绕组
5	—	—	高压绕组、中压绕组及低压绕组	外壳

如果变压器为自耦变压器时，自耦绕组可视为一个绕组。如三绕组变压器高、中压为自耦绕组时，则共测三次，测量顺序及部位：①低压绕组—高、中压绕组及地；②高、中、低压绕组—地；③高、中压绕组—低压绕组及地。

测量绝缘电阻时，对额定电压为 1000V 以上的绕组用 2500V 绝缘电阻表，其量程一般

不低于 10 000MΩ，1000V 以下的用 500V 或 1000V 绝缘电阻表。

为避免绕组上残余电荷导致较大的测量误差，测量前或测量后均应将被测绕组与外壳短路充分放电，放电时间应不少于 2min。

对于新投入或大修后的变压器，应充满合格油并静置一定时间，待气泡消除后方可进行试验。静置时间见本章第三节的介绍。

测量时，以变压器顶层油温作为测量时的试品温度。

二、试验结果的分析判断

《规程》对绝缘电阻标准未作具体规定，表 9-2 给出的允许值供参考。

表 9-2　　　　　　油浸电力变压器绕组绝缘电阻的允许值　　　　　　　　MΩ

高压绕组电压等级（kV）	温　度　（℃）							
	10	20	30	40	50	60	70	80
3～10	450	300	200	130	90	60	40	25
20～35	600	400	270	180	120	80	50	35
63～220	1200	800	540	360	240	160	100	70

注　同一变压器中压绕组和低压绕组的绝缘电阻标准与高压绕组相同。

除参考表 9-2 数据外，一般仍推荐综合分析方法：

（1）安装时绝缘电阻值不应低于出厂试验时绝缘电阻的 70%。

（2）预防性试验时绝缘电阻值不应低于安装或大修后投入运行前的测量值的 50%。

（3）同期同类型变压器同类绕组的绝缘电阻不应有明显异常。

（4）同一变压器绝缘电阻测量结果，一般高压绕组测量值应大于中压绕组测量值，中压绕组测量值大于低压绕组测量值。

温度对绝缘电阻影响很大，当温度增加时，绝缘电阻将按指数规律下降，为了便于比较每次测量结果，最好能在相近的温度下进行测量。当现场无法满足上述条件时，可对测量结果按式（9-1）或表 9-3 所示温度换算系数进行换算

$$R_2 = R_1 \times 1.5^{(t_1 - t_2)/10} \tag{9-1}$$

式中　R_1、R_2——温度 t_1、t_2 时的绝缘电阻值。

表 9-3　　　　　　油浸电力变压器绝缘电阻的温度换算系数

温度差（℃）	5	10	15	20	25	30	35	40	45	50	55	60
换算系数	1.2	1.5	1.8	2.3	2.8	3.4	4.1	5.1	6.2	7.5	9.2	11.2

若发现某一绕组绝缘电阻低于允许值或与比较值相比降低很多时，可利用绝缘电阻表屏蔽法确定变压器绝缘劣化的具体部位。如试验温度 20℃时，某变压器绝缘电阻的试验结果见表 9-4。

表 9-4　　　　　　某变压器绝缘电阻试验结果（试验温度 20℃）

位　置	高压绕组—中压绕组、低压绕组及地	中压绕组—高压绕组、低压绕组及地	低压绕组—高压绕组、中压绕组及地
测量结果（MΩ）	500	950	1100

从表 9-4 所列数据可以看出：高压绕组—中压绕组、低压绕组及地的绝缘电阻，较中压绕组—高压绕组、低压绕组及地和低压绕组—高压绕组、中压绕组及地的绝缘电阻值小。通过图 9-1 所示屏蔽法可以判断出绝缘劣化的具体部位。

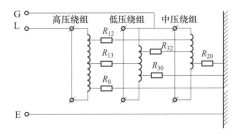

图 9-1　绝缘电阻表采用屏蔽法时的接线图

由图 9-1 可知，高压绕组加压，中压绕组与低压绕组不接地，而接绝缘电阻表屏蔽端子，外壳接地，这时绝缘电阻 R_{12}、R_{13} 中没有电流流过，而在 R_{20}、R_{30} 中虽有电流流过，但这些电流并不经过电流测量线圈，即这时测得的仅是高压绕组对地的绝缘电阻 R_0，同理可以测出高压绕组对中压绕组及高压绕组对低压绕组之间的绝缘电阻。表 9-5 示出了对同一变压器用屏蔽法测量的结果。

表 9-5　　　　　　　　绝缘电阻表屏蔽法测量绝缘电阻的结果

测　量　部　位	绝缘电阻 （MΩ）	绝缘电阻表端子连接方式		
		L	E	G
高压绕组—低压绕组 R_{13}	3500	高压绕组	低压绕组	中压绕组及外壳
高压绕组—中压绕组 R_{12}	10 000	高压绕组	中压绕组	低压绕组及外壳
高压绕组—地 R_{10}	600	高压绕组	中压绕组 低压绕组	外　壳

由表 9-5 可知，高压绕组对地的绝缘电阻最低为 600MΩ，而高压绕组对中压绕组、高压绕组对低压绕组的绝缘电阻较高，可以判断是高压绕组与接地部位之间的绝缘不良。经检查确定是高压绕组的中性点套管法兰部绝缘不良。处理后重测绝缘电阻，测得高压绕组对中压绕组、低压绕组及地的绝缘电阻为 3000MΩ，吸收比 $K=1.4$。

在测量绝缘电阻的同时应测量变压器的吸收比或极化指数。实践表明，吸收比（极化指数）在反映变压器绝缘的局部缺陷及受潮方面是很灵敏的。一般对于高电压或大容量的电力变压器，多用极化指数指标来考核其绝缘性能。

《规程》对变压器吸收比的要求为：10～30℃时一般不低于 1.3。

随着变压器的超高压、大容量化以及变压器制造工艺的改进，大容量变压器吸收比偏低现象比较严重。如某公司对 72 台大型变压器的 905 次测量结果进行了统计，吸收比小于 1.3 的占 13.9％，而其他绝缘项目（泄漏电流、tanδ 试验及油试验）均合格。吸收比小于 1.3 的变压器可增测极化指数，《规程》规定，极化指数不低于 1.5 可认为合格。

测量电力变压器绝缘电阻及吸收比时的有关注意事项，可参考第一篇第五章中有关内容。

另外，对将铁芯引到油箱外接地的变压器进行预防性试验时，应采用 1000V 绝缘电阻表测量铁芯对地的绝缘电阻。测量时应将铁芯引出小套管的接地线断开后再进行。而一些新变压器不仅将铁芯引到油箱外接地，还将上轭铁梁上夹件接地引到油箱外接地，因此测量时不仅要测量铁芯对地绝缘电阻，还应测量轭铁梁对地、轭铁梁对铁芯之间的绝缘电阻。测量时先将铁芯及轭铁梁的接地引线断开，再用 1000V 绝缘电阻表测量。

对铁芯没有接地引出线的变压器进行预防性试验时不进行此项试验，而在变压器大修吊芯时进行。变压器吊芯时除测量铁芯对地、轭铁梁对铁芯的绝缘电阻外，还应测量穿心螺栓对铁芯、穿心螺栓对轭铁梁的绝缘电阻。

《规程》中对铁芯、穿心螺栓、轭铁梁对地及相互之间的绝缘电阻未做明确规定，但要求与以前测试值相比无显著差异。实测时应根据出厂值及历次试验值比较来判断。对于 220kV 及以上变压器，这些绝缘电阻一般不低于 500MΩ。

有部门规定：对于电压 110kV、容量 63 000kVA 及以上和电压 154kV 及以上的电力变压器，所有穿心螺栓对铁芯、夹件应能承受 2kV、1min 的工频耐压试验；上下夹件、连接片、方铁等对铁芯应能承受 2kV、1min 的工频耐压试验。对于其他变压器（电压 110kV 及以下、容量 50 000kVA 及以下的电力变压器），可用 2500V 绝缘电阻表摇测绝缘电阻，代替工频耐压试验。

三、判断变压器绝缘受潮的其他方法

变压器绝缘受潮，除上面测量绝缘电阻、吸收比和极化指数外，还有电容法。

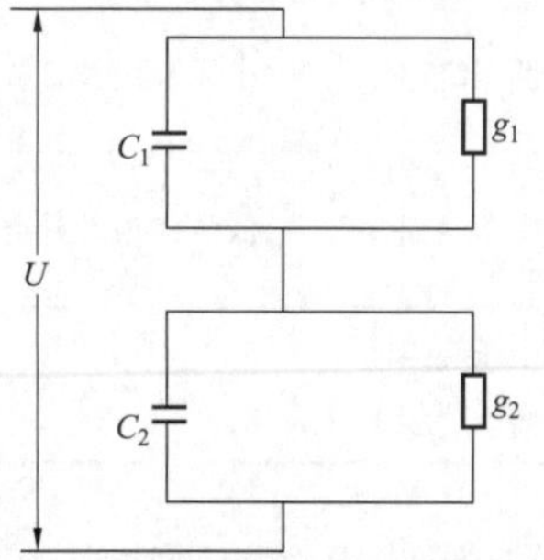

对于双层电介质，其等效电路如图 9-2 所示。

由图 9-2 可知，在交流电压作用下，等值电容量

$$C = C_g \left(\frac{k}{1 + \omega^2 \tau^2} \right) \tag{9-2}$$

式中　C_g——几何电容；

k——常数；

ω——交流电的角频率；

τ——层间极化过程的时间常数。

图 9-2　双层介质等效电路图

由于 C 和 ω、τ 有关，而 τ 又和温度 t 有关，所以在交流电压作用下 C 和 ω、t 有关系，由此

$$C = f\ (\omega,\ t) \tag{9-3}$$

由式（9-3）可知 C 和频率 f 有关，又和温度 t 有关。

（1）电容—温度法。经验证明，绝缘处于干燥时，电容量随温度升高而增大不多，一般不超过 20%；而受潮时，则上升很快，特别是在 40～80℃ 时，当 $C_{80}/C_{20} \leqslant 1.2$ 为干燥；$C_{80}/C_{20} > 1.2$ 为潮湿。

测量电容比接线图如图 9-3 所示。

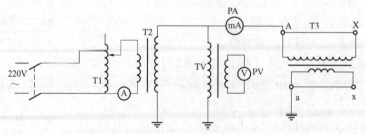

图 9-3　测量电容比接线图

T1—自耦调压器；T2—升压试验变压器；T3—被试变压器；TV—电压互感器；PA—电流表；PV—电压表

这种方法对新安装和刚停下来的设备不太适合，因为达到所测温度很困难；判断受潮变

压器干燥过程中是否干燥合格，比较适合用。干燥过程中在温度比较高时，测量 C_G 值，停止加热在冷却过程中，测量 C_{20} 的值，进行比较后就可判断干燥是否合格了。

（2）极化指数法。用极化指数大小判断变压器状态可参考表 9-6。

表 9-6 极 化 指 数 判 据

序号	极化指数 P	状　态
1	小于 1.00	危险
2	1.00～1.10	不良
3	1.10～1.25	可疑
4	1.25～2.00	较好
5	大于 2.00	良好

第二节　介质损耗因数 tanδ 及电容量试验

tanδ 试验对发现中小型变压器（容量 90 000kVA 以下）的绝缘整体受潮比较有效。测量变压器主体 tanδ 时应连同套管一起测量。单独套管的 tanδ 测量将在本书第十三章中介绍。

一、tanδ 测量接线

由于变压器外壳均直接接地，以前现场一般采用 QS1 电桥反接线法测量 tanδ。双绕组及三绕组变压器主绝缘的等值电容如图9-4所示。对于双绕组和三绕组变压器，其 tanδ 测量部位见表9-7。用 QS1 电桥测量变压器的 tanδ 时，应将非被试绕组短路接地，加压绕组短路并接高压。测量双绕组变压器的 tanδ 及电容量 C_x 的试验接线如图9-5所示。

表 9-7 用 QS1 电桥测量变压器 tanδ 的部位

双绕组变压器			三绕组变压器		
试验序号	加　　压	接　　地	试验序号	加　　压	接　　地
1	高压绕组	低压绕组＋铁芯	1	高压绕组	中压绕组、铁芯、低压绕组
2	低压绕组	高压绕组＋铁芯	2	中压绕组	高压绕组、铁芯、低压绕组
3	高压绕组＋低压绕组	铁芯	3	低压绕组	高压绕组、铁芯、中压绕组
			4	高压绕组＋低压绕组	中压绕组、铁芯
			5	高压绕组＋中压绕组	低压绕组、铁芯
			6	低压绕组＋中压绕组	高压绕组、铁芯
			7	高压绕组＋中压绕组＋低压绕组	铁芯

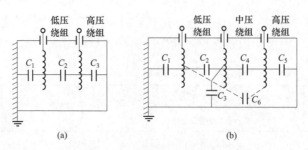

图 9-4 变压器主绝缘的等值电容

(a) 双绕组变压器；(b) 三绕组变压器

按图 9-5（a）接线进行测量时，可测得变压器高压绕组对低压绕组及地的 $\tan\delta_h$、C_h 为

$$C_h = C_2 + C_3$$

$$\tan\delta_h = \frac{C_2\tan\delta_2 + C_3\tan\delta_3}{C_2 + C_3} \tag{9-4}$$

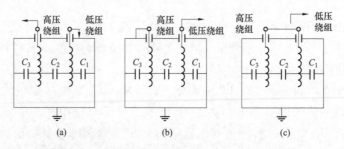

图 9-5 测量双绕组变压器的 $\tan\delta$ 及 C_x 的接线

(a) 高压绕组—低压绕组及地；(b) 低压绕组—高压绕组及地；(c) 高、低压绕组—地

同理，按图 9-5（b）可测得，低压绕组对高压绕组及地的 $\tan\delta_b$、C_b 为

$$C_b = C_1 + C_2$$

$$\tan\delta_b = \frac{C_1\tan\delta_1 + C_2\tan\delta_2}{C_1 + C_2} \tag{9-5}$$

按图 9-5（c）可测得高压绕组加低压绕组对地的 $\tan\delta_{h+b}$、C_{h+b} 为

$$C_{h+b} = C_1 + C_3$$

$$\tan\delta_{h+b} = \frac{C_1\tan\delta_1 + C_3\tan\delta_3}{C_1 + C_3} \tag{9-6}$$

根据实测得到的 C_h、$\tan\delta_h$、C_b、$\tan\delta_b$、C_{h+b}、$\tan\delta_{h+b}$，可求得绕组对地之间的电容 C_1、C_3，绕组之间电容 C_2 及相应的 $\tan\delta_1$、$\tan\delta_2$、$\tan\delta_3$ 的值。根据式（9-4）～式（9-6）可得

$$\left.\begin{array}{l} C_1 = \dfrac{C_b - C_h + C_{h+b}}{2} \\ C_2 = C_b - C_1 \\ C_3 = C_h - C_2 \end{array}\right\} \tag{9-7}$$

$$\left.\begin{aligned}\tan\delta_1 &= \frac{C_b\tan\delta_b - C_h\tan\delta_h + C_{h+b}\tan\delta_{h+b}}{2C_1} \\[2mm] \tan\delta_2 &= \frac{C_b\tan\delta_b - C_1\tan\delta_1}{C_2} \\[2mm] \tan\delta_3 &= \frac{C_h\tan\delta_h - C_2\tan\delta_2}{C_3}\end{aligned}\right\} \tag{9-8}$$

由式（9-4）～式（9-7）可知，当实测值出现异常时，即实测值 C_b、$\tan\delta_b$、C_h、$\tan\delta_h$、C_{h+b}、$\tan\delta_{h+b}$ 中某值与出厂值或初始值不符，且有明显异常时，可利用式（9-7）和式（9-8）推算出异常部位。

如某双绕组变压器的 $\tan\delta$ 和 C_x 的实测结果见表 9-8。

表 9-8　　　　　　　　　　实测 $\tan\delta$ 和 C_x 结果

测 量 部 位	C_x（pF）	$\tan\delta$（%）
高压绕组—低压绕组、铁芯及地	3400	1.1
低压绕组—高压绕组、铁芯及地	5030	1.2
高、低压绕组—铁芯及地	3800	1.6

由表 9-8 的试验结果可知，$\tan\delta$（%）值均较大，根据式（9-7）和式（9-8）可计算出

$$C_1 = \frac{5030 - 3400 + 3800}{2} = 2715(\text{pF})$$

$$\tan\delta_1(\%) = 1.5$$

$$C_2 = 5030 - 2715 = 2315(\text{pF})$$

$$\tan\delta_2(\%) = 0.8$$

$$C_3 = 3400 - 2315 = 1085(\text{pF})$$

$$\tan\delta_3(\%) = 1.7$$

由计算结果可知，$\tan\delta_1$ 与 $\tan\delta_3$ 偏大，即低压绕组对地及高压绕组对地的 $\tan\delta$ 较大，这可能是由于高压绕组和低压绕组对铁芯的绝缘受潮所致。高压绕组—低压绕组之间的 $\tan\delta_2$ 较小，说明高、低压绕组之间的绝缘是良好的。

同理，实测的 C_x 值与出厂及上次测量值相比有异常时，也可按式（9-7）和式（9-8）计算并分析出异常的具体部位，以便于判断处理。

测量三绕组变压器的 $\tan\delta$ 及 C_x 的接线如图 9-6 所示。

当按图 9-6（a）接线进行测量时，可得

$$C_h = C_4 + C_5 + C_6$$

$$\tan\delta_h = \frac{C_4\tan\delta_4 + C_5\tan\delta_5 + C_6\tan\delta_6}{C_4 + C_5 + C_6} \tag{9-9}$$

同理，按图 9-6（b）接线时，可测得

$$C_c = C_2 + C_3 + C_4$$

$$\tan\delta_c = \frac{C_2\tan\delta_2 + C_3\tan\delta_3 + C_4\tan\delta_4}{C_2 + C_3 + C_4} \tag{9-10}$$

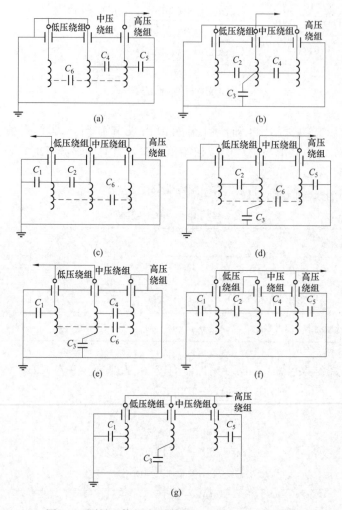

图 9-6　测量三绕组变压器的 tanδ 及 C_x 的接线图

(a) 高压绕组—中、低压绕组及地；(b) 中压绕组—高、低压绕组及地；(c) 低压绕组—高、中压绕组及地；

(d) 高、中压绕组—低压绕组及地；(e) 中、低压绕组—高压绕组及地；(f) 高、低压绕组—中压绕组及地；

(g) 高、中、低压绕组—地

按图 9-6 (c) 接线时，可测得

$$C_b = C_1 + C_2 + C_6$$

$$\tan\delta_b = \frac{C_1 \tan\delta_1 + C_2 \tan\delta_2 + C_6 \tan\delta_6}{C_1 + C_2 + C_6} \tag{9-11}$$

按图 9-6 (d) 接线时，可测得

$$C_{h+c} = C_2 + C_3 + C_5 + C_6$$

$$\tan\delta_{h+c} = \frac{C_2 \tan\delta_2 + C_3 \tan\delta_3 + C_5 \tan\delta_5 + C_6 \tan\delta_6}{C_2 + C_3 + C_5 + C_6} \tag{9-12}$$

按图 9-6 (e) 接线时，可测得

$$C_{c+b} = C_1 + C_3 + C_4 + C_6$$

$$\tan\delta_{c+b} = \frac{C_1\tan\delta_1 + C_3\tan\delta_3 + C_4\tan\delta_4 + C_6\tan\delta_6}{C_1 + C_3 + C_4 + C_6} \qquad (9\text{-}13)$$

按图 9-6（f）接线时，可测得

$$C_{h+b} = C_1 + C_2 + C_4 + C_5$$

$$\tan\delta_{h+b} = \frac{C_1\tan\delta_1 + C_2\tan\delta_2 + C_4\tan\delta_4 + C_5\tan\delta_5}{C_1 + C_2 + C_4 + C_5} \qquad (9\text{-}14)$$

按图 9-6（g）接线时，可测得

$$C_{h+c+b} = C_1 + C_3 + C_5$$

$$\tan\delta_{h+c+b} = \frac{C_1\tan\delta_1 + C_3\tan\delta_3 + C_5\tan\delta_5}{C_1 + C_3 + C_5} \qquad (9\text{-}15)$$

联立式（9-9）～式（9-15），可求得各绕组对地及各绕组之间的 $\tan\delta$ 和 C_x 值。它们分别为

$$C_2 = \left[2(C_c + C_b - C_{c+b}) + (C_h + C_{h+c+b}) - (C_{h+c} + C_{h+b})\right] \times \frac{1}{2}$$

$$C_4 = \left[2(C_h + C_c - C_{h+c}) + (C_b + C_{h+c+b}) - (C_{h+b} + C_{c+b})\right] \times \frac{1}{2}$$

$$C_6 = \left[2(C_h + C_b - C_{h+b}) + (C_c + C_{h+c+b}) - (C_{h+c} + C_{c+b})\right] \times \frac{1}{2}$$

$$C_1 = C_b - C_2 - C_6$$

$$C_3 = C_c - C_2 - C_4$$

$$C_5 = C_h - C_4 - C_6$$

$$\tan\delta_1 = \frac{C_{h+c+b}\tan\delta_{h+c+b} + C_b\tan\delta_b - C_{h+c}\tan\delta_{h+c}}{2C_1}$$

$$\tan\delta_3 = \frac{C_{h+c+b}\tan\delta_{h+c+b} + C_c\tan\delta_c - C_{h+b}\tan\delta_{h+b}}{2C_3}$$

$$\tan\delta_5 = \frac{C_{h+c+b}\tan\delta_{h+c+b} + C_h\tan\delta_h - C_{c+b}\tan\delta_{c+b}}{2C_5}$$

$$\tan\delta_2 = \frac{C_b\tan\delta_b - C_6\tan\delta_6 - C_1\tan\delta_1}{C_2}$$

$$\tan\delta_4 = \frac{C_h\tan\delta_h - C_6\tan\delta_6 - C_5\tan\delta_5}{C_4}$$

$$\tan\delta_6 = \frac{1}{2C_6}\Big[(C_h\tan\delta_h + C_c\tan\delta_c + C_b\tan\delta_b - C_{h+c+b}\tan\delta_{h+c+b})$$
$$- 2(C_{h+b}\tan\delta_{h+b} - C_5\tan\delta_1 - C_1\tan\delta_1)\Big]$$

同双绕组变压器一样，上述公式的意义在于当实测值有异常时，通过上述公式计算出的介质损耗因数 $\tan\delta$ 值，可找出发生异常的确切部位，以便于分析处理。

对于新投运或大修后的变压器，一般要求按表 9-7 项目全部进行测量，以积累原始数据。当投入运行后，双绕组变压器只测 1、2 项，三绕组变压器只测 1、2、3 项。当发现有明显异常时，可对全部项目进行测量，并通过计算，找出异常的确切部位。

二、试验电压

采用 QS1 电桥进行变压器 $\tan\delta$ 试验时，为便于历次比较，所施加试验电压的标准：对

于额定电压为 10kV 及以上的变压器，无论是已注油还是未注油的均为 10kV；对于额定电压为 10kV 以下的变压器，试验电压应不超过绕组的额定电压。1000V 以下的绕组可不进行 $\tan\delta$ 试验。

三、变压器 tanδ 测量的影响因素

1. 测量接线的影响

测量变压器 $\tan\delta$ 时，要求将被测绕组分别短接，非被测绕组短路接地，以免由于绕组的电感造成各侧绕组端部和尾部电位相差较大，影响测量准确度。

被测绕组两端不短接时，可以看成是电感和绕组对地分布电容组成的链形回路。为了定性分析，可以把链形回路简化为集中的电容、电阻并联于电感两端的等值回路，如图 9-7（a）所示。

由图 9-7（b）可知，此时测得的 $\tan\delta$ 是外施电压 $\dot{U}$ 与电流 $\dot{I}$ 夹角的余角的正切值，$\dot{I}=\dot{I}_1+\dot{I}_2$，$\dot{I}_1$ 是无电感影响时的电流，由于 $\dot{I}_2$ 流过电感 L 和电容 C_2、电阻 R_2 的并联回路，所以 $\dot{I}_2$ 将比 $\dot{I}_1$ 更滞后于 $\dot{I}_{C1}$，$\dot{I}_1$ 与 $\dot{I}_2$ 合成的电流 $\dot{I}$ 也比 $\dot{I}_1$ 更滞后于 $\dot{I}_{C1}$，从相量图可以明显看出 $\delta > \delta_1$，所以实测 $\tan\delta$ 值大于真实的 $\tan\delta_1$ 值，即 $\tan\delta > \tan\delta_1$。

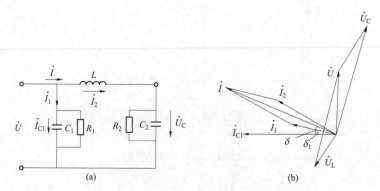

图 9-7　绕组两端不短接时的等值电路及相量图
（a）等值电路；（b）相量图

绕组两端短接后加压，由于电容电流从绕组两端进入，产生互相抵消的磁通，使电感影响最小，将不致产生太大误差。

同理，对于接地或屏蔽绕组的出线端，也应全部短接。

2. 温度的影响

温度对测量变压器 $\tan\delta$ 有较大的影响。一般来说，温度越高，$\tan\delta$ 越大。运行中变压器的结构各异，材料不同，不能用一个统一的温度换算系数来进行不同温度下 $\tan\delta$ 的换算，因此测量变压器 $\tan\delta$ 最好在油温低于 50℃ 时测量。不同温度下的 $\tan\delta$ 值可按式（9-16）进行换算，此时换算的 $\tan\delta$ 值只能作为判断时的参考，换算公式为

$$\tan\delta_2 = \tan\delta_1 \times 1.3^{(t_2-t_1)/10} \tag{9-16}$$

式中　$\tan\delta_1$、$\tan\delta_2$——温度为 t_1、t_2 时的 $\tan\delta$ 值。

3. 变压器套管 tanδ 的影响

测量得出的变压器绕组的 tanδ 和 C_x 包括了变压器套管的 tanδ 和 C_x。第一篇第七章中已分析了不同介质串联、并联、串并联时 tanδ 的规律：在串联、并联、串并联电路中，整体介质损耗因数 tanδ，必大于其中最小值，而小于其中最大值；单独介质影响整体介质损耗因数 tanδ 的程度取决于其本身电容量占整体电容量的比例；单独介质的电容量越大，其对整体 tanδ 的影响也越大。

对变压器而言，变压器绕组对地的电容量一般远大于变压器套管对地的电容量，因此在对变压器进行 tanδ 测量时，变压器套管本身的绝缘状态对整体 tanδ 值影响不大。换言之，测量变压器绕组的 tanδ 时，对连接在相应测试绕组上的套管的绝缘缺陷反映是不灵敏的。

四、分析判断

(1) 依据《规程》进行判断。

(2) tanδ 值与历次测量数值比较，不应有显著变化（一般不大于 30%）。现场实测经验表明，测量 tanδ 值虽小于《规程》规定值，但较往年试验数据有较大变化的变压器往往有异常，因此不能单靠 tanδ 的数值来判断，而应比较变压器历次 tanδ 数值的变化发展趋势。

(3) 电容量与出厂试验值或历年数值比较变化量不大于 3%。

第三节 交流耐压试验

交流耐压试验是检验变压器绝缘强度最直接、最有效的方法，对发现变压器主绝缘的局部缺陷，如绕组主绝缘受潮、开裂或者在运输过程中引起的绕组松动，引线距离不够，油中有杂质、气泡以及绕组绝缘上附着有脏污等缺陷十分有效。变压器交流耐压试验必须在变压器内充满合格的绝缘油，并按规定静止一定时间且其他绝缘试验均合格后才能进行。相关规程规定：750~1000kV 电压等级，静置时间不小于 96h；500kV 电压等级，静置时间不小于 72h；220~330kV 电压等级，静置时间不小于 48h；110kV 及以下电压等级，静置时间不小于 24h；35kV 及以下电压等级，静置时间不小于 12h。

一、试验接线

试验时被试绕组的引出线端头均应短接，非被试绕组引出线端头应短路接地，如图 9-8 所示。被试变压器的接线不正确时，可能会使变压器的绝缘受到损伤。如图 9-9 所示为变压器耐压试验的两种错误接线。

错误接线之一是被试绕组和非被试绕组均不短路连接，如图 9-9（a）所示。由图 9-9（a）可知，由于分布电容 C_1、C_2 和 C_{12} 的影响，在被试绕组对地及非被试绕组中，将有电流流过，而且沿整个被试绕组中的电流不相等，越靠近 A 端电流越大，因而沿整个绕组匝间均存在不同的电位差。由于绕组中所流过的是电容电流，故越靠近 X 端，其

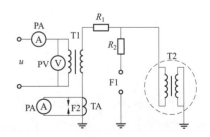

图 9-8　变压器交流耐压试验接线

T1—试验变压器；R_1—保护电阻；

R_2—限流阻尼电阻；F1—保护球隙；

PA—电流表；TA—电流互感器；

PV—电压表；F2—保护间隙；

T2—被试变压器

电位比所加的电压越高。又因为非被试绕组处于开路状态，被试绕组的电抗很大，导致 X 端电位的升高达到不容忽视的程度。显然，这种接线方式在试验中必须避免。

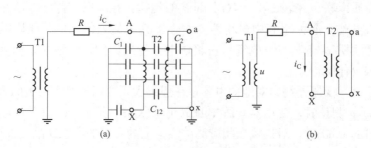

图 9-9　变压器交流耐压试验的两种错误接线

（a）被试绕组及非被试绕组均不短路连接；

（b）被试绕组及非被试绕组均短路连接，非被试绕组不接地

错误接线之二是非被试绕组短路连接，但不接地，如图9-9（b）所示。这种接线中的非被试绕组由于没有接地而处于悬浮状态。当非被试绕组为低压绕组时，其电位分布情况如图9-10所示。

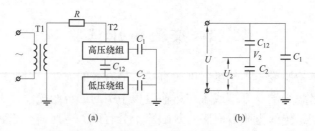

图 9-10　低压绕组悬浮时的电位分布

（a）等值电路；（b）电位分布

由图 9-10 可知，低压绕组处于高压绕组对地的电场之中，低压绕组对地将具有一定的电位。低压绕组对地的电压 U_2 大小将取决于高、低压绕组间和低压绕组对地的电容大小，计算式为

$$U_2 = \frac{C_{12}}{C_{12} + C_2} U \tag{9-17}$$

一般情况下，将出现低压绕组的电位 V_2 高于试验电压，引起低压绕组对地放电或绝缘损坏。

【例 9-1】　某 SFL7500 型电力变压器，其变比为 110/10kV，测得 $C_{12} = 1925$pF，低压绕组对地的电容 $C_2 = 6500$pF，试求按图 9-10（b）接线进行试验时低压绕组的对地电位？

　　解　按《规程》规定，110kV 变压器交接时交流耐压试验电压 U 取 170kV，计算得

$$U_2 = \frac{C_{12}}{C_{13} + C_2} U = \frac{1925}{1925 + 6500} \times 170 = 38.84 \text{(kV)}$$

而低压绕组的额定电压为 10kV，交接时交流耐压试验电压值为 30kV，出厂试验值为 35kV，均小于 38.84kV。低压绕组对地电位偏高，易造成低压绕组绝缘损坏。

二、试验电压

由于交流耐压试验属于破坏性试验，因此试验电压值应严格按有关规程选择。

三、试验结果判断

在规定的耐压时间内，仅听到正常的电晕放电声，油箱内无声响，仪表仪器指示正常（电压、电流无抖动、摆动、无突然升降），保护装置不动作（无过电压、过电流），即耐压试验合格。

变压器交流耐压试验中异常现象的分析，可参见本书第八章有关内容。

第四节　直流电阻试验

变压器绕组直流电阻的测量是变压器试验中一个重要的试验项目。直流电阻试验，可以检查绕组内部导线的焊接质量，引线与绕组的焊接质量，绕组所用导线的规格是否符合设计要求，分接开关、引线与套管等载流部分的接触是否良好，三相电阻是否平衡等。直流电阻试验的现场实测中，可发现变压器接头松动、分接开关接触不良、分接位置错误等许多缺陷，这对保证变压器安全运行有重要作用。

一、测量方法

1. 压降法

压降法是测量直流电阻最简单的方法。在被试电阻上通以直流电流，用合适量程的毫伏表或伏特表测量电阻上的压降，然后根据欧姆定律计算出电阻。

为了减小接线所造成的测量误差，测量小电阻（1Ω以下）时，采用图9-11（a）所示接线，测量大电阻（1Ω及以上）时，采用图9-11（b）所示接线。

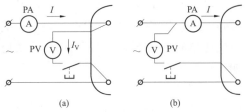

图9-11　压降法测量电阻接线图
(a) 测量小电阻；(b) 测量大电阻

按图9-11（a）接线时，考虑电压表内阻 r_V 的分路电流 I_V，则被试绕组电阻应为

$$R' = \frac{U}{I - I_V} = \frac{U}{I - U/r_V} \tag{9-18}$$

实际上，现场测量一般均以 $R = U/I$ 计算，则绕组电阻测量误差为 $(R/r_V) \times 100\%$，R 越小，误差越小，所以这种接线适合测量小电阻。

按图9-11（b）接线时，考虑电流表电阻 r_A 上的电压降，则被试绕组电阻应为

$$R' = \frac{U - I r_A}{I} \tag{9-19}$$

若仍以 $R = U/I$ 计算，绕组实际电阻应减去差值 $\alpha = r_A$，绕组电阻测量误差为 $(r_A/R) \times 100\%$，R 越大，误差越小，所以这种接线适合测量大电阻。

压降法所用的直流电源，可采用蓄电池、精度较高的整流电源、恒流源等。

由于变压器绕组的电感较大，所以测量时必须注意在电源电流稳定后，方可接入电压表进行读数，而在断开电源前，一定要先断开电压表，以免反电动势损坏电压表。

压降法虽然比较简便，但准确度不高，灵敏度偏低，厂家与运行部门多采用电桥法测量绕组直流电阻。

2. 电桥法

用电桥法测量时，常采用单臂电桥和双臂电桥等专门测量直流电阻的仪器。被测电阻 10Ω 以上时，采用单臂电桥；被测电阻 10Ω 及以下时，采用双臂电桥。对于小容量变压器，单臂电桥可采用 4.5V 及以上的干电池作为电源，双臂电桥采用 1.5～2V 的多节并联干电池或蓄电池作为电源，直接测量变压器绕组直流电阻。

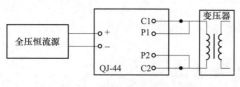

图 9-12　用全压恒流源作电源测量直流电阻的接线

当变压器容量较大时，用干电池等作为电源，充电时间很长，现在一般厂家及运行部门均采用全压恒流电源作电桥的测量电源。常用的恒流源有 QHY-5A 型、QHY-7A 型等。如图 9-12 所示接线，可大大缩短测量时间，简化操作。

用电桥法测量准确度高，灵敏度高，而且可直接读数。

用电桥测量变压器绕组电阻时，由于绕组的电感较大，同样需等充电电流稳定后，再合上检流计开关；测取读数后拉开电源开关前，先断开检流计。测量 220kV 及以上的变压器绕组电阻时，在切断电源前，不但要断开检流计开关，而且要将被试品接入电桥的测量电压线也断开，防止由于断开电源瞬间的反电动势将桥臂电阻间的绝缘和桥臂电阻对地等部位击穿。

二、新的测量方法

由于变压器容量不断增大，特别是五柱铁芯和低压绕组为三角形接线的大型变压器，测试时绕组电流达到稳定的时间有数小时甚至十余小时，不仅测试时间长，而且还不能保证测量准确。经过多年的研究，这个问题有了突破性进展。

成功测量变压器绕组直流电阻最为关键的问题是把自感效应降低到最小程度，其方法介绍如下。

1. 助磁法

该方法是强迫铁芯磁通迅速饱和，从而降低自感效应，减少测量时间。

（1）用大容量直流电源，增加测量电流的值。如用 2 只 190Ah 的蓄电池，通 40A 的电流，测量 250MVA/500kV 自耦变压器中压绕组的直流电阻值，每个分接只需 1～2min。

（2）将高压、低压绕组串联起来通上电流，采用同相位和同极性的高压绕组助磁。由于高压绕组匝数远比低压绕组多，可以用较小的电流使铁芯饱和。如一台 360MVA/220kV 变压器，铁芯为五柱式，低压绕组为三角形连接，接通 10A 电流，在 15min 内就可同时测出一相的高、低压绕组的电阻值。

（3）采用恒压恒流源的直阻测量仪法。利用电子电路实现自动调节，在极短时间内把恒压源平稳地转为恒流源，而且输出电流最大达 40A，适用于各类变压器测量。如果把高、低压绕组串联起来应用双通道对高、低压绕组同时测量，可解决三相五柱式大容量变压器直流电阻测量的困难。如测量一台 360MVA/500kV 变压器绕组直流电阻大约可用 30～40min。该方法的测量接线如图 9-13 所示。

2. 消磁法

与助磁法相反，消磁法力求通过铁芯的磁通为零，方法如下：

（1）零序阻抗法。该方法仅适用于三柱铁芯 YN 联结的变压器。将三相绕组并联起来同时加电流，由于磁通需经过气隙闭合，磁路的磁阻增大，绕组的电流随之减小，从而达到缩短电阻测量时间的目的。

（2）磁通势抵消法。试验时除被测绕组加电流外，非被测绕组中也通以电流，使两者产生的磁通势大小相等而方向相反，达到互相抵消，使铁芯中磁通趋近于零，绕组中的电感量降到最小值，达到缩短测试时间的目的。如对一台 120MVA/220kV 三相五柱式变压器采用消磁法和恒流法测量高、中、低压绕组的直流电阻，3min 即可达到稳定，充电时间比单用恒流法缩短了至少 1/10。消磁法测量高压绕组直流电阻的接线如图 9-14 所示。

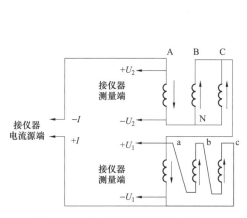

图 9-13　助磁法同时测量高、低压绕组电阻的接线

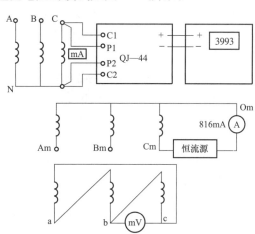

图 9-14　消磁法测量高压绕组电阻的接线

3. 新测试仪器的特点

现场使用的变压器绕组直流电阻测试仪品种较多，但共同的一个特点就是快速测量。通常可自动完成校验、稳流判断、数据处理、阻值显示等功能，可供测量各种类型变压器绕组的直流电阻，具有操作简单、精度高、抗干扰、防振、携带方便等特点。

三、测量中的注意事项

影响变压器绕组直流电阻测量准确度的因素很多，如测量表计的准确度等级、接线的方法、电流稳定情况等。测量前应对这些因素加以考虑，以减小或避免可能产生的测量误差。

测试时应注意的事项：

（1）测量仪表的准确度应不低于 0.5 级。

（2）导线与仪表及测试绕组端子的连接必须良好。用单臂电桥测量时测量结果应减去引线电阻。测量时双臂电桥的四根线（C1、P1、C2、P2）应分别连接，C1、C2 引线应接在被测绕组外侧，P1、P2 接在被测绕组内侧，以避免将 C1、C2 与绕组连接处的接触电阻测量在内。

（3）准确记录被试绕组的温度。IEC 国际标准中规定了测量绕组温度的要求和方法。对于干式变压器，温度应取绕组表面不少于三个温度计的平均值。油浸变压器，器身浸入油中，停电静放 3h 后，才能确定油的平均温度，此时绕组温度与油的平均温度相同。油的温度为变压器上层油温减去冷却装置中进出口油温之差的 1/2。

为了便于与出厂和历次测量的数值比较，应将不同温度下测得的绕组电阻值换算至

75℃时的阻值。换算参考第三章有关内容。

（4）测量大型高压变压器绕组的直流电阻时，测量绕组及其他非被测的各电压等级的绕组应与其他设备（如避雷器）断开，不能接地，并禁止有人工作，以避免直流电源投入或断开时可能产生的感应电压危及安全，避免非被测绕组接地引起的测量误差。

四、测量结果的判断

1. 按《规程》判断

《规程》规定：

（1）1.6MVA 以上的变压器，各相绕组直流电阻相互间的差别（又称相间差）不应大于三相平均值的 2%；无中性点引出的绕组直流线电阻相互间的差别（又称线间差）不应大于三相平均值的 1%。

750kV 和 1000kV 变压器各相绕组的直流电阻相互间差别要求更加严格，相间差别还应大于三相最小值的 2%，线间也是如此要求。

（2）1.6MVA 及以下的变压器，相间差别一般不大于三相平均值的 4%；线间差别一般不大于三相平均值的 2%。

（3）测得值与以前（出厂或交接时）相同部位测得值比较，其变化不应大于 2%。

线间差或相间差百分数的计算公式为

$$\Delta R_x = \frac{R_{max} - R_{min}}{R_{av}} \times 100\% \tag{9-20}$$

对线电阻而言

$$R_{av} = \frac{1}{3}(R_{AB} + R_{BC} + R_{AC})$$

对相电阻而言

$$R_{av} = \frac{1}{3}(R_A + R_B + R_C)$$

式中　　ΔR_x——线间差或相间差的百分数，%；

R_{max}——三线或三相实测值中的最大电阻值，Ω；

R_{min}——三线或三相实测值中最小电阻值，Ω；

R_{av}——三线或三相实测值的平均电阻值，Ω；

R_{AB}、R_{BC}、R_{AC}——线电阻；

R_A、R_B、R_C——相电阻。

【例 9-2】　某 SFSL-10000/110 型变压器测得高压绕组线电阻分别为 $R_{AB} = 0.763\Omega$，$R_{BC} = 0.772\Omega$，$R_{AC} = 0.760\Omega$，求 ΔR_x。

解

$$R_{av} = \frac{0.763 + 0.772 + 0.760}{3} = 0.765(\Omega)$$

$$\Delta R_x = \frac{0.772 - 0.760}{0.765} \times 100\% = 1.57\%$$

按《规程》规定 ΔR_x 应不大于 1%，该变压器线间电阻差 $\Delta R_x = 1.57\% > 1\%$，为不合格。

有载调压变压器应在所有分接头上测量直流电阻；无载调压变压器大修后应在各侧绕组的所有分接头位置上测量直流电阻。运行中更换分接头位置后，只在使用分接头位置上测量直流电阻。

2. 三相电阻不平衡的分析

三相电阻不平衡或实测值与设计值（出厂试验值）相差太多，一般有以下几种原因：

（1）变压器套管导电杆和内部引线连接处接触不良。

（2）分接开关接触不良。由于分接开关内部不清洁、电镀脱落、弹簧压力不够等造成个别分接头电阻偏大，三相电阻不平衡。

（3）焊接不良。由于引线和绕组焊接质量不良造成接触处电阻偏大，或多股并绕绕组的一股或几股漏焊，造成电阻偏大。

（4）电阻相间差在出厂时就已超过规定。

（5）错误的测量接线及试验方法。

1）造成电阻不平衡的错误测量接线和试验方法一般有：①充电时间不够，电流未稳定时即读取测量值；②测量接线与变压器接头连接位置不对，即测量时电压引线在电流引线的外侧或与电流引线同一位置，致使接触处电阻也包括在测量值之内；③测量某一绕组时，未将其他绕组与接地体断开，造成充电不稳定。

2）造成电阻绝对值偏大的常见错误测量接线，是用 QJ-44 型双臂电桥测量电阻时，仅用两根引线，即 C1、P1，C2、P2 引线未分别分开，如图 9-15（a）所示。这种接线将引线电阻测量在内，不符合 QJ-44 型电桥测量原理，造成三相电阻值均较出厂值偏大，而且有时三相电阻不平衡率反而合格。在一些现场运行部门常发现用两根较粗的引线来代替四根引线的错误试验方法。正确的接线如图 9-15（b）所示，四根独立的引线（一般为同长度、同型号、同截面的导线）分别与变压器和QJ-44型电桥的端子相连，与变压器连接的 C1 与 P1 引线、C2 与 P2 引线不能在同一位置连接，C1、C2 应分别连接在接头外侧，P1、P2 应分别连接在接头内侧。

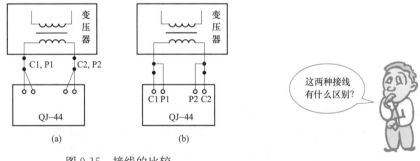

图 9-15　接线的比较

（a）错误接线；（b）正确接线

3. 线电阻换算为相电阻的方法

当现场实测发现线电阻不平衡率不合格时，不能判断出哪个部位电阻不合格。为了分析出不合格的确切部位，一般应将线电阻换算为相电阻。

当绕组为星形接线，且无中性线引出时，见图 9-16（a），有

$$R_a = (R_{ab} + R_{ac} - R_{bc})/2$$
$$R_b = (R_{ab} + R_{bc} - R_{ac})/2$$
$$R_c = (R_{bc} + R_{ac} - R_{ab})/2$$

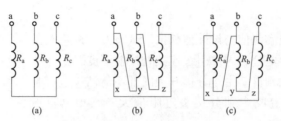

图 9-16　三种变压器绕组接线图

(a) 星形接线，无中性线引出；(b) 三角形接线，且为 a-y、
b-z、c-x 相连接；(c) 三角形接线，且为 a-z、b-x、c-y 相连接

当绕组为三角形接线，并为 a-y，b-z，c-x 相连接时，见图 9-16（b），有

$$R_a = (R_{ac} - R_p) - \frac{R_{ab}R_{bc}}{R_{ac} - R_p}$$

$$R_b = (R_{ab} - R_p) - \frac{R_{ac}R_{bc}}{R_{ab} - R_p}$$

$$R_c = (R_{bc} - R_p) - \frac{R_{ab}R_{ac}}{R_{bc} - R_p}$$

$$R_p = \frac{R_{ab} + R_{bc} + R_{ac}}{2}$$

当绕组为三角形接线，并为 a-z，b-x，c-y 相连接时，见图 9-16（c），有

$$R_a = (R_{ab} - R_p) - \frac{R_{ac}R_{bc}}{R_{ab} - R_p}$$

$$R_b = (R_{bc} - R_p) - \frac{R_{ab}R_{ac}}{R_{bc} - R_p}$$

$$R_c = (R_{ac} - R_p) - \frac{R_{ab}R_{bc}}{R_{ac} - R_p}$$

$$R_p = \frac{R_{ab} + R_{bc} + R_{ac}}{2}$$

式中　R_a、R_b、R_c——各相电阻；

R_{ab}、R_{bc}、R_{ac}——线电阻。

4. 引线长度不一致引起绕组直流电阻不平衡

变压器低压绕组引线三相长度不一致（ax 引线最长），造成绕组直流电阻不平衡，超出相关规程要求。有一单位使用同一制造厂生产的两台变压器，该两台变压器自投产历次低压绕组直流电阻测量均不符合要求，年年提设备缺陷。后来通过与制造厂联系，取得出厂试验报告以及后来反馈的资料，确定是制造厂引线长短不一样造成的不平衡。该单位采取低压绕组直流电阻纵向比较法，只要符合相关标准就可以。解决该问题除上述方法外，还可以将三相引线的直流电阻分别计算出来，每次测完直流电阻后，将引线电阻扣除，再进行比较。

第五节　变　比　试　验

变压器的电压比（简称变比），是变压器空载时高压绕组电压 U_1 与低压绕组电压 U_2 的比值，即变比 $k = U_1/U_2$。变压器的变比试验是验证变压器能否达到规定的电压变换效果，变比是否符合变压器技术条件或铭牌所规定数值的一项试验。其目的是检查各绕组的匝数、引线装配、分接开关指示位置是否符合要求，提供变压器能否与其他变压器并列运行的依据。变比相差 1% 的中小型变压器并列运行，会在变压器绕组内产生 10% 额定电流的循环电流，使变压器损耗大大增加，对变压器运行不利。

《规程》规定了变压器绕组所有分接头变比试验的标准：①各相应分接头的变比与铭牌值相比，不应有显著差别，且应符合规律；②电压 35kV 以下，变比小于 3 的变压器，其变比允许偏差为 ±1%；其他所有变压器额定分接头变比允许偏差为 ±0.5%，其他分接头的变比应在变压器阻抗电压百分值的 1/10 以内，但偏差不得超过 ±1%。允许偏差计算式为

$$\Delta k = \frac{k - k_N}{k_N} \times 100\% \tag{9-21}$$

式中　Δk——变比允许偏差或变比误差；

　　　k——实测变比；

　　　k_N——额定变比，即变压器铭牌上各次绕组额定电压的比值。

变压器变比的测量应在各相所有分接位置进行，对于有载调压变压器，应用电动装置调节分接头位置。对于三绕组变压器，只需测两对绕组的变比，一般测量某一带分接开关绕组对其他两侧绕组之间的变比，对于带分接开关的绕组，应测量所有分接头位置时的变比。

测量变比的常用方法有双电压表法及变比电桥法。

一、双电压表法

用双电压表法测量变比的原理如图 9-17 所示。它是一种简单的变比试验方法，所需要的试验设备都是一些常用的测量仪器。

在变压器的一侧加电源（一般为高压侧），用电压表（必要时通过电压互感器）测量两侧的电压，两侧电

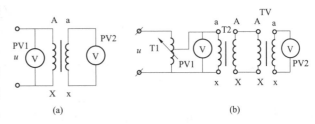

图 9-17　用双电压表法测量变比的原理

(a) 直接测量；(b) 通过电压互感器测量

T1—自耦调压器；PV1、PV2—0.2 级电压表；T2—被试变压器；TV—0.1 级电压互感器，一般用 2200/220V

压读数相除即得变比。对于单相变压器，可以直接用单相电源双电压表法测出变比。对于三相变压器，采用三相电源测量时，要求三相电源平衡、稳定（不平衡度不应超过 2%），可直接测出各相变比。变比计算式为

$$k_{AB} = U_{AB}/U_{ab}$$
$$k_{BC} = U_{BC}/U_{bc}$$
$$k_{AC} = U_{AC}/U_{ac}$$

式中　U_{AB}、U_{BC}、U_{AC}——变压器高压绕组线间电压，kV；

　　　U_{ab}、U_{bc}、U_{ac}——低压绕组线间电压，kV；

　　　k_{AB}、k_{BC}、k_{AC}——绕组线间变比。

若现场无平衡、稳定的三相电源时，也可用单相电源测量三相变压器的变比。

根据三相变压器的不同连接组别，将单相电源通过单相调压器接到变压器的低压侧，或者将变压器低压绕组直接接在比本身额定电压低的单相电源上，高压绕组的电压可以根据电压大小直接用电压表或通过电压互感器测量，其测量和计算公式见表 9-9。

表 9-9 　　　　　　　　　　　　　　单相电源试验变比的测量和计算公式

变压器接线组别	相别	加压端子	短路端子	测量电压		变比计算公式
				高压侧	低压侧	
Yy Dd	A	ab		U_{AB}	U_{ab}	$k_A = \dfrac{U_{AB}}{U_{ab}}$
	B	bc		U_{BC}	U_{bc}	$k_B = \dfrac{U_{BC}}{U_{bc}}$
	C	ac		U_{AC}	U_{ac}	$k_C = \dfrac{U_{AC}}{U_{ac}}$
YNd 如 YNd11	A	ac		U_{A0}	U_{ac}	$k_A = \sqrt{3}\dfrac{U_{A0}}{U_{ac}}$
	B	ab		U_{B0}	U_{ab}	$k_B = \sqrt{3}\dfrac{U_{B0}}{U_{ab}}$
	C	bc		U_{C0}	U_{bc}	$k_C = \sqrt{3}\dfrac{U_{C0}}{U_{bc}}$
Dy 如 Dyn11	A	a0		U_{AB}	U_{a0}	$k_A = \dfrac{U_{AB}}{\sqrt{3}U_{a0}}$
	B	b0		U_{BC}	U_{b0}	$k_B = \dfrac{U_{BC}}{\sqrt{3}U_{b0}}$
	C	c0		U_{AC}	U_{c0}	$k_C = \dfrac{U_{AC}}{\sqrt{3}U_{c0}}$
Yd 如 Yd11	A	ab	bc	U_{AB}	U_{ab}	$k_A = \dfrac{\sqrt{3}U_{AB}}{2U_{ab}}$
	B	bc	ac	U_{BC}	U_{bc}	$k_B = \dfrac{\sqrt{3}U_{BC}}{2U_{bc}}$
	C	ac	ab	U_{AC}	U_{ac}	$k_C = \dfrac{\sqrt{3}U_{AC}}{2U_{ac}}$
Dy 如 Dy11	A	ab	AC	U_{AB}	U_{ab}	$k_A = \dfrac{2U_{AB}}{\sqrt{3}U_{ab}}$
	B	bc	AB	U_{BC}	U_{bc}	$k_B = \dfrac{2U_{BC}}{\sqrt{3}U_{bc}}$
	C	ac	BC	U_{AC}	U_{ac}	$k_C = \dfrac{2U_{AC}}{\sqrt{3}U_{ac}}$

　　双电压表法虽然原理简单，测量容易，但存在需要精密仪器（0.2级、0.1级的电压表，电压互感器）、误差较大、试验电压较高、不安全等不足。因此，许多运行部门和生产制造部门已开始广泛采用变比电桥法进行变比试验。

二、变比电桥法

　　目前，QT-35型、QT-80型变比电桥在现场已得到了广泛应用，它们具有准确度高、灵敏度高、试验电压低、安全、变比误差可以直接读取、可同时测量变压器组别等优点。

　　QT-35型变比电桥的测量变比为1.02～1.11，误差为−2%～2%，准确度等级为0.1级。其工作原理及试验接线如图9-18所示。

测量时，在被试变压器的一次侧施加电压 U_1，则在变压器二次侧感应出电压 U_2，调整 R_3 的电阻值，可以使检流计为零，这时变比 k 可按下式计算（R_3 远远小于 R_1、R_2，忽略 R_3）

$$k = \frac{U_1}{U_2} = (R_1 + R_2)/R_2 = 1 + \frac{R_1}{R_2} \tag{9-22}$$

为了直接读出变比误差值，可在 R_1 与 R_2 之间串入一滑动电阻 R_3，并使检流计的一端在滑动点上。对应滑动电阻 R_3 的不同电阻值在电桥面板上标以不同的变比误差，可以达到直接测量变比误差的目的。

用变比电桥测量三相变压器变比的方法与双电压表法一样，也是采用单相电源，在电桥内部装设切换电路，对不同的接线组别，按不同的测量方式（加压、短路、测量）进行测量。因此用变比电桥进行变比试验时，必须按照使用说明书正确接线，正确操作。

为了测量大变比的变压器，可借助一标准电压互感器（0.1 级，2200/220V），测量接线如图 9-19 所示，这时测得的变比将是实际变比的 1/10，即变比 $k_r = 10k_m$（k_m 为变比电桥实测变比；k_r 为实际变比）。

按图 9-19 接线方法实际测量时，应认真参照 QJ-35 型、QJ-80 型电桥使用说明书，必须将电桥的电源输出开关（即电桥电源通向一次绕组的开关 S）断开，而电桥本身放大器电源仍正常使用。

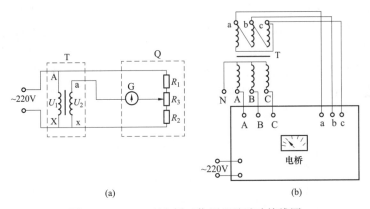

图 9-18 QJ-35 型电桥工作原理及试验接线图

（a）工作原理图；（b）电桥试验接线

T—被试变压器；Q—变比电桥；G—检流计；R_1、R_2、R_3 —电桥电阻

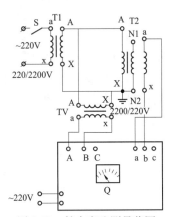

图 9-19 扩大变比测量范围
的电桥接线图

T1—升压变压器，220/2200V；

TV—0.1 级电压互感器 2200/220V；

T2—被试变压器，其变比为 100～
1000；Q—变比电桥；S—开关

现场发现，变比不合格主要是由分接开关引线焊错、分接开关的指示位置与内部引线位置不符、绕组匝间或层间短路等原因造成的。

三、用变比电桥测量变压器变比时，应考虑剩磁的影响

如果变压器变比用变比电桥测量时，其偏差超过允许值，而又从其他试验间接证明变压器变比正常，这时应考虑变压器剩磁的影响。由于变比电桥施加的电流很小，在变压器铁芯产生的磁通很小，有时抵消不了剩磁的影响，使测量偏差超过允许值。

采用变比电桥测量变压器变比时，若测量偏差超过允许值，应考虑是否为剩磁的影响，这时可改用双电压表法，施加高电压，以克服剩磁的影响。

第六节　变压器的极性和组别试验

一、检查单相变压器的极性

1. 极性试验的意义

当某一绕组中有磁通变化时，绕组中会产生感应电动势，感应电动势为正的一端称为正极性端，感应电动势为负的一端称为负极性端。如果磁通的变化方向改变，则感应电动势的方向和端子的极性也随之改变。因此，在交流电路中，正极性端和负极性端不是固定的，只是对某一时刻，某一参照系而言。

变压器或互感器均存在多个绕组，多个引出端子，为了说明绕在同一铁芯上的两个绕组的感应电动势间的相对关系，采用了"极性"这一概念。同一铁芯上的变压器绕组有同一磁通流过，两绕组若以同侧线端为起始端，变压器绕组绕向相同，则感应电动势方向相同；绕相相反，则感应电动势方向相反。所以变压器绕组的绕向和端子标号一经确定，就可用"加极性"和"减极性"来表示两个绕组之间感应电动势的关系。在图 9-20 （a）中，两绕组绕向相同，有同一磁通穿过时，两绕组内的感应电动势在同名端子间任何瞬间都有相同的极性，此时一、二次电压 $\dot{U}_{AX}$ 和 $\dot{U}_{ax}$ 相位相同，如连接 X 和 x，$\dot{U}_{Aa}$ 等于两电压的差，则该变压器的两绕组就为"减极性"关系。如将二次绕组标号交换［见图 9-20 （b）］，显然同名端子间的电动势方向相反，电压相位相差 180°，这时连接 Xx 后，$\dot{U}_{Aa}$ 是 $\dot{U}_{AX}$ 与 $\dot{U}_{ax}$ 之和，则变压器此两绕组之间是"加极性"关系。同理，在图 9-20 （c）中，保持图9-20 （a）中的绕组标号，而将 ax 绕组绕向改变，则变压器两绕组又变成了"加极性"关系。

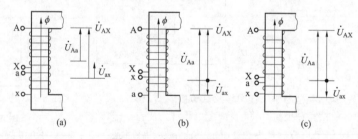

图 9-20　变压器极性示意图

（a）减极性；（b）、（c）加极性

由于变压器的绕组间存在极性关系，当需要几个绕组互相连接时，必须知道极性才能正确地进行连接。同样，电压互感器、电流互感器也有极性问题。

2. 试验方法

变压器的极性常采用直流法来确定。如图 9-21 所示，测量时，用一个电池，将其"＋"极接于变压器一次绕组 A 端，"一"极接于 X 端；将毫安级电流表或毫伏级电压表"＋"端接于二次绕组 a 端，"一"端接于 x 端。接好线后，若将开关 S 合上时，毫安表向正方向偏转，而拉开开关 S 时指针向负方向偏转，则说明变压器绕组 A、a 端同极性，变压器为减极性。

如指针摆动与上述相反，则说明变压器绕组 A、a 端反极性，变压器为加极性。

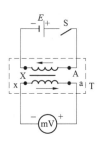

图 9-21　直流法测定单相变压器极性的接线图

试验时，应注意以下问题：

（1）选择合适的电池和表计量程。对于变比较大的变压器，应选用较高电压的电源（如 6V）和小量程的毫伏级电压表；对变比小的变压器，应选用较低电压的电源（如 1.5V）和较大量程的毫安级电流表。其目的是为了使仪表上的指示比较明显，指针偏转在 1/3 刻度以上。用专门生产的中间指零的微安级电流表、毫安级电流表（俗称极性表）判别变压器极性效果最佳。

（2）操作时，为保证人身和仪表安全，一般应先接好测量回路（接入毫安级电流表、毫伏级电压表、极性表），然后再接通电源，判别清楚电源接通瞬间仪表的指针方向，注意电源接通瞬间的指示方向与断开瞬间的指示方向应相反。

二、变压器的组别试验

变压器的组别（又叫联结组标号）相同是变压器并列运行的必要条件之一。变压器的联结组标号试验用于检查变压器的联结组标号是否与变压器铭牌相符，是变压器出厂、交接及大修后应做的试验之一。

1. 变压器的联结组标号

变压器的联结组标号是代表变压器各相绕组的连接方式和电动势相量关系的符号，也是变压器技术参数中很重要的一个参数。

单相变压器常见的联结组标号有 I i12、I i6。I i12 表示高压绕组和低压绕组是减极性，I i6 表示高压绕组和低压绕组是加极性。

三相双绕组变压器常见的联结组标号有 Yyn12、Yd11、YNd11。其中前面的字母 Y、YN 表示高压绕组的接线，后面的字母 yn、d 表示低压绕组的接线，其后的数字乘以 30°则为低压绕组比高压绕组的电动势相量落后的相位差。

三相三绕组变压器常见的联结组标号有 YNyn0d11。联结组标号中，YN 为高压绕组接线，yn 为中压绕组接线，d 为低压绕组接线，0 表示高、中压绕组间的相位差（数字乘以 30°则为中压绕组电动势相量落后于高压绕组电动势相量的相位差），11 表示高、低压绕组间的相位差（数字乘以 30°则为低压绕组电动势相量落后于高压绕组电动势相量的相位差）。

联结组标号中的字母 Y、y 表示绕组为星形连接，D、d 表示为三角形连接，YN、yn 表示有中性点引出的星形连接。同一变压器联结组标号中，表示高压绕组的用大写字母表示，表示中、低压绕组的用小写字母表示。

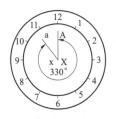

图 9-22　联结组标号使用规定示意图

变压器高、低压绕组间的相位差，通常用时钟法来确定（见图 9-22）。以高、低压绕组电动势相量的起点或中性点重合到一点作为时钟的轴心，由起点或中性点到 A 的高压绕组相电动势作为钟表的分针，并且永远指向 12 点（零点），为基准位置；由起点或中性点到 a 的低压绕组相电动势作为钟表的时针，它所指的时序位置就是联结组的数字标号。

决定变压器联结组标号的因素有以下三个：①绕组首末端的标号（A，X；a，x 等）；②绕组的绕向；③绕组的连接方式（Y，D；y，d 等）。

2. 联结组标号的试验方法

目前现场常用的试验方法主要有直流法、相位表法、变比电桥法三种。

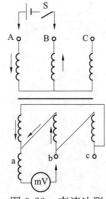

（1）直流法。直流法适用于单相变压器和时钟时序为12和6的三相变压器，对其他时序的变压器测量结果则不够准确。

直流法测量三相变压器联结组标号的接线如图9-23所示。试验时在高压侧接一个 1.5～6V 的干电池和开关 S，先接在 A、B 间，A 相接电池正极，B 相接电池负极；在中压侧或低压侧 a、b，b、c，a、c 相间分别接入一直流毫安级电流表或直流毫伏级电压表。仪表接入时严格按规定极性，首端字母相接正极，末端字母相接负极。如接在 a、b 相间时，a 相要接仪表正极，b 相接负极；接在 b、c 相间时，b 相接正极，c 相接负极。

图 9-23 直流法测三相变压器联结组标号的接线图

按图9-23接好线后，瞬间合上开关 S，分别记录在 a、b，b、c，a、c 间接入的直流毫伏级电压表或直流毫安级电流表的指示方向，向正方向偏转记为"＋"，向负方向偏转记为"－"；然后将电池接于B、C 间和 A、C 相间，重复上述试验。根据试验记录，对照表9-10即可确定变压器联结组标号。

表 9-10　　　　　　　直流表测量三相变压器组别的判断表

钟时序	高压通电 相别 +	高压通电 相别 −	ab	bc	ac	钟时序	高压通电 相别 +	高压通电 相别 −	ab	bc	ac
1	A	B	+	−	0	7	A	B	−	+	0
	B	C	0	+	+		B	C	0	−	−
	A	C	+	0	+		A	C	−	0	−
2	A	B	+	−	−	8	A	B	−	+	+
	B	C	+	+	+		B	C	−	−	−
	A	C	+	−	+		A	C	−	+	−
3	A	B	+	+	+	9	A	B	0	+	+
	B	C	+	0	+		B	C	−	0	−
	A	C	+	+	0		A	C	−	+	0
4	A	B	+	+	+	10	A	B	+	+	+
	B	C	+	+	−		B	C	+	+	−
	A	C	+	+	+		A	C	−	+	+
5	A	B	−	0	+	11	A	B	+	0	+
	B	C	+	−	0		B	C	−	0	+
	A	C	0	+	+		A	C	0	+	+
6	A	B	−	+	−	12	A	B	+	−	+
	B	C	+	−	−		B	C	−	+	+
	A	C	−	−	−		A	C	+	+	+

应当指出，表 9-10 中仪表指示为零的情况发生在变压器为 Dy 或 Yd 接线且时序为奇数时。

（2）相位表法。相位表是测量电流、电压相位的仪表。用相位表测量三相变压器的连接组标号的试验接线如图 9-24 所示。

试验时，相位表的电压线圈按图所示极性接于被试品的高压，电流线圈通过一个可变电阻接入被试品低压的对应端子上。当被试变压器高压通入三相交流电压时，在其低压感应出一个一定相位的电压。由于接入的是一个电阻负荷，所以低压侧电流和电压同相位，因此可以认为高压电压对低压电流的相位就等于高压电压对低压电压的相位，根据相位表所测得的相位差即可知高、低压间的时钟序号，即联结组标号。

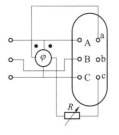

图 9-24　用相位表确定接线组别接线图

使用相位表法测量时，应注意以下问题：

1）测试前，应在已知联结组标号的变压器上校验一下相位表的正确性。

2）要严格按接线图正确接线，特别注意相位表接线的极性要接正确。

3）对于三相变压器，最好在两对应线端子间进行测量，即测 AB、ab，BC、bc，AC、ac 间的相位差，三相变压器采用三相电源供电。

4）供给被试变压器的电压应是可调的，通过调节电压与可调电阻，使高压侧的电压与低压侧的电流指示在相位表的合适范围。

（3）变比电桥法。用变比电桥在试验变压器变比的同时，测量联结组标号的方法，称为变比电桥法。

用 QT-35 型、QT-80 型变比电桥测量变比时，电桥上有供选择的联结组标号位置。如果被试变压器的联结组标号与变比电桥上所选定的联结组标号相同，并且在该联结组标号下电桥能平衡，且变比是正确的，则说明选定的变压器联结组标号是正确的。如果电桥不能平衡或变比不正确，则说明选定的联结组标号不一定正确，则要通过直流法或相位表法确定其正确与否。

用变比电桥测量三相变压器变比及联结组标号时，对三绕组变压器要分别进行 3 组高、低压对应的双向测量，即要进行 6 次测量（高、中压间；高、低压间；中、低压间）。用变比电桥测量变压器联结组标号的方法及适用范围，可在使用时仔细查阅变比电桥使用说明书。还有一个测量联结组标号的方法，即比较电压法或称双电压表法，这里不再介绍。

第七节　空　载　试　验

一、空载试验的目的和意义

变压器空载试验指从变压器任意一侧绕组（一般为低压绕组）施加正弦波形、额定频率的额定电压，在其他绕组开路的情况下测量变压器空载损耗和空载电流的试验。

《规程》规定，变压器更换绕组后或必要时应进行此项试验，测量得出的空载电流和空载损耗数值与出厂试验值或上次试验值相比应无明显变化。

空载试验的主要目的是发现磁路中的铁芯硅钢片的局部绝缘不良或整体缺陷，如铁芯多点接地、铁芯硅钢片整体老化等；根据交流耐压试验前后两次空载试验测得的空载损耗比较，判断绕组是否有匝间击穿情况等。

空载损耗主要是铁芯损耗，即由于铁芯的磁化所引起的磁滞损耗和涡流损耗。空载损耗还包括少部分铜损耗（空载电流通过绕组时产生的电阻损耗）和附加损耗（指铁损耗、铜损耗外的其他损耗，如变压器引线损耗、测量线路及表计损耗等）。计算表明，变压器空载损耗中的铜损耗及附加损耗不超过总损耗的 3%。

空载损耗和空载电流的大小，取决于变压器的容量、铁芯的构造、硅钢片的质量和铁芯制造工艺等。电力变压器容量在 2000kVA 以上时，空载电流约占额定电流的 0.6%～2.4%；中、小型变压器的空载电流约占额定电流的 4%～16%。铁芯硅钢片采用的材质不同，其空载电流差异较大。

空载电流通常以额定电流的百分数 $I_0\%$ 来表示，单相变压器 $I_0 (\%) = (I_0/I_N) \times 100\%$。三相变压器空载电流百分数 $I_0\%$ 为

$$I_0 (\%) = \frac{I_0}{I_N} \times 100\% \qquad (9\text{-}23)$$

$$I_0 = (I_{0a} + I_{0b} + I_{0c}) / 3 \qquad (9\text{-}24)$$

式中　$I_0 (\%)$——空载电流百分数；

I_0——三相空载电流的算术平均值；

I_{0a}、I_{0b}、I_{0c}——a、b、c 三相上测得的空载电流；

I_N——加压测量侧的额定电流。

导致变压器空载损耗和空载电流增大的原因有以下几点：

（1）变压器铁芯多点（两点及以上）接地。

（2）硅钢片之间绝缘不良，或部分硅钢片之间短路。

（3）穿心螺栓或压板的绝缘损坏，上夹件和铁芯、穿心螺栓间绝缘不良，造成铁芯的局部短路。

（4）变压器绕组有匝间、层间短路，并联支路短路。

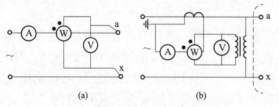

图 9-25　单相变压器空载试验接线图

(a) 仪表直接接入；(b) 仪表经互感器接入

（5）硅钢片松动、劣化，铁芯接缝不严密。

二、空载试验的试验方法

1. 单相变压器空载试验

试验接线如图 9-25 所示。当试验电压和电流不超出仪表的额定值时，可直接将测量仪表接入测量回路［见图 9-25 (a)］。当电压、电流超过仪表额定值时，可通过电压互感器及电流互感器接入测量回路［见图 9-25 (b)］。

2. 三相变压器空载试验

三相变压器的空载试验多采用两功率表法和三功率表法，试验接线如图 9-26 所示。

对应图 9-26 (a)，空载损耗 P_0 与空载电流百分数 $I_0 (\%)$ 计算式为

$$P_0 = P_1 + P_2 \qquad (9\text{-}25)$$

$$I_0 (\%) = \frac{I_{0a} + I_{0b} + I_{0c}}{3I_N} \times 100\% \qquad (9\text{-}26)$$

对应图 9-26 (b)，空载损耗 P_0 与空载电流百分数 $I_0 (\%)$ 计算式为

$$P_0 = (P_1 + P_2) k_{TV} k_{TA} \qquad (9\text{-}27)$$

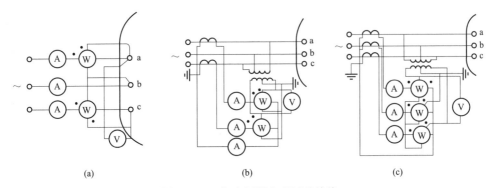

图 9-26 三相变压器空载试验接线

（a）两功率表法，仪表直接接入；（b）两功率表法，仪表经互感器接入；

（c）三功率表法，仪表经互感器接入

$$I_0（\%）=\left(\frac{I_{0a}+I_{0b}+I_{0c}}{3I_N}\right)k_{TA}\times100\%\tag{9-28}$$

对应图 9-26（c），空载损耗 P_0 与空载电流百分数 $I_0（\%）$ 计算式为

$$P_0=（P_1+P_2+P_3）k_{TV}k_{TA}\tag{9-29}$$

$$I_0（\%）=\left(\frac{I_{0a}+I_{0b}+I_{0c}}{3I_N}\right)k_{TA}\times100\%\tag{9-30}$$

式中　P_1、P_2、P_3——功率表的测量值（表计格数换算后实际值）；

　　　I_{0a}、I_{0b}、I_{0c}——电流表的实测值；

　　　k_{TV}——测量用电压互感器的变比；

　　　k_{TA}——测量用电流互感器的变比；

　　　I_N——变压器测量侧的额定电流。

3. 三相变压器的单相空载试验

当现场没有三相电源或三相空载试验数据异常时，可进行单相空载试验。通过单相空载试验，对各相空载损耗比较分析，可发现绕组或铁芯磁路有无局部缺陷，初步判断缺陷部位。

进行三相变压器单相空载试验时，将三相变压器中的一相依次短路，按三相绕组逐相短路，在其他两相施加电压，测量空载损耗和空载电流。一相短路的目的是使该相没有磁通通过，因而也没有损耗。

（1）当加压绕组为星形接线时，施加电压 $U=2U_N/\sqrt{3}$，测量方法如下：

第一次试验——a、b端加压，c、0端或 c 相上的其他绕组（如 cb 或 ca）短路，测量 P_{0ab} 和 I_{0ab}。

第二次试验——b、c端加压，a、0端或 a 相上的其他绕组（如 ab 或 ac）短路，测量 P_{0bc} 和 I_{0bc}。

第三次试验——a、c端加压，b、0端或 b 相上的其他绕组（如 ba 或 bc）短路，测量 P_{0ac} 和 I_{0ac}。

三相空载损耗 P_0 和空载电流百分数 $I_0（\%）$ 计算式为

$$P_0 = \frac{P_{0ab} + P_{0bc} + P_{0ac}}{2} k_{TV} k_{TA} \qquad (9\text{-}31)$$

$$I_0 \,(\%) = \frac{I_{0ab} + I_{0bc} + I_{0ac}}{3I_N} k_{TA} \times 100\% \qquad (9\text{-}32)$$

式中　P_{0ab}、P_{0bc}、P_{0ac}、I_{0ab}、I_{0bc}、I_{0ac}——表计的实测值；

　　　　k_{TV}、k_{TA}——测量电压互感器和电流互感器的变比，仪表直接接入时 $k_{TV} = k_{TA} = 1$。

（2）当加压绕组为 a-y、b-z、c-x 连接，即三角形接线时，施加电压 $U = U_N$（额定的线电压），测量方法如下：

第一次试验——a、b 端加压，b、c 端短路，测量 P_{0ab} 和 I_{0ab}。
第二次试验——b、c 端加压，a、c 端短路，测量 P_{0bc} 和 I_{0bc}。
第三次试验——a、c 端加压，a、b 端短路，测量 P_{0ac} 和 I_{0ac}。
三相空载损耗 P_0 和空载电流百分数 I_0（%）计算式为

$$P_0 = \frac{P_{0ab} + P_{0bc} + P_{0ac}}{2} k_{TV} k_{TA} \qquad (9\text{-}33)$$

$$I_0 \,(\%) = \frac{0.289 \,(I_{0ab} + I_{0bc} + I_{0ac})}{I_N} k_{TA} \times 100\% \qquad (9\text{-}34)$$

（3）单相空载损耗数据应符合以下两个要求。

1）由于 BC 相的磁路与 AB 相的磁路完全对称，所以 P_{0ab} 近似等于 P_{0bc}，实测结果 P_{0ab} 与 P_{0bc} 的偏差一般在 3% 以下。

2）由于 AC 相的磁路要比 AB 相或 BC 相的磁路长，所以 $P_{0ac} = kP_{0ab} = kP_{0bc}$，其中 k 是由该产品铁芯的几何尺寸决定的系数。对于 110～220kV 变压器，k 一般为 1.4～1.55；对于 35～60kV 变压器，k 一般为 1.3～1.4。

所测得的结果与上述两要求中的任意一个不相符合时，则说明变压器有缺陷。

4. 低电压下的空载试验

受试验条件的限制，现场常需要在低电压（5%～10% 的额定电压）下进行空载试验。由于施加的试验电压较低，相应的空载损耗也很小，因此应注意选择合适量程的仪表，以保证测量的准确度，并应考虑仪表、线路等附加损耗的影响。在低电压下得到的空载试验数据主要用于与历次空载损耗数值比较，必要时可近似换算成额定电压下的空载损耗，换算公式为

$$P_0 = P_0' \left(\frac{U_N}{U'}\right)^n \qquad (9\text{-}35)$$

式中　U'——试验时所加的电压；

　　　U_N——额定电压；

　　　P_0'——电压为 U' 时测量得到的空载损耗；

　　　P_0——换算到额定电压下的空载损耗；

　　　n——系数，取决于铁芯硅钢片的种类，对热轧硅钢片取 $n \approx 1.8$，对冷轧硅钢片取 $n \approx 1.9 \sim 2$。

由于电源容量不足，在 80%～90% 额定电压下进行空载试验时，可在 70%～90% 额定电压间试验不少于 5 次，并将 5 次试验所得数值在对数坐标纸上绘成空载损耗 P_0 和空载电流 I_0 随电压变化的曲线，然后用外推法求出额定电压下的 P_0 和 I_0。

5. 直接用系统电源进行的空载试验

由于设备及运输等方面的原因,电力系统运行部门在现场一般不用较大容量的调压器和变压器来进行空载试验,而直接采用系统电源进行空载试验。

用系统电源进行空载试验时,由于没有调压过程,而是系统电压直接加到变压器上,相当于投空载变压器,对系统有一定影响。因此,用这种方法试验时,应调整好各种继电保护、变压器及其他电力设备的运行方式,对变压器、线路、测量仪器设备进行细致的检查,确认无误后方可进行。

试验前先将测试仪表设备接好,将测试电流互感器用一组高压隔离开关短路,然后在系统电压下合电源开关,被试变压器将承受很高的操作过电压和很大的励磁涌流,待涌流过后,用绝缘棒拉开短路用隔离开关再进行测试。现场没有高压隔离开关时应将测量电流互感器二次侧用低压开关短路,涌流过后再拉开二次侧低压开关,防止涌流对测量仪表的冲击和损坏。

用系统电压作空载试验时,为避免涌流和磁滞等的影响,合闸后应待涌流过后仪表读数稳定后再读取测试数据,不应合闸后马上读取。

系统电压一般很少恰好与试品电压相等,但相差不会太大,因此要根据系统的实测电压与试品额定电压的差异,来分析测量数据与出厂数据的差别,判断产品是否有故障。

由于系统电源的容量足够,系统电压与额定电压接近,试验时可利用系统现有设备,不需要大容量的试验设备,试验电压波形无畸变,因而这种试验方法现场经常采用。

三、变压器空载电流中的电容电流成分

变压器空载电流中不仅有电感性的励磁电流,还有电容电流成分。对于部分变压器,电容电流成分的占比会比较大,甚至大于励磁电流。

(1)变压器空载电流中的电容电流的产生机理。变压器空载电容电流主要是绕组对地电容和绕组间电容产生的,其值大小由对地电容量、介质常数和电压决定。变压器空载电流的电容分量如图 9-27 所示。

变压器空载电流由励磁电流 i_f 和电容电流 i_C 组成,而电容电流由三部分组成,高压绕组对地电容电流 i_{C1}、低压绕组对地电容电流 i_{C2} 和高低压绕组之间电容电流 i_{C3}。

(2)变压器空载电流中的电容电流分析。变压器空载电流中各组成部分的伏安曲线如图 9-28 所示。

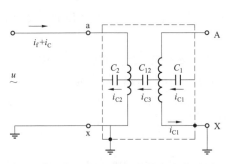

图 9-27 变压器空载电流的电容分量图

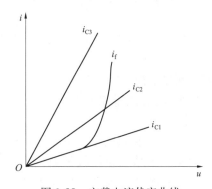

图 9-28 空载电流伏安曲线

变压器空载励磁电流 i 是属电感性的,而电容电流是属于电容性的,它们相位是相反的

（相对于电压）。励磁电流 i_f 不是线性的，而电容电流是线性的。变压器额定电压、容量、变比等参数不同，电容电流值大小差别很大。

四、空载试验的注意事项

（1）为测量准确，变压器空载试验所使用的测量用互感器、仪器仪表的准确度不应低于0.5 级。

（2）空载试验使用的功率表应选用 $\cos\varphi=0.1$、准确度不低于 0.5 级的低功率因数功率表。这是因为在交流电路中，功率 $P=UI\cos\varphi$。变压器空载试验时，$\cos\varphi$ 很低，用普通的功率表，会出现电压、电流虽都达到功率表的标准值而读数却很小的情况，造成测量不准确。例如用 $\cos\varphi=1$、倍数为 5、满刻度为 150 格的功率表（电压量程 150V，电流 5A）去测量 $\cos\varphi=0.02$ 的大型变压器的空载损耗，当电压为 100V，电流为 5A 时，表读数却只有 $100\times5\times0.02=10$ 格，即读数很小，不易读准确。如果电压互感器的变比为 100，电流互感器的变比为 30，那么，上述表的读数每差 0.1 格（例如 10.1 读成 10）的误差为 $0.1\times30\times100\times5=1.5$（kW），即误差百分数为 $\frac{0.1}{10}\times100\%=1\%$。当改用倍数为 0.5、$\cos\varphi=0.1$、满刻度为 150 格的同样量程档的低功率因数功率表去测量时，读数可提高到 100 格，每差 0.1 格时的误差百分数仅为 $\frac{0.1}{100}\times100\%=0.1\%$。所以现场空载试验时一般采用 $\cos\varphi=0.1$，准确度为 0.2、0.5 级的低功率因数功率表。

（3）接线时必须使功率表的电流线圈和电压线圈两端子间的电位差最小，并注意电流线圈和电压线圈的极性。极性连接正确无误后，测量出的功率是两只功率表或三只功率表读数的代数和。功率表的指示可能是正值也可能是负值。

（4）空载试验使用的互感器的极性必须正确连接，一、二次连接相对应，二次端子与表计极性的连接相对应。互感器的二次端子中有一个应安全接地，对三相互感器或三只单相互感器，应是同名端、同一接地点接地。

（5）对大型变压器进行现场空载试验时，应有事先经过审批的试验方案；了解变压器出厂试验时的铭牌空载损耗和空载电流百分数数值；选用合适变比和量程的互感器和仪表。直接用系统电压进行空载试验时，对有关继电保护、运行方式应予以计算调整，防止发生事故。试验时，试验现场应设围栏，做好各项安全措施，指定专人负责，保证试验时人身和设备的安全。

（6）精度要求较高的空载试验、对小容量变压器进行空载试验或对大容量变压器在低电压下进行空载试验时，应考虑排除附加损耗的影响。

实际测量的损耗中包含功率表电压线圈、电压表本身和电缆线的损耗，对于中、小型变压器，这个损耗占空载损耗的 1.5%～5%，因此必须进行校正。校正公式为

$$P_0=P_0'-P' \tag{9-36}$$

式中　P_0'——包括仪表及电缆线的损耗在内的空载损耗实测值；

　　　P'——仪表及电缆线的损耗。

P' 可以在被试变压器断开的情况下，施加试验电压，直接从功率表上读出来，也可按下式估算，即

$$P'=U^2\left(\frac{1}{r_W}+\frac{1}{r_{ad}}+\frac{1}{r_V}\right) \tag{9-37}$$

式中　　　U——施加试验电压，V；

r_W、r_{ad}、r_V——分别为功率表电压线圈电阻、附加电阻和电压表线圈电阻，Ω。

（7）进行空载试验时，试验电源应有足够的容量。试验电源容量估算公式为

$$S=S_N \times I_0 \%$$ (9-38)

式中　S——试验所需的电源容量，kVA；

　　　S_N——被试变压器额定容量，kVA；

　　　$I_0 \%$——被试变压器空载电流占额定电流的百分数。

为保证获得不畸变的正弦波电压，实际选择容量应大于上式估算结果。

（8）消除剩磁影响。当变压器空载试验前进行了直流电阻测量，操作冲击试验和三相五柱式变压器零序阻抗试验，有可能产生剩磁，导致空载试验的开始阶段功率表、电流表出现异常指示。

为了消除剩磁影响，可采取如下措施：①空载试验时施加额定电压，剩磁随空载电流的励磁方向而进入正常运行状态，所以当施加电压持续一段时间后，上述表计可恢复正常读数；②进行消磁处理，有条件时（如制造厂）可利用过励磁法消磁。导致空载试验电压的1/3合闸，再缓慢升高电压，最后达到1.1～1.15倍的试验电压，对被试变压器进行过励，然后再把电压降到最小值，再逐渐升到额定电压，测量空载电流和损耗。

（9）确保三相试验电压不平衡率低于5%，在变压器中性点不接地的情况下进行测量，防止零序电流对测量的影响。

第八节　变压器感应电压试验

一、变压器感应电压试验的目的

变压器绝缘分为主绝缘（绕组对地、相间和不同绕组之间的绝缘）和纵绝缘（绕组匝间、层间和段间的绝缘）。全绝缘变压器绕组外施交流耐压试验只考核绕组主绝缘，而纵绝缘未能考核；分级绝缘变压器绕组对地绝缘水平从首端到末端逐渐降低，进行外施交流耐压试验只考核中性点绝缘，而绕组纵绝缘、绕组对地、相间绝缘和绕组之间绝缘均未考核。

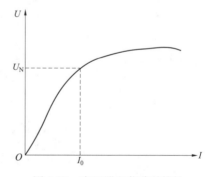

为了考核变压器绕组纵绝缘，可通过变压器一侧绕组（一般为低压绕组）施加交流电压，在另一侧感应出相应电压进行试验。根据变压器空载励磁特性曲线（如图9-29所示），变压器在额定电压时，铁芯已接近饱和状态，若要达到考核绕组主绝缘和纵绝缘的要求，试验电压将接近2倍额定电压，铁芯将严重饱和，励磁电流将达到不能允许的程度。

图9-29　变压器空载励磁特性

U—励磁电压；I—励磁电流

变压器感应电动势为

$$E=kfB$$ (9-39)

式中　E——绕组感应电动势；

　　　k——常数；

f——试验电源频率；

B——磁通密度。

由式（9-39）可知，保持 B 不变，E 增加一倍，f 也必须增加一倍。因此，为了提高试验电压，应采用频率大于或等于变压器额定频率 2 倍的电源，既不低于 100Hz，也不宜大于 400Hz（原因是铁芯中损耗随频率增加而升高）。以前感应耐压试验频率选择 100、150、200Hz 等，为额定频率的倍数，故也称倍频感应电压试验。但现在研制出变频电源，有时不一定是倍频了。

另外，目前变压器局部测量也要求这种加压方式，称为长时感应电压方式。

二、全绝缘变压器感应电压试验

全绝缘变压器感应电压试验接线如图 9-30 所示。低压绕组施加三相对称的高于额定频率的电压，高压绕组开路，中性点接地。该试验只考核绕组纵绝缘和相间绝缘，相对地绝缘需采用外施电压试验进行测量。

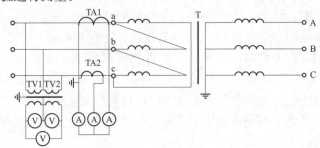

图 9-30　全绝缘变压器感应电压试验接线

T—被试变压器；TA1、TA2—电流互感器；

TV1、TV2—电压互感器；A、V—交流电流表和电压表

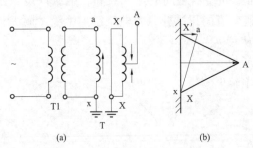

图 9-31　单相双绕组变压器直接励磁法

(a) 接线图；(b) 相位图

T1—中间变压器；T—被试变压器

三、分级绝缘变压器感应电压试验

分级绝缘变压器种类多、结构复杂，感应电压试验方式也多种多样。

1. 单相分级绝缘变压器感应耐压试验

(1) 直接励磁法。该方法直接给低压绕组励磁，高压绕组感应电压达到试验电压。如图 9-31 所示是单相双绕组变压器直接励磁法的接线图和电位图。

(2) 支撑法。当直接励磁法不能达到试验要求时，可采用支撑法。该方法是采用与被试绕组感应电动势相位相同或相反的其他绕组（也可采用辅助变压器）来提高或降低被试绕组对地电压，以达到试验电压的要求。

图 9-32 是利用被试品低压绕组 a 端与高压绕组中性点 X 端相连，使高压绕组对地电压提高 U_{ax}，从而将高压绕组线端对地电压提高到 $U_{AX}+U_{ax}$，以满足 A 点对地试验电压的要求。

图 9-33 是采用辅助增压变压器支撑法的接线图和相位图。辅助变压器低压绕组 atxt 与中间变压器低压绕组的同名端相连，使辅助变压器与被试变压器感应电动势相位一致，再将辅助变压器输出 At 接到被试变压器高压绕组中性点，以提高被试变压器高压绕组对地电

压，A 端对地电压为 $U_A=U_{AX}+U_{At}$。

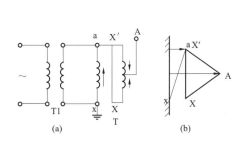 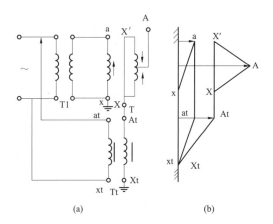

图 9-32　被试变压器绕组支撑法
（a）接线图；（b）相位图
T1—中间变压器；T—被试变压器

图 9-33　辅助增压变压器支撑法
（a）接线图；（b）相位图
T1—中间变压器；Tt—辅助变压器；T—被试变压器

2. 三相分级绝缘变压器感应耐压试验

（1）直接励磁法。该方法对被试变压器低压绕组直接励磁，高压绕组感应试验电压。如图 9-34 所示是三相五柱式变压器直接励磁法的接线图、磁通分布图和相位图。

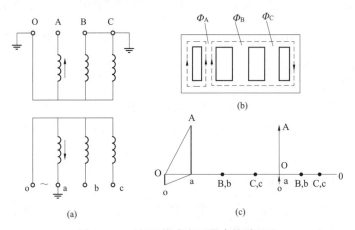

图 9-34　三相五柱式变压器直接励磁法
（a）接线图；（b）磁通分布图；（c）相位图

被试相的低压绕组 ao 励磁，高压绕组非被试相短路接地。由相位图 9-34（c）可知，A 相线端对地、对低压绕组和相间均达到试验电压。

图 9-34 中被试为 A 相，B 相和 C 相依此类推。

（2）非被试相支撑法。图 9-35 是一台双绕组变压器非被试相支撑法的接线图、磁通分布图和相位图。

图 9-35 的试验相为 A 相，低压绕组 ac 励磁，在 A 相铁芯中产生磁通 Φ_A，Φ_A 经过 B 相、C 相铁芯闭合。流经 B 相、C 相铁芯的磁通分别为 Φ_B、Φ_C。由于 B 相、C 相绕组短接，

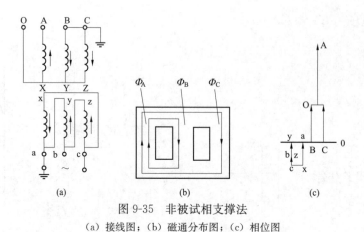

图 9-35　非被试相支撑法

(a) 接线图；(b) 磁通分布图；(c) 相位图

故 $\Phi_B = \Phi_C = \dfrac{1}{2}\Phi_A$。相应的绕组感应电压为

$$U_{BY} = U_{CZ} = \frac{1}{2}U_{AX}$$

$$U_{by} = U_{cz} = \frac{1}{2}U_{ax}$$

由图 9-35（c）可知，A 端达到试验电压 U 时，对低压绕组 a、高压绕组 B、C 端的电压也达到 U。高压中性点 O 对地电压为 $\dfrac{1}{3}U$，如果达不到试验电压，则还需要外施电压考核。

B 相和 C 相试验依次类推。

3. 辅助增压变压器支撑法

有时被试变压器中性点试验电压低于线端试验电压的 1/3 或其他特殊结构的变压器时，上述两种方法达不到试验电压要求，则应选择辅助变压器支撑法，如图 9-36 所示。

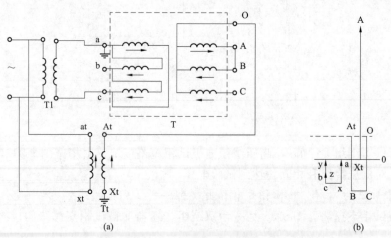

图 9-36　辅助变压器支撑法

(a) 接线图；(b) 相位图

T1—中间变压器；Tt—辅助变压器；T—被试变压器

该方法将被试相的低压励磁绕组与辅助变压器的低压绕组并联，且同名端相接，使被试相绕组和辅助变压器的感应电压相位一致。辅助增压变压器输出端与被试变压器中性点连接。

四、自耦变压器感应电压试验

1. 单相自耦变压器感应电压试验

（1）直接励磁法。单相自耦变压器直接励磁法的接线图和相位图如图 9-37 所示。该方法低压绕组 ax 直接励磁，高压绕组感应试验电压。

（2）辅助变压器支撑法。辅助变压器支撑法分正支撑法和反支撑法两种。正支撑法如图 9-38 所示。

正支撑法是将辅助变压器低压绕组与中间变压器低压绕组同名端相连，使感应电动势相位一致，以提高被试绕组线端对地电压，达到试验的目的。

反支撑法是将辅助变压器低压绕组和中间变压器低压绕组异名端相连，使感应电动势相位相反，以降低被试绕组线端对地电压，满足试验要求。

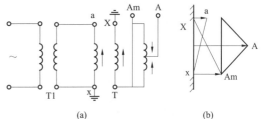

图 9-37 单相自耦变压器直接励磁法
（a）接线图；（b）相位图
T1—中间变压器；T—被试变压器

2. 三相自耦变压器感应电压试验

（1）直接励磁法。图 9-39 是一台三相三柱式自耦变压器 A、C 相试验接线图和相位图。

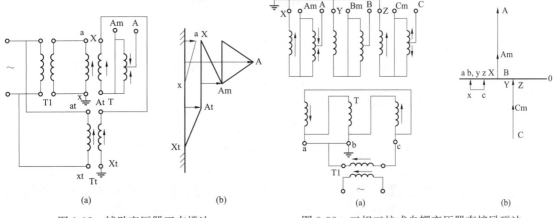

图 9-38 辅助变压器正支撑法
（a）接线图；（b）相位图
T1—中间变压器；Tt—辅助变压器；T—被试变压器

图 9-39 三相三柱式自耦变压器直接励磁法
（a）接线图；（b）相位图
T1—中间变压器；T—被试变压器

该方法将低压绕组 b 相短路，给 a 相和 c 相励磁，使 A、C 相线端达到试验电压。

（2）支撑法。利用增压辅助变压器进行支撑法试验，图 9-40 是一台三相三柱式自耦变压器这种试验的接线图和相位图。

五、变压器感应电压试验注意事项

（1）试验前应制订试验方案，并经审批。方案中应有接线图、磁通分布图和相位图，保证绕组各部位均达到各自的规定试验电压，不得有任何部位超过允许的耐压值。试验接线图应参考制造厂报告。

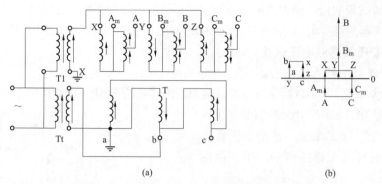

图 9-40 三相三柱式自耦变压器增压变压器支撑法

(a) 接线图；(b) 相位图

T1—中间变压器；Tt—增压变压器；T—试验变压器

（2）试验电压应采用电容分压器直接测量。

（3）试验电源输出应为正弦波，并有过电过流保护。

（4）试前被试变压器应静放合格。

（5）试验过程中应派专人监听被试变压器。

（6）同一部位不得多次承受高电压。

第九节　变压器绕组变形测试

变压器在运行过程中，由于外部短路（尤其是出口短路）而造成大、中型变压器损坏的事故时有发生，严重威胁电力系统安全运行。据统计 110kV 及以上变压器因外部短路引起的损坏事故占总事故的 23% 左右，而且还呈上升趋势。

变压器出口附近短路，绕组内部遭受巨大的、不均匀的轴向和径向电动力冲击，如果绕组内部的机械结构有薄弱点，会使绕组发生扭曲、鼓包或位移等变形，严重时还会发生损坏事故。由于大、中型变压器的动热稳定性计算方法还不够完善，又不能用突发短路来验证，所以对变压器绕组进行变形测试是十分必要的。出厂试验是为了留下指纹，在安装验收时试验对比验证运输过程变压器绕组是否变形；出口短路后试验，和安装或出口短路前比较，验证短路是否导致变形及变形严重程度。如果变形严重，应吊罩检修，以防事故发生。

一、短路电动力产生和后果

变压器绕组中流过电流时，将在绕组周围产生漏磁场。由于绕组中的电流和轴向、径向的漏磁场相互作用，在绕组内产生轴向和径向的电动力。

（1）径向力。径向力的作用是拉伸外部绕组，压缩内部绕组，使绕组产生梅花状或鼓包状的永久变形。

（2）轴向力。轴向力使绕组均匀地向内压缩，可使绕组线段和线匝在竖直方向上弯曲，有时轴向力还会破坏整个铁芯结构。

二、变压器变形检测方法

变压器在安装完成后，其特征参数电容、电感基本保持不变。当遭受巨大的外力，如地震、出口短路时，整体绕组或局部绕组会出现不同程度的位移，而引起特征参数发生改变。检测变压器绕组变形的基本方法就是通过对其特征参数的测量和比较，判断变压器的损伤程度。

三、检测集中参数法

在变压器绕组上施加一定电压，测量功率和电流，检测漏电感、短路阻抗等参数，分析参数变化情况，判断绕组变形的程度。试验方法参照本章第十六节。

上述试验，可以在低于额定电压的情况下进行，即降低试验电压，再换算到高压。

国家变压器质检中心强电流试验室先后对 66 台油浸式电力变压器进行突发短路试验，其中有 11 台试验后的短路阻抗与试验前相差 2% 以上，最大的相差 71%。吊芯检查发现，这 11 台变压器的绕组、连接线和支撑件均有不同程度的位移和变形。理论和实践均说明，测量变压器短路阻抗是判断变压器变形的有效手段。

（1）阻抗法。判断变压器绕组变形的传统方法，将所测的短路阻抗，与原始值或初始值进行比较，根据其变化大小判断绕组是否变形及变形程度。这种方法的优点是：①测试方法简单，经过多年实践，已得出定量判断标准，该方法应用已有成熟经验；②重复性好，对变形评估可靠性高，经多次验证，绕组无变形者，10～20 年测试结果变化不到 0.2%；当变化达到 2.5% 时，需缩短测试周期并做绝缘检查；当变化大于 5% 时，应立即停运，进行吊芯检查（或吊罩）；③受测量技术影响小。但该方法也存在缺点：①当绕组变形较小时，短路阻抗值变化太小，难以确认；②为了试验结果有可比性，每次试验都应采用同型号仪器。

（2）专用仪器法。为了提高检测变压器集中参数的灵敏度，以判断绕组的变形程度，某公司研制了变压器动稳定状态参数测试仪，现场使用有比较好的效果。

该仪器可用低电压（220/380V）法在现场测取变压器阻抗电压 U_k、短路阻抗 Z_k、短路电抗 x_L、漏电感 L_k 等参数，这些参数能够灵敏反映变压器绕组动稳定状态；同时还能测取空载电流 I_0、空载损耗 P_0、空载等值阻抗 Z_0 等能反映铁芯动稳定的状态参数。测量准确度均在 0.1 级和 0.2 级。单相和三相都可测量，配有专用线，使用方便。

该仪器用户通过历次测量结果从纵向比较和各相间的横向比较，诊断变压器遭受短路电流冲击后的动稳定状态有无变化（绕组变形、移位，铁芯松动、移位等），评估变压器的可靠性，判断是否进行大修和更新。经过 10～500kV 百余台变压器检测，均获得满意效果，检测个别有问题的变压器经吊罩验证，检测结果正确。目前完全达到 GB/T 1094.5《电力变压器 第 5 部分：承受短路的能力》规定的所有电抗测量达到的复验性 ±0.2% 的要求。该仪器还在继续积累数据和改进工作。

四、网络分析检测变压器变形方法

利用网络分析技术测量变压器变形原理，通过测量变压器各个绕组的传递函数 $H(j\omega)$，并对测量结果纵向和横向比较，可灵敏判断绕组扭曲、鼓包和移位的变形等。

当变压器所加电源频率大于 1kHz 时，变压器铁芯基本上不起作用，整个绕组可看成由分布电感和电容等参数构成的无源线性两端口网络，简化等效电路如图 9-41 所示。

由图 9-41 等效电路，利用传递函数 $H(j\omega)$ 对其特性进行描述，绕组产生轴向、径向尺寸变化，必然改变网络单位长度的分布电感，纵向和对地电容，也就是传递函数 $H(j\omega)$ 的零点及极点分布产生变化。将变压器短路后测量结果三相比较，然后再和以前比较，根据比较结果判断变压器是否变形和变形程度。

利用网络分析技术测量传递函数 $H(j\omega)$ 的方法有两种：一种是低压脉冲法（LVI）；另一种是频率响应法（FRA）。

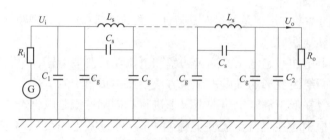

图 9-41　变压器绕组简化等效电路

L_s—绕组电感；C_s—饼间电容；C_g—线饼对地及邻近绕组电容；G—扫频信号源；

C_1—激励端套管及引线对地电容；C_2—响应端套管及引线对地电容；

U_i—激励信号；U_o—响应信号；R_i—输入匹配电阻；R_o—输出测量电阻

（1）低压脉冲法（LVI）。在绕组一端对地加入标准脉冲电压信号，利用数字化记录设备同时测量绕组两端对地电压信号 $U_o(t)$ 和 $U_i(t)$，并进行变换，得到变压器绕组的传递函数 $h(t)$ 或 $H(j\omega)$

$$h(t) = U_o(t) / U_i(t)$$

$$H(j\omega) = U_o(j\omega) / U_i(j\omega)$$

将测量结果和以前比较，判断变压器绕组是否变形及其程度。由于该法采用的是时域脉冲分析技术，现场使用极易受到外界干扰，很难保证测试结果的重复性；另外，双屏蔽电缆和接地线排列方式、周围物体等均对测试结果有影响。所以，该法虽然很灵敏，能测出 2～3mm 的弯曲变形，但由于上述缺点，现场很少采用。

（2）频率响应法（FRA）。利用精确的扫描测量技术，测量各绕组的频率响应（幅频和相频），并将测量结果纵向和横向比较，便可灵敏判断变压器的变形情况。

由于该方法具有抗干扰能力强，测量结果重复性好，比低压脉冲法灵敏，能测出相当于短路阻抗变化 0.2% 的绕组变形，或轴向尺寸变化 0.3% 的绕组变形。所以，该法获得更广泛应用。下面重点介绍此法。

五、频率响应法（简单频响法）测试技术

1. 频响法测量变压器绕组变形的理论

从绕组一端对地注入扫描信号源，测量绕组两端口特性参数，如输入阻抗、输出阻抗、电压传输比和电源传输比的频域函数。通过分析端口参数的频域图谱特性，判断绕组的结构特征。如果绕组发生机械变形，势必会引起网络分析参数的变化，这样可以比较绕组对扫频电压信号（可依次输出不同频率的正弦波电压信号）的响应波形判断绕组是否发生变化。现场只测量一种端口的参数。电压传输比只反映等效网络的衰减特性，是常测的参数之一。

绕组频率响应特性具有如下特点：①频率低于 10kHz 时，频率响应特点主要由绕组电感所决定，谐振点少，对分布电容变化不灵敏；②频率超出 1MHz 时，绕组的电感又被分布电容所旁路，谐振点会相应减少，对电感变化不灵敏，但当测试频率提高时，测试回路的杂散电容会造成明显的影响。③在 10kHz～1MHz 范围内，分布电感和电容均起作用，具有较多谐振点，能够灵敏反应分布电感、电容的变化。因此，在测量变压器变形时，频响法一般选用 10kHz～1MHz 的频率，具有 1000 个左右的线性分布扫描点，可获得较好的效果。

2. 试验接线

试验设备与被试设备试验接线如图 9-42 所示。为了保证测量结果的有效性，应使用专用的测量线及接线钳。测量时，分别对高压侧、低压侧三相绕组逐相测量，见表9-11。

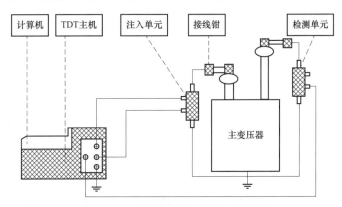

图 9-42　试验设备与被试设备试验接线

表 9-11 测 量 次 序

高 压 侧		低 压 侧	
0 端输入	A 端测量	a 端输入	b 端测量
0 端输入	B 端测量	b 端输入	c 端测量
0 端输入	C 端测量	c 端输入	a 端测量

3. 频响法诊断变压器绕组变形的技术分析

（1）典型的测试曲线图。用频响法测得变压器绕组变形的典型频谱曲线，如图9-43所示。

由图9-43可知，绕组的频谱曲线中会出现若干点谷点和峰点，这些谷点、峰点是在不同频率下绕组中出现谐振的必然结果。谐振是由绕组电感和线饼间电容引起的。一台变压器制成后，绕组的频谱曲线就确定了，而当绕组发生变形时，分布参数发生变化，改变绕组的部分电感和电容，即改变了绕组的转移阻抗值，这时所测的频谱曲线，就会与正常时测的频谱曲线不同，由此差异判断变压器变形。

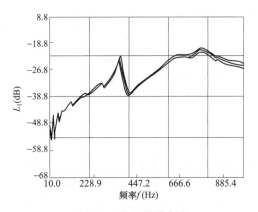

图 9-43　典型频谱曲线

（2）绕组变形的几种形式。当变压器遭受短路电流冲击或其他冲击后，变形有以下几种：

1）绕组整体变形，是由于运输过程中，受到冲击、倾斜、振动等外力影响，造成绕组位移。这种变形绕组尺寸不变，只是对铁芯的相对位置变化。绕组的电感量、饼间电容量不变，对地电容量变化，一般电容量减小。在等值电路中，谐振峰点向高频方向平移。所以，这种变形后所测频谱图中，和以前比较，各谐振点都仍然存在，不发生变化，只是峰值均向高频方向平移（向右）。

2）饼间局部变形，在短路电磁力作用下使部分线饼被挤压，另外一些线饼拉长，这样饼间电容被改变。这种变形的后果使等值电路图中一些电感变大，一些变小；与电感并联的饼间电容也随之改变。测量频谱图时，部分谐振峰点向高频方向移动，而且峰值下降；部分谐振点向低频方向移动，峰点升高。通过谐振峰值变化情况，判断饼间变形面积和变形程度。

3）匝间短路，从理论上讲绕组发生匝间短路后，电感值下降，频谱曲线发生明显变化，幅值上升，一些谐振点峰值消失。但理论如此，实际上难以捕捉到这种情况。一旦运行中发生匝间短路，线匝将被烧断，重瓦斯跳闸，压力释放阀动作，这时变压器油色谱分析也会不合格，变压器将吊罩检查。

4）引线位移变形，由于引线长度较大，固定不牢时，运行中产生位移变形。当引线位移时，等值电路中表现为两端口电容影响。当信号入口端引线位移但引线电容与其他电路并联时，其变化不会对频谱曲线有明显变化，而当输出端引线位移时，引线电容变化后频响曲线有明显变化，尤其是 300kHz~1MHz 的频率范围。所以，在实际测试中，采用中性点注入信号源，以防上述的影响。如果引线对地电容减小，频段内幅值上升，反之则下降；引线对地电容变大，预示着引线向外壳方向移动，引线对地电容变小，则表示引线向绕组方向移动。

5）绕组辐向变形，当绕组受辐向力作用时，内绕组向内收缩，直径变小，电感量变小。这时内外绕组间距离变大，其电容变小，频谱图中的谐振峰点向高频方向移动，幅值有所增大。

6）绕组轴向扭曲变形，当变压器绕组间隙较大或有部分撑条移位时，在电磁力作用下，绕组在轴向被扭曲成 S 状。这时部分饼间电容和对地电容减小。在测量的频谱图上，有部分谐振峰向高频方向移动，在低频段谐振峰幅值下降，中频段峰值略有上升，高频段不变。

4. 频响法测量注意事项

（1）分接开关位置的影响。由于分接开关位置不同，绕组匝数不同，这将直接影响被测变压器的电感、电容量，使频谱图不同。所以，在测量时一定要记录好分接开关位置。

（2）信号源输入端的影响。在图 9-41 中，C_1 和 C_2 不同，所以激励端与响应端改变后测得的频响曲线不完全相同。所以，每次测量时，应遵循表10-12所示的规则。单相变压器则以末端（U2、V2、W2）为激励端，首端（U1、V1、W1）为响应端。

（3）变压器套管电容量的影响。套管电容量（对地）不同时，对频响曲线影响不大，可不考虑。

（4）铁芯接地和油的影响。由于铁芯接地情况和充油情况，会使绕组电容值不同，故在测试时，一定要将铁芯接地，并充满绝缘油（并静置一段时间）。

（5）出口引出线的长短对测量的影响。通过测试结果显示，套管端子延长对频响曲线影响很大，同时对频带宽度也有影响。因为套管延长线类似于一根"天线"，一方面可将干扰信号耦合到"天线"上，另一方面产生对地电容，两方面都将使测试结果难以保证重复性。所以，测试时不得延长套管引线。

（6）检测阻抗至接线钳间导线长度的影响。如果检测阻抗离套管端子太近，则会使检测阻抗接地线与套管端子太近，地线与套管间杂散电容会对频响特性，尤其是高频部分产生影响，但也不能太长，否则会有类似的影响。

六、变压器绕组变形的判断

为了正确判断变压器绕组的变形，首先在变压器出厂、安装时测量绕组变形的原始数据，然后留下"指纹"便于以后比较。试验项目最好齐全，如短路阻抗值、专用仪器和频响法等。

当绕组短路事故后，除测量变形外，还应进行一些常规试验和特殊试验，还要结合短路电流大小和短路时间长短，进行综合分析，判断变压器绕组变形情况。

频响法判断变压器变形时，除根据三相绕组的频响特征是否一致外，还应根据绘出的三相

波形间的相关系数 R 值，R 值大于 1.0，则说明变形不明显，R 值小于 1.0，则应引起注意。

七、吊罩检查绕组变形情况

变压器出口发生短路后，如果综合分析认为变压器绕组存在较大位移或变形，应进行吊罩检查。吊罩检查虽然需要停电，工作量较大，但比较直观有效，对夹件、压钉松动，绕组扭曲和线饼损坏等可以一目了然。某台变压器发生出口短路后，绕组变形测量未发现明显异常，投入运行后很短时间出现变压器损坏。事后分析认为出口短路已导致变压器绕组出现位移，而试验并未有效发现，投入运行后进一步发展使之损坏。

根据多年实践，一些运行时间长的变压器当发生出口短路后，最好吊罩检查，以保证安全运行，还有个别变压器抗突发短路能力不足，也应该在出口短路后，吊罩检查。

第十节　铁芯（有外引接地线的）绝缘电阻试验

变压器运行时，铁芯和夹件等金属构件处于电场中，若铁芯不接地，便产生悬浮电位，使绝缘放电，所以铁芯和夹件必须一点接地。由于各种因素影响，如果铁芯或夹件再产生一点及以上接地，则多个接地点间就会形成闭合回路，回路交链部分磁通产生感应电动势，并形成环流，导致局部过热，严重时烧损铁芯。必须保证铁芯和夹件对地绝缘良好。定期测量铁芯和夹件绝缘电阻是十分必要的。

一、绝缘电阻试验方法

如果铁芯和夹件没有外引接地线，则必须在大修时测量绝缘电阻；如果铁芯和夹件有外引接地线，则可以在变压器停电小修时测量绝缘电阻，测量时用 2500V 绝缘电阻表（老变压器亦可用 1000V 绝缘电阻表）。

以上是停电测量绝缘电阻，直接判断绝缘状态。如果铁芯和夹件有引出接地线，也可在运行状况下判断铁芯是否有多点接地。

（1）用钳形电流表测量铁芯外引接地线的电流值大小，也可在接地开关处接入电流表。当铁芯绝缘状态良好时，电流很小，一旦存在多点接地，电流变大，铁芯柱磁通周围相当于有短路线匝存在，匝内流有环流。环流大小取决于故障点与正常接地点的相对位置，即短路线匝中所包围的磁通和变压器所带的负荷。

（2）将上夹件接地引到油箱外时，则除测铁芯引出线接地电流 I_2 外，还要测上夹件引出接地线的电流值 I_1。

二、铁芯试验结果判断

1. 绝缘电阻值判断

所测绝缘电阻值与以前测试值比较，应无显著差别。若已判断铁芯有接地故障，应采取以下方法寻找具体接地位置：

（1）在吊罩后目测检查，有无明显的触碰外壳等情况。

（2）直流法。将铁芯与夹件的接地片打开，在铁轭两侧硅钢片上通入 6V 的直流电压，然后用直流电压表测量各级硅钢片间的电压值，当电压值等于零或者表指示反时，则该处是接地点，如图 9-44 所示。

（3）交流电流法。在变压器低压绕组通入交流电压 220～380V，此时铁芯中有磁通流过。如果有接地故障，用毫安表测量会有电流。当毫安表沿铁轭各级逐点测量，毫安表指示电流为零时，该处为接地点，如图 9-45 所示。

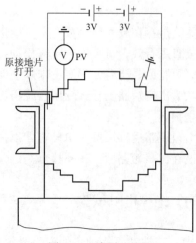

图 9-44　检测试验图

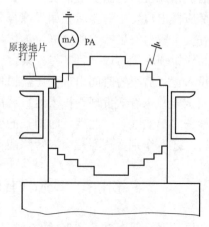

图 9-45　测量电流接线图

2. 铁芯外引接地线中电流

所测电流通常不大于 0.1A，是正常的。

3. 铁芯和上夹件外引接地线电流 I_2 和 I_1

当 $I_1＝I_2$，且在数安以上时，夹件与铁芯有连接点；当 $I_2≫I_1$，I_2 在数安以上时，铁芯有多点接地；当 $I_1≫I_2$，I_1 在数安以上时，夹件碰箱壳。

哇！铁芯两点接地了！预试时不要忘了摇测铁芯对地的绝缘电阻！

变压器

钳形电流表测量时应防干扰。先将钳形电流表紧靠接地线读第一次值，再钳入接地线读第二次值，两次差值才是实际电流值。

三、铁芯多点接地的处理

（1）电阻限流法。在接地回路中串接一只限流电阻 R，使接地电流限制在安全范围 0～0.1A 内。上述办法仅是临时性措施，应争取在最短时间内彻底消除接地点。

（2）冲击电流处理法。如图 9-46 所示，该方法采用瞬间大冲击电流将接地点烧断。开始时，用绝缘杆把 K1 合在 A 点，给电容器充电。当电压表稳定读数为 600V 时，再用绝缘杆把 K1 断开，并将 K2 点合到 C 点，对接地点进行大电流冲击放电。如果 K2 刚碰到 C 点，就听到变压器有清晰的放电声，重复几次后无放电声；再用绝缘杆碰触铁芯外引接线时有明显火花放电，说明铁芯对地绝缘良好。最后测量铁芯对地绝缘电阻、进行交流耐压试验。

（3）持续电流处理法。在接地故障测量时，如果对地电阻几乎为零，也可以用低压交流电或直流电焊机直接烧断（交流采用 220V，30～60A；直流采用 40A）。

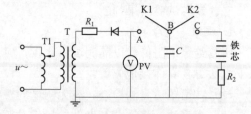

图 9-46　铁芯接地故障消除图

T1—自耦调压器（5kVA，0～250V）；
T—单相电压互感器（10/0.1kV）；
C—电容器（2×0.1μF）；R_1、R_2—限流
电阻；V—静电电压表（Q_3-V）

第十一节 变压器分接开关试验

分接开关可在变压器无励磁或带负载状态下改变绕组匝数，调节电压，满足运行需求。根据分接开关工作状况，分接开关分为有载分接开关和无励磁分接开关。后者有时也称无载分接开关，这种叫法不妥，易使人误认为变压器空载（即无载）也可以调节变压器匝数，这是不允许的。此种分接开关必须在无励磁状态下，也就是停电状态才能调节。

有载分接开关都单独安装在充满绝缘油的箱体内。

一、无励磁分接开关试验

现场对此分接开关试验，就是在必要时（检修后、改变分接位置）进行直流电阻测量，间接判断动、静触头是否接触良好。

直流电阻测量应在分接开关调整完毕，且已锁定后进行。目的是防止分接开关锁定过程中对静、动触头接触的影响。有可能锁定前直流电阻的测量是合格的，但在锁定过程中接触变化，出现接触不良，运行过程中接触部位过热造成事故，这方面已有不少案例。

二、有载分接开关试验

有载分接开关分为电阻式（即在两个分接桥接状态下，用电阻限制两个分接时循环电流）和电抗式（电抗器限制循环电流）两种。

有载分接开关结构一般由分接选择器、切换开关和限流器组成。如果把分接选择器和切换开关组合在一起则称为复合式有载分接开关，分开则称为组合式有载分接开关。

1. 操作试验和标准要求

当变压器带电时，手动、电动和远方操作，各进行 2 个循环操作。该项目是为了检查分接开关是否正常动作。手动操作应轻松，如果用力矩表测量，其值不超厂家规定值。电动操作应无卡涩、连动现象，电气和机械限位动作应正常。远方操作控制回路工作应正常。

2. 动作顺序和动作角试验

该项目是检查有载分接开关正确切换的有效手段，并检查机械配合是否正确。

（1）动作顺序试验。此试验项目是以垂直轴转角计量，故又称分离角试验。动作顺序试验包括选择开关、极性开关和切换开关的顺序，多种开关对应着一个固定的动作顺序。下面是一种动作顺序试验。

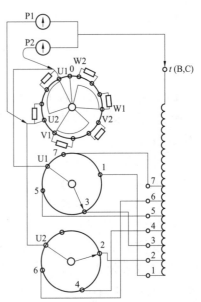

图 9-47 有载分接开关动作顺序试验接线
P1、P2—万用表；U1、U2—A 相选择器的单、双动触头；V1、V2—B 相选择器的单、双动触头；W1、W2—C 相粗选择器的单、双动触头

1）制作的转角指示器安装在垂直轴上，并在其上固定一个指针；在驱动机构上面放置一个刻度 360°与垂直轴同心的圆盘，刻度圆盘直径大约 30cm，正反向均有刻度，并垫平，与指针距离为 5mm 左右。

2）将油室中的油放至切换开关触头 2～3cm 处，打开有载分接开关，然后按图 9-47 接线。

表 9-12 有载开关动作顺序

分接过渡	单数分接选择器		双数分接选择器		切 换 开 关	
	动作方向	运行位置	动作方向	运行位置	动作方向	运行位置
1	—	1	—	2	单	U1-V1-W1
1→2	不动	1	不动	2	单→双	U2-V2-W2
2→3	1→3	3	不动	2	双→单	U1-V1-W1
3→4	不动	3	2→4	4	单→双	U2-V2-W2
4→5	3→5	5	不动	4	双→单	U1-V1-W1
5→6	不动	5	4→6	6	单→双	U2-V2-W2
6→7	5→7	7	不动	6	双→单	U1-V1-W1
7	—	7	—	6	单	U1-V1-W1
7→6	不动	7	不动	6	单→双	U2-V2-W2
6→5	7→5	5	不动	6	双→单	U1-V1-W1
5→4	不动	5	6→4	4	单→双	U2-V2-W2
4→3	5→3	3	不动	4	双→单	U1-V1-W1
3→2	不动	3	4→2	4	单→双	U2-V2-W2
2→1	3→1	1	不动	2	双→单	U1-V1-W1

3）为了防止万用表电感充电使指针缓慢上升造成误差，万用表放在 $R×100$ 挡。

4）确定试验区间位置，按顺序进行。

有载开关动作顺序见表 9-12。由该表可知，对于这种 7 极调压分接开关，只要测量 3-4-5 和 4-3-2 即可，因为正向试验 3-4-5 和反向试验 4-3-2 对应的选择开关位置和方向正好相反。

5）均匀且缓慢地摇动手柄，记录分接选择器刚合和刚分的角度。切换开关动作切换时，动作时间极短，要记录打响瞬间的角度，而不要记录打响后向前滑动的角度。

（2）试验数据分析判断。

1）分离角度测量数据与制造厂或交接测量值比较应无明显变化。

2）单数或双数分接选择器相邻触头的边缘距离正反向应相等，如 3-4 正向过渡的选择开关双数选择器从 2 调到 4，由 3-4 反向过渡是选择开关双数选择器从 4 调到 2，其两次分合角差应相等。

3）切换开关由单数到双数和由双数到单数大面与小面的角度差，正向与反向相等。

4）三相切换开关动作的角度应相等。

三、过渡电阻和切换时间试验

切换开关动作的快慢，将直接影响灭弧效果和过渡电阻的状况。若过渡时间太长，因断不了弧将烧坏过渡电阻，严重时还会烧坏变压器绕组，因此测量过渡电阻值和切换时间很有必要。

（1）过渡电阻测量。用单电桥测量过渡电阻，阻值应符合制造厂规定。

（2）切换时间测量。切换时间分为分接开关触头切换时间和切换开关触头切换时间两种。

1）分接开关触头切换时间测量。分接开关触头切换时间测量接线如图 9-48 所示。切换开关的动作可以用听觉决定或用示波器记录，测量常用手柄转动电动机构记录传动轴转动的圈数和角度，见表 9-13。

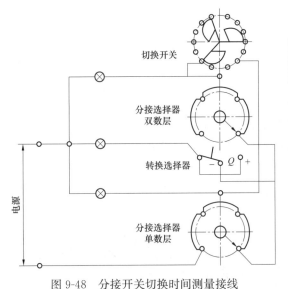

图 9-48　分接开关切换时间测量接线

表 9-13　　　　分接开关动作顺序

项　目		测试部位转动圈数及角度
开　始　动　作		
分接选择器	动触头离开定触头	
	动触头接触相邻定触头	
	动触头合上	
转换选择器	动触头离开定触头	
	动触头接触相邻定触头	
	动触头合上	
切换开关动作		
完成一级变换		

试验时根据指示灯的亮或灭，确定触头的断开和闭合，切换动作的时间很短，可以根据指示灯的亮、灭或切换动作的声音来确定切换动作的转动圈数和角度。

2）切换开关触头切换时间测量。由于切换开关动作时间很短，因此只能用示波器进行记录，测量原理如图 9-49 所示。

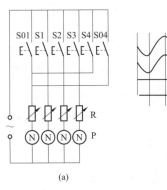

(a)

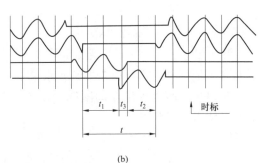

(b)

图 9-49　切换开关测量原理
（a）交流检测电路；（b）波形图

切换开关切换过程测量时，电源电压不能太低，应保持在 $50\sim100V$ 为宜。

第十二节　变压器绝缘纸（板）含水量测量

绝缘纸（板）含水量测量，目前有两种方法，一种是通过测量绕组介质损耗因数间接推算出含水量；另一种是用露点法测量。下面详细介绍通过测量绕组介质损耗因数推算法。

对变压器绕组介质损耗因数 $\tan\delta$ 进行测量时，介质可看成是由纸和油两部分串联而成的，则

$$\tan\delta = k_p \tan\delta_p + k_0 \tan\delta_0 \qquad\qquad (9\text{-}40)$$

式中　$\tan\delta$——绕组介质损耗因数；

$\tan\delta_0$——绝缘油介质损耗因数；

$\tan\delta_p$——绝缘纸介质损耗因数；

k_p、k_0——分别为纸和绝缘油介质因数折算系数，由绝缘几何尺寸和介电常数决定。

对于 110kV 及以上的变压器，k_p、k_b 可取 0.5，所以上式可简化为

$$\tan\delta = 0.5\tan\delta_p + 0.5\tan\delta_0$$

测量绕组的 $\tan\delta$，并在相同温度下测量油的 $\tan\delta_0$，可求得变压器纸的 $\tan\delta_p$

$$\tan\delta_p = 2\tan\delta - \tan\delta_0$$

测量绕组 $\tan\delta$ 的目的，正是为了求出纸的含水量，进而判断绝缘是否受潮。

绝缘纸 $\tan\delta_p$ 与含水量的关系，经验曲线如图 9-50 所示。

计算出纸的 $\tan\delta_p$ 值，然后查图 9-50 就可得出纸含水量的大小。

绝缘纸含水量允许值各个国家不同，一般和变压器额定电压有关，如苏联运行中的额定电压 220kV 变压器含水量标准为 3%。我国变压器绝缘纸（板）含水量推荐标准，500kV 及以上为 1%，330kV 为 2%，220kV 为 3%。

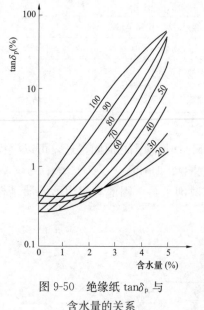

图 9-50　绝缘纸 $\tan\delta_p$ 与含水量的关系

理论和实测证明，油温在 50℃ 以下时，$\tan\delta$ 近似为零，即在低温时含水量很少，这是由于油纸含水量平衡所致，低温时油中水分一部分进入纸中，使纸中含水量增加，所以尽量在油温低于 50℃ 时测量绕组的 $\tan\delta$，这时纸中含水量较高，可以更好判断绕组绝缘状态。

第十三节　变压器油流带电试验

油流带电影响安全运行，对于强油循环冷却的大中型变压器，油流带电试验是必要的。

一、油流带电产生的机理和危害

强油循环冷却变压器，绝缘油在油道中流动时，与绝缘纸表面摩擦产生分离电荷，产生的正电荷进入油中并随着油流动，形成油流电流；产生的负电荷聚集在绝缘纸表面，形成一

定的表面电位。由于大中型变压器绝缘强度高，积累的电荷不易泄漏，绝缘表面电荷会越积越多。

上述积累的电荷所产生的直流场强达到该处绝缘油耐受强度限度时，产生静电放电；运行变压器的交流场强与静电场强相叠加，使场强更高，可能产生连续的局部放电，甚至引发绝缘闪络。国内外均有因油流带电引起变压器油色谱异常或绝缘闪络事故发生的报道，如国内某水电厂4台330kV变压器，其中3台自投产以来乙炔成分异常，而且很短时间超过注意值，另1台变压器油色谱分析一直正常，究其原因就是前3台油流速度过快引发油流带电；另外东北、华东地区也有500kV变压器存在油流带电问题的；国外也有因油流带电引起超高压变压器故障或事故的报道，其中美国、日本居多，如一台500kV变压器投运61min时因油流带电产生静电放电引发绝缘击穿，当时该变压器仅带12％的额定负荷。

二、油流带电原因

1. 油流速度和流态

变压器采用强油循环冷却方式后，才逐渐暴露出油流带电问题。同样是强油循环冷却的变压器，有的产生油流带电，有的没有，这是由于油流速度和流态不同引起的。一般油流速度大于0.5m/s和油湍时，就有可能产生油流带电。如前述某水电厂4台变压器有3台油色谱分析乙炔异常，1台正常，就是由于油湍、流速高、流量大引起了油流静电放电，导致油中乙炔含量超过注意值。将有异常变压器潜油泵更换，其型号、流速和流量与正常变压器相同，运行后乙炔含量正常。

实践表明，如果强油循环潜油泵连续开启（开启中间没有时间间隔），油流会形成湍流，则油流带电情况会很严重。

2. 油老化

油质不良或老化，同样会产生油流带电。有2台500kV变压器，运行十年后色谱分析油中含有乙炔，迅速增加到注意值。制造厂派人进行油质分析，分析结果显示油的体电阻率和油带电度已接近工厂限值，油老化引起油流带电导致局部放电使油分解乙炔，制造厂建议更换绝缘油。将油更换为新油后，投运后进行油色谱分析乙炔含量为零。

3. 变压器额定电压高低

额定电压高的变压器油流带电易于激发。统计表明，额定电压330kV及以上强油循环冷却变压器发生油流带电较多，而额定电压110kV强油循环冷却变压器则不易产生油流带电。因为额定电压较低的变压器，结构简单，交流电场比较均匀；绝缘强度低，积累的静电荷易于泄漏，所以难以造成局部放电。

4. 油温高低

油流速大小与油温有关，流速又对油流带电有很大影响，因此油温也间接影响油流带电。

实验表明，当油温为50～60℃时，油流所产生的绕组泄漏电流值达到最大值，油温高于或低于这一温度范围时，其绕组泄漏电流均有所下降，因此变压器运行过程中油温高低也影响油流带电。

5. 绝缘油种类

绝缘油的种类也影响油流带电。高度精炼的油，极化分子少，油流带电低；如果油中含有少量的基本氮，对油流带电影响则很大；如果油中有芳香烃，对油流带电影响则不大。

6. 绝缘材料表面状况

绝缘纸表面吸附电荷能力，随着表面粗糙程度增加而增大。实验表明，棉质布带的带电电位在同样条件下比层压纸板、绝缘纸高一个数量级。表面粗糙度增加，增大了油质接触面积，增加了吸附电荷能力。

三、油流带电试验

1. 油色谱分析法

变压器出现油流带电，会产生局部放电。油色谱分析中油中含有 H_2、C_2H_2 成分时，变压器就有可能存在油流带电现象。需要指出的是，其他类型局部放电也会产生类似结果，需综合分析加以区别。

制造厂进行油流带电测试试验，在 1.1 倍额定电压下，开启全部油泵运行 12h，试验前后取油样分析气体组分，若前后分析结果中不含 C_2H_2、总烃变化不明显，且声、电信号无明显变化，则认为该变压器不存在油流带电。如果存在上述问题，则需要进一步分析，并进行其他试验核实。

2. 测量变压器绕组、铁芯静电感应电压和电流的方法

油流带电电压电流测试图如图 9-51 所示。

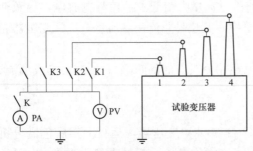

图 9-51　油流带电电压电流测试图
1—铁芯套管；2—中性点套管；
3—低压绕组套管；4—高压绕组套管

（1）测量变压器绕组、铁芯静电感应电压方法。如果变压器出现油流带电，在变压器绕组、铁芯上将产生静电感应电压，利用高内阻静电电压表分别测量高低压绕组、中性点和铁芯对地电压。上述测量在变压器不带电时进行，在潜油泵全停、开启一组、二组、三组……直到全部开启为止的不同工况下测量，读取静电电压表稳定值。

判断标准：如果潜油泵全停测不到静电电压表，开启潜油泵后测到一定数值的电压，而且随着开启数量的增加，测得静电电压也增加，说明潜油泵开启引起油的流动产生了油流带电。多台同类型、同批次变压器通过试验发现存在油流带电，说明油流带电由设计或制造问题而引起，属家族缺陷。一台变压器投运时没有出现油流带电，经过多年运行，出现油流带电，则需要进一步对油质进行分析，如测量体积电阻率和带电度，排查因油老化引起油流带电的可能性。

（2）测量变压器绕组和铁芯静电电流方法。同（1）所述原理相似，由测量静电电压，改为测量静电电流。电流测量采用 SWB-1 型数字微安表。

判断标准：与（1）基本相同。

3. 测量局部放电法

（1）测量局部放电声信号法。油流带电产生局部放电，不仅产生电信号，而且产生声信号，可以根据这些信号分析油流带电的严重程度。将变压器停运，开启全部潜油泵，利用超声局部放电测量仪进行局部放电信号测量。测得的超声信号，即代表了变压器油流带电产生的放电信号，信号强度越高，说明故障越严重。

（2）局部放电试验法。开启全部潜油泵 4h 后，通过变压器低压绕组施加电压，使高压

绕组感应 $1.5u_m/\sqrt{3}$ 电压，维持 30min，其间连续测量局部放电量，并与潜油泵不转动时的试验数据对比，如果转动潜油泵比不转动产生更大的放电量，则可能是油流带电所致。

4. 油的参数测量

通过对油的参数测量可以分析油流带电情况，如油的 tanδ 增大时，油流带电趋势增强；油的带电度倾向增大时，也会增强油流带电趋势。

目前要求油的 tanδ≤0.5%，体积电阻率应大于 6×10^{10} Ω·m/90℃，带电度小于 500pC/cm³ (20℃)。

第十四节 变压器负载试验

将变压器一侧绕组短路，从另一侧绕组施加电压，测量所加电压和损耗，称为变压器负载试验。该试验一般是低压绕组短路，高压绕组施加额定频率电压，并使绕组中电流为额定值，如果变压器高压侧装有分接装置，应切换至额定分接位置。

三绕组变压器应在每两组间分别进行试验，非被试绕组开路。对于绕组容量不同的多绕组变压器，容量相等的两绕组的试验方法与双绕组变压器相同；容量不相等的两个绕组试验，施加的电流应以小容量绕组的额定电流为准，对另一侧绕组属于降低容量的试验。

上述试验测得的功功率 P_k 应校正到参考温度（75℃），这一损耗值即为变压器负载损耗（也称短路损耗）。

在试验时，除了测量负载损耗外，还要测量短路阻抗。

一、试验目的

变压器负载试验是测量变压器负载损耗和短路阻抗的试验，有以下作用：①确定变压器是否满足并联条件；②计算变压器的效率；③进一步计算出变压器的短路阻抗、短路电阻和短路电抗，为校验变压器的动热稳定提供数据，短路阻抗变化还可以判断变压器是否变形；④确定变压器二次侧因负荷变化引起的电压变化；⑤确定变压器温升；⑥检查变压器结构和制造是否存在缺陷，如变压器各结构件（屏蔽环和电容环、轭铁梁板等）或油箱壁中由漏磁引起的附加损耗过大或局部过热；油箱箱盖或套管法兰等附件损耗过大或局部过热；有载调压装置中电抗绕组匝间短路；大型电力变压器低压绕组中并联导线短路或换位错误等；上述缺陷均可能使附加损耗显著增加。

二、试验接线

变压器负载试验方法与空载试验方法类似，区别在于空载试验是低压绕组施加电压，高压绕组开路，而短路试验在高压绕组施加电压，低压绕组短路，空载试验施加额定电压，负载试验要使电流达到额定值。

单相变压器负载试验接线如图 9-52 所示。

试验时调压装置缓慢升高电压，使电流达到该绕组额定电流，读取电压、电流和功率。负载损耗为

$$P_k = P_w K_w K_{TA} K_{TV} \tag{9-41}$$

式中　　P_k——实测负载损耗；

　　　　P_w——瓦特表读数；

　　　　K_w——瓦特表倍率；

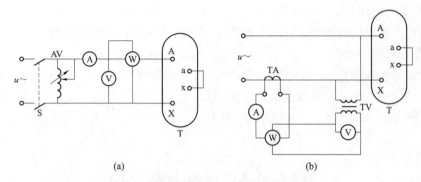

图 9-52　单相变压器负载试验接线图

(a) 仪表直接入图；(b) 仪表经互感器接入

T—被试变压器；K—单相开关；AV—调压器；TA—电流互感器；

TV—电压互感器；A—交流电流表；V—交流电压表；W—功率表；S—开关

K_{TA}、K_{TV}——电流互感器和电压互感器变比。

试验所施加的电压 U_k，又称短路电压，计算公式为

$$U_k = U'_k K_{TV} \tag{9-42}$$

式中　U_k——短路电压；

$\quad\quad U'_k$——电压表读数；

$\quad\quad K_{TV}$——电压互感器变比。

三、三相变压器试验接线

三相变压器负载试验时，需要容量较大，不具备试验条件时，可以采用较低电压降低电流进行试验（试验电流达不到额定值）。

如果采用降低电流的方法，则需要将测量负载损耗和短路电压进行换算。

负载损耗换算公式为

$$P_k = P'_k \left(\frac{I_n}{I'}\right)^2 \tag{9-43}$$

式中　P_k——额定电流损耗；

$\quad\quad P'_k$——降低电流负载损耗测量值；

$\quad\quad I'$——试验实际施加电流；

$\quad\quad I_n$——短路绕组的额定电流。

短路电压换算公式为

$$u_k = u'_k \frac{I_n}{I'} \tag{9-44}$$

式中　u_k——额定电流短路电压；

$\quad\quad u'_k$——降低电流试验实测短路电压；

$\quad\quad I'$——试验实际施加电流；

$\quad\quad I_n$——短路绕组的额定电流。

1. 三相变压器使用三相电源试验（三相法）

使用三相电源对变压器进行试验的接线如图 9-53 所示。

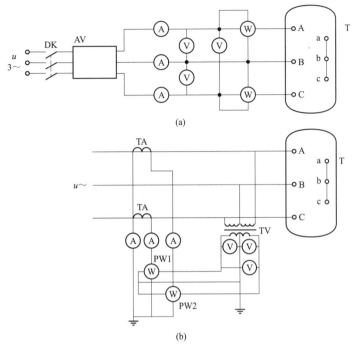

(a)

(b)

图 9-53　使用三相电源对变压器进行试验的接线

（a）仪表直接接入试验；（b）仪表经互感器接入试验

DK—三相开关；AV—三相调压器；T—被试变压器；TV—电压互感器；

TA—电流互感器；W、V、A—分别为功率表、交流电压表和电流表

试验时施加电压，并逐渐升压，使电流达到短路绕组的额定电流，读取功率、电压和电流值。

负载损耗应为两瓦特表测量的代数和，即

$$P_k = P_1 + P_2 \tag{9-45}$$

短路电压是三个电压表测得线电压的平均值，即

$$u_k = \frac{1}{3}(u_{AB} + u_{BC} + u_{CA}) \tag{9-46}$$

读数时应注意仪表倍率和互感器变比。

2. 三相变压器使用单相电源试验

如果现场缺乏三相电源或三相电源容量不足，可采用单相法进行试验。单相法具有容量小、使用仪器仪表少、可以区别故障相等优点。

单相法试验时，将低压三相绕组短接，高压侧绕组分别施加单相电压，进行三次测量。

单相法根据变压器高压绕组连接分三种试验方法：高压绕组为三角形连接时，试验接线如图 9-54 （a）所示，依次将一相绕组短接，对另外两相施加电压，如 BC 相短接，加压 AB 相，测损耗 P_{AB}、短路电压 u_{AB}；短路 AC 相，加压 BC 相，测损耗 P_{BC}、短路电压 u_{BC}；短接 AB 相，加压 AC 相，测损耗 P_{AC}、短路电压 u_{AC}。

试验时电流升到 1.15 倍的绕组额定电流（即 $2/\sqrt{3}$ 倍额定电流）时，记录仪表读数。负载损耗和短路电压分别为

$$P_k = \frac{P_{AB} + P_{BC} + P_{CA}}{2}$$

$$u_k = \frac{u_{AB} + u_{BC} + u_{CA}}{3}$$

高压绕组为 Y_0 连接时,试验接线如图 9-54(b)所示。试验时轮流对 AN、BN、CN 施加电压,电流达到额定时,记录仪表读数。负载损耗和短路电压分别为

$$P_k = P_{AN} + P_{BN} + P_{CN}$$

$$u_k = \frac{u_{AN} + u_{BN} + u_{CN}}{3} \times \sqrt{3}$$

高压绕组为星形连接时,试验接线如图 9-54(c)所示。

轮流对每对绕组线间施加电压,电流达到额定时,记录各仪表读数。负载损耗和短路电压分别为

$$P_k = \frac{P_{AB} + P_{BC} + P_{CA}}{2}$$

$$u_k = \frac{u_{AB} + u_{BC} + u_{CA}}{3 \times 2} \times \sqrt{3}$$

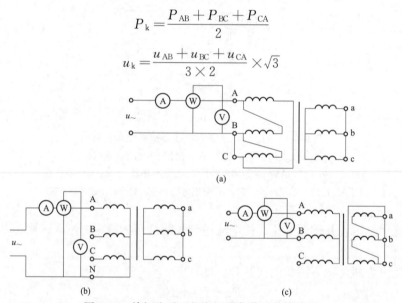

图 9-54　单相法对三相变压器负载试验接线图

(a)高压绕组三角形连接;(b)高压绕组 Y_N 连接;(c)高压绕组星形连接

图 9-54 是测量仪表直接接入的,经过互感器接入时,应根据变压器额定电压和电流选择互感器。

四、试验计算

受现场试验条件限制,试验可能在非标准试验条件进行,如电流达不到额定值,电源频率不是 $50\mathrm{Hz}$;另外,设计的负载损耗数值一般指参考温度下的测量,但现场测量一般不在参考温度,所以试验值要经过一系列计算、校正。

1. 负载损耗校正到参考温度时的值

不同类型的变压器负载损耗参考温度不同,如油浸式变压器为 $75℃$。下面以油浸式变压器为例,将负载损耗校正到 $75℃$ 的参考温度值。

负载损耗校正到参考温度的顺序为:首先根据所测的绕组的直流电阻分离出电阻损耗和附加损耗,再将两分量分别校正到参考温度值,最后将参考温度下的两分量求和,即为参考

温度下的负载损耗。

I^2R（R 为绕组直流电阻）为电阻损耗，其值和电阻成正比；附加损耗是负载损耗减去电阻损耗的剩余部分。附加损耗是一部分载流导线在交变磁场中的涡流损耗，另一部分是漏磁场穿过压板、夹件、油箱（包括油箱屏蔽）等的损耗。经测试中小型变压器附加损耗不超过总损耗的 10%，但大型变压器附加损耗有时达到或超过电阻损耗。附加损耗是由漏磁通引起感应电动势造成的涡流损耗，与温度成反比。

下面对三相变压器进行温度校正，单相变压器以此类推。

（1）电阻损耗校正到参考温度。

1）试验温度为 t 时的电阻损耗。被试绕组的电阻损耗为两个绕组损耗之和。

$$\sum I_n^2 R_t = \sum I_{1n}^2 R_{t1} + \sum I_{2n}^2 R_{t2} \tag{9-47}$$

式中　　$\sum I_n^2 R_t$ ——变压器试验温度 t 时总的电阻损耗；

$\sum I_{1n}^2 R_{t1}$ ——变压器一次绕组 t 时电阻损耗；

$\sum I_{2n}^2 R_{t2}$ ——变压器二次绕组 t 时的电阻损耗。

2）电阻损耗校正到参考温度。

$$P_{KR75} = K \sum I_n^2 R_t \tag{9-48}$$

式中　　P_{KR75} ——电阻损耗校正到参考温度的值；

$\sum I_n^2 R_t$ ——试验温度 t 时的电阻损耗；

K ——温度系数，铜绕组 $K = \dfrac{310}{235 + t}$。

（2）附加损耗校正到参考温度（75℃）。

1）变压器的附加损耗。附加损耗是变压器负载试验的损耗减去电阻损耗后的剩余部分。在试验温度 t 时的附加损耗为 P_{Ft}。

2）附加损耗 P_{Ft} 校正到参考温度。

$$P_{KF75} = \dfrac{P_{Ft}}{K} \tag{9-49}$$

式中　　P_{KF75} ——附加损耗校正到 75℃ 的值；

P_{Ft} ——试验温度 t 时的附加损耗；

K ——温度系数，铜绕组 $K = \dfrac{310}{235 + t}$。

将变压器参考温度下的电阻损耗和附加损耗求和，就是变压器参考温度下的负载损耗，即

$$P_{K75} = P_{KR75} + P_{KF75} \tag{9-50}$$

当小型变压器附加损耗很小时，参考温度下的负载损耗可采用下面公式

$$P_{K75} = P_{Kt}K \tag{9-51}$$

式中　　P_{K75} ——参考温度下的负载损耗；

K ——温度系数，铜绕组 $K = \dfrac{310}{235 + t}$；

P_{Kt} ——温度 t 时的损耗。

2. 短路电压校正到参考温度

变压器短路电压包括有功分量和无功分量，其中有功分量与温度有关，需要将温度校正到参考温度，而无功分量与温度无关，不必进行温度校正。

（1）短路电压在试验温度 t 时的有功分量 U_{rt}。

$$U_{rt}=\frac{P_{Kt}}{10\,S_n}(\%)\qquad\qquad(9\text{-}52)$$

式中　U_{rt}——有功分量；

P_{Kt}——试验温度 t 时的负载损耗；

S_n——变压器额定容量。

（2）短路电压的无功分量 U_x。

$$U_x=\sqrt{U_{Kt}^2-U_{rt}^2}\qquad\qquad(9\text{-}53)$$

式中　U_x——无功分量；

U_{Kt}——试验温度 t 时的短路电压；

U_{rt}——试验温度 t 时的有功分量。

（3）短路电压校正到参考温度（75℃）的值。

$$U_{K75}=\sqrt{U_{rt}^2K_t^2+U_x^2}\ (\%)\qquad\qquad(9\text{-}54)$$

式中　U_{K75}——短路电压参考温度时的值；

U_{rt}——试验温度 t 时的有功分量；

U_x——无功分量；

K_t——试验温度 t 时的温度系数，$K_t=\dfrac{310}{235+t}$。

大型变压器的短路电压无功分量远大于有功分量，可以不进行有功分量温度校正，不同温度下短路电压是相同的，即 $U_{K75}=U_{Kt}$。

五、试验注意事项

（1）试验持续时间。试验时绕组电流较大，一般为 50％～100％ 额定电流，绕组持续发热，使电阻增加，所测损耗也增加，进而使测量结果产生误差。所以，进行此项试验，应尽可能缩短测量时间。

（2）短路连接线。试验时，短路连接线要有足够的截面积，否则会使连接线损耗过大，影响测量结果。

（3）试验电源应有足够的容量，电源容量和电压应满足下面要求

$$S\geqslant S_N U_k\%$$

$$u\geqslant U_N U_k\%$$

式中　S、U——电源需要的容量和输出电压；

S_N、U_N——被试验变压器额定容量和额定电压；

$U_k\%$——被试变压器铭牌短路电压百分数。

（4）三相变压器的电压和电流以三相算术平均值为准。

（5）试验时被试变压器温度必须测量准确，试验在冷态下进行。刚从运行状态停下来的变压器，必须待绕组温度降到油温时进行。

第十五节　变压器零序阻抗测量

变压器零序阻抗是一个工频参数。为了计算电力系统在不对称运行状态下的电压、电流值，就需要知道变压器零序阻抗值。

在变压器绕组通过零序电流时变压器的每相零序阻抗为

$$Z_0 = \frac{u}{I_0} \tag{9-55}$$

式中　Z_0——每相零序阻抗，Ω/相；

　　　u——相电压，V；

　　　I_0——每相零序电流，A。

一、零序阻抗测量

（1）三相 Yyn 联结变压器零序阻抗测量试验。其接线如图 9-55 所示。试验注意事项：

1）中性点引线及套管通过 3 倍的相电流，当试验电流等于额定电流时，中性点引线及套管将发热，试验过程中要监测。

2）由于零序磁通部分磁路是铁磁材料，零序空载阻抗是非线性的，开始随铁磁材料磁导率的增大而增大，随后又逐渐下降。

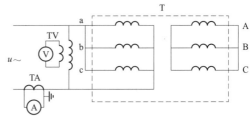

图 9-55　三相 Yyn 联结变压器零序电抗测量接线
T—被试变压器；TV—电压互感器；TA—电流互感器；
V—交流电压表；A—交流电流表

3）零序磁通通过油箱及结构件产生涡流，引起发热，试验过程中应进行监测，不能超过允许值。

（2）三相 YNd 联结变压器零序阻抗测量试验。其接线如图 9-56 所示。试验注意事项：

1）对于三相三柱铁芯变压器零序阻抗测量，同样监测中性点引线和套管的发

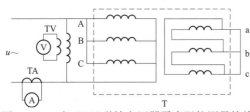

图 9-56　三相 YNd 联结变压器零序阻抗测量接线
T—被试变压器；TV—电压互感器；TA—电流互感器；
V—交流电压表；A—交流电流表

热，不超过允许值。

2）三相三柱铁芯变压器，因零序磁通在铁芯内形成回路，变压器油箱中没有零序磁通，因此不会导致油箱因涡流而发热。

二、零序阻抗计算

$$Z_0 = \frac{3u}{I} \tag{9-56}$$

式中　u——试验施加电压，V；

　　　I——试验所测电流，A；

　　　Z_0——零序阻抗，Ω/相。

第十六节　变压器冷却系统电动机吸收功率测量

变压器油冷却使用的风扇和潜油泵配备的都是低压三相异步电动机。

一、风扇电动机吸收功率测量

变压器出厂时，为了检查冷却系统风扇电动机和风扇叶片是否符合技术条件，需进行吸收功率测量；变压器运行过程中出现温升异常时，需核实风扇电动机的吸收功率，以判断温升异常的原因。

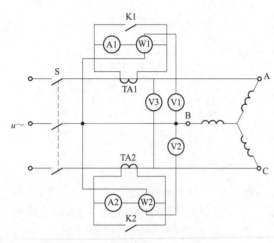

图 9-57　风扇电动机吸收功率测量接线

（1）吸收功率测量。风扇电动机吸收功率测量接线如图 9-57 所示。使用的仪表仪器的选择：电流互感器 2 只，额定电流按电动机额定电流选择，0.5 级；交流电流表 2 只，0～5A，0.5 级；交流电压表 3 只，0～450V，0.5 级；单相功率表 2 只，0～5A，0～450V，0.5 级；电源开关 S 一只；K1、K2 短路刀闸。

（2）测量步骤。

1）合上 K1、K2 短路刀闸。因为电动机全电压启动时，启动电流可达电动机额定电流的 5～7 倍，如不先合上 K1、K2 短路刀闸，则可能会损坏电流表和功率表。

2）合上电源开关 S，电动机开始启动，经过一段时间运转后，启动结束，断开 K1、K2 短路刀闸，测量功率、电压和电流。

3）测量完毕，断开电源开关 S。

（3）测量结果判断。风扇电动机吸收功率大小是由风扇的风量和风压决定的。如风扇叶片变形或制造偏差过大，均会使电动机吸收功率变化。如果功率变小，风扇风量和风压变小，冷却效果降低，油温升高；如果功率变大，风扇的风量和风压变大，使冷却效果加强，但电动机可能过载，电动机过热也会损坏。因此，根据上述功率测量值，和以前测量值比较，判断风扇叶片是否有异常。

二、潜油泵电动机吸收功率测量

潜油泵电动机吸收功率回路接线和风扇电动机基本相同。但潜油泵电动机吸收功率大小和油的黏度有关，而黏度又和油温有关，即低温时黏度大，吸收功率增加；反之亦然。因此，潜油泵电动机测量吸收功率时，应记录油温和环境温度。有条件时测量出功率和油温曲线，供以后不同油温下参考。

潜油泵在油中，难以检查其运行情况，通过定期测量吸收功率大小，可间接判断轴承有磨损、堵转的趋势等。

第十七节　变压器消磁试验

变压器绕组存在剩磁，将使其他试验结果产生偏差，有时还会对绕组绝缘产生危害。因此出现剩磁应及时进行消除。

一、变压器绕组剩磁的产生

变压器绕组直流电阻测量，雷电冲击试验，线路分闸、合闸，地磁暴等均可能造成直流磁化产生剩磁。

上述所产生的剩磁有强有弱。测量绕组直流电阻产生的剩磁大小和所加的电流大小有关，电流越大剩磁也越强。

剩磁经过一定时间后才会自然衰减，此时间可能是几分钟，个别可达几小时以上。

二、变压器绕组剩磁的危害

变压器绕组剩磁对一些试验有影响。

剩磁使变压器声级明显增大；在变压器局部放电试验时剩磁可能在高压绕组产生异常电压升高，造成绝缘损伤；剩磁使雷电冲击试验调波困难；用变比电桥测量绕组变比时，由于电压较低，可能抵消不了剩磁的影响，导致测量偏差较大；变压器空载试验剩磁导致开始阶段功率表和电流表指示异常。

上述剩磁对试验结果的影响和剩磁强弱有关。如果试验结果有异常，怀疑和剩磁有关应进行消磁后重做试验，以排除剩磁的影响。

三、消磁试验

目前消磁有两种方法：一种是交流方法，另一种是直流方法。

（1）交流消磁法。该方法是变压器在空载试验时进行。给变压器施加额定交流电压，从零升到110%的额定电压、停留5分钟再到零后断开电源。

（2）直流法消磁。在被试变压器绕组正反方向施加直流电流，并逐渐减小，缩小铁芯的磁滞回环达到消磁目的。直流法消磁接线如图9-58所示。

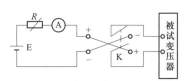

图 9-58　直流法消磁接线图
E—直流电源；R—可调电阻；
A—直流电流表；K—换向开关

第十八节　变压器直流偏磁检测

一、直流偏磁产生的原理及危害

直流偏磁是指直流电流经过中性点流入变压器绕组，使变压器处于非正常工作状态的现象。直流偏磁产生的原因主要有地磁暴引起感应电流、交直流电网混联运行时产生地中直流。

地磁暴是太阳、风、地震、火山爆发等自然现象引发的地球磁场波动，地磁暴引起的地磁感应电流峰值最大可达 200A，频率在 0.001Hz～0.1Hz 之间，与 50Hz 工频电流相比，可以看作准直流电流。

直流输电在单极大地回线运行方式下，接地极入地电流可达几千安，大电流会造成接地极周围地表电位发生变化，随着离接地极距离的增大，地表电位的变化程度将会减小，由于地表电位的变化，两变电站接地网之间存在直流电位差，在直流电位差的作用下，将会有直流电流流入（流出）中性点接地的变压器绕组。

直流偏磁下，变压器铁芯进入饱和状态，将出现励磁电流畸变、谐波增大，造成噪声增大、振动加剧、损耗和温升增大等现象，危及变压器安全。

二、直流偏磁检测方法

直流偏磁电流的大小与其对变压器的危害程度直接相关，对变压器中性点直流偏磁电流进行检测至关重要，检测方法主要有电阻检测法、霍尔电流传感器检测法。

电阻检测法是直接式检测法。检测前，在变压器中性点接地线上串接一段固定长度的电阻，检测时，在电阻两端测量直流电压值，通过欧姆定律可以换算出相应的电流值。此种方法原理简单、精度高、成本低，但需要将变压器中性点接地线断开串入电阻，对于部分变压器实施存在困难。

霍尔效应指当电流垂直于外磁场通过半导体时，载流子发生偏转、垂直于电流和磁场的方向会产生一附加电场，从而在半导体的两端产生电势差。应用基于霍尔效应的钳形电流表，将钳形电流表卡在变压器中性点接地线上，即可以测量流入（流出）中性点的直流电流。基于此原理，还可以设计成套的在线监测装置，自动监测中性点电流，将电流值传回后台。

三、检测案例

在某直流输电工程调试期间，对沿线的交流变电站进行了直流偏磁测试，有两座变电站主变中性点直流电流超标，如表 9-14、表 9-15 所示。

表 9-14　　　　　　　　　　　1 号变电站测试数据

测试序号	测试位置	负荷情况	中性点直流电流（A）
1	2 号主变压器	极一：2100MW 极二：200MW	−6.47
2	2 号主变压器	极一：200MW 极二：2000MW	3.8
3	2 号主变压器	双极闭锁	−0.94
4	3 号主变压器	极一：2100MW 极二：200MW	−4.47
5	3 号主变压器	极一：200MW 极二：2000MW	3.82
6	3 号主变压器	双极闭锁	−1.26

电流方向："−"代表从大地流入变压器，"+"代表从变压器流入大地

表 9-15　　　　　　　　　　　2 号变电站测试数据

测试序号	测试位置	负荷情况	中性点直流电流（A）
1	1 号主变压器	极一：2000MW 极二：200MW	22.1
2	1 号主变压器	极一：2100MW 极二：2000MW	23.2
3	1 号主变压器	极一：2200MW 极二：200MW	24.5
4	1 号主变压器	双极闭锁	0.3
5	1 号主变压器	极一：200MW 极二：1000MW	9.6

测试序号	测试位置	负荷情况	中性点直流电流（A）
6	1号主变压器	极一：220MW 极二：220MW	0.1
7	1号主变压器	极一：200MW 极二：2000MW	23.6
8	1号主变压器	双极闭锁	0.3
电流方向："—"代表从大地流入变压器，"＋"代表从变压器流入大地			

第十九节　基于热电效应的配电变压器绕组材质检测

铜和铝的性能差异较大，在电性能、热性能等方面铜材均优于铝材，绕组材质不同将导致变压器结构和性能存在差异。目前存在配电变压器以铝代铜的现象，导致容量不足、损耗过高、直流电阻过大、温升过高等问题。将变压器解体可以直接查看绕组材质，但这种方式会破坏变压器绕组，带来较高的修复成本，基于热电效应，可以采用无损的方法实现检测。

一、试验原理

根据塞贝克热电第一效应，两种不同材料组成的回路，两端接触点温度不同时，在回路中存在电动势。

图9-59　塞贝克热电第一效应示意图

如图9-59所示，由两种不同材料组成的导体a和导体b组成的串联回路，在回路加热后，导体间形成热电势为

$$U=(S_a-S_b)(t_1-t_2)$$

式中 S_a、S_b——导体a、导体b的塞贝克系数，$\mu V/K$；

t_1、t_2——接点1、接点2的温度，℃。

将配电变压器绕组回路加热到一定温度，若回路中存在铜、铝两种不同材质，绕组两端会形成相应的热电势。因此，将配电变压器绕组回路加热，通过测量绕组两端热电势可以判断其绕组材质。

二、试验方法及判断标准

试验装置包括加热单元、测温单元、热电势测量单元。加热单元一般采用陶瓷恒温加热装置，最高温度低于200℃，恒温偏差在±2℃以内，温升速度宜为10～20K/min。

对于星形接线变压器，试验接线如图9-60所示。

对于三角形接线变压器，试验接线如图9-61所示。

试验接线完成后，开始对绕组加热，达到规定条件，停止加热，测量热电势。

停止加热的规定条件为：① 导电杆温度达到120℃±2℃；② 热电势值大于100μV；③ 3min内温度变化不大于5℃；④ 3min内热电势值变化不大于5μV。加热时，只要达到以上四个条件中的一条，即可停止加热，进行判断。热电势值低于40μV时为铜材质，高于100μV时为铝材质；当电势值介于40～100μV时，应结合绕组直流电阻、空载试验等其他试验综合分析判断。

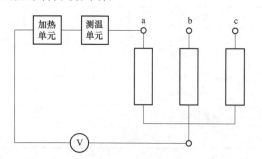

图 9-60　星形接线变压器试验接线示意图

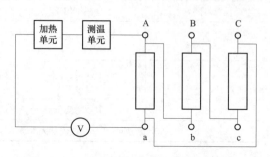

图 9-61　三角形接线变压器试验接线示意图

三、试验案例

试品型号：S13-M-200/10。

额定电压：（10±2×2.5%）/0.4kV。

温升限值：60℃。

试验结果如表 9-16 所示。

表 9-16　　　　　　　　　　　配电变压器绕组材质无损检测结果

相别	热端温度（℃）	热电势值（μV）
A	119	9
B	118	8
C	119	9
结论	热电势未超过阈值，为铜材质	

第二十节　变压器短路试验

一、试验原理及要求

电力变压器在运行过程中不可避免地会经受外部短路的工作状态，为保证运行安全，变压器必须具备足够的抗短路能力。短路承受能力试验是变压器在强电流作用下的机械强度试验，是考核变压器抗短路能力最为直接有效的手段，也是对变压器制造综合技术能力和工艺水平的一种考验。对于配电变压器，此项试验开展较多。

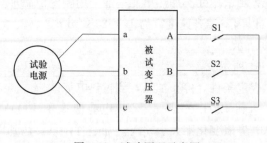

图 9-62　试验原理示意图

试验原理如图 9-62 所示（以三相试验为例），S1、S2、S3 为短路装置，试验前利用短路装置将变压器二次绕组短路模拟短路故障，然后由试验电源向被试变压器一次侧施加电压进行励磁，当被试变压器一次绕组电流达到最大非对称值后持续规定的时间，在试验中，包含第一个峰值的非对称电流将变化到对称电流方均根值。

具有两个独立绕组的三相变压器对称短路电流方均根值按式（9-57）计算

$$I = \frac{U}{\sqrt{3}\,(Z_t \cdot Z_s)} \tag{9-57}$$

式中　U——绕组的额定电压；

　　　Z_t——折算到所考虑绕组的变压器的短路阻抗；

　　　Z_s——系统短路阻抗。

非对称试验电流的第一个峰值按式（9-58）计算

$$i = Ik \times \sqrt{2} \tag{9-58}$$

式中　I——对称短路电流方均根值；

　　　k——计算试验电流初始偏移的系数，而$\sqrt{2}$则考虑了正弦波峰值对方均根值之比。$k \times \sqrt{2}$通常为 1.51～2.55。

根据 GB 1094.5《电力变压器 第 5 部分：承受短路的能力》要求，试验前，变压器应按 GB 1094.1 的规定进行例行试验，如果绕组有分接，应在短路试验所在分接位置上测量电抗，必要时也要对电阻进行测量。试验开始时，绕组的平均温度最好在 10～40℃。试验中电流峰值偏离规定值应不大于 5%，对称电流偏离规定值应不大于 10%。为了得到要求的试验电流，试验电源的空载电压可高于一次绕组的额定电压。绕组的短路可以在一次绕组施加电压之前（先短路）进行，也可以在变压器一次绕组施加电压之后（后短路）进行。如果采用后短路，所施加的电压一般不应超过 1.15 倍绕组额定电压。三相变压器试验应尽可能使用三相试验电源。

对于Ⅰ类（25～2500kVA）和Ⅱ类（2501～100 000kVA）的单相变压器，试验次数应为三次。Ⅰ类和Ⅱ类的三相变压器，总的试验次数应为 9 次，每相进行 3 次试验。对于Ⅲ类（100 000kVA 以上）变压器的试验次数由制造方和用户协商决定，推荐的试验次数是：单相变压器 3 次，三相变压器 9 次。Ⅰ类变压器每次试验的持续时间为 0.5s，Ⅱ类和Ⅲ类变压器每次试验的持续时间为 0.25s，试验持续时间的允许误差为 ±10%。

二、试验电源系统的选择

试验时，被试变压器的短路电流是额定电流的几倍至几十倍，因此试验电源必须要有足够的容量。

目前，试验电源有三种类型，电网电源、冲击发电机、储能电源，三种电源的原理、配套设备、适用范围、对电网的影响等方面存在较大的差异。

1. 电网电源

电网电源是直接利用实验室所在电网作为试验电源，进行试验。由于 GB/T 12325《电能质量 供电电压偏差》及 GB/T 12326《电能质量 电压波动和闪变》等标准对于电网的压降有明确的限制，所以一般允许的试验容量不超过电网短路容量的 15% 或者更低，因此试验容量较小，因此一般仅用于 110kV 及以下变压器的试验。

采用电网电源需要建设固定的实验室，实验室包括一次设备间、控制室、试品室等，配套的试验设备还包括试验变压器、保护断路器、合闸开关、操作断路器、可调阻抗、控制测量保护系统等。

2. 冲击发电机

冲击发电机是一种特殊的电机，正常运行时，需配套拖动电机、启动调速系统、励磁系统、油水系统等辅机部分辅助其运行。冲击发电机由拖动电机拖动，通过启动调速系统将电机拖动至额定转速。拖动电动机将冲击同步发电机带到额定转速后，拖动电动机即行脱离电源，整个机组靠自身惯性运行，因此冲击发电机工作时相对独立于电网，对电网的冲击影响很小。

冲击发电机可以单台独立运行，也可以多台并联运行以获得更大的短路容量。目前国内试验机构已可以完成 500kV 等级变压器的突发短路试验。采用冲击发电机电源，整个实验室构成较为复杂，包括发电机大厅、发电机辅房、一次设备间、控制室、试品室等。配套的试验设备还包括保护断路器、合闸开关、操作断路器、可调阻抗、控制测量保护系统等。

3. 储能电源

储能电源是近年来出现的一种新型试验电源装置。按照能量守恒的原理，储存能量利用电力电子技术实现额定试验电压输出，就可以完成变压器的突发短路试验。储能电源的原理如图 9-63 所示。

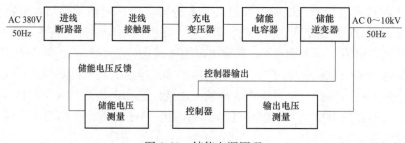

图 9-63 储能电源原理

380V 供电电源经过接触器后给充电变压器供电，充电变压器为多绕组升压变压器，升压后的电压经过整流对储能电容器充电，储存在电容器上的电能，经单相（或者三相）逆变器变换后输出 SPWM 波形供变压器短路冲击使用。由于采用了电力电子变换技术，输出电压的幅值和相位均可快速调节，并且可以实现恒压供电，能够很方便实现变压器的短路冲击试验。电源自身可以调节输出电压相位为任意角度，容易获得暂态峰值电流达到标准设定的数值，无需同步开关。

采用储能电源作为试验电源，除 380V 电源外，无需配套其他的试验设备，也无需建设专门的试验场地，只需要能够隔离试品的房间即可。储能电源移动运输较为方便，也可以运输至不同的地方使用，特别适合在基建工地现场进行变压器的试验。

由于目前储能技术的限制，储能电源容量也受到限制，目前比较成熟的储能电源只能完成 800kVA 及以下的配电变压器的试验。如果要完成更大容量变压器的试验，则储能电源的体积、成本将大幅增长。

三、试验案例

试品主要参数：额定容量 315kVA，额定电压 10±5%/0.4kV，联结组别 Yyn0。

试验电源：储能电源；输入容量：≤130kVA；输出容量：5000kVA，0.5S；输入电压：380V±10%；输出电压：单相，10kV，自动恒压；输出电流：0～455A；输出频率：50Hz。

试验后，解体吊芯发现变压器绕组整体变形，如图 9-64 所示。

图 9-64　变压器吊芯照片

第二十一节　换流变压器直流电压极性反转试验

一、试验原理与要求

换流变压器阀侧与直流相连，因此换流变压器不仅承受交流电压还承受直流电压。正常工作状态下，阀侧绕组端部与地之间以及阀侧绕组与网侧绕组之间的主绝缘上长期承受直流电压，当系统发生潮流反转时，阀侧绕组所承受的直流电压也同时发生极性反转。直流电压极性反转试验可以有效模拟直流电压极性反转的状态，考核绕组绝缘状态。

试验时序如图 9-65 所示。

试验电压为

$$U_{pr} = 1.25 \times [(N-0.5)\ U_{dm} + 0.35 U_{vm}]$$

式中　N——从直流线路中性点至与变压器相连的整流桥间所串接的六脉波桥的数量；

　　　U_{dm}——每个阀桥的最高直流电压；

　　　U_{vm}——换流变压器阀侧绕组的最大相间交流工作电压。

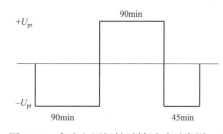

图 9-65　直流电压极性反转试验时序图

试验前所有套管应至少接地 2h，不允许对换流变压器绝缘结构预先施加较低的电压，试验应进行两次极性反转，首先施加负极性电压 90min，然后施加正极性电压 90min，最后再施加负极性电压 45min。

每次电压极性反转均应在 2min 内完成，应在整个试验过程中监视局部放电水平。每次极性反转后的 30min 内，记录到大于等于 2000pC 的脉冲数不超过 30 个，且每次极性反转的最后 10min 内，记录到不小于 2000pC 的脉冲数不超过 10 个，则试验通过。

二、试验案例

试品型号：ZZDFPZ-412300/750；联结组标号：IiO。

额定容量：412 300/412 300kVA；额定电压：$770/\sqrt{3}{}^{+26}_{-4} \times 0.86\%/174.9/\sqrt{3}$ kV。

额定电流：927.4/4083.0A。

该变压器在出厂试验中进行了直流电压极性反转试验，试验通过，数据如表 9-17 所示。

表 9-17   **直流电压极性反转试验数据**

极性	时间（min）	施加电压 972kV					
		测量端子相应局放量个数					
		≥500pC		≥1000pC		≥2000pC	
		端子 1	端子 2	端子 1	端子 2	端子 1	端子 2
—	0～10	0	0	0	0	0	0
	10～20	0	0	0	0	0	0
	20～30	0	0	0	0	0	0
	30～40	0	0	3	3	3	3
	40～50	0	0	5	5	6	6
	50～60	0	0	0	0	0	0
	60～70	0	0	0	0	0	0
	70～80	0	0	0	0	0	0
	80～90	0	0	0	0	0	0
/	≤1	/	/	/	/	/	/
+	90～100	1	0	0	0	0	0
	100～110	0	0	0	0	0	0
	110～120	0	0	0	0	0	0
	120～130	0	0	0	0	0	0
	130～140	0	0	0	0	0	0
+	140～150	0	0	0	0	0	0
	150～160	0	0	0	0	0	0
	160～170	0	0	0	0	0	0
	170～180	0	0	0	0	0	0
/	≤1	/	/	/	/	/	/
—	180～190	0	0	0	0	0	0
	190～200	0	0	0	0	0	0
	200～210	0	0	0	0	0	0
	210～220	0	0	0	0	0	0
	220～225	0	0	0	0	0	0

→【讨论一】 怎样用绝缘电阻吸收比极化指数综合判断变压器的绝缘状态？

参考资料：《绝缘电阻试验判断变压器绝缘的判据探讨》

一、绝缘的吸收现象

1. 单一绝缘介质没有吸收现象

测量单一绝缘介质的绝缘电阻时，如纯瓷绝缘子，一开始阻值就很大，且不随时间增长而增加，几乎瞬间达到稳态值。所以，单一绝缘介质，不存在吸收现象。

2. 多层介质才有吸收现象

在测量发电机和变压器的绝缘电阻时，一开始绝缘电阻值比较小，随着时间的增长而逐渐增加，最后达到稳态值。发电机和变压器的绝缘不是单一介质，如变压器绝缘是由绝缘油和纸组成的，属于多层介质。瞬间加上一个直流电压时，电荷由电极注入后，在绝缘内部空间电荷有一个重新分布过程，需要一定时间，才能达到稳定分布，这个分布电荷的过程，叫做"吸收"现象。所以，只有多层介质构成的绝缘，才具有"吸收"现象。

3. 多层介质的绝缘吸收现象分析

以变压器的油纸绝缘研究吸收过程，变压器的油纸绝缘结构如图9-66所示。

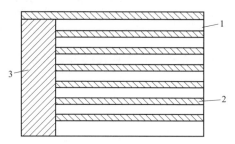

图9-66　变压器的油纸绝缘结构
1—绝缘油；2—绝缘纸；3—纸撑条或垫块

变压器绝缘等值电路如图9-67所示。

在直流电压 U 作用下，绝缘电阻 $R(t)$ 为

$$R(t) = R_1(R_p + R_0)/[(R_1 + R_0 + R_p)(1 + Ge^{-t/T})]$$
$$(9-59)$$

吸收系数 G 为

$$G = \frac{R_1}{(R_1 + R_p + R_0)} \frac{(R_0C_0 - R_pC_p)^2}{R_0R_p(C_p + C_0)^2} \quad (9-60)$$

吸收时间常数 T 为

$$T = R_0R_p\frac{C_p + C_0}{R_p + R_0} \quad (9-61)$$

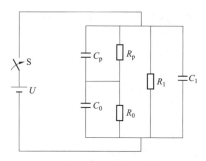

图9-67　变压器绝缘等值电路
C_p、R_p—纸绝缘等值电容、等值电阻；
C_0、R_0—油绝缘等值电容、等值电阻；
C_1、R_1—绝缘撑条或垫块等值电容、等值电阻，由于 C_1 数值较小，可省略

二、绝缘电阻

测量电力设备绝缘电阻值是衡量绝缘性能的最基本方法之一，可以根据数值大小判断绝缘状态；该方法简单易行，出厂试验和预防性试验都广泛应用。

虽然该方法广泛应用，但实践中无法规定出通用的合格绝缘电阻标准值。

1. 绝缘电阻值不是理想的判断标准

由式（9-59）可知，绝缘电阻值不仅取决于变压器油和纸的状况，还取决于结构的尺寸，并随时间的增长而增加。变压器电压等级和容量不同，绝缘材料和结构也不同，使变压器绝缘电阻值也存在差异，所以无法对变压器绝缘电阻规定统一的标准数值。因此，绝缘电阻不是一个理想的判断标准。

2. 变压器绝缘油更换前后的绝缘电阻没有可比性

绝缘油状况，对变压器绝缘电阻的影响较大。所以，在变压器绝缘油更换前后所测绝缘电阻值，因油状况不同，无可比性。

3. 变压器绝缘电阻值多次测量均超过 10 000MΩ 时，失去比较意义

目前大、中型变压器的绝缘电阻值已达到数万兆欧，运行中测量绝缘电阻时受仪器、外界干扰、气候、主变压器本体温度等的影响，测量误差较大，一定周期内多次测量值存在差异，但绝对值仍保持万兆欧以上时，并不能证明绝缘状态变化。如同一台变压器上午检修人员测量绝缘电阻为 24 000MΩ（变压器刚停运），而同一天下午运行人员测量值为 27 000MΩ，相差 3000MΩ，但变压器状态并未发生变化。

综上所述，绝缘电阻不能简单用数值判断绝缘状态，只能在同一温度下，对明显变化或明显偏差进行判断。

三、吸收比

60s 和 15s 时测得的绝缘电阻之比，称为吸收比 K，其公式为

$$K = R_{60}/R_{15} = (1 + Ge^{-15/T})/(1 + Ge^{-60/T}) \tag{9-62}$$

吸收比 K 是两个绝缘电阻值之比，在测量绝缘电阻时同步可以测得，对判断中、小型变压器绝缘受潮较为有效。

1. 吸收比特点分析

由式（9-62）可知，吸收比 K 随着吸收系数 G 的增大而增大，如图 9-68 所示。

由式（9-60）可知，吸收系数 G 主要由介质的不均匀程度（$C_0R_0 \neq C_pR_p$）决定，即油和纸两层介质都良好或都很差时，G 值均较小，导致 K 下降，给判断绝缘状态造成困难。另外，在固定的 G 值下，某一个吸收常数 T_0，吸收比 K 有一个最大值 K_m，如图 9-69 所示。

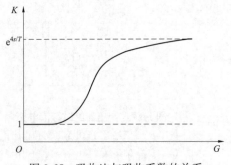

图 9-68　吸收比与吸收系数的关系

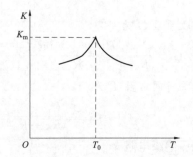

图 9-69　吸收比与吸收时间常数的关系

由式（9-61）可知，吸收时间常数 T 与 $R_pR_0/(R_p+R_0)$ 成正比例，油和纸两层介质其中一层不良时，$T < T_0$，$K < K_m$；当两层介质均良好时，$T > T_0$，K 同样小于 K_m。由图 9-69 可以看出，在这两种情况下，不能简单地以吸收比的大小给绝缘状态下结论。

2. 用 K 值大小正确判断绝缘状态

（1）K 判断中、小型变压器绝缘状态很灵敏。中、小型变压器一般容量小、电压等级低，绝缘结构简单，生产工艺要求不高，尤其是干燥处理水平不高，变压器绝缘材料中含水量相对较多。所以，这种变压器吸收时间短，K 处于图 9-69 的 $T < T_0$ 单调增曲线段，当绝

缘干燥时，吸收现象显著，吸收比 $K>1.3$；当绝缘受潮或脏污后，吸收现象因泄漏电流大而不明显，则 $K<1.3$。

（2）大型变压器用吸收比判断绝缘状态有时会误判断。大型变压器绝缘结构复杂，工艺严格，绝缘状态良好，但有吸收比 $K<1.3$ 的现象。产生这种现象的原因，上面已做了理论分析说明。近年生产的大型变压器，由于采用煤油气相干燥法，使含水量大幅度减少，绝缘电阻值显著提高；另一方面，设备容量大，额定电压高，绝缘结构复杂，这样吸收时间常数延长，稳态值一般在 10min 及以上。以往测吸收比只测 60s 的绝缘电阻值，远没有达到稳态，导致 $K<1.3$。大型变压器绝缘状态良好，绝缘电阻值也很高，但吸收比 $K<1.3$，按传统判断应为不合格的设备。但实践中不能不顾客观事实，照搬标准判定变压器绝缘受潮，目前采用极化指数来解决这个问题。

四、极化指数

极化指数是指 10min 的绝缘电阻值与 1min 的绝缘电阻值之比，即极化指数 P，$P = R_{600}/R_{60}$。

由式 (9-59) 得

$$P = (1 + Ge^{-60/T})/(1 + Ge^{-600/T})$$

通过实际测试，T 在 $100 \sim 200s$ 左右，则 $1 + Ge^{-600/T} \approx 1$，所以

$$P \approx Ge^{-60/T} \tag{9-63}$$

由式 (9-63) 可知，P 随 G、T 均有单向变化关系。绝缘状态良好时，T 大，P 也大；T 小，P 也小。

怎样用极化指数判断变压器绝缘状态呢？如果大型变压器开始绝缘电阻很高，吸收比 $K<1.3$，则应该继续测量极化指数 P，若 $P>1.5$，应该以 P 的数值判断绝缘状态。

五、变压器绝缘状态的综合判断

由于目前电动绝缘电阻表已普及，在测量变压器绝缘特性时，绝缘电阻、吸收比、极化指数三个参数都可以一次测出。根据所测绝缘电阻、吸收比、极化指数三个测量值，再结合变压器的额定电压和容量大小、生产工艺和绝缘油（油耐压值）等综合分析判断变压器的绝缘状态。

1. 绝缘电阻正常，吸收比 $K>1.3$，极化指数 $P<1.5$

这种情况下绝缘电阻 $R(t)$ 和时间 t 的关系如图 9-70 所示。

由图 9-70 可知，绝缘吸收时间在 60s 左右，$R_{60}/R_{15}>1.3$，绝缘电阻值也较高，属于中、小型变压器，绝缘状态符合《规程》要求，合格。如果绝缘电阻和以前同温度下比较，明显降低，$K<1.3$，$P<1.5$，则绝缘已受潮或脏污，属于不合格，应进行处理。

2. 绝缘电阻较大，吸收比 $K<1.3$，极化指数 $P>1.5$

这种情况下绝缘电阻 $R(t)$ 和时间 t 关系如图 9-71 所示。

由图 9-71 可知，绝缘吸收时间在 600s 左右，$R_{60}/R_{15}<1.3$，$P>1.5$。绝缘电阻在 10 000MΩ，属于大、中型变压器，干燥处理较彻底，含水量较少，绝缘状态合格。如一台 SFP-20000/500 变压器出厂试验时，高压侧对低压侧及地的绝缘电阻为 $R_{600}=10\,700$MΩ，$R_{60}=5980$MΩ，$R_{15}=5450$MΩ，则 $P=R_{600}/R_{60}=1.79$，$K=1.09$，$\tan\delta=0.16\%$，显然绝缘是良好的。

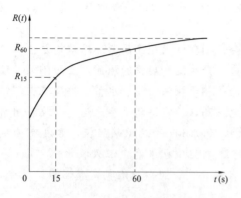

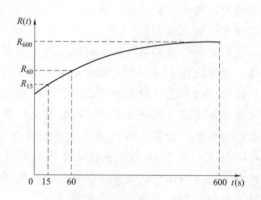

图 9-70　绝缘电阻和时间的关系　　　　　图 9-71　绝缘电阻和时间的关系

（$K>1.3$，$P<1.5$）　　　　　　　　　（$K<1.3$，$P>1.5$）

3. 绝缘电阻值一开始就很高，但吸收比 $K<1.3$，极化指数 $P<1.5$

如果绝缘油处理得很好，击穿电压 $U \geqslant 80kV/2.5mm$，油绝缘电阻可能达到与纸绝缘相同的程度，介质吸收过渡过程变得很快，如单层介质一样。绝缘电阻一开始就在 10 000MΩ以上，而且随时间增长而增加不多。这时吸收比 $K<1.3$，极化指数 $P<1.5$，这种情况恰恰是绝缘良好的表现。

如一台新出厂的 SFSZ₉-31500/110 型变压器，第一次出厂试验数据见表 9-18。

表 9-18　　　　　　　　　　　　第一次出厂试验数据

位置	R_{15s} (MΩ)	R_{60s} (MΩ)	R_{10min} (MΩ)	R_{15min} (MΩ)	R_{30min} (MΩ)	吸收比 K	极化指数 P	R_{60s} (20℃，MΩ)	$\tan\delta$ (20℃，%)
HV-Σ	53 300	64 400	89 400	96 100	105 500	1.21	1.39	59 629.6	0.13
MV-Σ	27 900	36 700	55 400	61 200	77 600	1.32	1.51	33 981.5	0.18
LV-Σ	27 100	36 600	62 500	67 400	75 000	1.35	1.71	33 888.9	0.14

注　环境温度18℃，相对湿度36%，使用仪器GZ-8型，试验时间2000年10月。

由于 HV-Σ 的吸收比 K 和极化指数 P 达不到合同规定的指标，业主不同意出厂。但其他多项试验和雷电出击、局部放电试验等都合格。

制造厂将器身暴露在室内 10h，再重新装配，实际是轻微受潮，再重新测量 R_{60s}、R_{10min} 和 K、P 值，数据见表 9-19。

表 9-19　　　　　　　　　　　　第二次复测出厂试验数据

位置	R_{15s} (MΩ)	R_{60s} (MΩ)	R_{10min} (MΩ)	R_{15min} (MΩ)	吸收比 K	极化指数 P	R_{60s} (20℃，MΩ)	$\tan\delta$ (20℃，%)
HV-Σ	2510	3340	8120	9470	1.33	2.43	3473.6	0.25
MV-Σ	1300	1290	7260	9200	1.48	3.78	1996.8	0.30
LV-Σ	1190	1890	7100	9000	1.59	3.76	1965.6	0.3

注　环境温度、相对湿度、使用仪器与表 9-18 相同。

这台变压器二次试验结果提供了一个有力的反证，吊芯处理后，虽然 K 和 P 都合格了，但相应的 R_{15s}、R_{60s} 和 R_{10min} 却分别降低为吊芯前的 $1/21$、$1/19$ 和 $1/11$。从判断绝缘状态来看，吊芯处理前 K、P 虽不合格，但绝缘电阻值却达数万兆欧，相比吊芯后 K、P 合格，而绝缘电阻在万兆欧以下，因此第一次出厂时绝缘是良好的。

再如一台 SSZ_9-20000/110GY 型变压器，预防性试验数据见表 9-20。

表 9-20   **预 防 性 试 验 数 据**

位置	R_{15s} (MΩ)	R_{60s} (MΩ)	R_{10min} (MΩ)	K	P
高—中低地	35 000	42 000	51 000	1.2	1.214
中—高低地	30 000	35 000	46 000	1.167	1.314
低—高中地	23 000	31 000	43 000	1.348	1.387

注 油温 31℃，环境温度 18℃。

由上述试验数据可知，虽然 K、P 不合格，但绝缘电阻值在 43 000～51 000MΩ 范围内。该变压器未做任何处理，一直安全运行。

总之，由以上两个试验可知，绝缘电阻值在 1 万 MΩ 以上，无论 K、P 数值是多少，都可以证明绝缘状态是比较好的。

六、结论

为了更好地发挥绝缘电阻这一参数的作用，对于大型变压器（包括充油电抗器），除应测量绝缘电阻和吸收比外，还应测量极化指数，把极化指数作为判断绕组绝缘是否受潮的主要依据。以 R_{600s} 作为绝缘电阻可比较的测量值。当绝缘电阻一开始就达到 10 000MΩ 以上时，尽管吸收比 $K<1.3$，极化指数 $P<1.5$，仍可判断为合格。对于中、小型变压器可仍采用吸收比小于 1.3 的判据。本文给出了通过绝缘电阻、吸收比、极化指数综合分析判断设备的绝缘状态的参考性判据。

目前电力设备生产技术和工艺水平不断提高，电力设备的质量也大大提高了。如变压器现在用的绝缘材质、绝缘油和干燥方法等已大幅度改进。电力设备绝缘试验的方法、项目和标准也应不断改进发展。

→【讨论二】 **大型电力变压器历年试验结果比较问题**

《规程》规定电力变压器试验项目中（包括绝缘电阻、直流电阻、$tan\delta$ 和直流泄漏等）应进行历年（包括出厂试验）结果比较。试验测量结果和变压器绕组温度有关，如果温度测不准确，试验结果校正到标准参考温度值会产生较大误差，造成误判断；另外，如果试验过程中温度在变化，试验结果横向比较也比较困难，同样会产生误判断。这方面已有很多案例，如一台 750kV 超高压电力变压器，在交接现场测量 $tan\delta$ 值较出厂值超过 30%，但未做任何处理投入运行，运行正常。后来重测 $tan\delta$ 和出厂值比较没有明显偏差，这次就是变压器停放时间长，温度测量准确。

对于安装现场的变压器，由于受到外部环境和测试手段限制，准确测量绕组温度非常困难。如夏天晴天时，由于日照使上层油温上升很快，而变压器内部绕组温度上升则极缓慢，上层油温显然高于绕组温度。如果以上层油温进行校正，会产生误差。因此，对大型电力变压器进行试验时，尤其是试验结果和温度有关的试验项目，应该尽可能地使测温准确。首先是待变压器油温和环温相同时试验，不要刚停下来就试验，这时上层油温低于绕组温度，测的温度偏低；每次试验时，最好在变压器温度和环温相近时进行，以减小校正误差；试验时最好选择在环温变化小的时候进行，避免夏天日出后进行，最好在太阳落山后进行；另外，当上层油温不能代替绕组温度时，试验结果应进行综合分析判断。

本章提示

变压器是变电的"心脏"，试验项目较多。本章介绍了电力变压器试验的项目、方法及试验注意事项，特别介绍了变压器倍频感应电压试验、变压器绕组变形试验。变压器测量 $\tan\delta$ 时，电容套管也必须做 $\tan\delta$ 试验，套管做完 $\tan\delta$ 试验后接地小螺帽一定要拧好！还介绍了一些新的试验方法。

本章重点

1. 如何用绝缘电阻、吸收比、极化指数试验结果判断变压器绝缘状态。

2. $\tan\delta$ 测量影响因素及缺陷部位的判断。

3. 直流电阻试验中的注意事项及三相电阻不平衡分析。

4. 变压器空载试验接线，如何用单相空载试验判断变压器的空载损耗？空载试验可发现什么问题？

5. 为什么要做变压器倍频感应电压试验？

6. 什么情况下要做绕组变形试验？

复习题

1. 电力变压器预防性试验项目有哪些？

2. 如何对电力变压器绝缘电阻测量值进行综合分析？

3. 对于新投及大修后的变压器，为什么要求按表9-7进行 $\tan\delta$ 测量？

4. 测量变压器 $\tan\delta$ 时，影响因素有哪些？

5. 简述变压器直流电阻试验的目的、测量方法及测量结果的分析判断。

6. 试述线电阻换算为相电阻的方法。

7. 简述空载试验的目的、测量方法及空载损耗、空载电流增大的原因。

8. 简述对三相变压器进行单相空载试验的试验方法，P_0、$I_0\%$ 的计算方法及试验结果的分析判断标准。

9. 试述空载试验的注意事项。

第十章

变压器局部放电测量试验

在电场作用下，绝缘系统中只有部分区域发生放电，而没有贯穿承受电压的导体之间，即尚未击穿，这种现象称为局部放电。当绝缘体局部区域的电场强度达到击穿场强时，该区域发生放电。由于局部放电的开始阶段能量小，它的放电并不立即引起绝缘整体击穿，电极之间尚未发生放电的完好绝缘仍可承受设备的运行电压。但在长时间运行电压下，局部放电所引起的绝缘损坏继续发展，最终导致绝缘事故发生。

据统计，110kV 及以上电压等级变压器损坏事故，50% 是由于在运行电压下产生局部放电而逐渐发展形成的。通过局部放电测量试验，能及时发现设备绝缘内部是否存在局部放电及其严重程度和部位，从而及时采取处理措施，达到防患于未然的目的。

第一节 局 部 放 电 机 理

一、局部放电发生原因

在设备中，绝缘体各区域承受的电场一般是不均匀的，而且电介质也是不均匀的，有的是由不同材料组成的复合绝缘体，如气体—固体复合绝缘、液体—固体复合绝缘以及固体—固体复合绝缘等。有的虽然是单一的材料，但在制造或运行过程中会残留一些气泡或其他杂质，于是在绝缘体内部或表面就会出现某些区域电场强度高于平均电场强度，某些区域的击穿场强低于平均击穿场强，因此在某些区域会首先发生放电，而其他区域仍然保持绝缘的状态，这就形成了局部放电。

绝缘中存在气隙或气泡是最为常见的一种局部放电原因，其机理通常用三电容模型来解释，如图 10-1 所示。

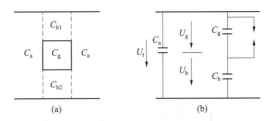

图 10-1 固体介质内部气隙放电的三电容模型

(a) 通过气孔的介质剖面；(b) 等效回路

C_g—气隙的电容；C_b—C_{b1} 和 C_{b2} 的串联，代表与 C_g 串联部分的介质的电容；C_a—其余部分绝缘的电容

若在电极上加交流电压 U_t，则出现在 C_g 上的电压为 U_g，即

$$U_g = [C_b/(C_g+C_b)]U_t = [C_b/(C_g+C_b)]U_{max}\sin\omega t \qquad (10-1)$$

因气隙很小，C_g 比 C_b 大很多，故 U_g 比 U_t 小很多。局部放电时，气隙中的电压和电流变化如图 10-2 所示。

U_g 随 U_t 升高，当 U_t 上升到 U_s（起始放电电压），U_g 达到 C_g 的放电电压 U_g 时，C_g 气隙放电，于是 C_g 上的电压很快从 U_g 降到 U_r，放电熄灭，则

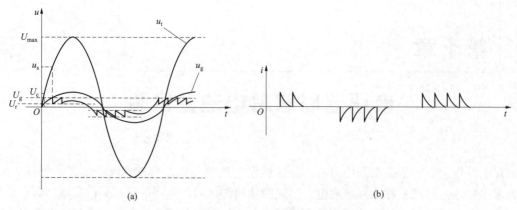

图 10-2　局部放电时气隙中的电压和电流的变化

(a) 电压变化；(b) 电流变化

$$U_r = [C_b/(C_g + C_b)]U_C \tag{10-2}$$

式中　U_r——残余电压（$0 \leqslant U_r < U_g$）；

　　　U_C——C_g 上电压上升为 U_r 时相应的外施电压。

放电后在 C_g 上重建的电压 U_g' 将不同于 U_g，但随着外施电压的上升，U_g 也具有上升趋势，从 U_r 上升，当升到 U_g 也即外施电压又上升了 $U_s - U_C$ 时，C_g 再次放电，放电再次熄灭，电压再次降到 U_r。C_g 上的电压变动在 U_g 至 U_r 间的时间，也即产生局部放电脉冲的时间，此时 C_g 流过脉冲电流，它是检测局部放电的重要依据。

由图 10-1 (b) 可知，当 C_g 放电引起电压变化为 $U_g - U_r$ 时，回路放出的电荷 q_r 应为

$$q_r = (U_g - U_r)[C_g + C_a C_b/(C_a + C_b)] \tag{10-3}$$

当 $C_a \gg C_b$，$C_g \gg C_b$，$U_r = 0$ 时，$q_r \approx U_g C_g$

C_a 上的电压也即外施电压的变化 ΔU 应为

$$\Delta U = [C_b/(C_a + C_b)](U_g - U_r) = C_b q_r/(C_g C_a + C_g C_b + C_a C_b) \tag{10-4}$$

若相应的电荷变化量为 q，则

$$\Delta U = q/\{C_a + [C_g C_b/(C_g + C_b)]\} = q/C_x \approx q/C_a \tag{10-5}$$

$$q = [C_b/(C_g + C_b)]q_r \tag{10-6}$$

q_r 是实际放电电荷，但无法测得。而 ΔU 和 C_x 均可检测得到，故 q 是可以得到的，一般用 pC 表示，称为视在电荷量。它比实际放电电荷小很多，可用它来表示电气设备的局部放电量（水平）。

当绝缘介质内出现局部放电后，外施电压在低于起始电压的情况下，放电也能继续维持。在理论上可比起始电压低一半，也即绝缘介质两端的电压仅为起始电压的一半，这个维持到放电消失时的电压称为局部放电熄灭电压。而实际情况与理论分析有差别，在固体绝缘中，熄灭电压比起始电压约低 15%～20%。在油浸纸绝缘中，由于局部放电会引起气泡迅速形成，所以熄灭电压低很多。这也说明在某种情况卜电气设备存在局部缺陷而正常运行时，局部放电量较小，也就是运行电压尚不足以激发大放电量的放电。当其系统有一过电压干扰时，则触发幅值大的局部放电，在过电压消失后如果放电继续维持，最后会导致绝缘加速劣化及损坏。

二、局部放电的主要表征参数

实际试品中的局部放电比图 10-1 的简化回路情况复杂得多。随着试品上施加电压的上升，某些局部位置甚至在相当低的外施电压下就可能发生微弱的局部放电。因此，不能要求设备完全不发生局部放电，而是根据运行经验和设备的特点，规定一定的局部放电水平。多数情况下以视在放电量 q 作为局部放电水平指标，q 的单位以"皮库（pC）"表示。

1. 放电起始电压 U_i、熄灭电压 U_e 和试验电压

试验电压从较低值开始上升，升到局部放电量达到某一规定值的最低电压，为局部放电起始电压 U_i。

试品上电压从超过局部放电起始电压的较高值逐渐下降，到局部放电量降到规定值时的最高电压为局部放电熄灭电压 U_e。

局部放电的试验电压，这是一规定的电压值，试品在此电压作用下的局部放电水平应不超过规定值。

2. 实际放电量和视在放电量的关系

在介质内部发生放电时，内部移动的电荷量称为实际放电量。因为实际放电是在介质内部进行，其放电量是无法测量的。

但每放电一次，气泡上电压下降一个 Δu_c，也就是电容 C_b 上电压增加一个 Δu_c，随着电压增加，必须供给一个电荷增量 q，称 q 为介质视在放电量，它可由专门仪器测量。测量时模拟实际放电的瞬变电荷注入试样施加外加电压的两端，在此两端出现的脉冲电压与局部放电时相同，则注入的电荷即为视在放电电荷量，也称为视在放电量 q，单位为 pC。在一个试样中可能同时出现大小不同的视在放电量，但把稳定出现的最大视在放电量称为局部放电的放电量。

实际放电量与视在放电量存在一定的关系。气泡放电时实际放电量为 q_c。由于 q_c 的存在，气泡上的电压变化为 Δu_c，式中 $C_a \gg C_b$，则

$$q_c = \Delta u_c \left(C_c + \frac{C_a C_b}{C_a + C_b} \right)$$

$$q_c \approx \Delta u_c (C_c + C_b) \tag{10-7}$$

局部放电一次时间很短，远小于电源回路的时间常数，即电源来不及补充电荷，而使 C_a 上电荷进行补充。C_a 两端出现电压变化 Δu_a，C_b 上也有电压变化 Δu_b，即

$$\Delta u_c = \Delta u_a + \Delta u_b = \Delta u_a \frac{C_a + C_b}{C_b} \approx \Delta u_a \frac{C_a}{C_b}$$

这时试样两端电荷变化量即为视在放电量

$$q_a = \Delta u_a \left(C_a + \frac{C_b C_c}{C_b + C_c} \right) \approx \Delta u_a C_a = \Delta u_c C_b \tag{10-8}$$

将式（10-7）代入式（10-8）得

$$q_a = q_c \frac{C_b}{C_b + C_c} \tag{10-9}$$

由式（10-9）说明，视在放电量 q_a 总小于实际放电量 q_c（有时小很多）。

3. 放电能量

局部放电消耗能量可能是介质老化的原因之一，常把放电能量作为衡量局部放电的一个

参数。一次局部放电能量为 W

$$W = 0.7 q u_i \qquad (10\text{-}10)$$

式中 q——视在放电量；

$\quad\quad u_i$——放电起始电压（有效值）。

由式（10-10）表明，一次放电能量与视在放电量 q 有简单的关系式，测出起始放电电压 u_i 就可计算出放电所产生的能量 W，也可表明放电强度。

4. 放电重复率

放电时，每秒放电脉冲次数，称为放电重复率。当外施电压升高时，局部放电次数也增加，放电重复率也随之增加。

5. 平均放电电流 I

局部放电的时间间隔 T 内，通过试品两端的电荷绝对值的和除以 T，称为平均放电电流 I，即

$$I = \frac{1}{T}(n|q|) \qquad (10\text{-}11)$$

6. 放电功率 P

在一段时间内由于局部放电在试品两端测出的平均功率 P，称为放电功率，用 W 表示。

第二节 试 验 要 求

一、基本要求

变压器现场局部放电测量试验依据的基础标准是 GB 1094.3《电力变压器　第 3 部分：绝缘水平、绝缘试验和外绝缘空气间隙》。施加电压的时间顺序为：在不大于 $U_2/3$ 的电压下接通电源；上升到 $1.1U_m/\sqrt{3}$，保持 5min；升压至 U_2，保持 5min；升压到 U_1，持续规定时间；立刻不间断地降压至 U_2，并至少保持 60min（对于 $U_m \geqslant 300\text{kV}$）或 30min（对于 $U_m < 300\text{kV}$），测量局部放电；降压至 $1.1U_m/\sqrt{3}$，保持 5min；电压降至 $U_2/3$ 以下，切断电源，如图 10-3 所示。

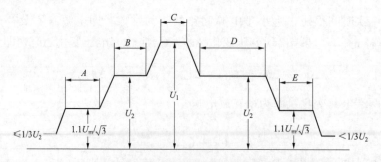

图 10-3 变压器局部放电测量试验电压施加顺序

$A = 5\text{min}$；$B = 5\text{min}$；$C = $ 试验时间；$D \geqslant 60\text{min}$（$U_m \geqslant 300\text{kV}$）

或 30min（$U_m < 300\text{kV}$）；$E = 5\text{min}$

对于 500kV 及以下变压器，施加的对地电压值为

$$U_1 = 1.7U_m/\sqrt{3}$$

$$U_2 = 1.5 U_m / \sqrt{3}$$

对于 750kV 变压器，施加的对地电压值为

$$U_1 = 1.66 U_m \sqrt{3}$$

$$U_2 = 1.44 U_m / \sqrt{3}$$

对于 1000kV 特高压变压器，施加的对地电压值为

$$U_1 = 1.5 U_m / \sqrt{3}$$

$$U_2 = 1.3 U_m / \sqrt{3}$$

U_m 为变压器绕组的设备最高电压，即三相系统中相间最高电压的方均根值。

在施加试验电压的整个期间，应监测局部放电量，背景噪声水平应不大于 100pC。

对于 U_2 作用下试验期间的局部放电水平，部分标准要求存在差异，应根据实际情况执行标准。

110kV 及以上变压器，局部放电测量电压为 $1.58 U_n / \sqrt{3}$ 时，局部放电水平不大于 250pC，在试验期间最后 20min 局部放电水平无突然持续增加；局部放电测量电压为 $1.2 U_n / \sqrt{3}$ 时，放电量不应大于 100pC，试验电压无突然下降。

二、测量与评估

局部放电量测量和评估如下所述：

（1）应在所有分级绝缘绕组的线路端子上进行测量。对自耦连接的一对绕组的较高电压和较低电压的线路端子应同时测量。

（2）接到每个所用端子的测量通道，都应在该端子与地之间施加重复的脉冲波来校准，这种校准是用来对试验时的读数进行计量的。在变压器任何一个指定端子上测得的视在放电量，应是指最高的稳态重复脉冲并经合适的校准而得出的放电量。偶然出现的高幅值局部放电脉冲可以不计入。在任何时间段中出现的连续放电，放电量若不大于规定值，且放电量不出现稳定的增长趋势，是可以接受的。

（3）在施加试验电压的前后，应记录所有测量通道的背景噪声水平。

（4）在电压上升到 U_2 及由 U_2 下降的过程中，应记录可能出现的起始电压和熄灭电压，应在 $1.1 U_m / \sqrt{3}$ 下测量视在电荷量。

（5）在第一个电压 U_2 试验期间应读取并记录一个数值，对此期间不规定其视在放电量。

（6）在施加电压 U_1 期间不要求给出视在放电量。

（7）在第二个电压 U_2 试验期间，应连续观察局部放电水平，并每隔 5min 记录一次。

如果满足下列要求，则试验合格：

（1）试验电压不产生突然下降。

（2）在第二个电压 U_2 的长时试验期间，局部放电量的连续水平不大于规定值。

（3）在第二个电压 U_2 的长时试验期间，局部放电不呈现连续增加的趋势，偶然出现的高幅值脉冲可以不计入。

（4）在 $1.1 U_m / \sqrt{3}$ 下，视在放电量的连续水平不大于 100pC。

第三节　局部放电测量原理及接线

局部放电的测量有脉冲电流法、超声波法、超高频法等多种方法，但目前比较成熟并且可以定量测量的只有脉冲电流法，因此本章只介绍脉冲电流法测量变压器的局部放电。

一、测量原理

在电介质内部发生局部放电时，内部移动的电荷量称为实际放电量，因为实际放电是在电介质内部发生，其放电量是无法直接测量的。但根据前面的分析，视在放电量与实际放电量存在关联关系，可以通过测量视在放电量间接得到实际放电量。在同一试品中，会同时出现大小不同的多个视在放电量，将稳定出现的最大视在放电量称为该试品在这一试验电压下的局部放电量。

试品内部发生局部放电时，会在其端部产生一个瞬时电压变化。瞬时电压变化会产生脉冲电流。接入检测回路，测量脉冲电流的大小就可判断是否存在局部放电及其放电强度，这就是脉冲电流法的原理。脉冲电流法有三种检测回路，其中两种为直接法测量，一种为平衡法测量，如图 10-4 所示。

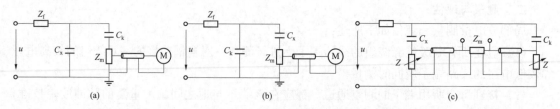

图 10-4　局部放电测量回路
(a) 直接法，测量阻抗与耦合电容器串联；(b) 直接法，测量阻抗与耦合电容器并联；(c) 平衡法
Z_f—高压滤波器的阻抗；C_x—试品等效电容；C_k—耦合电容；
Z_m—测量阻抗；Z—调平衡元件阻抗；M—测量仪器

测量阻抗 Z_m 是一个四端网络，它可以是单一元件 R 或 L，也可以是 RC、RL 或 RLC 调谐回路。调谐回路的频率特性应和测量回路工作频率匹配，并具有限制试验回路干扰仪器的频率响应特性。连接测量阻抗和测量仪器中放大器单元的连线，应为单屏蔽同轴电缆。Z_f 可降低来自电源的干扰，同时可提高测量回路的最小可测水平。

一般测量局部放电的仪器分为宽频带和窄频带两种。宽、窄频带仪器在一恒定正弦输入电压下的响应 A 与频率 f 的关系如图 10-5 所示。

宽频带仪器中，对一恒定的正弦输入电压的响应 A，峰值下降 3dB 时的一对（上限、下限）频率为 f_1、f_2；窄频带仪器中，对一恒定的正弦输入电压的响应 A，峰值下降 6dB 时一对（上限、下限）频率为 f_1、f_2。宽、窄频带仪器的频带宽度为

$$\Delta f = f_2 - f_1$$

宽频带仪器 Δf 和 f_2 为同一数量级，窄频带仪器 Δf 小于 f_2 的数量级。窄频带仪器的响应具有谐振峰值，相应的频率为谐振频率 f_0。试验现场根据干扰大小来选择仪器，干扰大的现场则选用窄频带仪器，而干扰小或屏蔽较好的场合则选用宽频带仪器。

试验中还要选择能够测量视在放电量的仪器，这种仪器指示方式通常是示波屏与峰值电

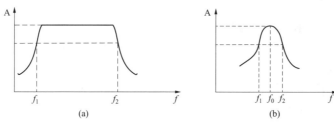

图 10-5 测量仪器频带响应特性

（a）宽频带；（b）窄频带

量表（pC）或数字显示并用。可以通过放电波形区分内部放电和外部电磁干扰。放电脉冲通常显示在示波屏上的李沙育（椭圆）基线上，测量仪器扫描频率应与试验频率一致。

变压器进行现场局部放电测量试验时，通常利用自身的高压套管作为耦合电容，在套管末屏串联接入检测阻抗进行测量，如图 10-6 所示。

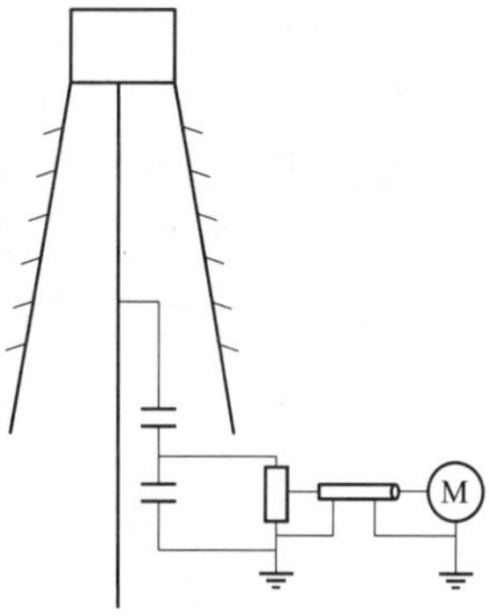

在试验回路连接完成后，应对各个端子进行局部放电量的校准，校准完成后方可进行加压试验，校准后，回路连接不应改变。

二、测量接线和校准程序

1. 测量接线

进行局部放电测量时，最好是将测量阻抗 Z_m 直接接到电容式套管的电容抽头（末屏）与接地法兰之间，如图 10-7 所示。也可用外接高压耦合电容器的方法。但耦合电容器应无局部放电，其电容值与校准发生器的电容 C_0 相比应足够大（至少大于 $10C_0$），测量阻抗接在该电容器的低压端子与地之间，如图 10-8 所示。

图 10-6 变压器局部放电
测量示意图

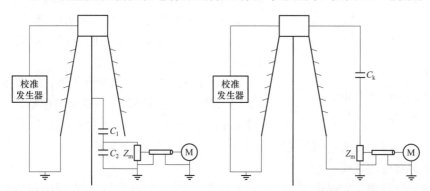

图 10-7 局部放电测量接线示意图　　图 10-8 采用高压耦合电容器的局部
放电测量接线图

2. 校准程序

采用方波电压脉冲发生器和已知电容 C_0 串联的方法校准整个测量系统。方波电压脉冲发生器的脉冲上升时间应不大于 $0.1\mu s$，C_0 应为 $50\sim100pF$。由于校准端子之间的电容值远大于 C_0（C_0 一般应不大于 $0.1C_x$），因此脉冲发生器输入的电荷为

$$q_0 = U_0 C_0 \tag{10-12}$$

式中　U_0——方波电压值（通常为 $2\sim50\mathrm{V}$）。

为了方便，可使校准发生器的重复频率与变压器试验时所用电源频率的每半周中有一个脉冲时的数量级相对应。

为了避免连接引线的杂散电容引起测量误差，应尽量缩短校准发生器到校准端子的连线长度，另一端通过屏蔽电缆与校准脉冲发生器相连。

如果两个校准端子都不接地，则校准发生器本体的电容也可能会引起误差。校准发生器最好由电池供电，应使其外形尺寸尽量小。

测量系统的校准是在试品不带电时进行的（通常在施加电压前进行），根据注入的电荷量和局部放电测量仪脉冲峰值表的读数 l_0 或脉冲高度 h_0，得到电荷量刻度因数 $k_0 = q_0/l_0$ 或 $k_0' = q_0/h_0$。刻度因数确定后，撤除校准发生器，并保持其他条件不变，将电压升至试验电压，若被试变压器发生局部放电，局部放电检测仪上便会出现放电脉冲信号，读取脉冲峰值表读数或脉冲高度，分别乘以其相应的刻度因数，即为被试变压器的视在放电量。实际测量中，校准脉冲与实际放电脉冲幅值可能相差较大，这时通过改变局部放电检测仪已知倍率（一般为 10 倍）来得到合适的读数或脉冲高度，换算时再将倍率计算进去。

第四节　局 部 放 电 测 量 系 统

局部放电测量系统由耦合装置（测量阻抗）、传输系统（如连接电缆或光缆）和测量仪器组成。

一、测量阻抗

测量阻抗通常是一个有源或无源二端口网络，其主要作用是把输入电流转换成电压信号输出，然后通过信号传输系统传给测量仪器。同时对试验电压及其谐波的低频信号予以抑制。

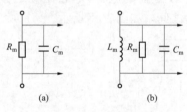

图 10-9　测量阻抗

(a) RC 型；(b) RCL 型

常用的测量阻抗有两种，即 RC 型和 RCL 型，如图 10-9 所示。图中 C_m 主要由连接测量阻抗和仪器主体的电容、放大器输入电容等组成。

RC 测量阻抗输出电压频谱很宽，需要配合宽频带放大器。RCL 型测量阻抗只要选用包括 ω_m 在内而频带不必很宽的放大器即可得到测量信号的大部分能量，从而获得足够高的灵敏度，但测量时应尽可能采用较大的耦合电容 C_k。

二、局部放电测量仪

由局部放电量测量原理可知，当被试变压器产生局部放电时，在测量阻抗两端会产生脉冲电压信号，该脉冲电压信号非常微弱，必须把它放大后才可进行测量。对测量阻抗两端脉冲电压信号进行采集、放大和显示等都是由局部放电测量仪来完成的。

局部放电测量仪应符合 GB/T 7354《局部放电测量》的规定。

局部放电测量仪采用示波器监视是非常有用的，通过观察脉冲重复率、脉冲的相位和脉冲极性差异等，可区分变压器真实局部放电与外部干扰。

局部放电测量仪可以分为宽带局部放电测量仪和窄带局部放电测量仪。

1. 宽带局部放电测量仪

宽带局部放电测量仪与耦合装置（测量阻抗）组合成一个宽带局部放电测量系统，用具有固定上下限频率值 f_1 和 f_2 的传输阻抗 $Z(f)$ 表征，在低于 f_1 或高于 f_2 时信号衰减很快。GB/T 7354 推荐 f_1、f_2 和 Δf 的值为 $30\text{kHz} \leqslant f_1 \leqslant 100\text{kHz}$，$f_2 \leqslant 500\text{kHz}$，$100\text{kHz} \leqslant \Delta f \leqslant 400\text{kHz}$。

这种仪器对局部放电电流脉冲（非振荡的）响应一般是一个良好阻尼的振荡。局部放电脉冲的视在电荷 q 和极性都能由此响应确定。脉冲分辨时间很小，典型值为 $5 \sim 10\mu\text{s}$。

对于不同脉冲波形的衰减和响应，宽带系统受到的限制较少，但更容易受到电磁干扰，可使用带阻滤波器防止无线电波影响。用宽带测量系统，可以通过单个脉冲的波形和极性对比识别局部放电来源。

2. 窄带局部放电测量仪

窄带局部放电测量仪的特点是带宽 Δf 很小，中心频率 f_m 能在很宽的频率范围内变化，在此频率变化范围中局部放电电流脉冲的幅值频谱接近不变。GB/T 7354 推荐 Δf 和 f_m 的值为 $9\text{kHz} \leqslant \Delta f \leqslant 30\text{kHz}$，$50\text{kHz} \leqslant f_m \leqslant 1\text{MHz}$。

但在 $f_m \pm \Delta f$ 频率下的传输阻抗 $Z(f)$ 宜比峰值通带值低 20dB。

虽然 GB/T 7354 推荐窄带局部放电测量仪中心频率 f_m 的上限达 1MHz，但实际测量时一般不大于 500kHz，最好在小于 300kHz 的频率下工作。因为：首先，放电脉冲传输时较高频率分量产生较大的衰减；其次，当在线路端子上施加校准脉冲时，该脉冲波容易在此端子或靠近此端子处引起局部振荡，当 f_m 大于 500kHz 时，将使校准变得复杂。

窄带局部放电测量仪对局部放电电流脉冲的响应是一瞬态振荡，其包络带中正、负峰值与视在电荷量成正比，与电荷极性无关。脉冲分辨时间很大，典型值为 $80\mu\text{s}$ 以上。

窄带系统对频带的中心频率 f_m 进行适当地调节，就可避免来自当地广播电台的干扰，但必须满足在靠近测量频率时绕组共振对测量结果影响不大的条件。

三、校准器

校准器由能产生幅值为 U_0 的阶跃电压脉冲发生器和电容 C_0 串联构成。校准脉冲提供重复的电荷，其电荷量为

$$q_0 = U_0 C_0 \tag{10-13}$$

GB 1094.3 中规定校准脉冲的上升时间 $t_r \leqslant 0.1\mu\text{s}$。关于校准器的详细规定参见 GB/T 7354。

第五节 抗 干 扰 措 施

为了保证能检测并记录局部放电的起始和熄灭电压，且考虑到在 $1.1U_m/\sqrt{3}$ 电压下可接受的放电量为 100pC，推荐背景噪声水平远低于 100pC。而局部放电背景噪声水平是由干扰决定的，严重的干扰信号可使局部放电测量无法进行，因此局部放电测量中识别与排除干扰是十分重要的。

一、常规抗干扰措施

试验中的干扰包括三个方面：来自加压回路的干扰、来自试品外部的电晕干扰、来自局部放电测量仪器电源回路的干扰。针对这三方面的干扰，应分别采取措施来识别并排除。

1. 加压回路

（1）应尽可能使试验回路的接地与试验电源励磁控制回路的接地之间隔离，切断干扰窜入的途径。

（2）在进行局放测量时，各测量端同时进行监测，如果出现干扰，可根据传递比关系判断干扰的来源和传播方向。

（3）当某些脉冲已被确定为干扰脉冲时，可采用开窗或反开窗技术剔除加压回路所产生的脉冲干扰，但开窗范围应尽可能小。

（4）根据局放实测灵敏度与背景噪声影响设置局放仪的测量频带。

2. 测量设备

（1）局部放电测量仪应具备同时监测多个测量端局部放电信号的能力。

（2）用于监测和录波的局部放电测量仪应具有长时四通道、局放信号记录功能以及实时三维图形分析功能。

（3）高通滤波器应具有 40Hz 或 80Hz 的截止频率，以消除低频干扰信号的影响。

（4）测量仪器电源应采用双级隔离变压器。

（5）可配置通道数不少于 6 的局部放电超声监测系统，且该系统应具有电信号触发、声信号触发功能和长时记录局部放电定位的功能。

3. 测量阻抗

（1）应依据试验回路的等效调谐电容选择测量阻抗，以提高测量信号的信噪比，降低背景干扰水平。

（2）应改善测量阻抗的结构，加大通流能力，防止大电流产生磁饱和现象。

（3）选择调谐电容合理（低电感、大电流）的测量阻抗，加强局放测量系统的滤波器能力，可采用 2 级截止频率为 40Hz 的高通滤波器降低谐波干扰。

4. 试品外部及邻近物体放电识别与抗干扰的要求

（1）试验时，应采用紫外成像检测仪进行监测，如有条件也可采用录像监测，当发现试品外部（套管、均压环、金属屏蔽设施等）及邻近物体存在放电现象时，应及时查排，并消除。

（2）试验时，测试人员应在安全距离下进行超声监测或人工监听，若有异常现象应及时暂停试验。

（3）应对高压端的所有均压环进行必要的抛光处理与清洁，防止电晕产生。

（4）应对邻近物品及加压导线进行合理布置，防止高电压对周围设施及邻近物体的放电。

（5）应检查地线连接，测试回路一点接地，可防止地线环流产生干扰。

二、其他抗干扰措施

在变压器局部放电测量试验中，还应注意以下问题：

（1）试验设备的布置应尽量简洁、整齐，间隔距离应足够远。

（2）在每个高压端子应加装无局放的屏蔽罩。

（3）在低压加压回路中应尽量使用无晕的扩径导线连接。

（4）各试验设备均应可靠接地，若有金属尖端应采取屏蔽措施。

（5）在试验回路加装滤波器，避免谐波干扰窜入。

（6）试验回路的接地均应通过变压器箱体的接地点一点接地，避免形成环流。

（7）测量系统应单独接地，并采取滤波电源。

下面对变压器套管线端的屏蔽做简单介绍。

对变压器进行局部放电测量时，为防止变压器套管线端空气电晕的干扰，通常在变压器套管线端加金属屏蔽罩。常用的屏蔽罩有馒头形和双环形两种，如图 10-10 所示。以屏蔽罩表面最大电场强度不超过 2kV/mm（方均根值）计算，推荐尺寸见表 10-1。

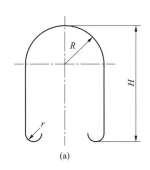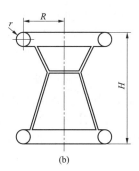

图 10-10　屏蔽罩示意图

（a）馒头形；（b）双环形

表 10-1　　　　　　　　　　　　　屏 蔽 罩 推 荐 尺 寸

电压等级 (kV)	馒头形			双环形		
	r （mm）	R （mm）	H （mm）	r （mm）	R （mm）	H （mm）
110	50	300	650	40	220	900
220	75	400	800	80	470	1100
330	80	500	1000	90	500	1200
500	110	600	1300	110	640	1500

为保证良好的屏蔽效果，屏蔽罩的表面应光滑，无尖角毛刺。另外，用导电性能较好的橡胶内胎作屏蔽环，也能达到较好的屏蔽效果。

此外，当施加较高的电压和进行中性点电压支撑时，试验连线应采用适当截面的无晕扩径导线外形示意图如图 10-11 所示。

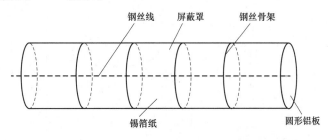

图 10-11　无晕扩径导线外形示意图

扩径导线中间通常为钢丝线，起固定作用，由于趋肤效应，试验电流主要从屏蔽罩中流过。屏蔽罩由钢丝组成骨架并用锡箔纸包裹，导线两端有圆形铝板将屏蔽罩固定，并将中间的钢丝线引出。钢丝线、屏蔽罩、钢丝骨架、圆形铝板应可靠连接，确保试验时为等电位。对于低压侧为 66kV 及以下额定电压的变压器，采用直径 80mm 的无晕扩径导线可以达到很好的效果。

第六节　局部放电源定位

变压器局部放电量超过标准规定时，确定放电部位是很重要的，这不仅有利于检修，还可发现绝缘薄弱点，对改进结构设计以及提高工艺制造水平均具有重要指导意义。

目前，常用的局部放电定位方法有电气法和超声波法两种。通常，电气定位法只能大致确定放电源的电气位置，而不能确切地指出放电源的空间位置；超声波定位法能够确定放电源的空间位置，因此是变压器局部放电定位的主要方法。

局部放电信号的形态特征对于判定局部放电源的性质和空间位置往往是有帮助的。局部放电信号的形态特征主要包括放电信号的相位、电源正弦波正负半周放电信号的对称性、每一周波放电信号数量以及放电信号形态的重复性等。变压器中几种典型局部放电源及其放电信号的形态特征见表 10-2。

表 10-2　　　　　　变压器中几种典型局部放电源及其放电信号的形态特征

局部放电源类别	局部放电源示意图	放电信号形态	灰度图形态谱
空气电晕，如套管端部放电			
直接与电极接触的金属异物放电			
不与电极接触的金属异物（悬浮电位）放电			
直接与电极接触的非金属异物（或空腔）放电			

146

局部放电源类别	局部放电源示意图	放电信号形态	灰度图形态谱
不与电极接触的非金属异物（或空腔）放电	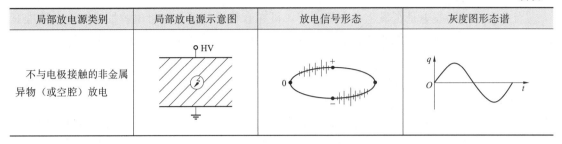		

一、电气定位法

在电气定位法中，应用较多的是 GB 1094.3 推荐的多端子测量定位方法。

多端测量比较法的基本原理为：变压器内部任何部位局部放电，均会向变压器的所有能在外部接线的测量端子传输信号，而这些信号在各个测量端子上所显示出的波形及幅值是一个特定"组合"。如果将校准脉冲依次加到某两个端子之间，则校准脉冲信号同时向各测量端子传输，在各测量端子上可测出其校准电荷量值并观察其波形，各测量端子上的校准电荷量值存在一种特定的比值关系。当实际变压器局部放电测量时，测出测量端子的放电量并观察波形，如果各测量端子的放电量值间的比值关系与校准时某个比值关系相近，且波形也相似，可以认为放电源在相应的校准端子的临近部位。如图 10-12 所示为一台单相自耦变压器局部放电测量示意图，校准和试验时各测量端子的电荷量值见表 10-3。

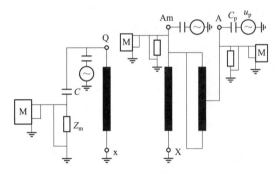

图 10-12 单相自耦变压器局部放电测量示意图

表 10-3 　　　　　　　　　　校准和试验时各测量端子的电荷量值　　　　　　　　　　pC

	测量端子	A	Am	a
校准	Am—地，1000pC	1000	400	200
	Am—地，1000pC	100	1000	300
	a—地，1000pC	150	200	1000
试验	$U=1.5U_m/\sqrt{3}$	80	800	250

从表 10-3 可以看出，试验时各测量端子的电荷量值间的关系与"Am—地"校准时的关系相近，故可以认为 Am 端对地在电压 $1.5U_m/\sqrt{3}$ 下，产生了约 800pC 的局部放电量，但该放电源位置可能在 Am 端引线部位，也可能在高压绕组端部引线或静电环部位。

若各测量端子放电量值间的关系与校准时各测量端子校准电荷间的关系无一相近，则认为放电源在变压器内部的其他部位。

当需确定局部放电是否发生在套管内部，可在套管出线端与套管电容抽头间注入校准脉冲。若各测量端子放电量值间的关系与套管两端校准时的关系相近且波形相似，则认为放电发生在套管内部。

电气定位法除多端测量定位法外，还有起始电压法、极性法等方法。尤其当采用多端测量定位法，各测量端子放电量值间的关系与校准时的关系不一致时，这些方法可以提供一些很有价值的信息。例如，起始电压法，可以利用前面介绍的支撑法，使某部位的电位保持不变，而改变其他部位的电位，通过测量局部放电起始电压，可大致确定放电源位置。

电气定位法只能大致确定放电源的电气位置，而不能确定其空间位置，这是它的不足之处。

二、超声波定位法

变压器内部发生局部放电时，不但在变压器各出线端会产生高频脉冲电信号，还会产生超声波。超声波在变压器内以球面波的方式向四周传播，只要在变压器外壳上安装高灵敏度超声传感器，就能将超声波信号转换成电信号予以显示和测量。

超声波定位法的基本原理：如果用仪器同时测量局部放电的脉冲电流信号和超声波并以电脉冲为触发信号，就可以得到超声波从放电源至各个传感器的传播时间，再根据超声波在油、绕组、铁芯、油浸纸板及钢板等媒质中的传播速度和方向，就可以测定放电源的空间位置。

1. 超声波在变压器内的传播特性

局部放电产生的超声波，在变压器油和固体绝缘中只能以纵波的方式传播。当它到达油箱壁时，在油箱钢板内转变为一个继续向前传播的纵波和一个沿油箱钢板传播的横波，其传播路径如图 10-13（a）所示。

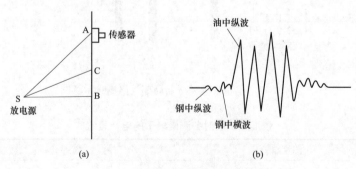

图 10-13　超声波传播路径及波形
（a）超声波传播路径；（b）超声波波形

变压器内部放电源 S 产生的超声波，穿过变压器油和固体绝缘到达油箱壁上的超声传感器有两个基本路径：一是直接传播路径 SA，即超声波穿过变压器油和固体绝缘到油箱内壁并透过钢板直接到达传感器，这部分超声波均为纵波；另一是复合传播路径 SBA（或 SCA 等），即超声波先以纵波传播到达油箱内壁，然后沿钢板到达传感器。

传感器接收到的信号波形通常如图 10-13（b）所示。由于超声波在钢板中的传播速度比在变压器油中快得多，而钢板中纵波比横波快约一倍，因此传感器首先接收到油箱壁中的纵波，其次是油箱壁中的横波，最后是油中纵波。由于超声波在钢板中的衰减比在变压器油中大很多，所以从油中直接传播路径 SA 来的信号比较大，这一点在变压器超声波定位中是至关重要的。因为确定放电源的空间位置，主要是测定放电源距传感器的直线距离。

2. 超声波定位测试装置

超声波定位测试装置通常由超声波传感器（1，2，…，n）、局部放电探测器（PD 探测器）、多通道瞬态波形存储器（瞬态波形存储器）以及信号处理器（计算机）等四部分组成，如图 10-14 所示。

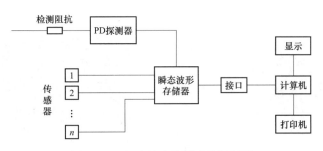

图 10-14 超声波定位测试装置框图

传感器将接收到的局部放电超声信号转换成电信号，经前置放大器放大后通过屏蔽电缆送给波存器。波存器存储信号并进行再放大，通过接口传送给示波器或计算机对信号进行分析处理。

传感器接收到的超声波信号，也可经过声电转换、前置放大后再进行电光转换，采用光纤传输信号，然后再经光电元件转换成电信号进行显示和处理。这样可以使信号在传输过程中不受电气干扰，而且光纤将仪器和操作人员与高电压隔离，可保证仪器和操作人员的安全。

传感器一般镶有不同形状的磁块，以使传感器能够紧紧地吸在油箱壁上。为了尽量减小超声波信号的衰减，通常在传感器与油箱壁之间涂以凡士林之类的油脂作为传媒质，或者用特制的传感器充以变压器油与油箱壁接触，后者虽然效果很好，但使用较麻烦。

3. 典型案例

某 500kV 变压器，在局部放电测量试验中，A 相局部放电量超过 15 000pC，利用超声定位仪进行定位，发现放电主要集中在低压绕组下部储油柜侧夹件区域（高度为250～600mm），超声定位结构示意图如图 10-15 所示。

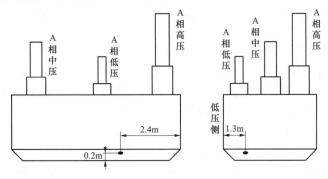

图 10-15 超声定位结构示意图

发现 A 相同时存在电信号及可疑超声信号，同时铁芯与夹件位置信号幅值相近、相位相反，说明在 A 相铁芯与夹件间产生了放电，结合油色谱分析结果，怀疑该放电可能由悬浮电位导致，综合考虑该变压器结构及定位结果后，初步推断放电位置位于铁芯和夹件之间。

将该变压器进行吊罩检查，发现存在少量绝缘纸碎片，对磁分路进行重点拆解检查，发现上磁分路与夹件安装面存在积碳痕迹，擦拭夹件安装面后仍有放电痕迹，如图 10-16 所示。拆解下磁分路发现下磁分路端部与铁芯处、下磁分路与下夹件处存在放电痕迹，如图 10-17 所示。

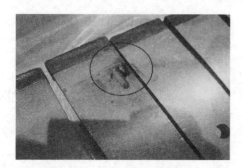

图 10-16 上磁分路的放电痕迹

图 10-17 下磁分路的放电痕迹

第七节 试验加压回路

一、基本回路

单相双绕组变压器局部放电测量试验加压回路示意图如图 10-18 所示。

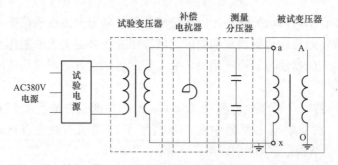

图 10-18 单相双绕组变压器局部放电测量试验加压回路示意图

加压回路主要包括试验电源、试验变压器、补偿电抗器、被试变压器及相应的连接引线。试验电源提供合适频率的试验电压；试验变压器将试验电源输出电压变换为较高幅值的试验电压，并通过加压导线将试验电压施加至被试变压器的低压绕组端子；补偿电抗器与被试变压器并联，提供感性无功补偿容性无功，从而补偿容性电流。

为了防止试验时励磁电流过大，试验电压的频率应大于变压器的额定频率，通常为工频的两倍及以上，现场试验时，多选择 100～250Hz。

试验电源通常有中频发电机组和变频器两种类型。本章只介绍现场试验最为常用的变频器，变频器作为试验电源时，输出电压频率根据补偿电抗器参数、被试变压器等效参数和回路其他部分参数形成谐振的频率确定。一般在试验前，应估算试变压器等效参数，据此选配合适的补偿电抗器，使试验电压频率在合适的范围，如 100、120、150Hz 等。

二、加压方式

对被试变压器施加电压，有单边加压和对称加压两种方式。

单边加压回路如图 10-18 所示。低压端子尾端接地，在首尾之间施加试验电压，首端电位与试验电压相同，而尾端保持零电位；对称加压示意图如图 10-19 所示。低压绕组两端施加电压，通过试验变压器分接端子在绕组中部接地，使被试变压器低压绕组中部呈现零电位。

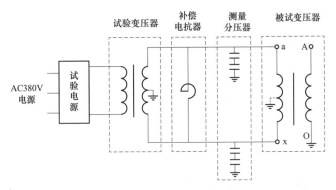

图 10-19 对称加压示意图

两种方式对变压器主绝缘和纵绝缘的考核效果基本相同，在现场试验中可以根据具体情况选择加压方式。

三、三相变压器加压

对于三相变压器，通常需要逐相施加电压，常见的三相双绕组 Yd11、Yy0 联结变压器单边加压接线如图 10-20、图 10-21 所示。

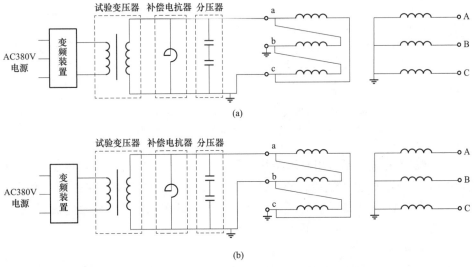

图 10-20 三相双绕组 Yd11 联结变压器单边加压接线（一）

（a）A 相试验；（b）B 相试验

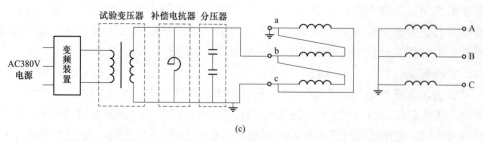

(c)

图 10-20　三相双绕组 Yd11 联结变压器单边加压接线（二）

(c) C 相试验

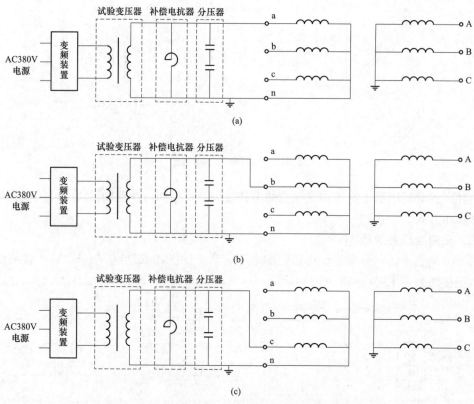

(a)

(b)

(c)

图 10-21　三相双绕组 Yy0 联结变压器单边加压接线

（a）A 相试验；（b）B 相试验；（c）C 相试验

　　Yd11 联结的变压器，Y 绕组高压端开路，中性点接地，分别从 d 绕组 ac、ab、bc 端子间加压，进行 A、B、C 三相试验。Yy0 联结的变压器，Y 绕组高压端开路，中性点接地，则分别从 an、bn、cn 端子加压进行试验，试验时非被试相绕组中无励磁电流通过，非被试相不承受电压。

　　四、试验回路功率分析

　　试验电源应满足试验所需有功消耗和无功消耗。以单相双绕组变压器为例进行分析和估算。

152

1. 有功功率

试验时，被试变压器的有功功率消耗主要是铁芯损耗，包括磁滞损耗和涡流损耗两部分。可以根据额定电压、额定频率下的空载损耗，通过经验公式（10-13）估算为

$$P = \left(\frac{f_s}{f_N}\right)^m \left(\frac{B_s}{B_N}\right)^n P_0 \tag{10-14}$$

式中　　f_N——额定频率，50Hz；

　　　　f_s——试验频率；

　　　　B_N——额定电压和额定频率下的磁通密度；

　　　　B_s——试验时的磁通密度；

　　m、n——系数，对于热轧硅钢片为1.3、1.6，冷轧硅钢片为1.6、1.9。

根据电磁感应定率，B_s 和 B_N 的关系为

$$B_s = k\frac{f_N}{f_s}B_N \tag{10-15}$$

式中　　k——试验电压的倍数。

目前超高压变压器使用的硅钢片都是冷轧硅钢片，因此试验时变压器消耗的有功功率为

$$P = \left(\frac{f_s}{f_N}\right)^{1.6} \left(k\frac{f_N}{f_s}\right)^{1.9} P_0$$
$$= k^{1.9}\left(\frac{f_N}{f_s}\right)^{0.3} P_0 \tag{10-16}$$

由式（10-16）可见，变压器消耗的有功功率与试验电压成正比关系，与试验频率成反比关系。因此，应尽可能提高试验频率，以降低试验电源有功功率消耗。对于500kV及以下变压器，最高试验电压为最高运行电压的1.7倍，频率为100～250Hz，据此估算，变压器消耗的有功功率为空载损耗的1.69～2.23倍。

2. 无功功率

试验时，回路中的无功功率主要是容性功率，可以通过被试变压器等效电容来近似计算。

$$Q_{CL} = \omega C_L U_L^2 \tag{10-17}$$
$$Q_{CH} = \omega C_H U_H^2 = \omega C_H k^2 U_L^2 \tag{10-18}$$
$$Q_C = \omega(C_L + k^2 C_H)U_L^2 = 2\pi f C_T U_L^2 \tag{10-19}$$

式中　　Q_{CL}——低压侧消耗的无功功率；

　　　　C_L——低压侧入口电容；

　　　　U_L——低压侧电压；

　　　　Q_{CH}——高压侧消耗的无功功率；

　　　　C_H——高压侧入口电容；

　　　　U_H——高压侧电压；

　　　　k——高低压侧变比；

　　　　Q_C——变压器整体消耗的无功功率；

$C_T = C_L + k^2 C_H$——变压器整体等效电容。

变压器的等效电容由变压器的结构与材料决定，与变压器的额定容量、高低压侧变比、

低压侧额定电压三个参数密切相关。相同类型的几台变压器，额定容量和低压侧额定电压相同时，高低压侧变比越大则等效电容越大；高低压侧变比和低压侧额定电压相同时，额定容量越大则等效电容越大。

对于 110kV 及以下变压器，等效电容数值较小，在试验频率下，基本上可以与试验变压器产生的感性无功功率抵消；但对于 220kV 及以上变压器，由于电压等级高、容量大，其等效电容相对较大，试验中的容性功率已具有较大的数值，试验电源一般无法直接提供无功功率，需要采取并联电抗器进行补偿。

3. 典型试品试验功率估算

对三相 Yd11 联结变压器进行单相试验时，非试验相绕组承受一半的试验电压，铁芯磁通为试验相铁芯磁通的一半，试验同样存在有功功率损耗和无功功率损耗，估算试验容量时，应予以考虑。

参考 GB/T 6451《油浸式电力变压器技术参数和要求》，西北地区常见 110～330kV 变压器的空载损耗及试验时消耗的最大有功功率见表 10-4。

表 10-4 西北地区常见 110～330kV 变压器空载损耗及试验消耗有功功率

电压等级 （kV）	类型及联结组标号	额定电压 （kV）	额定容量 （kVA）	空载损耗 （kW）	有功功率 （kW）
110	三相双绕组无载 调压 YNd11	110±2×2.5％/6.3 110±2×2.5％/10.5	31 500	30.8	34.7～45.8
			40 000	36.8	41.5～54.7
			50 000	44	49.6～65.4
	三相三绕组有载 调压 YNy0d11	110±8×1.25％/35/6.3 110±8×1.25％/35/10.5	31 500	33.8	38.1～50.3
			40 000	40.4	45.5～60.1
			50 000	47.8	53.9～71.1
			63 000	56.8	64～84.5
220	三相双绕组无载 调压 YNd11	220±2×2.5％/18 220±2×2.5％/20	180 000	128	144.2～190.3
			240 000	160	180.3～237.9
			36 000	217	244.5～322.6
	三相三绕组自耦 有载调压 YNa0d11	220±8× 1.25％/121/10.5	180 000	85	95.8～126.4
		220±8× 1.25％/121/35	240 000	104	117.2～154.6
330	三相双绕组无载 调压 YNd11	345±2×2.5％/18 345±2×2.5％/20	240 000	171	192.7～254.2
			370 000	238	268.1～353.8
	三相三绕组自耦 有载调压 YNa0d11	345±8× 1.25％/121/10.5	240 000	117	131.8～173.9
		345±8× 1.25％/121/35	360 000	158	178～234.9

注 试验消耗的有功功率指单相试验时的数据。

根据国内多年来现场试验积累的数据，西北地区常见的几种 220～750kV 变压器的等效电容估算值及试验相应消耗的无功功率见表 10-5。

表 10-5　西北地区几种常见 220～750kV 变压器等效电容估算值及试验消耗的无功功率

电压等级 (kV)	类型及联结组标号	额定电压 (kV)	额定容量 (kVA)	等效电容 (μF)	无功功率 (kvar)
220	三相双绕组无载 调压 YNd11	220±2×2.5%/20	370 000	0.12	87.1～217.8
	三相三绕组有载 调压 YNy0d11	220±8×1.25%/121/35	180 000	0.05	111.2～277.9
330	三相双绕组无载 调压 YNd11	345±2×2.5%/20	370 000	0.3	667～1667
	三相三绕组自耦有载 调压 YNa0d11	345±8×1.25%/121/35	240 000	0.13	289～722.5
			360 000	0.15	333.5～833.7
750	单相双绕组无载 调压 Ii0	800±2×2.5%/20	260 000	1.5	1089～2722.4
	单相双绕组无载 调压 Ii0	800±2×2.5%/22	240 000	1.2	1054.1～2635.3
	单相三绕组自耦 无载调压 Ia0i0	765/345±2×2.5%/63	500 000	0.4	2881～7203.4
	单相三绕组自耦 无载调压 Ia0i0	765/345±2×2.5%/63	700 000	0.3	2161～5402.6

注　等效电容及消耗的无功功率均为单相试验时的数据。

第八节　试验加压设备

一、变频器

变频器主要特点是输出电压的频率连续可调、控制性强，无旋转部件，主要缺点是元件数量庞大易出现故障、过载能力差。

变频器主要电气参数包括额定容量、输入电压、输出电压、输出频率，通常输入额定电压为三相交流 380V，输出额定电压为 0～400V，输出电压频率范围为 20～300Hz。额定容量根据试验回路需要的有功功率确定，并留出 20% 左右的裕度，根据估算，选择额定容量 200kW 可以完成大部分 110kV 等级变压器的试验，选择额定容量 450kW 可以完成大部分 220～750kV 等级变压器的试验。同型号的变频器应能够并联使用同步控制，在需要更大功率的试验中，2 台或多台变频器可以共同工作输出足够大的功率。

二、试验变压器

试验变压器将试验电源输出电压升高至所需试验电压。试验变压器的主要参数包括额定电压、额定容量。

额定电压包括输入电压和输出电压，输入电压与变频器的输出电压相匹配，通常选择 400V。

输出电压与被试变压器低压侧的试验电压相关。试验时，变压器高压侧试验电压最高应达到 $1.7U_m/\sqrt{3}$，试验通常在分接开关的额定分接位置进行，需要在变压器低压侧施加的试验电压为低压侧额定相电压的 1.7 倍。因此，试验变压器额定输出电压应大于被试变压器低压侧额定电压的 1.7 倍，并留出一定裕度。但输出电压也并非越高越好，输出电压提高变比会增大，试验变压器输入电压减小、电流增大，会导致变频器工作在低电压、大电流状态，这种状态极易超出变频器的负载能力，导致元件损坏。因此，必须避免，选择试验变压器额定输出电压时通常留出 20％左右的裕度。

针对变压器的低电压，试验变压器应选择相应的额定输出电压，推荐值见表 10-6。

表 10-6 试验变压器额定输出电压推荐值

低电压 (kV)	额定输出电压 (kV)	低电压 (kV)	额定输出电压 (kV)	低电压 (kV)	额定输出电压 (kV)	低电压 (kV)	额定输出电压 (kV)
3.15	7	6.3	12	6.6	12	10.5	20
11	20	13.8	30	15.75	30	18	40
20	40	22	40	35	70	37	70
38.5	70	63	140	66	140	—	—

试验变压器的额定容量应等于试验电源的容量，同样，选择额定容量 200kW 可以完成大部分 110kV 等级变压器的试验，选择额定容量 450kW 可以完成大部分 220～750kV 等级变压器的试验。

出于经济性考虑，在某一地区，通常一套试验设备应尽可能具备完成多种试品试验的能力，因此可在一台试验变压器上设置多个输出端子，提供不同的试验电压。

能够完成西北地区大多数 110～330kV 变压器的某一试验变压器如图 10-22 所示，额定容量为 450kVA；额定输入电压 ax 为 400V；额定输出电压 A1X 为 70kV，A2X 为 40kV，A3X 为 30kV，A4X 为 20kV，A5X 为 12kV，A6X 为 7kV。

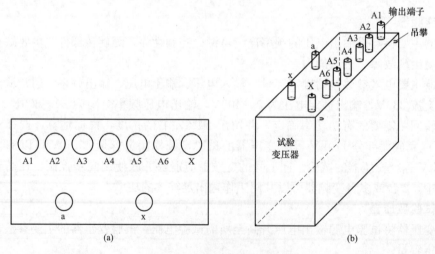

图 10-22 试验变压器示意图
(a) 端子示意图；(b) 外形示意图

为了接线方便，试验变压器的输入、输出套管应布置在上端面；为了吊装和运输的安全，套管不应超出上端面边线；在上端面下侧四个角处设置吊攀，用以起吊和固定。

三、补偿电抗器

电抗器主要用途是提供试验所需的无功功率。试验中，与试验变压器和被试变压器并联。

电抗器的主要参数包括额定电压、额定电感及额定容量。额定电压的选择原则与试验变压器额定输出电压的选择原则相同，即应大于被试变压器低压侧电压的 1.7 倍，并留出 20% 左右的裕度，具体参数见表 10-7。

额定电感应与被试变压器的等效电容相匹配，确保试验电压在 100~250Hz 范围内，额定容量应不小于试验回路需要的无功功率。西北地区常见的几种 220~750kV 变压器试验用补偿电抗器的参数见表 10-7。

表 10-7　　　　　　　　　　220~750kV 变压器试验用补偿电抗器参数

电压等级 (kV)	类型及联结组标号	额定电压 (kV)	额定容量 (kVA)	等效电容 (μF)	无功功率 (kvar)	补偿电抗器参数		
						额定电压 (kV)	额定电感 (H)	最小额定容量 (kvar)
220	三相双绕组无载调压 YNd11	220±2×2.5%/20	370 000	0.12	87.1~217.8	40	3.4~21.1	87.1~217.8
	三相三绕组有载调压 YNy0d11	220±8×1.25%/121/35	180 000	0.05	111.2~277.9	70	8.1~50.7	111.2~277.9
330	三相双绕组无载调压 YNd11	345±2×2.5%/20	370 000	0.3	667~1667	40	1.4~8.5	667~1667
	三相三绕组自耦有载调压 YNa0d11	345±8×1.25%/121/35	240 000	0.13	289~722.5	70	3.1~19.5	289~722.5
			360 000	0.15	333.5~833.7	70	2.7~16.9	333.5~833.7
750	单相双绕组无载调压 Ii0	800±2×2.5%/20	260 000	1.5	1089~2722.4	40	0.3~1.69	1089~2722.4
	单相双绕组无载调压 Ii0	800±2×2.5%/22	240 000	1.2	1054.1~2635.3	40	0.3~2.1	1054.1~2635.3
	单相三绕组自耦无载调压 Ia0i0	765/345±2×2.5%/63	500 000	0.4	2881~7203.4	140	1~6.3	2881~7203.4
	单相三绕组自耦无载调压 Ia0i0	765/345±2×2.5%/63	700 000	0.3	2161~5402.6	140	1.4~8.5	2161~5402.6

由表 10-7 可知，多种变压器可以使用相同额定电感的补偿电抗器完成试验，因此在为补偿电抗器选择参数时，应尽可能提高额定电压和容量，以提高使用效率。但补偿电抗器的

额定电压和容量受制于其外形尺寸，其外形尺寸应满足吊装和运输的要求，因此额定电压和容量不能无限提高，但可以通过多台补偿电抗器串并联组合的途径来提高额定电压或容量，从而完成不同试品的试验。

适合于西北电网变压器试验的几种典型补偿电抗器参数见表10-8。

表 10-8　　　　　　　　　　　　　　典型补偿电抗器参数

序号	额定电感（H）	额定电压（kV）	额定电流（A）	额定容量（kvar）
1	9	70	20	1400
2	6	70	20	1400
3	4.5	70	30	2100
4	3	70	30	2100

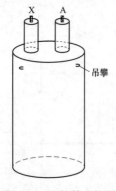

图 10-23　补偿电抗器
外形示意图

与试验变压器类似，为了接线方便，补偿电抗器出线套管应布置在上端面；为了吊装和运输安全，套管不应超出上端面边线。在上端面下侧设置四个吊攀，用以起吊和固定，其外形示意图如图 10-23 所示。

四、其他设备

除试验电源、试验变压器、补偿电抗器以外，还有一些附属设备也是极为重要的，如加压使用的导线、自校准电容器等。

加压应尽量使用无晕扩径导线，特别是在被试变压器电压等级较高时，避免低压回路产生的电晕影响实际测量。

在加压系统没有连接试品时，自校准电容器用以模拟被试品的等效电容，与补偿电抗器形成并联谐振，使加压系统输出试验电压，从而测量试验电压下，加压系统各设备的局部放电量。通常在试验前，自校准电容器对应接入加压系统空升，确定系统自身的局部放电量；在试验中，若发现无法确定来源的高幅值局部放电，应退出试品接入自校准电容器，测量加压系统自身的局部放电量，可以辅助判断试验中局部放电来源于被试品内部还是加压系统，同时还可以判断加压系统是否在试验中受到损伤。

自校准电容器结构简单，外形与普通的电容分压器基本相同，在规定的电压下，自校准电容自身应无局部放电产生。750kV 变压器试验用的一种自校准电容器的额定电容为 $0.2\mu F$，额定电压为 70kV，额定电压下局部放电量应小于 10pC，工频频率为 30～300Hz。

第九节　试　验　实　例

一、试验流程

在试验实施前，应首先制定试验方案，确定试验电压及加压顺序，并确定试验加压设备和局部放电测量设备。

现场试验时，首先搭设加压回路，试验设备接线如图 10-24 所示（以三相三绕组 YNd11

接线变压器 A 相试验为例，对称加压）。

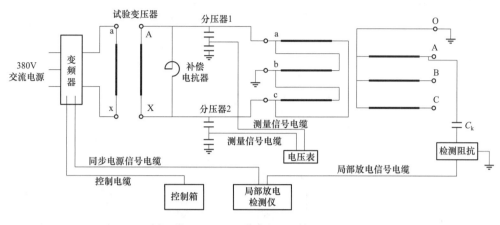

图 10-24　试验接线示意图

变频器输入连接 380V 电源，输出连接试验变压器，同步电源通过信号线连接至局部放电测量仪，试验变压器输出端子通过防晕扩径导线连接至补偿电抗器及测量分压器。将自校准电容接入加压系统，利用分压器作为耦合电容，将测量阻抗接入分压器输出端子。

完成试验接线，并确认接线正确后，开启局部放电测量仪电源，在自校准电容两端注入方波，进行校准。完成校准后，合上试验电源，开始升压，将电压升至试验电压值，保持1min，观察局部放电水平，确定加压系统完好，确认局部放电水平符合试验要求后，降压断开电源，拆除校准电容器，准备正式试验。

在被试变压器高、中压套管上加装屏蔽罩，连接被试变压器，然后注入方波进行校准，最后施加电压进行局部放电测量。

若试验过程中未出现幅值超过标准要求的局部放电，则试验完成，降低试验电压，拆除试验回路。若试验过程中，如果出现了超过标准要求的局部放电，首先应排除各种影响测量结果的干扰因素。如果确定变压器内部存在超过标准要求的放电量，应进行放电定位工作，确定放电位置。

下面所举试验实例均属于现场交接试验，试品在出厂试验时是合格的。

二、试验实例

1. 实例 1

（1）试品参数：试验变压器型号为 OSFPSZ-360000/330，额定容量为 360/360/90MVA，额定电压为 345/121/35kV。

（2）试验设备：额定容量为 450kW 的变频器 1 台，额定输出电压为 70kV 的试验变压器 1 台，额定电感为 9H、额定电压为 70kV、额定电流为 20A 的补偿电抗器 1 台。

（3）试验记录：实例 1 变压器试验过程数据记录见表 10-9，实例 1 局部放电量记录见表 10-10。

表 10-9 实例 1 变压器试验过程数据记录

相别	试验变压器输出电压（kV）	变频器输出电压（V）	变频器输出电流（A）	试验电压频率（Hz）	角度（°）	380V交流电源单相电流（A）
A	38.4	180	250	142.2	—	170
A	52.3	242	324	141.1	—	215
A	59.4	280	358	141.1	—	235
B	38.4	175	197	141.1	—	—
B	52.3	240	249	136.2	—	—
B	59.4	276	275	136.2	—	184
C	38.4	176	230	140.0	—	155
C	52.3	241	312	140.0	—	211
C	59.4	59.6	281	140.0	—	238

表 10-10 实例 1 局部放电量记录 pC

测量端子	5min	10min	15min	20min	25min	30min	35min	40min	45min	50min	55min	60min
A	150	150	150	150	140	140	140	140	140	140	140	140
Am	280	280	280	280	280	270	260	260	260	260	260	260
B	120	120	120	120	110	110	110	110	110	110	110	110
Bm	280	280	280	280	260	260	260	240	210	210	210	210
C	110	110	100	100	100	100	100	100	90	90	80	80
Cm	200	200	200	200	190	190	190	190	180	180	160	160

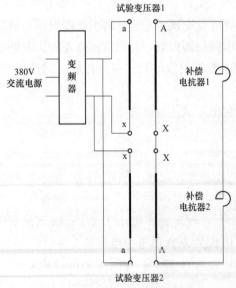

图 10-25 试验变压器及补偿
电抗器的连接示意图

由表 10-9、表 10-10 可知，被试变压器 A、B、C 三相均未出现超过标准要求的局部放电现象，局部放电量符合国标规定值。

2. 实例 2

（1）试品参数：试验变压器型号为 ODFPS-500000/750GY，额定容量为 500/500/150MVA，额定电压为（765/$\sqrt{3}$）/（345/$\sqrt{3}$±2×2.5%）/63kV。

（2）试验设备：额定容量为 450kW 的变频器 1 台；试验变压器 2 台，输入侧串联、输出侧串联，单台额定输出电压 70kV；补偿电抗器 2 台串联，单台额定 3H 的电抗器串联，单台额定电压 70kV，额定电流 30A。

试验变压器及补偿电抗器的连接示意图如图 10-25 所示。

（3）试验记录：实例 2 变压器试验过程数据

记录见表 10-11,实例 2 局部放电量记录见表 10-12。

表 10-11　　　　　　　　　　　实例 2 变压器试验过程数据记录

相别	试验变压器输出电压(kV)	变频器输出电压(V)	变频器输出电流(A)	试验电压频率(Hz)	角度(°)	380V 交流电源单相电流(A)
A	72.5	210	574	103.5	−1	574
	98.8	288	777	104.5	0	777
	102.7	308	833	104.5	7	833

表 10-12　　　　　　　　　　　实例 2 局部放电量记录　　　　　　　　　pC

测量端子	5min	10min	15min	20min	25min	30min	35min	40min	45min	50min	55min	60min
A	1200	1200	1200	1200	1200	1200	1200	1200	—	—	—	—
Am	1500	1500	1500	1500	1500	1500	1500	1500	—	—	—	—

该变压器为某 750kV 变电站新安装主变压器,也为国内首批生产的 750kV 变压器之一。试验时背景噪声为 100pC,试验电压加至 $1.5U_m/\sqrt{3}$ 时,高压侧局部放电量幅值为 1200pC,中压侧为 1500pC。施加预加电压 720kV 后,试验电压降至局部放电测量电压 $1.5U_m/\sqrt{3}$,高压侧局部放电量幅值为 1200pC,中压侧为 1500pC,因此被试变压器内部可能存在局部放电,40min 时,高、中压侧局部放电量幅值、波形均未发生明显变化。当试验进行至约 42min 时,局部放电量急剧增加,被试变压器内部出现放电声音,试验回路保护动作跳闸。

返厂解体检查后发现,A 柱高压绕组上端部连线出线部位第 4、5 段有明显电弧灼伤痕迹,从绕组向外起第一层绝缘筒、第二层绝缘筒对应位置有击穿孔,出线成型件角环有明显爬电痕迹,第四层绝缘筒及其角环与上铁轭地屏有明显放电痕迹,上端圈及压板有明显爬电痕迹,上部对应地屏有电弧灼伤的小孔。在第二层绝缘筒上向 X 柱方向及 750kV 高压出线方向有多处爬电痕迹,X 柱和 Y 柱未见异常,如图 10-26~图 10-31 所示。

图 10-26　在 500kV 上部出头下数第 4、5 段
导线各有一放电点

图 10-27　第一层绝缘筒在 500kV 出头处
的爬电痕迹

图 10-28　第四层绝缘筒和角环在 500kV
　　　　　出头处的爬电痕迹

图 10-29　去掉角环情况

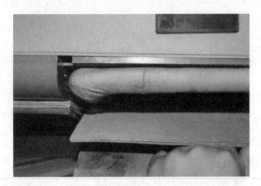

图 10-30　垫块、线圈
角环及相间隔板夹处的爬电痕迹

图 10-31　上轭屏下层纸板内侧、磁屏蔽
屏蔽线绝缘处的爬电痕迹

本章提示

　　变压器局部放电测量试验是目前检验变压器内部绝缘状态最为有效的手段。本章介绍了变压器局部放电测量试验的原理、试验设备，并分析了试验中的抗干扰措施。

本章重点

　　1. 局部放电产生的机理。

　　2. 试验依据的标准。

　　3. 试验中抗干扰的措施。

　　4. 试验设备的配置。

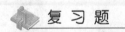　复习题

　　1. 如何对测量系统进行校准？

　　2. 试验过程中如何降低外部干扰？

　　3. 如何配置试验设备？

第十一章

互 感 器 试 验

互感器是电力系统中为电能计量、继电保护、自动控制等装置变换电压或电流的设备，运行数量较多，长期处于工作状态，其工作可靠性对整个电力系统的安全运行具有重要意义。

电流互感器、电压互感器的结构和原理与电力变压器类似，在一个闭合磁路的铁芯上，绕有互相绝缘的一次绕组和二次绕组，可将高电压、大电流转换成低电压、小电流。

第一节　电压互感器绝缘试验

一、测量绕组的绝缘电阻

测量电压互感器绕组的绝缘电阻的主要目的是检查其绝缘是否有整体受潮或老化的缺陷。

测量时，一次绕组用 2500V 绝缘电阻表测量，二次绕组用 1000V 或 2500V 绝缘电阻表测量，非被测绕组应接地。试验结果可与历次试验数据比较，进行综合分析判断。一般情况下，一次绕组的绝缘电阻不应低于出厂值或历次测量值的 60%；二次绕组一般不低于 10MΩ。当电压互感器吊芯检查修理时，应用 2500V 绝缘电阻表测量铁芯夹紧螺栓的绝缘电阻，其值一般不应低于 10MΩ。

测量绝缘电阻时，还应考虑空气湿度、互感器表面脏污、温度等对绝缘电阻的影响，必要时，可在套管下部外表面用软铜线围绕几圈引至绝缘电阻表的"G"端子，以消除表面泄漏的影响。

二、测量绕组及 66～220kV 串级式电压互感器支架的介质损耗因数 tanδ 和电容量

对 35kV 及以上电压互感器，测量一次绕组的介质损耗因数 tanδ 值，能灵敏地发现绝缘受潮、劣化及套管绝缘损坏等缺陷。

1. 串级式电压互感器 tanδ 的测量

以图 11-1 所示 220kV 串级式电压互感器原理接线为例，说明串级式电压互感器 tanδ 的试验方法。串级式电压互感器为分级绝缘，运行时其首端"A"接于运行电压，而末端"X"接地。一次绕组分成 4 段，绕在 2 个铁芯上；2 个铁芯被支承在绝缘支架上，铁芯对地电压分别为 $3U/4$ 和 $U/4$、一次绕组最末一个静电屏（共有 4 个静电屏）与末端"X"相连接，末静电屏外是二次绕组 ax 和辅助二次绕组 $a_D x_D$。末端"X"与 ax 绕组运行中的电位差为 $100/\sqrt{3}\,\mathrm{V}$，它们之间的电容量约占整体电容量的 80%。110kV 串级式电压互感器的结构和绕

电压互感器测 tanδ 时要注意 A 端子耐压不能超过 2kV!

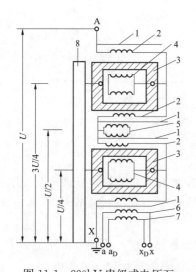

图 11-1　220kV 串级式电压互
感器接线原理图

1—静电屏；2——一次绕组；3—铁芯；
4—平衡绕组；5—连耦绕组；6—二
次绕组；7—辅助二次绕组；8—支架

组布置与 220kV 的类似，一次绕组共分 2 段，只有一个铁芯，铁芯对地电压为 $U/2$。

测量串级式电压互感器 $\tan\delta$ 和电容的方法主要有：常规试验法、自激法、末端屏蔽法、末端加压法，试验接线如图 11-2～图 11-5 所示。

用这些测量方法测量电压互感器 $\tan\delta$ 和电容的接线方法及被测绝缘部位，见表 11-1。

（1）常规法试验接线如图 11-2 所示，测量得到的一次绕组 AX 与二次绕组 ax、辅助二次绕组 $a_D x_D$ 及一次绕组 AX 与底座和二次端子板的综合绝缘的 $\tan\delta$，包括一、二次绕组间绝缘支架、二次端子板绝缘的 $\tan\delta$。由互感器结构可知，下铁芯下芯柱上的一次绕组外包一层 0.5mm 厚的绝缘纸，其上绕二次绕组 ax，而在二次绕组外再包上一层 0.5mm 厚的绝缘纸，其上绕辅助二次绕组 $a_D x_D$。常规法测量时，下铁芯与一次绕组等电位，故为测量 $\tan\delta$ 的高压电极，其余为测量电极，其极间绝缘较薄，因此电容

量相对较大，即测得的 $\tan\delta$ 和电容量中绝大部分是一次绕组（包括下铁芯）对二次绕组间的电容量和 $\tan\delta$ 值。当互感器进水受潮时，水分一般沉积在底部，且铁芯上绕组端部易于受潮。所以常规法对监测其进水受潮，还是有效的。

常规法试验时，考虑到接地末端"X"的绝缘水平和 QS1 电桥的测量灵敏度，试验电压一般选择 2kV。

现场常规法测量 $\tan\delta$ 的试验结果主要有以下两种：

1）$\tan\delta$ 大于规定值。这可能是互感器内部缺陷如进水受潮等引起的，也可能是由于外瓷套和二次端子板的影响引起的，一般受二次端子板影响的可能性较大。若试验时相对湿度较大，瓷套

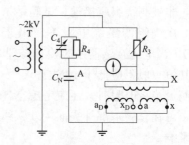

图 11-2　测量串级式电压互感器
$\tan\delta$ 的常规法（反接线）试验接线

表面脏污，还应注意外瓷套表面状况对测量结果的影响。如确认没有上述影响，则可认为互感器内部存在绝缘缺陷。

2）$\tan\delta$ 小于规定值。一般认为此时绕组间和绕组对地绝缘良好。但应注意，由于绝缘支架电容量仅占测量时总电容的 $1/100\sim1/2$，因此实测 $\tan\delta$ 将不能灵敏地反映支架的绝缘状态。这就是说，即使总体 $\tan\delta$（一次绕组对二次绕组及地）合格，也不能表明支架绝缘良好。而运行中支架受潮和分层开裂所造成的爆炸事故相对较多，故必须监测支架在运行中的绝缘状态。这一问题是常规法所不能解决的，为此有必要选择其他的试验方法。

表 11-1

测量电压互感器的 tanδ 和电容的接线方法

序号	试验方法	图号	西林（QS1）电桥接线方式			被试品接线方式				被测绝缘部位					测得结果
			接线方式	C_x 端的连接	E 端的连接	加压端和试验电压	接地端	悬浮端	底座	绕组间	支架	一次端子	二次端子	三次端子	
1	末端加压法	图 11-8 (a)	正接线	x, x_D	地	x 加 2～3kV	A	a_D, a	接地	✓		✓	✓	✓	
2		图 11-8 (b)	正接线	x_D	地		A, x	a_D, a	接地	✓		✓	✓	✓	
3	末端屏蔽法	图 11-7 (a)	正接线	x, x_D, 底座	地	A 加 10kV	X	a_D, a	绝缘	✓					C_1, tanδ_1
4		图 11-7 (b)	正接线	x, x_D, 底座	地	（限于 C_N）	X	a_D, a	绝缘	✓	✓				C_2, tanδ_2
5		图 11-7 (c)	正接线	底座	地		X, x, x_D	a_D, a	绝缘		✓				C_3, tanδ_3
6	常规法		正接线	ax, a_Dx_D	地	AX 加 10kV			绝缘	✓			✓	✓	
7			正接线	ax, a_Dx_D	地	AX 加 10kV			接地	✓	✓		✓	✓	
8			正接线	ax	a_Dx_D 地	AX 加 10kV	ax, a_Dx_D		接地	✓	✓	✓			
9		图 11-5	正接线	a_Dx_D	ax, 地	AX 加 10kV	ax, a_Dx_D		接地			✓		✓	
10			正接线	底座	ax, a_Dx_D 地	AX 加 10kV			绝缘		✓		✓		
11			反接线	AX	ax, a_Dx_D	通过 E 端加			接地		✓		✓	✓	
12			反接线	AX		2～3kV 至 AX			接地		✓		✓	✓	

注：

1. 表中 ✓ 为做此试验。

2. 当用末端加压法和末端屏蔽法试验时，被试电容 C_x 的计算式为

$$C_x = \frac{1}{k}\frac{R_4}{R_3}C_N$$

式中，k 是试验时第二、第三绕组（ax, a_Dx_D）所在铁芯的电位与试验电压的比值。当用末端加压法试验时，对于 JCC-220 型电压互感器，k＝3/4；对于 JCC-110 型电压互感器，k＝1/4；对于 JCC-110 型电压互感器，k＝1/2。当用末端屏蔽法试验时，对于 JCC-220 型电压互感器，k＝1/2。

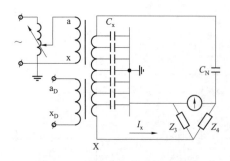

图 11-3 测量串级式电压互感器
tanδ 的高压自激法试验接线

（2）自激法试验接线如图 11-3 所示。自激法测量 110kV 及以上串级式电压互感器绕组间、绕组对地的介质损耗因数 tanδ 时，不需外加试验用电压互感器，只要给被试互感器二次绕组（一般为辅助二次绕组 $a_D x_D$）施加一较低电压（一般考虑使一次电压不超过 5～10kV），利用互感器本身的感应关系，即可在高压绕组上产生一个较高的试验电压。此时一次绕组中的电压分布与实际运行情况相似，高压端子承受全部试验电压，而其末端只承受 QS1 电桥 R_3 上的电压降（一般不超过 1V），既满足了测量 tanδ 对试验电压的要求，又不会损坏弱绝缘的末端。由于末端电位接近于地电位，所以二次端子板的影响可以略去不计。

用自激法测量 tanδ 时加压绕组可选辅助二次绕组 ax，标准电容器 C_N 可选用 QS1 电桥配套 BR-16 型电容器，不加压二次绕组 ax 一端接地，一端悬空。此时测量的是一次绕组对地的分布电容 C_x，而且沿一次绕组各点对地电压不相等。由于测量时一次绕组电位分布与常规法测量时不同，因此测得的电容量和 tanδ 与常规法测量的结果也不相同。

应当指出，用自激法测量串级式互感器的 tanδ 时，只要被试绝缘有一点接地，即可采用 QS1 型西林电桥的侧接线法测量。由 QS1 电桥测量原理分析可知，侧接线法测量时除了有外电场干扰外，还有电源间的干扰和杂散阻抗的影响。因此其测量数据分散性及误差较大，而且自激法同常规法一样，不能较准确地测量出绝缘支架的介质损失，现场一般采用不多。

（3）末端屏蔽法试验接线如图 11-4（a）所示。测量时被试互感器一次绕组 A 端加高压，末端 X 接电桥屏蔽（正接线时 X 端接地）。这一试验方法能排除由于 X 端小套管或二次端子板脏污、受潮、有裂纹所产生的测量误差，从而能较真实地反映互感器内部的绝缘状态。其不足在于一次绕组对地部分的部分电容，因被屏蔽而未计入。

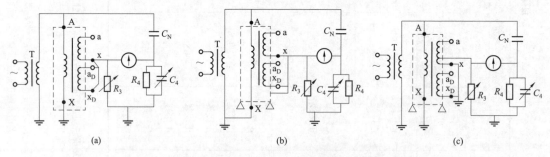

图 11-4　测量串级式电压互感器 tanδ 的末端屏蔽法试验接线
（a）末端屏蔽法试验接线；（b）末端屏蔽法测量支架与线端并联 tanδ 的接线；
（c）末端屏蔽法直接测量支架 tanδ 的接线

在现场用末端屏蔽法测量 tanδ 时，因为试品电容 C_x 太小，试品表面状况、气候条件及周围干扰的影响相对较大，不易测准。当试品电容 C_x 过小时，桥臂 R_4 电阻固定为 3184Ω，C_N 为 50pF，R_3 可能很大，有时甚至会超过 QS1 电桥的桥臂电阻 R_3 的最大值（$R_3 \leqslant$ 11 111.2Ω）。为解决这一问题，一般是在 R_4 臂上并联电阻，这样在试品电容不变时可以减

小 R_3 值，使 QS1 电桥能够满足试验要求。由 QS1 电桥测量原理可知，当 R_4 上并联外附电阻，而使其值变为 KR_4 时，则电桥的实测值 $\tan\delta_m$ 已不能代表试品真实值，试品真实值 $\tan\delta = K\tan\delta_m$。

应当指出，采用末端屏蔽法测量时，不能将被试互感器二次绕组 ax 及 $a_D x_D$ 短接后接 C_x。这是因为串级式电压互感器空载试验（二次未接负载）时，高压绕组 AX 上的电压分布是均匀的，保证了二次绕组上任一点的电压不仅数值上小于一次绕组的电压，而且相位一致，即被试支路电压与标准支路电压方向一致（这是对 QS1 电桥保证测量准确性的基本要求）。如果测量时将互感器二次绕组短路，施加 5kV 及以下试验电压时高压绕组电流以毫安计，电桥仍能进行测量，但测量误差很大。因为互感器二次绕组短路后，一次绕组电压分布则不再像空载时那样均匀，而是自上而下逐级降低，且电压相位也逐点不同，从而引起测量误差。

末端屏蔽法测量时一次绕组空载，其励磁感抗和铁损感抗并联在电源之间，并未包括在测量回路及结果中，所以不会引起测量误差的增大。

实测表明，当互感器进水受潮时，末端屏蔽法较常规法测得的 $\tan\delta$ 值要大。这说明末端屏蔽法对发现互感器进水受潮较常规法灵敏。因为互感器进水受潮后，水分沉积到下部，下铁芯及其端部绕组易于受潮，而绕组内部受潮相对就不那么严重了。末端屏蔽法测的正是易于受潮的下铁芯对二次绕组端部的绝缘，即 $\tan\delta$ 较大部分的绝缘。

用末端屏蔽法还可以直接测量绝缘支架的 $\tan\delta$，试验接线如图 11-4（c）所示。应当指出，由于支架的电容量很小（一般为 10～25pF），因此按图 11-4（c）直接测量的灵敏度较低，在强电场干扰下往往不易测准，建议使用间接法，即按图 11-4（a）、（b）所示接线进行两次测量后（两次测量值分别为 C_1，$\tan\delta_1$；C_2，$\tan\delta_2$），按下式计算出绝缘支架的电容 C 和介质损耗因数 $\tan\delta$，即

$$C = C_2 - C_1 \tag{11-1}$$

$$\tan\delta = \frac{C_2\tan\delta_2 - C_1\tan\delta_1}{C_2 - C_1} \tag{11-2}$$

（4）末端加压法试验接线如图 11-5（a）所示。测量时，一次绕组的高压端 A 接地，末端 X 施加试验电压（不应超过 3kV，一般为 2～3kV），二次绕组开路；x、x_D 或 a、a_D 接 QS1 电桥 C_x 线。设在末端 X 施加的电压为 U，因而对于 JCC-220 型电压互感器，上铁芯对地电压为 $\frac{3}{4}U$，下铁芯对地电压为 $\frac{1}{4}U$。对于 JCC-110 型电压互感器，铁芯对地电压为 $U/2$。因此同末端屏蔽法，实测电容值要换算为实际电容值。

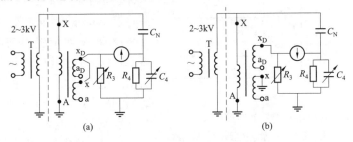

图 11-5　测量串级式电压互感器 $\tan\delta$ 的末端加压法试验接线

（a）末端加压法试验接线；（b）末端加压法测量绕组端部 $\tan\delta$ 的接线

末端加压法主要检测的是互感器一、二次绕组间的电容和 $\tan\delta$。由于 A 端接地，相当于一个接地屏蔽罩，被试品电容远大于末端屏蔽法所测得的电容，因而使得现场测试结果几乎不受干扰。另外，由于 A 端接地，因而试验时可不拆开互感器顶端与避雷器等设备的高压引线，以减少试验时的工作量。

应当指出，末端加压法同常规法一样，测量结果易受二次接线板的影响，而且对绕组端部绝缘受潮反应不灵敏。

《规程》中建议对串级式电压互感器的 $\tan\delta$ 试验方法，采用末端屏蔽法。

采用不同试验方法测量串级式（分级绝缘）电压互感器 $\tan\delta$ 值的参考试验标准（20℃时）见表 11-2。

表 11-2　　　　　测量串级式（分级绝缘）电压互感器 $\tan\delta$ 的试验标准（20℃时）

电压等级	试 验 方 法		交接大修后（%）	运行中（%）
35kV 及以下	常规试验法		3.5	5.0
35kV 以上	常规试验法		2.0	2.5
	末端加压法	按图 11-8（a）接线	2.5	3.5
		按图 11-8（b）接线	3.5	5.0
	末端屏蔽法	本体，按图 11-7（a）接线	3.5	5.0
		绝缘支架，按图 11-7（a）、（b）、（c）接线	5.0	10.0
	自 激 法		2.5	3.5

2. 电容式电压互感器 $\tan\delta$ 的测量

电容式电压互感器由电容分压器、电磁单元（包括中压互感器、电抗器）和接线端子盒组成。其原理接线如图 11-6 所示。还有一种电容式电压互感器是单元式结构，即电容分压器和中压互感器分别独立，现场组装。这种电容式电压互感器的 $\tan\delta$ 试验，可按耦合电容器 $\tan\delta$ 试验及本章介绍的串级式电压互感器 $\tan\delta$ 试验分别进行。本节不再介绍。

另有一种电容式电压互感器为整体式结构，分压器和中压互感器合装在一个瓷套内，无法使电磁单元同电容分压器两端断开。这种电容式电压互感器分为瓷套上有 A 端子（中压互感器高压侧与电容分压器连接端）引出的和瓷套上没有 A 端子引出的两种。本节将介绍这两种类型电容式电压互感器 $\tan\delta$ 的测量方法。

没有 A 端子引出的电容式电压互感器 $\tan\delta$ 和电容量 C 的测量。没有 A 端子引出的电容式电压互感器 $\tan\delta$ 的测量接线如图 11-7～图 11-9 所示。二种测量接线分别测量主电容 C_1、$\tan\delta_1$，分压电容 C_2、$\tan\delta_2$ 及中压互感器的电容量 C_{TV} 及 $\tan\delta_{TV}$ 值。

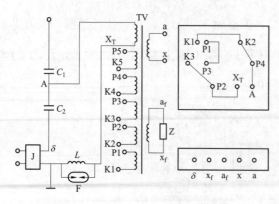

图 11-6　电容式电压互感器的原理接线

C_1—主电容；C_2—分压电容；L—补偿电抗器；Z—阻尼器；TV—中压互感器；F—保护间隙；J—载波装置

(1) 主电容 C_1 和 $\tan\delta_1$ 的测量接线如图 11-7 所示。该接线采用自激法，由中压互感器辅助二次绕组加压，X_T 点接地，按 QS1 电桥正接线测量，分压电容 C_2 的"δ"点接高压电桥的标准电容器 C_N 的高压端，主电容 C_1 的高压端接高压电桥的 C_x 线。由于"δ"点的绝缘水平较低，所以试验电压不宜超过 3kV。这种情况下，C_2 与标准电容 C_N 串联组成标准支路。一般 C_N 的 $\tan\delta$ 约为 0，而 $C_2 \gg C_N$，因此 C_2 与

师傅！没有 A端子怎么 测$\tan\delta$啊？

C_N 串联值 $C'_N = \dfrac{C_2 C_N}{C_2 + C_N} \approx C_N$，串联的介质损耗因数 $\tan\delta_{\text{ser}} = \dfrac{C_2 \tan\delta_N + C_N \tan\delta_2}{C_2 + C_N} \approx 0$，所以标准支路中串有 C_2 并不影响测量结果。

中压互感器的一次电流 $I_1 = \omega C_1 U$，设 $C_1 = 8000\text{pF}$，$U = 3000\text{V}$，则 $I_1 = 0.009\text{A}$。考虑到 R_3 的值要求大于 50Ω，QS1 电桥分流器位置可选择在 0.025 挡。

(2) 分压电容 C_2 和 $\tan\delta_2$ 的测量接线如图 11-8 所示。该接线类似于 C_1、$\tan\delta_1$ 的测量接线，只是标准支路为 C_1 与 C_N 串联，C_2 的"δ"端子接电桥 C_x 线，仍由中压互感器辅助二次绕组加压，X_T 点接地，按正接线测量。由于 C_2 电容较大，加压时应考虑容升电压。中压互感器一次绕组与辅助二次绕组的电压比为 13 000/100V，一次电压为 10kV 时，辅助二次绕组 $a_f x_f$ 的电压为 77V。此时互感器的一次电流 $I_1 = \omega C_2 U$，取 $C_2 = 35\,000\text{pF}$，$U = 10\text{kV}$，则 $I_1 = 0.11\text{A}$，电桥分流器可选择在 0.15 挡进行测量。此时总功率 $P = UI_1 = 1100\text{VA}$。实际测量时，中压互感器一次额定电压为 13 000V，一次绕组为 0.35mm 漆包线，能满足电源容量要求。但由于被试电容 C_2 电容量较大，电桥测量灵敏度相对较高，所以现场一般采用较低电压（4kV 以下）进行测量。

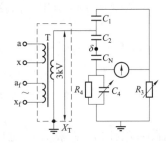

图 11-7　测量 C_1、$\tan\delta_1$ 的接线

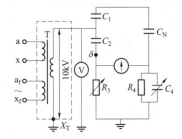

图 11-8　测量 C_2、$\tan\delta_2$ 的接线

(3) 中压互感器电容量 C_{TV} 和 $\tan\delta_{TV}$ 的测量接线及等值电路如图 11-9 所示。C_2 和中压互感器一次绕组并联，在过电压条件下 C_2 易于损坏，且由于互感器一次绕组线径较细，往往比 C_2 更容易被烧坏。互感器一次绕组是否短路或断路，在测量 C_1、$\tan\delta_1$，C_2、$\tan\delta_2$ 时，可用中压互感器励磁加压来发现。

测量中压互感器的 C_{TV} 和 $\tan\delta_{TV}$ 时，将 C_2 末端"δ"点与 C_1 首端相连，X_T 点悬空，中压互感器二次绕组短路接地，QS1 电桥按反接线，C_x 线接 C_2 末端与 C_1 首端短接线，由于受"δ"点绝缘水平的限制，试验电压不宜超过 3kV。

这种接线测得的是 C_1 与 C_2 并联后再与 C_{TV} 串联的介质损耗因数 $\tan\delta$。测得的 $\tan\delta$ 值为

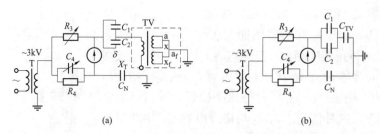

图 11-9 中压互感器 $\tan\delta_{TV}$ 和电容 C_{TV} 的试验接线和等值电路图

(a) 试验接线图；(b) 等值电路图

$$\tan\delta = \frac{C_{TV}\left(\dfrac{C_1\tan\delta_1 + C_2\tan\delta_2}{C_1 + C_2}\right) + (C_1 + C_2)\tan\delta_{TV}}{C_1 + C_2 + C_{TV}} \tag{11-3}$$

由于 $C_1 + C_2 \gg C_{TV}$，所以 $\tan\delta \approx \tan\delta_{TV}$，即测得的介质损耗因数 $\tan\delta$ 可近似认为是中压互感器一次绕组对铁芯、外壳和二次绕组的介质损耗因数。

由于 CVT 电磁单元由补偿电抗器 L、中间变压器 T 等组成，和分压回路 C_2 构成一个谐振回路。在测量 C_1、$\tan\delta_1$ 和 C_2、$\tan\delta_2$ 时（见图 11-7 和图 11-8），可能是因为加的电压太高，产生谐振，将 CVT 损坏。为了防止试验过程中损坏 CVT，则应：

(1) 试验电压在测量 C_1、$\tan\delta_1$ 和 C_2、$\tan\delta_2$ 两种情况下，均在 3kV 及以下；输入电流 I 不大于 $3I_N$（I_N 为中间变压器额定电流）；试验电压值应实测，不得用变比换算，以防容升或谐振损坏 CVT。

(2) 有 A 端子引出的电容式电压互感器 C 和 $\tan\delta$ 的测量。近年来，国内新生产的电容式电压互感器，将其中压互感器与分压电容 C_2 的连接点 A 从绝缘子内引出，以便各部分 $\tan\delta$ 的测量。

测量有 A 端子引出的电容式电压互感器的主电容 C_1、$\tan\delta_1$，分压电容 C_2、$\tan\delta_2$ 时，将 A 端子接地，QS1 电桥采用反接线，C_x 线分别连接 C_1 高压端和 C_2 的"δ"端，即可分别测出 C_1、$\tan\delta_1$ 和 C_2、$\tan\delta_2$。同样应注意，测量 C_2、$\tan\delta_2$ 时，受"δ"点绝缘水平的限制，加压不宜超过 3kV。

测量有 A 端子引出的电容式电压互感器的中压互感器 $\tan\delta_{TV}$ 时，应将 X_T 接地打开，二次绕组短路接地，电桥 C_x 线接 A 端子，C_1 高压端和 C_2 的"δ"端接电桥屏蔽线，用反接线测量，加压不宜超过 3kV。

(3) 电容式电压互感器 C 和 $\tan\delta$ 的试验标准。电容式电压互感器的电容分压器部分（主电容 C_1，分压电容 C_2）试验标准参见 DL/T 596。中压互感器的 $\tan\delta$ 值与初始值比较不应有显著变化。现场实测发现，CPSE 型产品的 $\tan\delta$ 一般在 1.5% 以内；西安电容器厂生产的中压互感器内注有矿物油十二烷基苯，其 $\tan\delta$ 多超过 5%，有待于进一步探讨。

由上述分析可知，电容式电压互感器由于结构上的原因，给现场的 $\tan\delta$ 测量带来了较大的困难，但通过合理的试验接线，仍可以进行正确的测量。

实践证明，图 11-7 和图 11-8 测量 C_1、$\tan\delta_1$ 和 C_2、$\tan\delta_2$ 时，两个测试回路中都存在着忽略补偿电抗器 L 的问题，使可能发生谐振的电路变成不会谐振的安全电路。因为试验电路是电感（L）和电容（C_1 或 C_2）串联的电路，要求 $X_L = X_C$，所以是一个谐振回路。

110kV 及以上的 CVT 测量 C_2 时，以及 35kV 及以下的 CVT 测量 C_1 时，均易损坏 CVT。尤其是图 11-11，$U_s=10kV$，实测时一旦发生谐振，10kV 大部分加在电感 L 和保护器 F2 上，而 F2 的承受能力只有 3kV，所以一旦出现上述情况，就容易将保护器烧坏，进而损坏 CVT。解决办法：①不论测 C_1，还是 C_2，$U_s \leqslant 3kV$；②输入电流不大于 $3I_{CN}$；③ U_s 值是直接测量值，而不是换算值。

三、电压互感器的交流耐压试验

电磁式电压互感器的交流耐压试验有两种加压方式。一种方式为外施工频试验电压。该加压方式适用于额定电压为 35kV 及以下的全绝缘电压互感器的交流耐压试验。试验接线及方法与变压器的交流耐压试验相同。35kV 以上的电压互感器多为分级绝缘，其一次绕组的末端绝缘水平很低，一般为 5kV 左右，因此一次绕组末端不能与首端承受同一试验电压，而应采用感应耐压的加压方式，即把电压互感器一次绕组末端接地，从某一个二次绕组加压，在一次绕组感应出所需要的试验电压。这种加压方式一方面使绝缘中的电压分布同实际运行时一致；另一方面，一次绕组首尾两端的电压比额定电压高，绕组电位也比正常运行时高得多，因此交流耐压试验可同时考核电压互感器一次绕组的纵绝缘，从而检验出由于电磁线圈质量不良如露铜、漆膜脱落或绕线时打结等原因造成的纵绝缘方面的缺陷。

为了避免工频试验电压过高引起铁芯饱和损坏被试电压互感器，必须提高工频试验电压的频率。制造厂多采用倍频发电机作为试验电源，而现场试验常采用电子式变频电源或三倍频发生器。

倍频感应耐压试验接线如图 11-10 所示，在二次绕组 ax 侧施加倍频电压，从辅助二次绕组 $a_D x_D$ 侧测量，一次绕组的交流耐压值则按相关规程的规定取值。

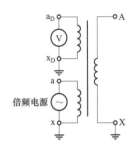

图 11-10　倍频感应耐压试验接线图

串级式或分级绝缘式互感器倍频感应耐压试验，应考虑互感器的容升电压。根据有关资料介绍，三倍频耐压试验时，各电压等级的电压互感器容升电压数据见表 11-3。

表 11-3　　　　　　　　　　　　电压互感器容升电压数据

额定电压（kV）	35	66	110	220
容升电压百分数（%）	3	4	5	8

比如 66kV 设备应耐压 120kV，考虑容升电压 4%，则将辅助二次绕组测得的试验电压换算到一次绕组为 120kV 时，一次绕组实际电压已达 120+120×4%＝124.8（kV）。

电压互感器感应耐压前后应做空载试验，以确定互感器一次绕组是否存在匝间短路。

第二节　电流互感器绝缘试验

一、测量绕组的绝缘电阻

测量电流互感器绕组绝缘电阻的目的和方法与电压互感器相同。对电流互感器而言，除应测量一次绕组对二次绕组及地，及二次绕组对地的绝缘电阻外，对于有末屏端子引出的电流互感器，还应测量末屏对二次绕组及地的绝缘电阻。《规程》要求：①绕组的绝缘电阻与初始值及历次数据比较，不应有显著变化；②电容型电流互感器末屏对地绝缘电阻一般不低于 1000MΩ。

二、测量电流互感器的电容量和介质损耗因数 tanδ

测量 35kV 及以上电流互感器一次绕组的介质损耗因数 tanδ，能灵敏地发现绝缘受潮、劣化及套管绝缘损坏等缺陷。

1. 油浸链式和串级式电流互感器 tanδ 和 C 的测量

35～110kV 级的电流互感器多数为油浸链式（如 LCWD-110 型）和串级式（如 L-110 型）结构。L-110 型串级式电流互感器如图 11-11 所示。这类电流互感器没有末屏端子引出，现场测量 C 和 tanδ 可按 QS1 电桥正接线测量一次绕组对二次绕组的 tanδ，也可按 QS1 电桥反接线测量一次绕组对二次绕组及外壳的 tanδ。

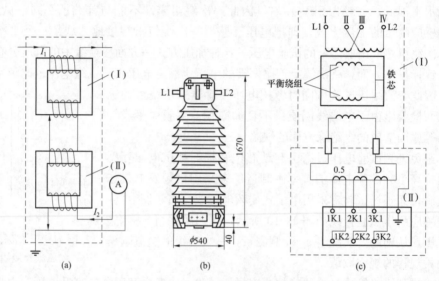

图 11-11 L-110 型串级式电流互感器
(a) 原理；(b) 外形；(c) 原理接线

用正接线测量时，一次绕组加高压，二次绕组短接（引线拆除）后，接电桥 C_x 线。反接线时，C_x 线接高压及一次绕组，二次绕组短路接地。

对同一台电流互感器采用不同试验接线时 tanδ 的测量结果见表 11-4。由该表 11-4 可知，反接线测得的 tanδ 远小于正接线测得值。而反接线测得的 C_x 值则大于正接线测得值。造成这种现象的主要原因是：正接线测量的是一次绕组对二次绕组或一次绕组对二次绕组及外壳的 tanδ，实际是试品的一次绕组对二次绕组或一次绕组对二次绕组及外壳之间绝缘的 tanδ 值，而一次绕组对周围接地部分的电容则未被计入，而反接线时这部分电容则被计入。

表 11-4　　　　　　　　　　　　　不同试验接线时 tanδ 的测量结果

电流互感器型号	QS1 电桥正接线				QS1 电桥反接线	
	一次绕组对二次绕组（外壳接地）		一次绕组对二次绕组及外壳（垫绝缘）		一次绕组对二次绕组及外壳地	
	C_x (pF)	tanδ (%)	C_x (pF)	tanδ (%)	C_x (pF)	tanδ (%)
LCWD-110	51	3.4	57.3	3.5	82	2.1

由表 11-5 还可知，一次绕组对二次绕组的电容量为 51pF，而一次绕组对二次绕组及外壳的电容量为 57.3pF，即一次绕组对外壳的电容量仅为 6.3pF，这个电容主要是部分油及瓷套的电容。由于这部分电容很小，使得正接线时一次绕组对二次绕组的 tanδ 与一次绕组对二次绕组及外壳的 tanδ（％）近似相等（分别为 3.4 和 3.5）。因此，按 QS1 电桥正接线测量一次绕组对二次绕组的 tanδ 可以发现互感器进水、受潮等缺陷。反接线测量时，一次绕组对周围接地部分的电容为 $82-57.3=24.7$（pF），占反接线测量时总电容的 $\frac{24.7}{82} \times 100\%=30\%$，这部分介质主要是空气。空气的 tanδ 很小，一般为 0.1％～0.2％，造成整体 tanδ 偏小，不能灵敏地反映电流互感器的绝缘状态。因此在现场测量时，应以正接线测量结果作为分析、判断的主要依据。

由于 35～110kV 电流互感器电容量很小，现场测量 tanδ 时电场干扰十分强烈。根据电场干扰下 tanδ 测量的原理可知，电场干扰下正接线测量较反接线更准确，抗干扰效果更好。对于部分电场干扰不强的电流互感器，还可以不拆一次绕组引线用正接线进行测量，减少试验工作量。

现场正接线测量（即一次绕组对二次绕组）时，测得的 tanδ 对互感器套管内外壁及支架绝缘状态反应不灵敏。因此，当采用正接线测量 tanδ 时，应认真进行一次绕组对地绝缘电阻试验，当绝缘电阻偏低时，应再用反接线测量 tanδ。若反接线测得的 tanδ 大于正接线时，则应考虑互感器内外壁及支架的绝缘状态是否有问题。

2. 电容型电流互感器 tanδ 和 C 的测量

220kV 及以上的电流互感器，一般为油纸电容型结构。其外形、结构及原理如图 11-12 所示。

这类互感器由供测量 tanδ 用的末屏端子引出，现场测量时可方便地用 QS1 电桥正接线进行电容量 C_x 和 tanδ 的测量。测量时一次绕组加压，二次绕组短路接地，电桥 C_x 线接末屏端子，这时测得的是一次绕组对末屏的 tanδ 和 C_x。

电流互感器进水受潮以后，水分一般沉积在底部，最先使底部和末屏受潮。因此《规程》要求，当末屏对地绝缘电阻小于 1000MΩ 时，应在测量一次绕组对末屏主绝缘 C_x 和 tanδ 的同时，测量末屏对地的 C_x 和 tanδ。测量末屏对地的 C_x 和 tanδ 时，用 QS1 电桥反接线，末屏接高压 C_x 线，加压 2kV，互感器二

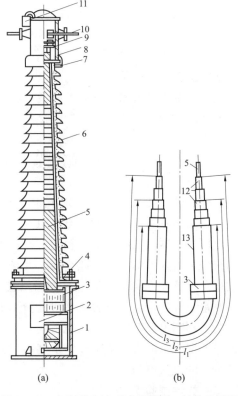

图 11-12　电容型电流互感器外形、结构及原理
(a) 外形及结构图；(b) 原理图
1—油箱；2—二次接线盒；3—环形铁芯及二次绕组；
4—压圈式卡接装置；5—"U"字形一次绕组；
6—瓷套管；7—均压护罩；8—储油柜；
9—一次绕组切换装置；10—一次出线端子；
11—呼吸器；12—电容屏；13—末屏

次绕组短路接地，一次绕组接电桥的屏蔽 E 端。末屏对地的 $\tan\delta$（％）应不大于 2。

3. 电流互感器 $\tan\delta$ 和 C_x 的试验标准

《规程》规定了各类电流互感器 $\tan\delta$（％）的试验标准，见表 11-5。

表 11-5 电流互感器 $\tan\delta$（％）的试验标准

	电压等级 （kV）	≤110	220	≥330
大修后	油纸电容型	1.0	0.7	0.6
	充油型	2.0	—	—
	胶纸电容型	2.0	—	—
运行中	油纸电容型	1.0	0.8	0.7
	充油型	2.5	—	—
	胶纸电容型	2.5	—	—

注 1. 主绝缘 $\tan\delta$（％）不应大于表内数值，且与历年数据比较，不应有显著变化。
　　2. 电容型电流互感器主绝缘电容量与初始值或出厂值差别超出±5％范围时应查明原因。
　　3. 当电容型电流互感器末屏对地绝缘电阻小于 1000MΩ 时，应测量末屏对地 $\tan\delta$，其值不大于 2％。
　　4. 复合薄膜绝缘电流互感器的 $\tan\delta$（％）应不大于 0.6。

三、交流耐压试验

电流互感器交流耐压试验接线及方法同变压器，进行一次绕组连同套管一起对外壳及地的交流耐压试验时，二次绕组短路接外壳及地，一次绕组试验电压按有关规程规定。

第三节 互感器特性试验

互感器的特性试验方法与电力变压器的基本相同。

一、测量互感器绕组的直流电阻

电压互感器一次绕组线径较细，易发生断线、短路或匝间击穿等故障，二次绕组因导线较粗很少发生这种情况，因此交接、大修时应测量电压互感器一次绕组的直流电阻。各种类型的电压互感器一次绕组的直流电阻均在几百欧至几千欧之间，一般采用单臂电桥进行测量，测量结果应与出厂试验或历次试验无明显差异。

为了判断电流互感器一次绕组接头有无接触不良等现象，需要采用压降法和双臂电桥法等测量一次绕组的直流电阻；为了判别套管型电流互感器分接头的位置，也可使用双臂电桥测量绕组的直流电阻。

二、极性试验

电流互感器和电压互感器的极性很重要，极性判断错误会使计量仪表指示错误，更为严重的是使带有方向性的继电保护误动作。互感器一、二次绕组间均为减极性。极性试验方法与变压器的相同，一般采用直流法。试验时注意电源应加在互感器一次侧，测量仪表则应接在互感器的二次侧。

三、变比试验

《规程》规定要检查互感器各分接头的变比，还应与铭牌无显著差别。

1. 电流互感器变比的检查

检查电流互感器的变比，采用与标准电流互感器相比较的方法。其试验接线如图 11-13 所示。

试验时，将被试电流互感器与标准电流互感器一次侧串联，二次侧各接一只 0.5 级的电流表，用调压器和升流器为一次侧提供合适的电流，当电流升至互感器的额定电流值时（或在 30%～70% 额定电流内多选几点），同时记录两电流表的读数，则被试电流互感器的实际变比为

$$K = \frac{K_N I_N}{I} \tag{11-4}$$

变比误差为

$$\Delta K = \left(\frac{K - K_{xN}}{K_{xN}}\right) \times 100\% \tag{11-5}$$

式中　K_N、I_N——标准电流互感器的变比和二次电流值；

　　　　K、I——被试电流互感器的变比和二次电流值；

　　　　K_{xN}——被试电流互感器的额定变比。

试验时应注意，非被试电流互感器二次绕组应短路，严禁开路；应尽量使标准电流互感器与被试电流互感器的变比相同，如两变比正确，则其二次绕组电流表读数也应相同。

2. 电压互感器变比的检查

对于变比在变比电桥测量范围之内的电压互感器，可直接采用变比电桥测量其变比。对于变比较大的电压互感器，检查其变比可采用双电压表法，或采用与标准电压互感器比较的方法，试验接线如图 11-14 所示。对电压互感器进行变比测量时，通常应通过调压器和变压器向高压侧施加电压，在二次侧测量。

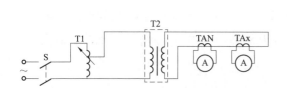

图 11-13　电流互感器变比检查试验接线

T1—单相调压器；T2—升流器；

TAN—标准电流互感器；TAx—被试电流互感器

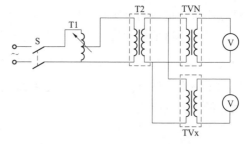

图 11-14　电压互感器变比检查试验接线

T1—单相调压器；T2—试验变压器；

TVN—标准电压互感器；TVx—被试电压互感器

四、互感器励磁特性试验

互感器的励磁特性是指互感器一次侧开路、二次侧励磁电流与所加电压的关系曲线，实际上就是铁芯的磁化曲线。互感器励磁特性试验的主要目的是检查互感器的铁芯质量，通过鉴别磁化曲线的饱和程度，判断互感器绕组有无匝间短路等缺陷。

1. 电流互感器伏安特性试验

电流互感器伏安特性试验接线如图 11-15 所示。试验前，应将电流互感器二次绕组引线

和接地线拆除，试验时，一次侧开路，从二次侧施加电压，为了读数方便，可预先选取几个电流点，逐点读取相应的电压值。通入的电流或电压不超过产品技术条件。当电流增大而电压变化不大时，说明铁芯已饱和，应停止试验。试验后，根据试验数据绘出伏安特性曲线。

电流互感器的伏安特性试验，只对继电保护有要求的二次绕组进行。实测的伏安特性曲线与出厂试验的伏安特性曲线比较，不应有显著变化。若有显著变化，应检查是否存在二次绕组匝间短路。

2. 电压互感器空载励磁特性试验

电压互感器空载励磁特性试验接线如图 11-16 所示。现场试验时，电压互感器高压侧开路，低压侧通以额定电压，读取其空载电流及空载损耗。

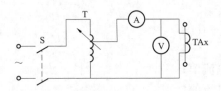

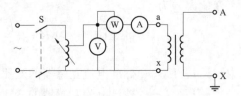

图 11-15　电流互感器伏安特性试验接线　　　　图 11-16　电压互感器空载试验接线

电压互感器的空载励磁特性试验可与工频感应电压试验一起进行。试验时，在电压升至额定电压过程中先读取几组空载损耗与空载电流值，电压升至 1.3 倍额定电压并耐受 40s 后，再降至额定电压及以下，重新读取几组空载损耗与空载电流值。

实测的励磁特性曲线或额定电压时的空载电流值与出厂试验或同类设备比较，应无明显的差异。在进行 1.3 倍额定电压下的感应电压试验时，试验前后的空载电流、空载损耗也不应有明显差异，否则应查明原因。

一般情况下，励磁曲线测量点为额定电压的 20%、50%、80%、100% 和 120%。对于中性点非直接接地的电压互感器（N 端不接地），最高测量点为 190%；66kV 及以上电压等级的电压互感器最高测量点为 150%。《规程》规定：在额定电压下，空载电流与出厂试验比较应无明显差别；中性点非有效接地系统的电压互感器，在 $1.9U_N/\sqrt{3}$ 电压时的空载电流不应大于最大允许电流；中性点接地系统的电压互感器，在 $1.5U_N/\sqrt{3}$ 电压下的空载电流不应大于最大允许电流。

第四节　充油电流互感器干燥

现场测量充油电流互感器的绝缘电阻和 tanδ 低于规程要求，则认为已受潮，需要干燥处理，一般是将其搬运到烘房进行干燥。由于干燥时间长（3～5 天）、搬运不方便、耗能多，因此不方便。经过分析，根据变压器干燥的原理和方法，可在现场采用抽真空短路干燥法。如一台进口 110kV 充油电流互感器，在 24℃ 时测量 tanδ，正接线时，tanδ＝16.2%；反接线时 tanδ＝8.8%，油耐压为 20kV，经过抽真空短路干燥 24h 后，tanδ 均在合格范围内，投运一直正常。

一、干燥原理

抽真空可使水沸点降低，使潮气易于排出来；绕组短路加热使温度升高，使水分易于蒸发，加快干燥速度。

（1）抽真空。利用设备本身较好的密封性，直接利用真空泵抽真空。由于互感器容量小，真空泵也需要较小的容量。

（2）热源。利用高压绕组短路，二次绕组通电加热。一方面热源利用现场的 220V 电源即可解决，另一方面发热在绝缘内层，内层温度高于外层，便于潮气向外排出。

二、干燥前的准备工作

（1）打开顶盖，将高压绕组短路。

（2）打开二次绕组出线盒的端盖，拆除原电缆线，将 2 组 D 级二次绕组串接起来，0.5 级二次绕组短接起来，测量 2 组串接绕组的直流电阻（用双电桥法）。

（3）将设备中的绝缘油尽量放掉。

（4）连接抽真空装置。

（5）连接好通电加压绕组（2 组 D 级绕组），如图 11-17 所示。

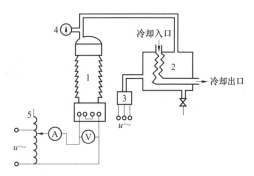

图 11-17　电流互感器抽真空加热干燥接线
1—电流互感器；2—冷却器；3—抽真空装置；
4—真空表；5—单相调压器；V—交流电压表；
A—交流电流表

三、干燥过程中测量和记录

（1）定期测量绕组温度，采用测量绕组直流电阻方法间接测量温度，但所测温度为平均值，故绕组的最高温度大于测量值，平均值控制在 90℃以下。开始每 0.5h 测一次，待稳定后改为每 1h 测一次。

（2）定期测量加热电流值，电流最大值控制在 10A 以下，以防局部过热。

（3）定期测量抽真空系统排水量，最后排水量很少，即可说明干燥效果良好。

（4）干燥最后，应停电测量绕组绝缘电阻和介质损耗值，如果合格则可以停止干燥。

四、注意事项

（1）抽真空时，应根据地区海拔，控制真空度，如果水沸点为 40～50℃，则真空度在 0.08MPa 即可。

（2）设备第一次放油时，应尽快放尽；在干燥过程中，应再放一次。经过 5～10h 绝缘电阻缓慢上升；经破坏真空，再放水油混合物。再加热干燥绝缘电阻升的较快。

（3）在干燥过程中，还应定期对冷凝器放水测量。

五、结论

一般电流互感器受潮，干燥 20h 后测量绝缘电阻、tanδ 基本上合格，干燥结束。

第五节　充油电压互感器干燥

充油电磁式电压互感器现场测量的绝缘电阻、tanδ 不满足规程要求，则设备已受潮需干燥处理。根据充油电流互感器干燥处理经验，也会采用抽真空和高压绕组短路通电加热的方法进行处理。

一、加热接线方式

根据充油电磁电压互感器结构，高压绕组布置在最里边，低压绕组布置在外边。将高压绕组短接，低压绕组通电加热。

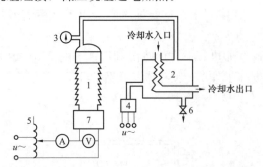

图 11-18 电压互感器抽真空和加热干燥接线
1—电压互感器；2—冷却器；3—真空表；4—抽真空泵；
5—单相调压器；A—电流表；V—电压表；6—放水阀；
7—电压互感器二次线端子盒

二、抽真空和加热接线

抽真空和加热接线如图 11-18 所示。加热绕组选择中间的低压绕组，不选择在最外边布置的辅助绕组。

三、加热干燥过程注意事项

由于加热过程中绝缘最热点温度难以测定，所以应特别注意过热问题，否则会损伤绝缘。

（1）抽真空度参照电流互感器干燥时的数值。

（2）开始加热时，加热电流可以调到 15A 左右。根据测量绕组温度大小，随时调整加热电流。升温不要太快，绕组温度（平均值）控制在 90℃以下。

（3）绕组温度测量是间接的，由测量绕组直流电阻大小计算，所以直流电阻测量要准确，最好采用双电桥测量。

四、干燥结果判断

干燥既要达到要求，又不要过于干燥，经测量绕组绝缘电阻和 tanδ 合格即可。在测量绝缘电阻和 tanδ 时，在测前接线小套管和接线板一定要清扫干净。

第六节 电流互感器铁芯退磁试验

由于各种原因电流互感器铁芯产生剩磁时，必须退磁以保证测量正确。

一、铁芯剩磁产生原因

电流互感器采用直流电源进行试验后，铁芯会产生剩磁；运行过程中二次回路开路时，尤其是电流比较大时剩磁会更严重；切断大电流（包括短路电流）时，铁芯也会产生剩磁。

二、铁芯产生剩磁的危害

铁芯一旦产生剩磁，会使电流互感器二次电流的比差和角差增大，影响准确性。

三、铁芯剩磁的退磁试验

电流互感器铁芯退磁接线，如图 11-19 所示，退磁一般采用交流法。

退磁时，电流互感器一次绕组开路，二次绕组施加 1/2 额定电流，然后再降到零（时间大约 10s），合上 K 开关，断开电流开关 S。如此重复上述过程三次即可。

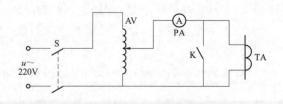

图 11-19 电流互感器铁芯退磁接线
TA—被退磁试品；AV—单相调压器；K—短路刀闸；
PA—交流电流表；S—电源开关

→【讨论一】 不接地系统中电磁式电压互感器损坏分析。

某不接地系统，投运后电压互感器多次绝缘击穿损坏。经查，交接试验时励磁曲线测量电压最高仅达到120%额定相电压，而未达到190%。在运行中，不接地系统发生单相接地故障时，应能持续运行2h，此时，健全相电压升至线电压（即170%额定相电压）。由此可见，未按要求开展试验的互感器，未能有效检验其质量；存在缺陷的电压互感器在系统单相接地时，无法承受线电压，出现损坏。

→【讨论二】 **35kV电容式电压互感器一次熔断器熔断分析和对策**

35kV系统为了防止电磁式电压互感器产生铁磁谐振过电压导致事故，有的变电站选取电容式电压互感器（CVT）。作者经常听到现场人员反映CVT一次侧熔断器的熔丝在系统正常运行过程中熔断。现场试验人员对CVT全面检查，均未发现异常，换上熔丝后运行正常。但新换上的熔丝运行一段时间又熔断，检查CVT还是正常。

经过分析认为，熔断熔断有两个原因：首先是熔丝的额定电流为0.5A，太小；另外，系统多次操作过程中电流冲击，熔丝的热量积累导致熔丝过热。

现场将熔丝额定电流选为1A后，很少熔断；熔丝额定电流选为3A后，再未熔断发生。

作者根据110～220kV电压互感器均未安装熔断器的情况，建议35kV电容式电压互感器取消熔断器。经现场了解，许多单位取消后一直运行正常。

本章提示

本章介绍了互感器绝缘试验及特性试验的项目、方法及注意事项。为什么测量66～220kV串级式电压互感器 $\tan\delta$ 和电容量有好几种接线方法？没有A端子引出的电容式电压互感器的 $\tan\delta$ 和电容量应该怎么测量？

本章重点

1. 串级式电压互感器 $\tan\delta$ 和电容的不同测量方法及被测绝缘部位。
2. 没有A端子引出的电容式电压互感器 $\tan\delta$ 和电容量的测量方法。
3. 无末屏的电流互感器 $\tan\delta$ 和电容量正反接线的比较。

复习题

1. 简述互感器交接和预防性试验的项目。

2. 试绘图说明测量串级式电压互感器 $\tan\delta$ 的7种试验接线，并说明对应不同测量方法的电桥接线方式、被试品接线方式和被测绝缘部位。

3. 写出用末端屏蔽法、末端加压法测量被试品（串级式电压互感器）电容量 C_x 的计算公式。

4. 简述用末端屏蔽法测量绝缘支架的 $\tan\delta$ 和 C_x 的方法。

5. 没有A端子引出的电容式电压互感器的 $\tan\delta$ 是如何测量？

6. 对于35～110kV无末屏电流互感器 $\tan\delta$ 试验，QS1电桥正反接线测量各有何优、缺点？

7. 简述电压互感器空载励磁特性试验的试验接线及结果分析判断。

第十二章

断路器和气体绝缘金属封闭
开关设备（GIS）试验

高压断路器是电力系统最重要的控制和保护设备，其种类繁多，数量大。高压断路器在正常运行中用于接通高压电路和断开负载，在发生事故的情况下用于切断故障电流，必要时进行重合闸。它的工作状况及绝缘状态，直接影响电力系统的安全可靠运行。

目前国内电力系统中大量使用的高压断路器按绝缘介质和结构的不同分为：真空断路器，多用于 35kV 及以下系统；SF_6 断路器，多用于 35kV 及以上系统。

第一节　绝缘电阻测量

对各种类型的断路器，一般都要求测量其整体的绝缘电阻，即断路器导电回路对地的绝缘电阻，还要测量真空断路器绝缘提升杆的绝缘电阻。绝缘提升杆一般由有机材料制成，运输和安装过程中容易受潮，造成绝缘电阻较低。用有机材料制成的断路器绝缘提升杆的绝缘电阻允许值见表 12-1。

表 12-1　　　　用有机材料制成的断路器绝缘提升杆的绝缘电阻允许值　　　　MΩ

试验类别	额 定 电 压 （kV）			
	<24	24～40.5	72.5～252	363
大修后	1000	2500	5000	10 000
运行中	300	1000	3000	5000

第二节　真空断路器交流耐压试验

真空断路器的交流耐压试验，应在绝缘电阻测量合格后进行。试验时，可从试验变压器低压侧测量电压并换算至高压侧。

真空断路器的交流耐压试验应分别在合闸和分闸状态下进行。合闸状态下的试验是为了考验绝缘支柱瓷套管的绝缘；分闸状态下的试验是为了考验断路器断口、灭弧室的绝缘。分闸试验时应在同相断路器动触头和静触头之间施加试验电压。

交流耐压试验前后绝缘电阻下降不超过 30% 为合格。试验时若出现沉重击穿声或冒烟则为不合格。

第三节　断路器分、合闸速度测量

断路器特性出现问题或断路器检修后，应进行分、合闸速度测量。下面以 LW6 系列 SF6 断路器速度测量为例，介绍测量原理。

一、测速装置的安装

测速装置安装示意图如图 12-1 所示。测速装置 5 与连接座 1 用M10×28六角螺栓 2、垫圈 3 和弹垫 4 紧固好，调速工具与接头 6 连接，触头 5 应与滑线电阻接触良好，把测速工具的三根引线（两红线为滑线电阻两端头引线，黑线为滑动触头引线）接至测速示波器。

二、测速方法

（一）测速接线

测速接线示意图如图 12-2 所示。由于断路器工作缸活塞杆和触头动作行程比例为1：1，因此可以直接将开关动作触头的行程与时间的曲线绘制在示波图上。图 12-3 中可用干电池串联成 9～13V 的直流电源，R 为测速器电阻，为绕线电阻，阻值为1250Ω左右，输出端电阻 R_f 为 8～10kΩ，R_f 满足大于 R，振子采用 FC 型 400 号最宜。

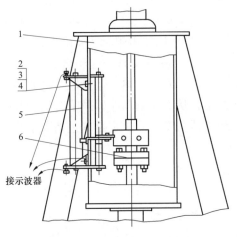

图 12-1　测速装置安装示意图

1—连接座；2—六角螺栓；3—垫圈；

4—弹垫；5—测速装置；6—接头

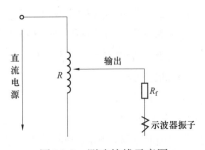

图 12-2　测速接线示意图

（二）速度的测量

1. 定义

刚分点：断路器在分闸时从开始运动到运动至 43mm 时的位置。

刚合点：断路器在合闸时从开始运动到运动至 107mm 时的位置。

分闸速度：从刚分点至刚分点后 72mm 处运动的平均速度。

合闸速度：从刚合点至刚合点前 36mm 处运动的平均速度。

2. 计算平均速度

用示波器记录的速度曲线如图 12-3 所示。根据触头行程 150mm，再结合示波速度曲线中的实际高度，求出两者的比例，然后由该比例找出各特征点（刚分点和刚合点），作一个

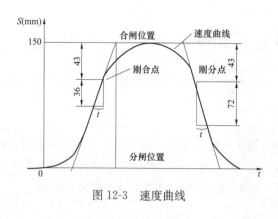

图 12-3　速度曲线

直角三角形，计算出分闸和合闸的平均速度 $V=\dfrac{S}{t}$。

三、测速度时的注意事项

（1）测速必须在额定操作电压、气压和油压下进行。

（2）测速必须在开关同期性合格后进行，每台三相只测一相即可。

（3）目前已有多功能断路器动特性测试仪，可由多功能测试仪测量。

第四节　断路器导电回路直流电阻测量

一、测量导电回路电阻的目的

断路器导电回路直流回阻包括套管导电杆电阻、导电杆与触头连接处电阻和动、静触头之间的接触电阻等。导电杆电阻一般不会变化，其他两处的连接电阻和接触电阻由于受各种因素的影响（如触头表面氧化、触头间残存有机械杂物或碳化物、接触压力下降、接触面积减小或短路电流烧伤等），常常有所增加。所以测量每相导电回路电阻时，实际上是检查动、静触头之间的接触电阻和连接电阻的变化，主要是判断动、静触头是否接触良好。运行中，动、静触头之间的接触电阻往往会增大，在正常运行电流下发生过热，通过短路电流时，触头发热更严重，可能烧伤周围绝缘或造成触头烧熔黏结，从而影响断路器跳闸时间和开断能力，甚至使断路器产生拒动，所以相关规程规定，断路器在安装后、定期（包括大小修）和开断短路电流一定次数后，都要进行此项试验。

二、试验方法

采用直流压降法，测量断路器导电回路电阻，原理如图 12-4 所示。

由于导电回路接触电阻值很小，都是微微欧数量级，电压表内阻远大于此值，故导电回路电阻值 $R_x = U/I$。

由于动、静头的接触面上有一层极薄的膜电阻，如果直流电流太小，则所测电阻小于实际电阻，不准确。相关规程要求直流电流 $I \geqslant 100A$，

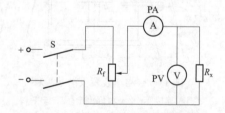

图 12-4　断路器导电回路测量原理
S—电源控制开关；R_f—分压电阻；R_x—被测电阻；
PA—直流电流表；PV—直流毫伏表

使接触面上的极薄的膜电阻击穿，确保所测电阻值和实际电阻值相符合。

三、断路器导电回路电阻测量仪

随着技术的发展，目前断路器导电回路电阻测量都采用专门的测试仪，这些测试仪具有以下优点：

（1）电流满足要求（$I \geqslant 100A$），测量值和实际值相符合。

（2）测量仪内部附有标准电阻，测量比较精确。

（3）电流值能自动恒流，有效减少电源电流波动对试验结果的影响。

(4) 采用四端子接线法，有效排除测试线电阻对试验结果的影响。

(5) 测试电流自动锁定，不需要人工调节。

(6) 回路电阻自动保存，便于记录。

四、测量注意事项

(1) 采用专用仪器测量，应按说明书进行。

(2) 测量前将断路器电动合闸，只有允许手动合闸的断路器才可在手动合闸后进行测量。

(3) 在测前应该将断路器分合几次，以消除触头之间氧化膜的影响。

(4) 如果断路器有主、辅触头或并联支路，应对并联的每一对触头分别进行测量。测量时应在非被测的触头间垫以薄的绝缘物。

第五节　真空断路器真空度试验

真空断路器的真空度测试非常重要，一旦真空度破坏，会造成断路器无法灭弧，导致断路器爆炸。检查真空度的试验方法有如下几种：

(1) 外观检查法。如果真空灭弧室为玻璃外壳，可以根据涂在内壁上的钡吸气剂薄膜颜色判断，如果真空度良好，则薄膜为镜面状态；真空度较差时则为乳白色。该方法不十分准确，可供参考。

(2) 工频耐压法。在分闸状态时，在断口间加工频试验电压，在工频耐压下能耐受 10s 以上，则说明真空度良好；如果在电压升高过程中，电流也增大，超过 5A 则认为不合格。当然在耐压过程中击穿也不合格。

(3) 磁控放电法。采用专用测试仪器来测量，在触头之间加一次或数次高压脉冲，脉冲宽度为数十毫秒至数百毫秒，磁场线圈中则通以同步脉冲电流，产生与高压、同步的脉冲磁场测量真空度。

相关国家标准规定真空度达到 0.066Pa 为合格，接近或低于 0.066Pa 时为不合格，应更换。当真空度下降时，应缩短测试周期，根据发展情况决定是否更新。

第六节　SF₆ 断路器和 SF₆ 封闭式组合电器（GIS）交流耐压试验

SF₆ 封闭式组合电器（简称 GIS）可能出现的绝缘缺陷，其包括位置不固定的缺陷和位置固定的缺陷两类。位置不固定的缺陷主要是由自由微粒侵入造成的。位置固定的缺陷可能由多方面的原因造成：安装工艺不良，如电极安装不良、错位或装配工具和零部件等遗留在设备内部等；绝缘件制造缺陷；电极表面损伤；运输中的损坏，如零件松动脱落，触头、弹簧、屏蔽罩等移位变形等。交流耐压试验是发现 GIS 绝缘缺陷最为有效的手段。

一、试验要求

（一）试验电压

交流耐压试验电压应严格按有关标准选取。试验电压波形应接近正弦，两个半波应完全一样，且峰值和有效值之比等于 $\sqrt{2}\pm0.07$，试验电压频率一般应为 $10\sim300\mathrm{Hz}$。

（二）试验程序

1. 老练试验与加压时序

在交流耐压试验中，通常先在较低试验电压下进行老练试验。老练试验是指对设备逐步施加交流电压，可以阶梯式或连续地加压，其目的是将设备中可能存在的活动微粒杂质迁移到低电场区域，在此区域，这些微粒对设备的危险会降低，甚至没有危害；通过放电烧掉细小的微粒、电极上的毛刺和附着的尘埃等。

老练试验的基本原则是既要达到设备净化的目的，又要尽量减少净化过程中微粒触发的击穿，还要减少对被试设备的损害，即减少设备承受较高电压作用的时间，所以逐级升压时，在较低电压下可保持较长时间，在高电压下不允许长时间停留（在较高电压尤其是超过75％耐受电压时，不允许停留，应提高升压速度，以免等效增加耐压时间）。

DL/T 555—2004《气体绝缘金属封闭开关设备现场耐压及绝缘试验导则》中推荐了4种加压程序，如图12-5所示。试验中可以直接选取其中一种，也可以由用户与制造厂协商确定加压程序。

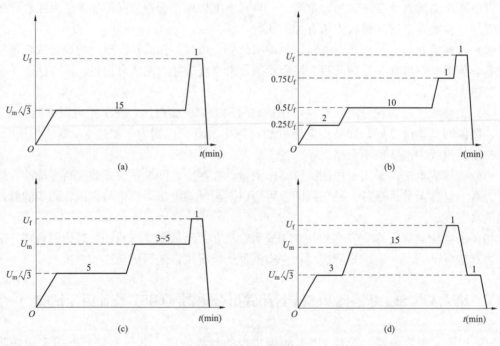

图 12-5 加压时序
(a) 方案一；(b) 方案二；(c) 方案三；(d) 方案四

(1) 方案一加压程序：$U_m/\sqrt{3}$ 15min→1.0U_f 1min。

(2) 方案二加压程序：0.25U_f 2min→0.5U_f 10min→0.75U_f 1min→1.0U_f 1min。

(3) 方案三加压程序：$U_m/\sqrt{3}$ 5min→U_m 3~5min→1.0U_f 1min。

(4) 方案四加压程序：$U_m/\sqrt{3}$ 3min→U_m 15min→1.0U_f 1min→1.1$U_m/\sqrt{3}$ 1min。

根据 DL/T 474.4《现场绝缘试验实施导则 交流耐压试验》的规定，升压应从零（或接近于零）开始，不可冲击合闸。在75％试验电压以前，升压速度没有要求，从75％试验电压开始，应以每秒2％试验电压的速率均匀升压；耐压试验后，迅速均匀降压到零（或接近于零），然后切断电源。老练试验电压值最高不应该超过 $75\%U_f$，在制定试验方案时，应特别注意。

2. 主回路耐压试验

规定的试验电压应施加到每相主回路和外壳之间，每次一相，其他相的主回路应和接地外壳相连，试验电源可接到被试相导体任一方便的部位。

选定的试验程序应使每个部件都至少施加一次试验电压。但在编制试验方案时，必须注意要尽可能减少固体绝缘重复耐压的次数，如尽量在 GIS 主回路的不同部位施加试验电压。

设备安装后不必单独进行相间绝缘试验。

3. 断口间的耐压试验

如果怀疑断路器的断口在运输、安装过程中受到损坏，或解体检修后，应做断口间耐压试验，断口间耐压试验通常在主回路试验合格后进行。

试验电压应施加在断路器断口间。断口的一侧与试验电源相连，另一侧与其他相导体和接地的外壳相连。应避免固体绝缘多次重复，在电压均匀升高到规定的电压值下耐受 1min 后迅速降回到零，加压程序如图 12-6 所示。

（三）试验判据

（1）如 GIS 的每一部件均已按选定的试验程序耐受规定的试验电压而无击穿放电，则认为整个 GIS 通过试验。

（2）在试验过程中如果发生击穿放电，则应根据放电能量、放电引起的声、光、电、化学等各种效应及其他故障诊断资料，进行综合判断。如有放电情况，可采取下述步骤：

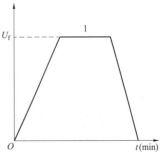

图 12-6　断口耐压试验加压时序

1）进行重复试验。如果该设备或气隔还能经受规定的试验电压，则该放电是自恢复放电，耐压试验通过。如重复试验再次失败，按 2）项程序进行。

2）设备解体，打开放电气隔，仔细检查绝缘情况，修复后，再次进行耐压试验。

二、试验加压原理及试验设备

（一）试验加压原理

GIS 设备的电场结构是稍不均匀场的同轴圆柱体间隙，交流耐压试验时，对外呈现为电容性，可以用集中电容来等效。加压方法有四种：外施工频电压法；工频谐振法；电磁式电压互感器加压法；变频串联谐振法。前三种方法存在试验设备复杂、实施困难、出现击穿容易扩大损伤范围等缺点，现场极少使用，本书主要介绍变频串联谐振法。

变频串联谐振法采用电感量固定的试验电抗器与试品串联，通过在较宽频率范围内调节变频器的输出，从而使回路达到谐振状态，继而调节调压器的输出电压在试品上产生所需电压。变频谐振交流耐压试验装置原理如图 12-7 所示。

所需电源容量小，装置体积重量相对较小，便于现场开展试验；电抗器和被试品电容组成的主回路达到谐振状态时，电路形成一个良好的滤波电路，被试品上的电压是良好的正弦波形；被试品被击穿时，试品电压立即降至很低，对试品损伤较小。由于试品电容量的不同，试验电压的频率会有较大范围的变化，目前现行的国家标准规定试验电压的频率应在 $10\sim300\mathrm{Hz}$ 范围内。

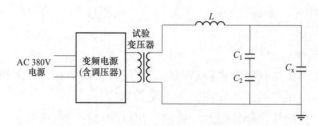

图 12-7　变频谐振交流耐压试验装置结构原理

L—试验电抗器；C_1、C_2—电容式分压器；C_x—被试品

多年来，国内外学者通过大量试验研究电压频率对 SF_6 击穿电压的影响，得出以下几条结论：

（1）在均匀电场中，300Hz 以下的频率对 SF_6 气体击穿电压的影响甚微；

（2）在稍不均匀电场中，随着电源频率的改变，击穿电压有较大的变化；

（3）在极不均匀电场中，当 SF_6 气体密度大于 0.4MPa 时，交流电压的频率在数百赫兹以内，击穿电压基本上不随频率的变化而变化。

现场交流耐压试验主要目的是检出 GIS 设备中可能的缺陷，GIS 内的 SF_6 气体密度一般都在 0.35MPa 以上，如果 GIS 中存在缺陷则会在局部形成极不均匀电场，在极不均匀电场中，较宽频率范围内，击穿电压基本没有变化。而没有缺陷的 GIS 的电场结构是稍不均匀场的同轴圆柱体间隙，对于绝缘正常的 GIS 其击穿电压是很高的，远高于现场交流耐压试验的电压。试验表明，较宽频率范围内的交流耐压试验电压不会导致正常良好绝缘的击穿。因此，较宽频率范围的现场交流耐压试验与工频交流耐压试验的效果相当。

（二）试验设备

如图 12-7 所示，主要试验设备包括变频器（含调压器）、试验变压器、试验电抗器和分压器，目前变频器通常具有调压功能，因此不需要单独配置调压器，下面分别介绍各个设备的配置原理和原则。

1. 试验电抗器

试验电抗器整个试验回路的核心，根据试验回路工作条件，可以得出试验电抗器电感的计算公式

$$L = \frac{1}{4\pi^2 f^2 C} \tag{12-1}$$

按照现行标准，试验频率范围为 10~300Hz，根据被试设备的等效电容，可以计算出相应的电感值，按照需要施加的试验电压，即可得到试验电抗器的额定电压和额定电流。通常同一单位的同一台设备的试验能力应尽可能覆盖本地区所有同类型的被试设备，所以设备参数通常会留有一定裕度。目前较为常见的试验电抗器有 80、150、200、300H 等，额定电压为 250kV，额定电流 3~6A 不等，具备串联组装的接口，使用单台电抗器可以完成 110kV GIS 试验，通过 2~5 台申抗器的串联，可以完成 220~1000kV GIS 试验。

除额定电感、电压和电流参数，以及试验稳定性的要求，还应对试验电抗器的温升性能进行规定，根据试验经验，推荐试验电抗器采用油浸自冷形式，在额定参数下可连续运行 3h，线圈温升不大于 60K。

2. 分压器

分压器一般选用电容式分压器。这样，在某些试品等效电容较小时，整体试验回路谐振频率也能满足标准要求；对试验电压频率有特殊要求时，分压器高压臂电容可以增加回路电容，从而降低谐振频率，确保试验电压频率在标准规定的范围内。

常用的分压器高压臂电容为 500pF 或 1000pF，单节额定电压为 250kV。可以单节使用，也可以多节串联使用，配置不同的低压臂可以实现 1000∶1 或 2000∶1 的分压比。分压器测量误差要求为不大于±1%。

3. 试验变压器

试验变压器的低压额定电压与变频器的输出匹配，通常为 380V 或 400V。如前所述，试验电压与试验变压器输出电压成正比关系，系数为回路品质因数，可以按 40～100 来估算品质因数，试验电压越高，回路品质因数越低，这样即可得出试验变压器输出电压的范围，按照需要提供的最高输出电压，还可以确定试验变压器高压侧的额定电压。在试验时，应尽可能使试验变压器工作在较小的变比，从而降低电源的输出，因此可以在试验变压器高压侧设置若干不同额定电压的抽头，满足不同试验电压的试品。按试验需要，试验变压器在额定容量下连续运行 3h，线圈温升不大于 60K。

4. 变频器

按照试验要求，可以计算出额定功率。此外，其他要求如下：变频器额定输入电压为三相工频 380V；额定输出电压单相为 0～400V，连续可调；输出波形为正弦波；频率调节范围为 10～300Hz，频率调节分辨率为 0.1Hz；频率不稳定度应不大于 0.05%；在额定输出功率下连续运行 3h，出风口温升不大于 45K。

三、试验中应注意的问题

1. 试品击穿过电压

试品发生击穿时，试品的等效电容被短接，在极短的时间内，回路的电流发生突变减小，电感中存储的磁场能向电场能转换，从而产生过电压。如图 12-8 所示，当击穿发生时，相当于开关 K 突然闭合，试品 C_x 短路。

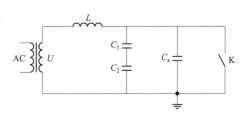

图 12-8　试品击穿时等效回路示意图

试品上积聚的电荷通过 K 回路释放，K 支路电阻极小因此电流突变至很大，电感支路电流 i_L 也随之增大很多，电感两端的电压由单位时间内电流的变化量决定，计算公式为

$$U_L = L \frac{\mathrm{d}i_L}{\mathrm{d}t} \tag{12-2}$$

SF_6 的电气强度很高，其中发生击穿过程的时间极短，在纳秒数量级，所以在试品击穿时，试验电抗器 L 高压端和试验变压器高压绕组首端会产生时间很短幅值很高的过电压，对电抗器和试验变压器的绝缘造成极大的威胁。另外，当试品在电压负半周击穿时，电抗器上产生的过电压为负极性，此时连接试验变压器高压尾端与接地桩的回路电位低于地电位，过电压会沿此回路传播至试验变压器高压尾端，可能会造成高压尾端绝缘损坏。

为防止试验电抗器高压端因过电压而损坏，设计和制造中应加强高压端绕组绝缘，并在验收时通过规定电压下的间隙放电试验进行验证。

为防止试验变压器高压首端因过电压而损坏，设计和制造中应加强其首端绕组绝缘，在现场试验时，应在其首端并联参数匹配的避雷器。

对于沿接地线传播至试验变压器高压尾端的过电压，其经过不同的介质传播，按照波过程理论，波的折射系数为

$$\alpha = \frac{2Z_2}{Z_1 + Z_2} \tag{12-3}$$

Z_1、Z_2分别是两种介质的波阻抗。显然，降低Z_2可以使折射系数降低，从而降低传播至Z_2的波的幅值。试验中接地线一般采用铜线，其波阻抗主要由电感决定，与电感成正比，因此降低铜线的电感是降低过电压幅值的有效措施。而铜线的电感与其尺寸相关，与截面积、宽度近似成反比，在现场试验中，采用宽度、截面积较大的扁铜带可以降低作用在试验变压器高压尾端的过电压幅值。

2. 降低电晕的措施

当试验电压达到电晕起始电压后，电晕损耗大幅增加，成为回路损耗的主要部分，直接导致回路品质因数下降。同时，电晕损耗引起有功功率增加，变频器、试验变压器的输出容量也需要相应增加，导致试验困难。

为了减小试验电抗器和分压器本体产生的电晕，应通过计算，为试验电抗器和分压器设计顶部均压环和腰部均压环，使其周围电场变为稍不均匀场，提高电晕起始电压，降低试验时的电晕损耗。

连接试验电抗器、分压器、GIS试品的高压导线所产生的电晕也是损耗的重要来源，按照改善电场分布、提高电场均匀程度从而提高电晕起始电压的思路，将普通的导线改为扩径导线，有助于提高导线的电晕起始电压，扩径导线示意图如图12-9所示。

扩径导线中间通常为细钢丝或铜导线，屏蔽罩由钢丝组成骨架并用锡箔纸包裹，导线两端有圆形铝板将屏蔽罩固定，

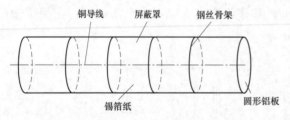

图 12-9　扩径导线示意图

并将铜导线引出。铜导线、屏蔽罩、铜导线应可靠连接，确保试验时为等电位。根据试验经验，110kVGIS试验选择直径100mm的扩径导线、330kVGIS试验选择直径200mm的扩径导线、750kVGIS试验选择直径400～500mm的扩径导线，能较好地完成试验。

3. 试验变压器变比的选择

按照变压器的电磁感应原理，$I_1 = kI_2$，在相同的试验电流下，变比越大，试验电源需要提供的试验电流越大，这是不利于试验进行的，因此应选择尽可能小变比的试验抽头，完成试验。

4. 避雷器、互感器的试验

在交流耐压试验中，试验电压通常远高于正常运行电压，因此避雷器和互感器在试验中必须退出，避免损坏，但为了检查避雷器和互感器的安装质量，一般需要在主回路试验完成后，进行较低试验电压下的检查试验，试验电压为额定运行电压，试验电压的频率应不小于50Hz，避免互感器铁芯饱和。

四、试验实例

1. 实例1

（1）被试品参数：额定电压为 363kV；1min 工频耐受电压（有效值）为 510kV；雷电冲击耐受电压为 1175kV；SF_6 气体额定压力（20℃、表压）GCB 为 0.6MPa，其他为 0.5MPa。

（2）试验设备：额定容量 70kW 的变频器；额定容量 40kVA，高低压绕组电压比 10kV/380V 的试验变压器。试验电抗器用 2 节串联，每节额定电压 250kV，额定电感 300H，共 600H。

（3）试验方案：设备额定工频耐受电压为 510kV，现场试验电压 $U_f = 80\% \times 510 = 408$（kV）。老练试验程序选择为 $U_m/\sqrt{3}$（209kV）5min $\rightarrow$ 0.75U_f（306kV）3min，整体试验加压时序如图 12-10 所示。

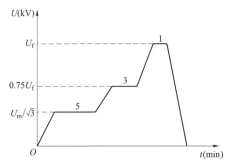

图 12-10　实例 1 试验加压时序

该 GIS 为三相分体式结构，因此逐相进行对地及断口试验即可，无需进行相间试验。试验时试验设备布置及接线示意图如图 12-11 所示。

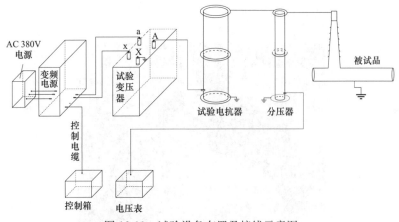

图 12-11　试验设备布置及接线示意图

（4）试验数据：被试 GIS 各相主回路及断口均通过交流耐压试验。试验中，变频器输入电流、输出电流、输出电压、试验电压频率等试验数据见表 12-2。

表 12-2　　　　　　　　　　　实 例 1 试 验 数 据

相别	试验阶段	试验电压 （kV）	变频器输入 电流（A）	变频器输出 电流（A）	变频器输出 电压（V）	试验电压 频率（Hz）
A	老练	209	15	35	100	62
		306	25	60	270	62
	耐压	408	45	75	340	62
A 相断口 1	耐压	408	25	55	300	52
A 相断口 2	耐压	408	20	25	320	114

2. 实例 2

（1）被试品参数：额定电压为 800kV，1min 工频耐受电压为 960kV，操作冲击耐受电压为 1550kV，雷电冲击耐受电压为 2100kV。

（2）试验设备：额定容量为 200kW 的变频器；额定容量为 240kVA，高低压绕组电压比为 20kV/400V 的试验变压器；试验电抗器用 4 节串联，每节额定电压为 250kV，额定电感为 150H，共 600H。

（3）试验方案：设备额定工频耐受电压为 960kV，现场试验电压 $U_f=80\%\times960=768$（kV）。

老练试验程序选择为 $U_m/\sqrt{3}$（462kV）5min→$0.75U_f$（576kV）3min，整体试验加压时序如图 12-10 所示。

该 GIS 为三相分体式结构，因此逐相进行对地及断口试验即可，无需进行相间试验。

（4）试验数据。试验中，A、C 相均顺利通过老练、耐压试验。B 相通过了试验电压为 462kV、持续试验时间 5min 的第一阶段老练试验，在之后的升压过程中，升压至 570kV 时出现放电，随后用 5000V 摇表测得 I 母绝缘电阻为 1.0MΩ，将隔离开关 75301 断开后测量绝缘电阻为 380GΩ，据此判断隔离开关 75301 附近支撑绝缘子闪络，解体后发现某一支撑绝缘子严重损坏，表面闪络，如图 12-12 所示。经进一步检测、试验发现，该绝缘子制造质量存在缺陷，导致试验中放电的发生。

图 12-12　闪络支撑绝缘子

第七节　GIS 设备回路电阻测量

GIS 设备回路电阻测量原理与断路器基本一致，采用直流压降法。但由于 GIS 设备结构特殊性，测量方式和断路器有所区别，当母线较长且有多路出线时，应尽量分段测量，才可以有效地找到缺陷部位。

如图 12-13 所示为 GIS 接线示意图。从图中可看出若测量 A、E 之间的电阻，包括一台断路器、四台隔离开关和整个母线电阻值，这样很难通过所测电阻判断接触不良的确切部位。

如果分段测量时，从 C、B 两点通电测量就可以很方便地判断 1 号断路器的接触缺陷；同理，由 E、D 两点通电测量就可以判断 2 号断路器的接触缺陷。

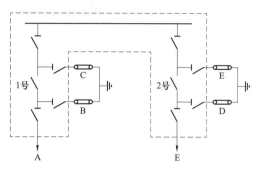

图 12-13　GIS 接线示意图

GIS 主回路直流电阻测量一般有三种方式。

（1）如果有引线套管可利用该套管注入测量电流，直接进行测量，主回路电阻 R

$$R = \frac{U}{I} \qquad (12-4)$$

式中　U、I——分别为测量时的电压、电流值。

（2）如果接地开关导电杆与外壳未直接接地，用铜带连接起来接地，这时回路电阻测量采用图 12-14。

开始测量前先拆开接地铜带，使接地开关导电杆不接地，测量 $abcd$ 环路直流电阻 R

$$R = \frac{U}{I} \qquad (12-5)$$

式中　U——毫伏表读数；

I——100A 直流电流值。

（3）如果接地开关导电杆与外壳相连接，可采用图 12-15 所示电路。

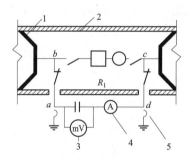

图 12-14　导电杆与外壳用铜接地带
连接测量 $abcd$ 回路电阻示意图

1—盆型绝缘子；2—GIS 母线室的外壳；

3—毫伏表；4—电流表；5—软铜带

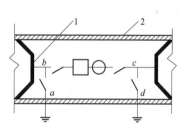

图 12-15　导电杆与外壳不绝缘
测量 $abcd$ 回路电阻示意图

1—盆型绝缘子；2—外壳

测量前合上接地开关，测量环路 $abcd$ 的直流电阻 R_0，而 R_0 是主回路电阻 R 和外壳电阻 R_1 并联后的总电阻；再将接地开关断开，测量外壳 ad 之间电阻 R_1。根据 $R_0 = \dfrac{RR_1}{R + R_1}$，$R_1$ 和 R_0 已测出，则主回路电阻 R 为

$$R = \frac{R_0 R_1}{R_1 - R_0} \qquad (12-6)$$

（4）主回路电阻判断标准。所测主回路值应符合产品技术条件的规定，不得超过出厂实测值的 120%，还应注意三相平衡度的比较。

第八节 GIS同频同相交流耐压试验

一、试验意义

GIS间隔扩建或大修后，需要在现场实施交流耐压试验，检查装配后是否存在各种可能导致内部故障的隐患，确保其绝缘性能良好，从而保证其安全投入运行。在GIS间隔扩建（或大修）后的交流耐压试验，会涉及扩建部分和运行部分，如图12-16所示，扩建部分通过隔离开关g与运行母线隔离。

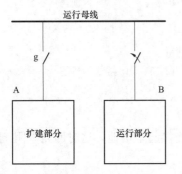

图 12-16　扩建与运行部分连接示意图

传统的试验方法是在母线停电状态下进行，如果运行母线无法停电，试验电压为

$$u_t=U_{tm}\sin(\omega_1 t+\varphi_1)$$

断口g另一侧的系统运行电压为

$$u_s=U_{sm}\sin(\omega_2 t+\varphi_2)$$

试验电压与运行电压频率、相位均不相同，当两个电压的相位差为180°时，断口g最高承受的电压为试验电压与最高运行电压的和，即：

$$U_g=U_t+U_m/\sqrt{3}$$

相当于在试验电压基础上叠加了运行电压，这将有可能导致断口击穿，如图12-17所示。

只有当试验电压与运行电压频率、相位均相同时，断口g承受的电压最小，如图12-18所示。

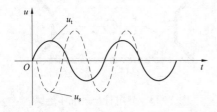

图12-17　试验电压与运行电压叠加示意图

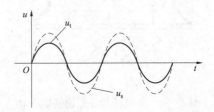

图12-18　试验电压与运行电压同频同相叠加示意图

因此，运行母线停电困难时，采用同频同相交流耐压试验装置，实现试验电压与运行部分电压频率、相位均相同，是风险最小的选择。

二、试验原理与设备

该试验的核心在于与运行电压同频同相的试验电压的产生，其原理如图12-19所示。

试验时，从GIS运行部分获取运行电压作为参考信号，将被试GIS间隔上的试验电压作为反馈信号，利用软件锁相技术，对反馈电压信号和参考电压信号进行频率、相位的跟踪比较调节，最终输出一个与参考电压频率、相位相同的初级试验电压信号，再将信号功率放大，通过串联谐振装置产生与运行电压频率相位一致的试验电压施加于被试设备，如图12-20所示。

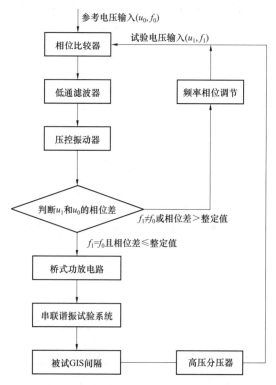

图 12-19　同频同相交流耐压试验原理流程图

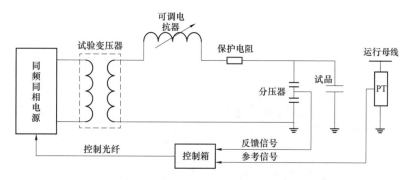

图 12-20　同频同相交流耐压试验原理图

试验的主要设备包括同频同相电源、试验变压器、可调电抗器、保护电阻、分压器、控制箱等。其中控制箱中包含了保护模块和锁相环模块。

三、试验应注意的问题

试验前应调整变电站运行方式，尽可能将负荷转移；应仔细检查核实隔离开关位置，有条件时可使用 X 射线检测，确保分闸到位；应在 TV 二次的计量绕组获取参考电压，避免在保护绕组工作，防止误动保护装置；试验开始前应调整好试验电压与运行电压的整定值，通常当试验电压与运行电压相位差超过 3°时，系统应自动停止试验。

本章介绍了断路器及 GIS 的绝缘试验项目和要求，介绍了断路器的分、合闸速度及时间特性测量方法。还特别介绍了 GIS 老练试验的意义。

📇 本章重点

1. 真空断路器真空度测量的目的。
2. GIS 预防性试验项目。
3. 断路器的分、合闸速度及时间特性测量方法。

📖 复习题

1. 断路器预防性试验的项目有哪些？
2. 对用有机材料制成的断路器提升杆的绝缘电阻测试，《规程》有何规定？
3. 简述 GIS 回路电阻的测量方法。
4. GIS 交流耐压击穿后应如何处理？

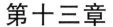

电气试验（第四版）

第十三章

套 管 试 验

套管是电力系统广泛使用的一种电力设备。它的作用是使高压引线安全穿过墙壁或设备箱体与其他电力设备相连接。套管的使用场所决定了其结构要有较小的体积和较薄的绝缘厚度，由于套管法兰处（与墙壁及箱盖连接处）的电场强度极不均匀，因此对其绝缘性能提出了较高要求。

套管按结构可分为：纯瓷套管，适用于 35kV 及以下系统；充油型套管，适用于 110kV 及以下系统；油纸电容型套管，适用于 35kV 及以上系统；胶纸电容型套管，适用于 35～220kV 系统。

套管按使用场所又可分为：穿墙套管，35kV 及以下多为纯瓷或充油式，35kV 以上为胶纸、油纸式；变压器套管，35kV 及以下多为充油式，35kV 以上为胶纸式或油纸式。充油型套管指以油作为主绝缘的套管。油纸电容型套管指以油纸电容芯为主绝缘的套管。胶纸电容型套管指以胶纸电容芯为主绝缘的套管。胶纸型套管指以胶纸为主绝缘与外绝缘的套管（如一般室内无瓷套胶纸套管）。

制造厂明确规定不许取油样的全密封设备，一般不取油样做色谱分析和微水检测。

第一节　测量绝缘电阻

测量绝缘电阻可以发现套管瓷套裂纹、本体受潮以及测量小套管（末屏）绝缘劣化、接地等缺陷。

对于已安装到变压器本体上的套管，测量其高压导电杆对地的绝缘电阻时应连同变压器本体一起进行，而测量抽压小套管和测量小套管（末屏）对地绝缘电阻可分别单独进行。由于套管受潮一般总是从最外层电容层开始，因此测量小套管对地绝缘电阻具有重要意义。

《规程》规定测量小套管（末屏）对地绝缘电阻应使用 2500V 绝缘电阻表，其阻值一般不应低于 1000MΩ。

《规程》还规定套管主绝缘的绝缘电阻不应低于 10000MΩ。

第二节　介质损耗因数 tanδ 和电容量测量

套管 tanδ 和电容量测量是判断套管绝缘状态的重要手段。由于套管体积较小，电容量较小（几百皮法），因此测量其 tanδ 可以较灵敏地反映套管劣化受潮及某些局部缺陷。测量

195

其电容量也可以发现套管电容芯层局部击穿、严重漏油、测量小套管断线及接触不良等缺陷。现场一般采用西林电桥测量套管的 $\tan\delta$ 和电容量。

一、单独套管的试验

大多数电力设备中广泛使用 35kV 及以上的油纸电容型或胶纸电容型套管。该类套管中有一部分带有专供测量 $\tan\delta$ 用的小套管，即测量小套管（末屏），也有部分套管不带测量小套管。

当套管安装前或从设备本体拆下来单独试验时，可采用西林电桥正接线法测量其 $\tan\delta$ 和电容量，如图 13-1 所示。

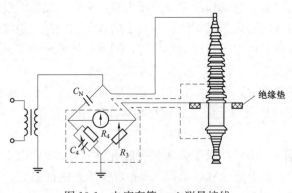

图 13-1　电容套管 $\tan\delta$ 测量接线

（当套管带有测量小套管时，

电桥 C_x 线接测量小套管芯线，法兰接地）

二、现场变压器电容套管试验

现场运行的变压器电容套管已牢固安装于设备箱体，套管内部导电杆下部与变压器绕组相连接，预防性试验时，无法将套管与内部绕组连接拆开，因此测量时需采取特殊接线，以避免变压器绕组电感、变压器本体电容对套管 $\tan\delta$ 和电容量测量的影响。

现场测量接线时，应将被测套管、绕组连同中性点全部短接后接西林电桥高压引线，西林电桥 C_x 线接被测量套管的测量小套管，分别测量各相套管的 $\tan\delta$ 和电容量。西林电桥用正接线测量，不能采用反接线。同一温度下变压器绕组不同接线时套管 $\tan\delta$ 的测量结果见表 13-1。

表 13-1　　　　　同一温度下变压器绕组不同接线时套管 $\tan\delta$ 的测量结果

变压器型号 容量、电压	相　别	全部绕组开路		全部绕组短路	
		$\tan\delta$（%）	C_x（pF）	$\tan\delta$（%）	C_x（pF）
240MVA 330kV	A	2.1	310	0.5	308
	B	2.3	304	0.5	304
	C	1.4	301.7	0.4	301
150MVA 220kV	A	1.7	304.5	0.3	304
	B	1.8	295.4	0.4	295
	C	1.3	287.4	0.2	287
SFSL—31500/110	A	1.1	352.8	0.4	352.8
	B	1.2	343.6	0.4	343.6
	C	0.7	332	0.4	332
SFSL—10000/110	A	0.8	340	0.3	341
	B	1.0	336	0.3	336
	C	0.6	341	0.4	341

由表 13-1 所示数据可以看出，测量时若接线不正确（全部绕组开路）会对套管 $\tan\delta$ 测

量造成很大误差。误差大小与变压器的容量、结构等有关。误差是由变压器绕组的电感和损耗引起的。从现场测量结果来看，测量时将绕组短接能大大减小测量误差。从现场测量的准确性和安全性出发，测量套管 tanδ 时最好将加压套管侧绕组连同中性点短接后接高压，其他非被试绕组短接后接地。如测量高压套管时，将高压绕组连同高压绕组中性点短接后接高压，中、低压绕组及其中性点短接后接地。

三、影响套管 tanδ 测量的因素

1. 试验接线的影响

现场测量变压器套管 tanδ 时未将变压器绕组短接，对测量结果有影响。

由表 13-3 可以看出，对于绝缘良好的胶纸电容型套管，正接线测得的 tanδ 值比反接线测得值偏小或接近，电容量偏小；对于绝缘不良的，则正、反接线有明显差异。一般情况下，反接线较正接线测得的 tanδ 偏大。

2. 温度、湿度的影响

温度对套管 tanδ 的影响与对其他设备 tanδ 的影响一样。一般情况下，tanδ 随温度升高而增加，有文献给出了套管 tanδ 的温度换算系数，不在同一温度下测得的 tanδ 应换算到同一温度，再进行比较分析。由于穿墙套管体积小，其温度取试验时的环境温度；而对于大容量变压器的胶纸电容套管，套管的温度既不同于主变压器主体温度，也不应按环境温度考虑❶。有文献推荐变压器套管的温度计算式为

$$t_1 = 0.66t_2 + 0.34t_3$$

式中 t_1——变压器套管温度；

t_2——变压器上层油温；

t_3——室外无阳光照射处的温度。

湿度对 tanδ 的测量影响很大。西林电桥正接线时湿度对 tanδ 影响如图 13-2 所示。图中 R_1、R_2、R_3 是表面瓷套的等值分布电阻，C_1'、C_2'、C_3' 为其相应的分布电容，C_{11}、C_{22} 为套管电容层与瓷套表面的等效电容，C_a、C_b、C_c 为套管电容层电容，R_3 为西林电桥可变电阻，i_N 为西林电桥标准电容器臂流经电流。

从图 13-2 中可以看出，当相对湿度较大时，由于瓷套表面泄漏电导较大而产生分流。如图 13-2（b）、(c) 所示，由于分流电流 i_{11} 的影响，结果使正接线 tanδ 测量值出现偏小的测量误差，严重时产生"—tanδ"测量值。

反接线测量套管 tanδ 时，当相对湿度较大时，表面泄漏电导与被试绝缘部件相并联，将造成 tanδ 测量值偏大的误差。

正接线偏小的测量误差往往不会引起注意，将一些 tanδ 不合格的套管误认为合格，投

---

❶ 油纸电容型套管的 tanδ 一般不进行温度换算，因为该型套管的主绝缘为油纸绝缘，其 tanδ 与温度的关系取决于油与纸的综合性能。经研究和实践证明，良好绝缘套管在测量温度范围内，其 tanδ 随温度升高基本上不变或略有下降趋势。因此，一般不进行温度换算。但套管受潮后，tanδ 随温度变化而有明显变化，随温度升高显著增加。所以，当 tanδ 测量值与出厂值或上次测量值比较有明显增长或已接近《规程》要求值时，应综合分析 tanδ 与温度、电压的关系；试验电压由 10kV 升到 $U_m\sqrt{3}$ 时，tanδ 增量超过 0.3％时，不应继续运行。

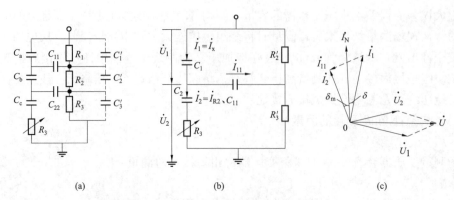

图 13-2 正接线时湿度对套管 tanδ 的影响

(a) 等值电路；(b) 简化电路；(c) 相量图

入运行，而且由于每次测量时相对湿度的不同，实测套管的 tanδ 分散性较大。

反接线偏大的测量误差又可能会造成误判断，将一些合格的套管判为不合格，增加不必要的工作。

因此，在测量 tanδ 时应注意环境湿度的影响，应以相对湿度不大于 65% 下的测量值为准，湿度较大时，应在采取烘干表面瓷裙、涂硅油等措施后再测量。

3. 表面脏污的影响

表面脏污对 tanδ 测量的影响同湿度对 tanδ 测量的影响机理一样，将造成正接线 tanδ 测量值偏小或反接线测量值偏大。

如某地曾在相对湿度很低（30%）的情况下，对两只 35kV 多油断路器胶纸电容型套管的 tanδ 进行测量，试验结果见表 13-2。

表 13-2 两只同型号套管 tanδ 试验结果（试验温度 18℃，试验电压 10kV）

套 管 编 号	正接线测量 tanδ（%）	反接线测量 tanδ（%）
01	0.3	8.4
02	−1.7	17.6

被试套管表面干燥清洁，而 tanδ（%）测量值明显异常，反接线 tanδ（%）测量值偏大，02 号套管正接线在无电场干扰情况下测得为负介质损耗因数值。为查明原因对这两只套管进行解体检查，发现套管浸在油中的下部瓷套表面附着一层油泥，对这两只套管清洗后再做试验，tanδ（%）测量值恢复正常，试验结果见表 13-3。

表 13-3 清除油泥后 tanδ 的试验结果

套 管 编 号	正接线测量 tanδ（%）	反接线测量 tanδ（%）
01	0.4	0.6
02	0.3	0.4

4. "T" 形干扰网络的影响

同测量小电容量电流互感器一样，由于套管的电容量较小，一般为几百皮法，试验时套管附近的梯子、设备构架、试验人员、引线等会对试验结果产生一定影响，造成 tanδ 和电容量测量结果分散性大。如对一只 110kV 油纸电容型套管进行试验，将其搁放在枕木上，套管的高压导电杆与地距离 0.3m，正接线加压 5kV 时测得 tanδ（％）＝0.6，将高压套管用绝缘绳吊起离地 1.0m 时再进行测量，测得 tanδ（％）＝0.4。电桥平衡时，在套管附近放置一梯子，可以明显地看出西林电桥的光带又增宽了。因此，测量电容套管 tanδ 时应尽量使套管附近无梯子、构架等杂物或使杂物及试验人员远离被试套管，以提高测量准确度。

5. 测量小套管对套管 tanδ 测量的影响

套管上设有专门供测量 tanδ 用的测量小套管，测量小套管的绝缘状态对正接线测量套管的 tanδ 有很大影响。

（1）测量小套管接地。安装或运行中测量小套管引线与地接触时，绝缘电阻为零。这种情况下用西林电桥正接线测量套管 tanδ 时，C_x 被短接，西林电桥 R_3 不起作用。电桥无法平衡，tanδ 无法测量。对于未装在设备本体上的单独套管 tanδ 尚可用反接线测量，而对于装在设备本体上的变压器套管则无法用反接线测量其 tanδ。

（2）测量小套管引线开断。安装检验时由于不慎可能会造成测量小套管内部引线开断。这种情况下，西林电桥正接线测量时无信号或信号很弱，测量出套管电容量异常，应检修处理。

（3）测量小套管绝缘电阻低。测量小套管由于表面脏污或内部受潮可能会造成绝缘电阻偏低。由于偏低的绝缘电阻会引起分流，即相当于在西林电桥 R_3 上并联一电阻，使测量的 tanδ 产生偏小的测量误差。因此，现场测量套管 tanδ 前，应先摇测测量小套管绝缘电阻，绝缘电阻低的（小于 1000MΩ）应查明原因。

综上所述，套管 tanδ 测量受各种因素影响较大，现场测量时应认真分析各种影响因素，对异常试验结果（偏大或偏小）应查明原因。在分析套管 tanδ 的同时还应分析套管的电容量，对于电容型套管，其 ΔC_x％超过±10％时应视为不合格，超过±5％应引起注意，缩短试验周期。

第三节　交流耐压试验

《规程》要求，交接或大修后的套管应做交流耐压试验，以考验主绝缘的绝缘强度。

通过交流耐压试验曾发现过纯瓷充油套管瓷质裂纹、油纸电容套管电容芯棒局部爬电、胶纸电容套管下部绝缘表面有擦痕等缺陷。

交流耐压试验时，应将被试套管瓷套表面擦干净，将套管下部浸于绝缘油内（模拟运行状况），法兰与测量小套管可靠接地后，再在导电杆上施加相关规程要求的试验电压。

第四节　电容式套管测量小套管试验

以前高压套管末端设有 2 个小套管，一个是电压抽头，供二次用；另一个供测量用。但由于电压抽头二次系统已不用，目前已生产的电容式套管只有一个测量小套管，平时接地，当停电进行试验或在线监测时才用此小套管。

测量小套管设计的对地电容 C_2 和主电容 C_1，相差倍数不多，运行中一旦开路，测量小套管对地电压非常高，导致对地击穿。如 500kV 变压器套管主电容 $C_1 = 300pC$，而测量小套管对地电容 $C_2 = 900pC$，开路最大电压 $U_2 = \dfrac{550}{\sqrt{3}} \times \dfrac{300}{900 + 300} = 74$（kV）。所以，在运行过程中，一定要保证牢靠接地，不能开路。

另外，当套管密封不良时，浸入的水分通过外层绝缘逐渐进入电容芯内部，也就是先使外层绝缘受潮。理论和实践均证明，电气试验测量小套管的绝缘电阻、$\tan\delta$ 比测量主电容的绝缘电阻、$\tan\delta$ 更能有效发现套管受潮的缺陷。

《规程》要求测量小套管的绝缘电阻大于 1000MΩ，否则应测 $\tan\delta$，其值不大于 2%。如果 $\tan\delta$ 大于 2%，则证明套管已受潮，需进行处理。

本章提示

本章介绍了各类套管预防性试验的项目、方法。套管的用途及结构，决定了套管绝缘厚度薄、耐受场强高，因而事故率较高，加之电容量相对较小，$\tan\delta$ 测量受外界干扰也严重。

湿度是怎么影响套管 $\tan\delta$ 测量结果的？胶纸电容套管 $\tan\delta$ 测量究竟是用正接线还是反接线？

本章重点

1. 现场电容套管 $\tan\delta$ 试验接线方式对测量结果的影响。
2. 影响电容套管 $\tan\delta$ 测量的多种因素。
3. 电容套管的测量小套管测量绝缘电阻和 $\tan\delta$ 的重要性。

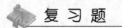

复习题

1. 简述套管预防性试验的项目及标准。
2. 现场变压器的电容型套管 $\tan\delta$ 试验应注意哪些问题？
3. 影响套管 $\tan\delta$ 测量的因素有哪些？

第十四章

电 容 器 试 验

电力系统中常用的电容器有并联电容器、耦合电容器、断路器均压电容及电容式电压互感器的电容分压器。并联电容器在系统中一般用作无功补偿和发电机的过电压保护。耦合电容器主要用于电力系统载波通信及高频保护。均压电容器并联于断路器断口，起均压及增加断路器断流容量的作用。其结构与耦合电容器基本一样。

耦合电容器与并联电容器均由油浸纸绝缘电容元件组成。电容元件由铝箔极板和电容器纸卷制而成，一台电容器由数个乃至数十个、数百个这样的电容元件串并联组成。并联电容器一般电容量较大（μF 级），额定电压多为 35kV 及以下，其结构特点是将串并联电容元件密封在铁壳中，充以绝缘油，引线由瓷套管引出，供连接用。耦合电容器一般电容量为 3000～15 000pF，额定电压在 35kV 及以上。其结构特点是将串并联电容元件密封在瓷套中，高压端接阻波器的高压引线，另一端由底部的小瓷套管引出，接结合滤波器。

随着技术的发展，并联电容器由单台发展成集合式电容，绝缘材料除油纸绝缘外，又增加了纸膜复合介质绝缘、全膜介质绝缘等，还生产了自愈式电容器。

第一节 测量绝缘电阻

测量绝缘电阻的目的主要是初步判断耦合电容器的两极之间及并联电容器两极对外壳之间的绝缘状态，测量时用 2500V 绝缘电阻表。测量耦合电容器小套管对地绝缘电阻时用 1000V 绝缘电阻表，测量接线如图 14-1 所示。

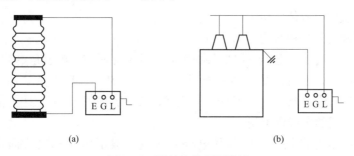

(a)   (b)

图 14-1 测量绝缘电阻接线
(a) 耦合电容器测量接线；(b) 并联电容器测量接线

测量结果应与历次测量值及经验值比较，进行分析判断。测量时应注意：

（1）测量前后电容器两极之间、两极与地之间，均应充分放电，尤其并联电容器应直接从两个引出端上直接放电，而不应仅在连接导线板上对地放电。因为大多数并联电容器两极与连接导线板连接时均串有熔断器，若熔断器熔断，在连接板上放电不一定能将电容器残余电荷放完。

（2）应按大容量试品的绝缘电阻测量方法测量电容器绝缘电阻。

（3）《规程》不要求测量并联电容器两极间绝缘电阻，但不测量则无法判断绝缘状态。《规程》不要求测两极绝缘，是由于两极间电容量很大，贮存电荷较多，当测量绝缘电阻时，若操作不当，则极易损坏测量设备和发生人受伤事故；另外，绝缘电阻与极面积成反比关系，即极面积越大，则绝缘电阻越小，反之亦然，因此难以规定标准。还有在测绝缘电阻时，充电电流很大、仪表指针摆动，不易读准。

利用测量两极对地绝缘电阻值间接判断两极间的绝缘电阻，因为两者是一致的。

两极放电应该采用绝缘工具，不能用手拿着裸铜线去放电，以防触电。

第二节　介质损耗因数 tanδ 和电容量测量

通过测量 tanδ 和电容量可以检查电容器是否有受潮老化现象及局部缺陷，将测得的电容量与铭牌值进行比较，可判断电容器内部接线是否正确，是否有断线或击穿现象等。

并联电容器一般不要求做 tanδ 试验。

一、耦合电容器油纸绝缘电容器和电容式电压互感器电容分压器 tanδ 和电容量测量

由于耦合电容器两极可以对地绝缘，所以一般采用西林电桥正接线测量其 tanδ 和电容量。

《规程》规定：油纸绝缘的耦合电容器 tanδ（%）＞0.5 为不合格，应退出运行。膜纸复合绝缘（一般为 TYD 系列）的 tanδ（%）＞0.2 为不合格，应退出运行。

由所测得的电容量计算出电容变化率 $\Delta C_\mathrm{x}\%$，计算式为

$$\Delta C_\mathrm{x}\% = \frac{C_\mathrm{x} - C_\mathrm{N}}{C_\mathrm{N}} \times 100\% \tag{14-1}$$

式中　C_x——测量的电容值，pF；

C_N——所测电容器铭牌电容值，pF。

电容值的增大，可能是电容器内部某些串联元件击穿所致。电容量的减小，可能是内部元件有断线松脱情况，也可能是电容器外壳密封不严渗油，造成严重缺油引起的。《规程》规定耦合电容器运行中的电容变化率 $\Delta C_\mathrm{x}\%$ 应在铭牌电容值的 $-5\% \sim 10\%$ 范围。

二、并联电容器的电容量测量

并联电容器的电容量较大，所以其电容量测量一般不用西林电桥而常采用以下方法测量。

1. 用法拉表测量

现在国内生产的多量程法拉表，可很方便地测量出电容器两极间电容量。具体使用方法可参照法拉表使用说明书。

2. 交流阻抗计算法（电压、电流表法）

交流阻抗计算法测量电容量的接线如图 14-2 所示。按图接好线，合上电源，用调压器

T 升高电压，选择合适的电压表 PV、电流表 PA、频率表 pF，待表计指示稳定后，同时读取电压、电流和频率指示值。当外加的交流电压为 U，流过被试电容器的电流为 I，频率为 f 时，则 $I = U \times 2\pi f C_x$，故被测电容量 C_x 为

$$C_x = \frac{I}{2\pi f U} \times 10^6 \qquad (14\text{-}2)$$

式中　I——电流表 PA 所测电流值，A；

　　　U——电压表 PV 所测电压值，V；

　　　f——频率表 PF 所测频率值，Hz；

　　　C_x——被测电容器电容量，μF。

现场电源一般为 220V 或 380V。

3. 双电压表法

双电压表法测量电容量的接线图及相量图如图 14-3 所示。

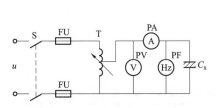

图 14-2　交流阻抗计算法测量
电容量的接线
S—电源开关；FU—熔断器；
T—单相调压器；C_x—被测电容

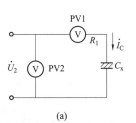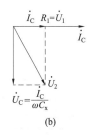

图 14-3　双电压表法测电容量
（a）接线图；（b）相量图

由图 14-3 可知

$$U_2^2 = U_1^2 + U_C^2 = U_1^2 + \frac{I_C^2}{(\omega C_x)^2} = U_1^2 + \frac{(U_1/R_1)^2}{(\omega C_x)^2}$$

$$= U_1^2 \left[1 + \frac{1}{(R_1 \omega C_x)^2} \right]$$

$$\frac{U_2^2}{U_1^2} - 1 = \frac{1}{(R_1 \omega C_x)^2}$$

$$C_x = \frac{1}{\omega R_1 \sqrt{(U_2/U_1)^2 - 1}}, \ \text{F}$$

或

$$C_x = \frac{1 \times 10^6}{\omega R_1 \sqrt{(U_2/U_1)^2 - 1}}, \ \mu\text{F}$$

用以上方法可以很容易地测出单相电容器的电容量。但对于三相电容器，需分三次测量，并根据测量结果进行计算，较为复杂。表 14-1、表 14-2 分别为三相电容器三角形接线及星形接线时电容量的测量方法和计算公式。

表 14-1　　　三角形接线的三相电力电容器电容量测量方法和计算公式

测量次数	接线方式	短路接线端	测量接线端	测量电容量	电容量的计算
1	(接线图：C_1、C_2、C_3 三角形接线，端子 2、3、1)	2，3	1与2，3	$C_A=C_1+C_3$	$C_1=\frac{1}{2}(C_A+C_C-C_B)$
2	(接线图：C_1、C_2、C_3 三角形接线，端子 2、3、1)	1，2	3与1，2	$C_B=C_2+C_3$	$C_2=\frac{1}{2}(C_B+C_C-C_A)$
3	(接线图：C_1、C_2、C_3 三角形接线，端子 2、3、1)	1，3	2与1，3	$C_C=C_1+C_2$	$C_3=\frac{1}{2}(C_A+C_B-C_C)$

表 14-2　　　星形接线的三相电力电容器电容量测量方法和计算公式

测量次数	接线方式	测量接线端	测量电容量	电容量的计算
1	(接线图：端子 1、2、3，C_1、C_2、C_3 星形接线)	1与2（C_{12}）	$\frac{1}{C_{12}}=\frac{1}{C_1}+\frac{1}{C_2}$	$C_1=\frac{2C_{12}C_{31}C_{23}}{C_{31}C_{23}+C_{12}C_{23}-C_{12}C_{31}}$
2		3与1（C_{31}）	$\frac{1}{C_{31}}=\frac{1}{C_3}+\frac{1}{C_1}$	$C_2=\frac{2C_{12}C_{31}C_{23}}{C_{31}C_{23}+C_{12}C_{31}-C_{12}C_{23}}$
3		2与3（C_{23}）	$\frac{1}{C_{23}}=\frac{1}{C_2}+\frac{1}{C_3}$	$C_3=\frac{2C_{12}C_{31}C_{23}}{C_{12}C_{23}+C_{12}C_{31}-C_{31}C_{23}}$

采用上述方法测得的电容量均需按式（14-1）进行电容量的误差计算。交接及运行中的实测值与出厂时实测值或铭牌值差别应在−5％～10％范围内。

三、试验注意事项

（1）不论何种测量方法，测量前后均需对耦合电容器或并联电容器两极充分放电，以保证人身安全及测量准确度。

（2）用交流阻抗法和双电压表法测量电容量时，最好用频率表直接测量试验电源频率值，并用实测频率值计算电容量。采用的电压表、电流表、频率表精度不应低于 0.5 级。

（3）发现电容器有渗漏油时应视该电容器为不合格，并应立即退出运行并及时更换。

第三节　交流耐压试验

对并联电容器进行两极对外壳的交流耐压试验，能比较有效地发现油面下降、内部进入潮气、瓷套管损坏以及机械损伤等缺陷。交流耐压试验标准见相关规程要求。

第四节　冲击合闸试验

新安装的并联电容器组在投入正式运行前需进行冲击合闸试验。试验的目的是检查电容器组补偿容量是否合适，电容器所用熔断器是否合适以及三相电流是否平衡。

一、试验方法

电容器组及与之相配套的断路器及控制保护回路电流、电压测量装置等安装好后，在额定电压下，对电容器组进行三次合、分闸冲击试验。冲击合闸试验后，断开断路器及隔离开关，合上电容器组接地开关，极间充分放电后，检查熔断器有无熔断，如发现熔断，应查明原因，消除后才允许电容器正式投入运行。

冲击试验时，应监视系统电压的变化及电容器组每相电流的大小，观察三相电流是否平衡及合闸、分闸时是否给系统造成较高的过电压和谐振等现象。三相电流不平衡率一般不应超过5%，超过时应查明原因，并予以消除。

二、注意事项

（1）冲击合闸试验时，应测量每相电流。试验前应将测量电流互感器 TA 事先接于测量回路中。如电容器组为星形接线，应将测量电流互感器 TA 串接于电容器中性点侧的回路内；电容器组为三角形接线时测量电流互感器 TA 只能串接在各相高压回路内。

（2）三相电流不平衡时，应检查电容器组熔断器有无熔断，电容量是否合适等。检查前仍应对电容器两极直接放电，防止熔断器熔断使电容器带有残余电荷。

第五节　并联电阻值自放电测量法

当一些并联电容器被切除后，会产生一定的残压。为了安全，在 10min 内电容器端子间电压应由 $\sqrt{2}U_N$（U_N 为额定电压）降到 75V 以下。为了达到这一要求，一般在电容器端子并联高阻值电阻，即放电电阻，又称并联电阻。该电阻除应满足阻值要求外，还应有足够的功率和耐电强度。

一、测量阻值的自放电试验方法

自放电法测量并联电阻阻值的试验接线如图 14-4 所示。当 $t=0$ 时，C_x 两端电压已被充电到 U_1，断开电源 U，经过时间 t 后，C_x 两端电压 U_1 经放电电阻 R_p 放电到 U_2。U_2 是由 U_1 按指数规律衰减的，即

$$U_2 = U_1 e^{-\frac{t}{\tau}}$$

$$\tau = R_p C_x \text{（因为 } R_x \gg R_p，R_x \text{ 略去）}$$

式中　τ——时间常数。

将上式展开，则

$$U_2 = U_1 \left[1 - \frac{t}{C_x R_p} + \left(\frac{t}{C_x R_p} \right)^2 / 2! \ - \cdots \right]$$

当 $t \ll R_p C_x$ 时，上式可简化为

$$U_2 = U_1 \left(1 - \frac{t}{R_p C_x} \right) \qquad (14\text{-}3)$$

故

$$R_p = \frac{U_1 t}{C_x (U_1 - U_2)}$$

式中 C_x——并联电容器的电容值，已测出；

$\quad\quad U_1$——$t=0$ 时，并联电容器两端电压，已测出；

$\quad\quad U_2$——$t=t$ 时，并联电容器两端电压，U_2 和 t 均已测出。

这样就可以测出 R_p 值。

二、试验步骤

(1) 按图 14-4 接好线，先合 S1、S2，充电，并测量 U_1。

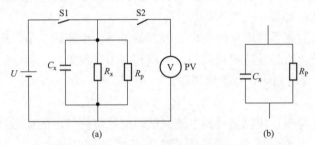

图 14-4　自放电法测量并联电阻阻值的试验接线

(a) 原理接线；(b) 简化等值电路

U—试验电源；C_x—并联电容器电容值；R_p—试品；

R_x—并联电容器电阻；S1、S2—开关；PV—电压表

(2) 将 S1、S2 都断开，并开始计时，对 R_p 放电。

(3) 经过时间 t 后，合上 S2，测量试品两端电压 U_2。

(4) 将测量的 C_x、U_1、U_2 和 t 代入公式 $R_p = U_1 t / C_x (U_1 - U_2)$，即可计算出 R_p 的大小。

三、测量注意事项

(1) 测量时用的静电电压表，要满足准确度的要求。

(2) S1、S2 的绝缘电阻值要比 R_p 大 100 倍以上，以消除泄漏电流的影响。

(3) 时间 t 要计时准确。

四、判断标准

R_p 与出厂值偏差在 $\pm 10\%$ 范围内为合格。

📖 本章提示

本章介绍了并联电容器、耦合电容器、断路器均压电容器及电容式电压互感器的电容分压器的绝缘试验项目、方法及注意事项。

并联电容器、耦合电容等试验前尽管电容器接地开关已合，一定要对电容器两极直接放电，以免熔丝已断的电容器极间存有残余电荷伤害工作人员及仪器仪表。

运行中的耦合电容器、电容式电压互感器的电容分压器、断路器均压电容一旦发现渗漏油或 $\tan\delta$（%）大于 0.5（油纸）或 0.2（膜纸复合绝缘）应立即退出运行。

1. 电容器绝缘电阻测量注意事项。
2. 三角形、星形接线电容器电容量测量方法和计算公式。
3. 耦合电容值、均压电容值、电容式电压互感器 $\tan\delta$ 和电容量测量值标准。

复 习 题

1. 简述耦合电容器的试验项目及标准。
2. 摇测电容器绝缘电阻时应注意哪些问题？
3. 怎样测量电容器并联电阻的阻值？

第十五章

避 雷 器 试 验

避雷器是电力系统中的重要电力设备之一。它的作用是限制过电压使之低于一定幅值，保证电力设备安全运行。

我国电力统中运行的避雷器按结构和性能可分为三大类：

（1）普通阀式避雷器，可分为 FS 型（不带并联电阻）和 FZ 型（有并联电阻）。

（2）磁吹避雷器，可分为 FCZ 型（变电站用）和 FCD 型（旋转电机用）。

（3）金属氧化物避雷器，由具有良好非线性的金属氧化物阀片组成的过电压保护装置。由于其良好的非线性性能和较大的通流容量，在电力系统中已基本取代了其他类型的避雷器。

第一节　金属氧化物避雷器（MOA）绝缘试验

一、绝缘电阻测量

金属氧化物避雷器由金属氧化物阀片串联组成，没有火花间隙与并联电阻。通过测量其绝缘电阻，可以发现内部受潮及瓷质裂纹等缺陷。

《规程》规定：对 35kV 及以下金属氧化物避雷器用 2500V 绝缘电阻表测量每节绝缘电阻，应不低于 1000MΩ；对 35kV 以上金属氧化物避雷器用 2500V 或 5000V 绝缘电阻表测量每节的绝缘电阻，应不低于 2500MΩ。

二、测量直流 1mA 电压 U_{1mA} 及 75%U_{1mA} 电压下的泄漏电流

金属氧化物阀片和碳化硅阀片的非线性关系如图 15-1 所示。阀片的电阻值和通过的电流有关，电流大时电阻小，电流小时电阻大。也就是说在运行电压 U_1 下，阀片相当于一个很高的电阻，阀片中流过很小的电流；而当雷电流 I 流过时，它又相当于很小的电阻维持一适当的残压 U_2，从而起到保护设备安全的作用。

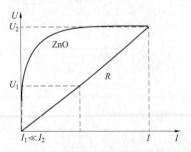

图 15-1　金属氧化物（MOA）阀片
的非线性特性

U_1—工频运行电压；U_2—雷电流下避雷
器的残压；I_1、I_2—运行电压下 MOA、
线性电阻的交流泄漏电流；I—雷电流

测量其直流电压 U_{1mA} 及 75%U_{1mA} 电压下的泄漏电流是为了检查其非线性特性及绝缘性能。

U_{1mA} 为试品通过 1mA 直流时，被试避雷器两端的电压值。《规程》规定：1mA 电压值 U_{1mA} 与初始值比较，变化应不大于 ±5%。0.75U_{1mA} 电压下的泄漏电流应不大于 50μA。也就是说，在电压降低 25% 时，合格的金属氧化物避雷器的泄漏电流大幅度降低，从

1000μA 降至 50μA 以下。

若 U_{1mA} 电压下降或 $0.75U_{1mA}$ 下泄漏电流明显增大，可能是避雷器阀片受潮老化或瓷质有裂纹。测量时，为防止表面泄漏电流的影响，应将瓷套表面擦净或加屏蔽措施，还应注意温度的影响。一般金属氧化物阀片 U_{1mA} 的温度系数约为 $(0.05\sim0.17)\%/℃$，即温度每增高 10℃，U_{1mA} 约降低 1%，必要时可进行换算。

三、运行电压下交流泄漏电流测量

目前采用阻性电流检测仪，对金属氧化物避雷器运行电压下的交流泄漏电流进行检测。阻性电流检测仪的原理如图 15-2 所示。避雷器中流过的全电流 I_x 由 TA 测取，输入到差分放大器的"－"端；另外，从分压器取得成比例的同相电压信号 E_s，移相 90°得到 E_{s0}，再经可控增益放大后进入差分放大器的"＋"端，差分放大器的输出 $(I_x-G_0E_{s0})$ 乘以 E_{s0}，然后对时间积分，改变可控增益放大器的增益（增益调节自动进行），使积分结果为零，即 I_x 的容性分量被补偿掉，最终差分放大器输出只含阻性分量 I_R。

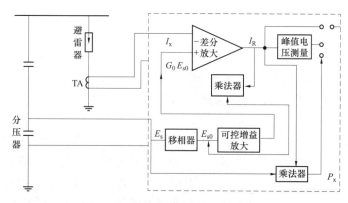

图 15-2　阻性电流检测仪测试原理图

检测仪可以测得运行电压下避雷器的泄漏电流（全电流）及其有功分量（阻性电流）和无功分量（容性电流）、功率损耗 P_x 等。

试验研究表明：当金属氧化物避雷器阀片受潮或老化时，阻性电流幅值增加很快，因此阻性电流可以有效地反映避雷器绝缘状态。

《规程》规定：当泄漏电流有功分量增加到 2 倍初始值时，应停电进行检查。国内有些单位自己制定了判断标准，如有的单位规定当 330kV 金属氧化物避雷器的阻性电流峰值超过 0.3mA、110～220kV 金属氧化物避雷器的阻性电流峰值超过 0.2mA 或测量值较初始值有明显增加时，应进行停电试验，以判断绝缘状态。

表 15-1 示出了某变电站一组 330kV 金属氧化物避雷器检测实例。对表 15-1 数据进行分析，发现 C 相避雷器的阻性电流 I_R 在超过 0.3mA（峰值）后，增长速度很快，仅 20 天时间，增长了 3 倍多，为投运初期的 20 倍，总电流 I_x 增大为初始值的 1.3 倍，于是将该相避雷器退出运行，返厂进行解体检查。解体检查后发现，该相避雷器内部受潮。

表 15-1		某变电站 330kV 金属氧化物避雷器检测结果			
项目 相别	检测时间	电压 U （有效值，kV）	总电流 I_x （有效值，mA）	阻性电流 I_R （峰值，mA）	有功损耗 P_x（W）
A	1986.10.23	181.5	0.88	0.150	1.78
	1987.4.1	198.0	1.02	0.280	36.90
	1987.5.6	198.0	1.00	0.290	42.40
B	1986.10.23	184.5	0.84	0.112	11.08
	1987.4.1	194.7	0.89	0.150	20.10
	1987.5.6	198.0	0.91	0.160	21.10
C	1986.10.23	188.0	0.96	0.070	7.30
	1987.4.1	196.4	0.98	0.340	44.90
	1987.4.20	198.0	1.25	1.400	201.00

注　该组避雷器 1986 年 10 月 23 日投运。

某单位 110kV 及以上金属氧化物避雷器多年现场检测结果表明：密封不严和装配过程中元件受潮是金属氧化物避雷器发生故障的主要原因。避雷器瓷套表面污秽将引起金属氧化物避雷器总电流 I_x、阻性电流 I_R 及有功损耗 P_x 的普遍增大；环境温度和湿度对测量结果也有较大影响。

试验中常发现这样一种现象：三相直线排列的避雷器其阻性电流与有功损耗 P_x 有明显差异，一般情况下，A 相测量数值偏大，B 相居中，C 相偏小。这种现象是三相避雷器相间干扰、电容耦合所致。由于相间干扰，三相避雷器下部电流与单相运行时相比，相位有了改变，如 500kV 系统中由于 B 相的影响，A、C 两相避雷器下部测得的总电流（主要是容性电流）分别向后、向前相位移 α（约 3°左右），而各相的取样电压却仍以其顶部电压作为基准并移相 90°后与本相电流比较，造成 A、C 相电流相位及幅值变化，从而导致测量误差，如图 15-3 所示。

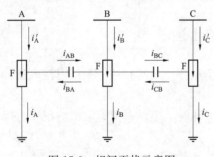

图 15-3　相间干扰示意图

由于相间干扰的存在，不能简单地以各相测得的阻性分量 I_R、有功损耗 P_x 来判别避雷器的劣化程度，应当综合阻性分量及有功损耗的变化量来判断。

第二节　避雷器基座及放电计数器试验

一、避雷器基座试验

按照《规程》规定，预防性试验中应当对避雷器基座及放电计数器进行检查试验。避雷器底部的基座一般是绝缘的瓷柱，基座上并联有放电计数器，基座起对地绝缘作用。当雷电流通过避雷器时，放电计数器动作，记录避雷器动作情况。对避雷器基座用 2500V 绝缘电阻表测量绝缘电阻，绝缘电阻应在 100MΩ 以上。

在某些特殊系统中，如 10kV 三角形接线电力电容器组中的避雷器，其基座不带放电计数器且单相接地情况下要承受运行相电压，对此类避雷器的基座，应按 10kV 支持绝缘子进行交流耐压试验。

二、放电计数器动作试验

放电计数器在运行中可以记录避雷器是否动作及动作的次数，以便积累资料，分析电力系统过电压情况，是避雷器的重要配套设备。国内目前主要采用 JS 型电磁式放电计数器。

1. JS 型放电计数器工作原理

如图 15-4（a）所示为 JS 型双阀片式结构的放电计数器原理图。当避雷器动作时，放电电流流过阀片电阻 R_1，在 R_1 上的压降经阀片电阻 R_2 给电容 C 充电，C 再对电感绕组 L 放电，使其移动一格，计一次数。改变 R_1 及 R_2 的阻值，可使计数器具有不同的灵敏度，一般最小动作电流为 100A（8/20μs 冲击电流）。

如图 15-4（b）所示为 JS-8 型整流式结构的放电计数器原理图。避雷器动作时，阀片电阻 R_1 上的压降经全波整流给电容 C 充电，C 再对电磁式计数器的电感绕组放电，使其动作计数。该放电计数器的阀片电阻 R_1 阻值较小，通流容量较大（1200A 方波），最小动作电流也为 100A（8/20μs 冲击电流）。JS-8 型一般用于 6.0～330kV 系统，JS-8A 型用于 500kV 系统。

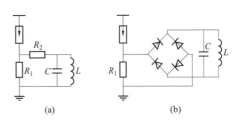

图 15-4　JS 型放电计数器原理图
（a）双阀片式；（b）整流式

2. 运行检查和试验

放电计数器在运行中的主要问题是密封不良和受潮，严重的甚至出现内部元件锈蚀的情况。因此在对避雷器进行预防性试验时，应检查放电计数器内部有无水气、水珠，元件有无锈蚀，密封橡皮垫圈的安装有无开胶等情况。

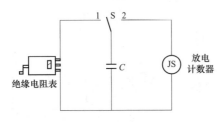

图 15-5　放电计数器动作次数的检查

为了检查放电计数器能否正常动作，一种方法是用冲击电流发生器给计数器加一个幅值大于 100A 的冲击电流，看其是否动作。如图 15-5 所示为一种适宜现场采用的简易试验方法。用一个 1000V 或 2500V 绝缘电阻表给一个电容量约为 5～10μF 的电容器充电，然后用电容器通过放电计数器放电，计数器应当动作。试验时应注意：

（1）为得到足够的电流，应由一人摇绝缘电阻表，另一人通过绝缘杆挂电容器的放电引线；在绝缘电阻表停摇之前，将绝缘电阻表与电容器引线断开，用绝缘杆挂导线对放电计数器放电，防止电容器反充电损坏绝缘电阻表、电容器电荷释放提前影响试验结果。

（2）应记录放电计数器试验前后的放电指示位置。试验后应将放电计数器指示位置提前恢复到试验前。

现场通常采用专用仪器开展工作，其原理同图 15-5。

第三节　金属氧化物避雷器（MOA）运行监测

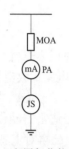

图15-6　金属氧化物避雷器
带电测试接线图
PA—全电流表；JS—计数器

　　金属氧化物避雷器运行时，通常在计数器前边串一只全电流表，在运行电压下测量全电流值，根据此电流，判断金属氧化物避雷器的运行状态。接线图如图15-6所示。

　　平时运行人员巡视检查时，根据全电流的指示值大小和三相对比，可以判断设备是否有缺陷，尤其是线路避雷器则更方便判断（线路避雷器试验周期较长）。

　　该方法对受潮缺陷比较有效。现场监测发现，空气温度增大时三相读数同步显著增大，干燥后又下降，这是由于外瓷套泄漏电流的影响。因此在阴雨天测量时，由三相读数横向对比判断或待天晴后复测。

第四节　金属氧化物避雷器工频参考电压试验

　　工频参考电压是金属氧化物避雷器的重要参数，它表征了避雷器伏安特性曲线饱和点。在工频参考电流下测出的避雷器上的工频电压最大峰值除以$\sqrt{2}$，即为工频参考电压。工频参考电流指工频电流阻性分量的峰值。设备运行一段时间后，工频参考电压的变化直接反映设备老化、受潮、变质等缺陷。

1. 试验接线

　　工频参考电压试验接线如图15-7所示。测试仪应可以测量金属氧化物避雷器工频阻性电流的峰值。

2. 试验步骤

（1）升压使试品中的阻性电流峰值达到厂家规定的值，此值由测试仪读取。

（2）读取电容分压器C_2两端U_2。

（3）断开电源。

3. 试验数据处理

（1）计算试品两端电压U，计算公式为

$$U = kU_2$$

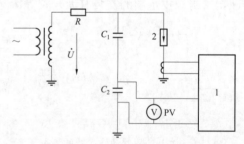

图15-7　工频参考电压试验接线图
1—测试仪；2—试品；R—限流电阻；
C_1、C_2—电容分压器；PV—静电电压表

式中　k　　电容分压器的变比，$k = \dfrac{C_1 + C_2}{C_1}$。

（2）如果U_2测量的是峰值，则工频参考电压U_{ref}为$\dfrac{U}{\sqrt{2}}$。

4. 试验结果判断

试验结果与历年试验结果比较，有明显降低时应对设备加强监视，降低10%及以上时应查明原因，若由老化造成，宜退出运行。

本章提示

本章介绍了金属氧化物避雷器的预防性试验项目及试验方法，介绍了运行检查和试验的要求。

最好是带电测试运行电压下交流泄漏电流！现在有把放电计数器与交流泄漏电流测量合在一起的指示仪器，运行中随时可以监测避雷器的绝缘状态。

本章重点

运行电压下金属氧化物避雷器交流泄漏电流测量的相间干扰。

 复 习 题

1. 避雷器运行中常见的故障有哪些？
2. 简述避雷器的预防性试验项目及标准。
3. 简述避雷器在运行电压下测量交流泄漏电流时的相间干扰现象。
4. 如何进行放电计数器动作试验？

第十六章

电 力 电 缆 试 验

电力电缆主要由电缆芯、绝缘层和保护层三部分组成。根据绝缘材料的不同，电力电缆分为油纸绝缘电力电缆、橡塑绝缘电力电缆、充油电缆等类型，广泛应用于各电压等级，其中以 6～35kV 应用最多。目前油纸绝缘电力电缆已被橡塑绝缘电力电缆所替代。

电力电缆的薄弱环节是电缆的终端头和中间接头，制作工艺不良、使用材料不当以及电场分布不均匀等均会导致缺陷。缺陷如果在交接验收时未被发现，在运行中逐步发展，最终会导致绝缘击穿或发生爆炸。另外，电缆本身还会因机械损伤、铅包腐蚀、制造缺陷等发生故障。

第一节　绝 缘 电 阻 测 量

绝缘电阻测量是检查电缆绝缘最简单的方法。通过测量可以检查出电缆绝缘受潮老化缺陷，还可以判断电缆耐压试验暴露缺陷的位置。电力电缆的绝缘电阻，是指电缆芯线对外皮或电缆某芯线对其他芯线及外皮间的绝缘电阻。因此测量时除测量相芯线外，非被测相芯线应短路接地。测量时对 1000V 以下的电缆可用 1000V 绝缘电阻表，1000V 及以上的电缆用 2500V 绝缘电阻表，6kV 及以上电缆也可用 5000V 绝缘电阻表。

电力电缆的绝缘电阻与电缆的长度、测量时的温度以及电缆终端头或套管表面脏污、潮湿等有较大关系。测量时应将电缆终端头表面擦拭干净，并进行表面屏蔽。

测得的电缆绝缘电阻应进行综合分析判断，即与交接及历次试验值以及不同相测量值比较。当绝缘电阻与上次试验值比较，有明显减小或相间绝缘电阻有明显差异时应查明原因。多芯电缆在测量绝缘电阻后，可以用不平衡系数来分析判断其绝缘状态。不平衡系数等于同一电缆中各芯线绝缘电阻中的最大值与最小值之比。绝缘良好的电力电缆其不平衡系数一般不大于 2。

第二节　直流耐压和泄漏电流试验

对电力电缆进行直流耐压及泄漏电流试验，是检查电力电缆绝缘状态的一个主要试验项目。此试验项目适合于充油电缆和油纸绝缘电缆，直流耐压试验与泄漏电流试验是同时进行的。与交流耐压试验比较，直流耐压及泄漏电流试验的优点如下：

（1）对长电缆线路进行耐压试验时，所需试验设备容量小。

（2）在直流电压作用下，介质损耗小，高电压下对良好绝缘的损伤小。

（3）在直流耐压试验的同时监测泄漏电流及其变化曲线，微安级电流表灵敏度高，反映绝缘老化、受潮比较灵敏。

（4）可以发现交流耐压试验不易发现的一些缺陷。因为在直流电压作用下，绝缘中的电压按电阻分布，当电缆绝缘有局部缺陷时，大部分试验电压将加在与缺陷串联的未损坏的绝缘上，使缺陷更易于暴露。一般说，直流耐压试验对检查绝缘中的气泡、机械损伤等局部缺陷比较有效。

电缆绝缘中的电压分布不仅与所加电压种类有关，而且在直流电压作用下，电压分布还与电缆芯和铅皮间的温差有关。当温差不大时，靠近电缆芯的绝缘分担的电压比靠近铅皮处高；当温差较大时，由于温度增高则使电缆芯处绝缘电阻相对降低，所以分担的电压减小，有可能小于近铅皮处绝缘电阻分担的电压。因此在冷状态下直流耐压试验易发现靠近电缆芯处的绝缘缺陷，而在热状态下则易发现近铅皮处的绝缘缺陷。

电缆的直流击穿强度与电缆芯所加电压极性有关，试验时电缆芯一般接负极性高压。研究表明，电缆芯接正极性高压，其击穿电压较接负极性高压高 10％左右，而且在电场作用下，绝缘中的水分将移向电场较弱的铅皮，使缺陷不易被发现。

电缆在直流电压下的击穿多为电击穿，电缆是否击穿与电压作用时间关系不大，电缆的电击穿一般在加压最初的 1～2min 内发生，故电缆直流耐压的时间一般规定为 5min。

一、试验方法、步骤及注意事项

直流耐压及泄漏电流试验的接线及操作步骤已在第六章中详述，现说明电缆直流耐压及泄漏电流试验时应注意的问题。

电缆试验时两端都要有人看守！

（1）试验前先对电缆验电，充分放电并接地；将电缆两端所连接设备断开，试验时不附带其他设备；将两端电缆头绝缘表面擦干净，减少表面泄漏电流引起的误差，必要时可在电缆头相间加设绝缘挡板。

（2）试验场地设好遮栏，在电缆的另一端挂好警告牌并派专人看守以防无关人员靠近，检查接地线是否接地、放电棒是否接好。

（3）加压时，应分段逐渐提高电压，分别在 0.25、0.5、0.75、1.0 倍试验电压下停留 1min 读取泄漏电流值；最后在试验电压下按规定时间进行耐压试验，并在耐压试验结束前，再次读取耐压后的泄漏电流值。

（4）根据电缆类型不同，微安表有不同的接线方式，一般都将微安表接在高压侧，高压引线及微安表加屏蔽。对于带有铜丝网屏蔽层且对地绝缘的电力电缆，也可将微安表串接在被试电缆的地线回路，在微安表两端并联一放电开关，测量时将开关拉开，测量后放电前将开关合上，避免放电电流冲击损坏微安表。

（5）在高压侧直接测量电压。采用半波整流或倍压整流时，如采取在低压侧测量电压换算至高压侧电压的方法，由于电压波形和变比误差以及杂散电流的影响，可能会产生较大的误差，故应在高压侧直接测量电压。

（6）每次耐压试验完毕，应先降压，切断电源。切断电源后必须对被试电缆用每千伏约 80kΩ 的限流电阻对地放电数次，然后再直接对地放电，放电时间应不少于 5min。

二、试验结果的分析判断

根据测得的电缆泄漏电流值，可用以下方法加以分析判断。

（1）耐压 5min 时的泄漏电流值不应大于耐压 1min 时的泄漏电流值。

（2）按不平衡系数分析判断，泄漏电流的不平衡系数等于最大泄漏电流值与最小泄漏电流值之比。不平衡系数应不大于 2。当 8.7/10kV 电缆，最大一相泄漏电流小于 $20\mu A$，6/6kV 及以下电缆，小于 $10\mu A$ 时，不平衡系数不做规定。

（3）泄漏电流应稳定。若试验电压稳定，而泄漏电流呈周期性的摆动，则说明被试电缆存在局部孔隙性缺陷。在一定的电压作用下，间隙被击穿，泄漏电流便会突然增加，击穿电压下降，孔隙又恢复绝缘，泄漏电流又减小；电缆电容再次充电，充电到一定程度，孔隙又被击穿，电压又上升，泄漏电流又突然增加，而电压又下降。上述过程不断重复，就会造成泄漏电流周期性摆动的现象。

（4）泄漏电流随耐压时间延长不应有明显上升。如发现随时间延长泄漏电流明显上升，则多为电缆接头、终端头或电缆内部受潮。

（5）泄漏电流突然变化。泄漏电流随时间增长或随试验电压升高而急剧上升，则说明电缆内部存在隐患，必要时，可适当提高试验电压或延长试验时间使缺陷充分暴露。

电缆的泄漏电流只作为判断绝缘状态的参考，不作为决定是否能投入运行的唯一标准。耐压试验合格而泄漏电流异常的电缆，应在运行中缩短试验周期加强监督，或采用传感器监测电缆地线回路电流来预防电缆事故。泄漏电流或地线回路中的电流显著增长时，该电缆应停止运行。若经多次试验与监测，泄漏电流趋于稳定，则该电缆也可允许继续运行。

第三节　电力电缆相别的检测

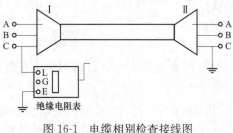

图 16-1　电缆相别检查接线图

新装电力电缆竣工验收时，运行中电力电缆重装接线盒、终端头或拆过接头后，必须检查电缆的相别。检查电缆相别，一般用万用表、绝缘电阻表等检查，接线如图 16-1 所示。检查时，依次在 II 端将芯线接地，在 I 端用万用表或绝缘电阻表测量对地的通断，每芯测 3 次，共测 9 次，测后将两端的相别标记一致即可。

第四节　电缆故障检测

运行中的电缆可能发生各种故障，如单相接地、多相短路接地、断线及闪络性故障、电缆头爆炸等。对于电缆终端头的故障一般易于发现，而对于那些埋在地下或电缆沟内的电缆故障，则不易发现。

查找电缆故障位置的常用方法有电桥法、脉冲示波器法、感应法、声测法等。查找电缆故障位置应根据现场具体条件及电缆故障的性质选择方法。

一、故障性质的确定

电缆故障的探测方法取决于故障的性质，因此探测工作的第一步就是要判断故障的性质。

电缆的故障种类很多，有单一的接地故障、短路故障或断线故障，也有混合性的接地且短路的故障和断线又接地的故障。各种故障按其故障处过渡电阻的大小，均可分为高阻故障和低阻故障。一般情况下电缆故障分为以下五种类型：

（1）接地故障。电缆一芯或数芯接地故障，又可分为低阻接地故障和高阻接地故障。一般将电缆接地处对地电阻较低（10～100kΩ以下）能直接用低压电桥进行测量的故障，称为低阻接地故障；接地处对地电阻较高，需要进行烧穿或用高压电桥进行测量的故障，称为高阻接地故障。

（2）短路故障。电缆两芯或三芯短路，或者是两芯或三芯短路且接地。

（3）断线故障。电缆一芯或数芯被故障电流烧断或受机械外力拉断，形成完全断线或不完全断线的故障，也可分为高阻断线故障和低阻断线故障。一般以 $1MΩ$ 为分界线，小于 $1MΩ$ 为低阻断线故障。原则上以能较准确地测出电缆的电容，用电容量的大小来判断故障点，即可称为高阻断线故障。

（4）闪络性故障。这类故障多出现在电缆中间接头和终端头内，运行中发生，预防性试验中也可能发生。试验时绝缘被击穿，形成间歇性放电，当所加电压达到某一定值时，发生击穿；有时在特殊条件下，绝缘击穿后又恢复正常，即使提高试验电压，也不再击穿。以上两种现象均属于闪络性故障。

（5）混合性故障。同时具有上述两种或两种以上故障的称为混合性故障。

判断电缆故障性质，一般多采用 1000V 或 2500V 绝缘电阻表及万用表进行测量，判断方法如下：

（1）首先在任意一端用绝缘电阻表测量电缆各芯对地绝缘电阻值，判断是否有接地故障。

（2）测量各芯间的绝缘电阻，判断有无相间短路故障。

（3）如测得绝缘电阻为 0，可用万用表测量各相对地或各相间的电阻，判断是低阻故障还是高阻故障。

（4）因为运行中有可能发生断线故障，所以还应作电缆导通性的检查。在一端将 A、B、C 三相短路但不接地，在另一端用万用表测量各相间是否完全通路，相间电阻是否完全一致。相间电阻不一致时，应用电桥测量各相间电阻，检查有无低阻断线故障。

表 16-1 示出了某次电缆故障性质探测的试验结果。根据表 16-1 试验结果可判断出该电缆故障性质是 A、B 两相短路并接地。

表 16-1　　　　　　　　　　　　绝缘电阻测定和导通试验结果

绝缘电阻测定值（MΩ）				导通试验（Ω）
芯线间		各相与地间		将末端 A、B、C 短路但不接地，始端测量
AB	0	AE	0	AB　0
BC	∞	BE	0	BC　0
CA	∞	CE	∞	CA　0

二、故障点检测位置

电缆故障的性质确定后，要根据不同的故障，选择适当的方法测出电缆故障点的位置，这就是故障测距。由于仪表精度及电缆敷设路径测量的误差影响，往往测距只能判断出故障点可能的地段，找到可能的地段后还应采取其他检测手段精确确定故障点的位置，这就是故障定位。常见的测距方法有电桥法、低压脉冲法、闪络法等，定位方法有声测法及音频电流感应法等。以下将简要介绍电桥法、低压脉冲法、闪络法三种测距方法以及声测法这一定位方法。

（一）电桥法

对于三相电力电缆的绝缘故障，可以借助单臂（惠斯通）电桥来检测故障点，测量方法如下。

1. 单相接地和两相接地短路故障点的测量

单相接地故障点测量的原理接线如图 16-2 所示。测量前在电缆的另一端（图 16-2 中的 B 端）用不小于电缆芯截面的导线将故障相电缆芯和绝缘良好的一相电缆芯跨接，在 A 端将故障相电缆接在电桥 x1 端子上，将已经接跨接线的良好相电缆接在 x2 端子上，上述接线的等值电路如图 16-3 所示。图中以 x2 经过良好相跨接线到故障点的电阻为 R_1，从 x1 到电缆故障点的电阻为 R_2，R_e 为故障点的接地电阻。当电缆的长度为 l，截面积为 S，导体的电阻系数为 ρ 时

$$R_1 = \rho_1 \frac{2l - l_x}{S_1}$$

$$R_2 = \rho_2 \frac{l_x}{S_2}$$

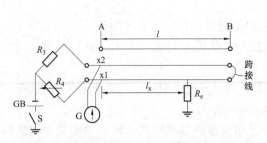

图 16-2　单相接地故障点测量的原理接线

l—电缆全长；l_x—从 x1 到电缆故障点长度；

R_e—故障点接地电阻；GB—蓄电池（直流电源）；

R_3、R_4—桥臂电阻

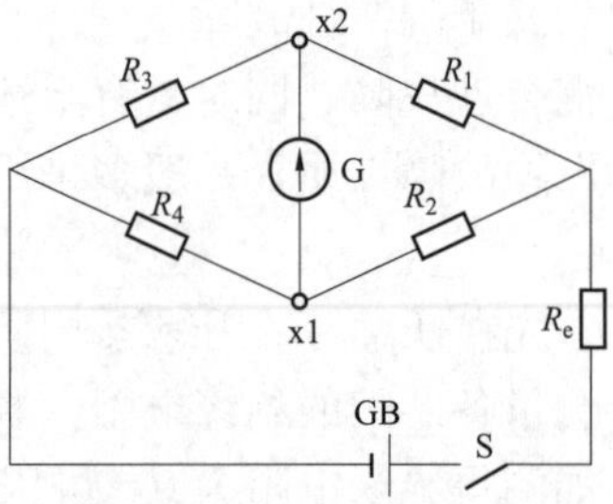

图 16-3　图 16-2 的等值电路

根据电桥的原理，当调节电阻 R_4 和 R_3，使电桥达到平衡，即检流计指示平衡时，则

$$\frac{R_3}{R_4} = \frac{R_1}{R_2}$$

即

$$\frac{R_3}{R_4} = \frac{\rho_1 \dfrac{2l - l_x}{S_1}}{\rho_2 \dfrac{l_x}{S_2}}$$

当电缆全长采用同一种导体材料和同一导线截面积时，则 $\rho_1 = \rho_2$，$S_1 = S_2$，得

$$\frac{R_3}{R_4} = \frac{2l - l_x}{l_x}$$

$$l_x = \frac{R_4}{R_4 + R_3} 2l \tag{16-1}$$

式（16-1）即为计算故障点位置的公式。

图 16-2 所示的 x1 接故障相，x2 接良好相的接线，一般称为正接法。反之，如将 x2 接

故障相，x1 接良好相，则称为反接法。同理，反接法计算公式为

$$l_x = \frac{R_3}{R_3 + R_4} 2l \tag{16-2}$$

一般情况下，测量时用正、反接法进行两次测量，取其平均值为电缆故障点的位置；有时为了测量准确，还分别在电缆的两端各进行一次正、反接法的测量，取四次测量结果的平均值来确定电缆故障点的位置。

测量三相电力电缆中两相短路故障点，基本上和测量单相接地故障点一样。其原理接线如图 16-4 所示。

与测量单相接地故障点不同之处是利用两短路相中的一相作为单相接地故障测量中的地线，以接通电桥的电源回路。如为单独的短路故障，电桥可不接地；当故障为短路且接地故障时，则应将电桥接地。

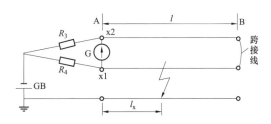

图 16-4　测量两相短路故障点的原理接线

测量方法和计算方法完全与单相接地故障相同，这里不再详述。

【例 16-1】　有一条电压为 10kV 的铜芯油纸绝缘电缆，全长为 1000m，在运行中发生故障，电缆截面为 $3 \times 95 mm^2$，试根据测量结果（见表 16-2）计算出故障点的位置。

表 16-2　　　　　　　　　　　　绝缘电阻测试结果

测量结果 / 测量区间 / 测量地点	对　　地			相　　间		
	A	B	C	A-B	B-C	C-A
在首端测量	500MΩ	1000Ω	450MΩ	400MΩ	400MΩ	300MΩ

解　（1）故障性质确定。由表 16-2 中数据判定故障性质为 B 相单相接地。

（2）测回路电阻。末端 A、B 用跨接线跨接后，在首端测得回路电阻为 0.380Ω。

由电缆参数计算，回路电阻应为（铜电阻系数 $\rho = 0.0184 Ω \cdot mm^2/m$）

$$R = \rho \frac{L}{S} = 0.0184 \times \frac{2 \times 1000}{95} = 0.387 \ (Ω)$$

计算结果与实测结果相似，说明引线接触良好，电缆未发生断线故障。

（3）用电桥法测故障点时，电桥两臂的测量结果见表 16-3。

表 16-3　　　　　　　　　　　电桥法测量结果

测量地点	接线方式	电桥臂读数	
		R_4	R_3
首　端	正接法	1000	1300
	反接法	1000	763

根据表 16-4 所示测量结果，分别由式（16-1）、式（16-2）可计算出正接法时

$$l_x = \frac{1000}{1000+1300} \times 2 \times 1000$$

$$= 869.5 (m)$$

反接法时

$$l_x = \frac{763}{1000+763} \times 2 \times 1000$$

$$= 865.5 (m)$$

则

$$l_{av} = \frac{869.5+865.5}{2} = 867.5 \ (m)$$

由两次测量结果可计算出故障点在距电缆首端 867.5m 处。

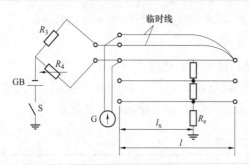

图 16-5 测量电缆三相短路接地
故障点的接线

2. 三相短路故障点的检测

三相低阻短路接地故障点检测接线如图 16-5 所示。这时没有良好的电缆芯线可以利用，所以增设了一对临时线。临时线一般可用较细的导线。当正接法电桥平衡时，故障点的距离为

$$l_x = \frac{R_4}{R_3+R_4+R} l \qquad (16\text{-}3)$$

反接法时

$$l_x = \frac{R_3}{R_4+R_3+R} l \qquad (16\text{-}4)$$

式中 R——一根临时线的电阻，Ω。

三相短路或接地故障的检测方法及步骤与单相接地故障完全相同，不同之处在于计算故障点距离时应考虑临时线的电阻。

3. 高阻接地故障点的检测

若故障相对地电阻达到 $10k\Omega$ 以上，电源电压采用 220V，一般的检流计灵敏度无法满足要求，此时需要高压电源。电源电压应视检流计的灵敏度而定。检测时电桥和检流计均处于高电位，必须放置于专门的绝缘台并用绝缘工具来调节，极为不便。现场发生高阻接地故障时，大多采用高压整流电源或大容量交流电源，将故障点进一步击穿，使故障点由高阻转化为低阻，然后按低阻故障检测法测距。

将高阻转化为低阻并不容易。如果电流太小，则不能达到扩大炭化通道使电阻下降的目的；电流太大，又可能会使炭化通道温度过高而遭到破坏，电阻反而增高。

根据现场经验，一般多采用高压直流烧穿法，其接线与直流耐压试验相同。用高压直流烧穿法，仅供给流经故障点的有功电流，从而大大减小试验设备的体积，适于现场应用。烧穿开始时，在几万伏电压下保持几毫安至几十毫安电流，使故障电阻逐渐下降。此后，随电流的增加逐渐降低电压，使在几百伏电压下保持几安电流。在整个烧穿过程中电流应力求平稳，缓缓增大。

高压直流烧穿法负载电流比直流耐压及泄漏电流试验的电流大，要注意选用足够容量的试验设备。如选用 200V/50kV、5kVA 的试验变压器，则高压侧的电流应控制在 0.1A 左

右。如选用高压二极管，可选用 2DL100/1 型或 2DL100/0.5 型的（反峰电压 100kV、额定电流 1A 或 0.5A）。限流水电阻不便使用。采用高压直流进行烧穿时，应将操作回路的过电流保护调整至满足要求。

为避免给下一步用声测法定位造成困难，故障点对地电阻不应降得太低，1kΩ 左右即可。电阻太低时故障点的声能也将随之下降。

（二）低压脉冲法

低压脉冲法探测电缆故障点的原理是由仪器的脉冲发生器发出一个脉冲波，通过引线把脉冲波送到故障电缆的故障相上，脉冲沿电缆芯传播，当传播到故障点时，由于故障点电缆的波阻发生变化，因而有一脉冲信号被反射回来，用示波器在测试端记录下发送脉冲和反射脉冲之间的时间间隔，即可算出测试端距故障点的距离，其计算公式为

$$l_x = \frac{vt_x}{2} \tag{16-5}$$

式中　l_x——从测量端到电缆故障点的距离，m；

　　　t_x——发送脉冲和反射脉冲之间的时间间隔，μs；

　　　v——脉冲波在电缆中的传播速度，一般为 160m/μs。

脉冲波在电缆中的传播速度，与电缆的介质常数 ε 有关，ε 越大，则速度越慢。为了准确测量电缆故障的位置，对不同绝缘材料的电缆，应测量脉冲波波速。已知电缆长度时，脉冲波波速为

$$v = \frac{2l}{t_c} \tag{16-6}$$

式中　l——电缆全长，m；

　　　t_c——脉冲波在电缆中往返传播一次所需要的时间，μs。

若在测量时，电缆有一相是良好的，则可采用对比法进行测量，先测出良好相一次反射所需要的时间 t_{x1}，再测出故障相一次反射所需要的时间 t_{x2}，然后按下式进行计算

$$l_x = \frac{t_{x2}}{2} v = \frac{t_{x2}}{2} \frac{2l}{t_{x1}} = \frac{t_{x2}}{t_{x1}} l$$

图 16-6 为电缆有断线故障时的反射波形，反射脉冲与发送脉冲为同极性。图 16-7 为电缆有低阻接地故障时反射波波形，反射脉冲与发送脉冲极性相反。

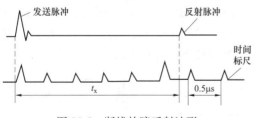

图 16-6　断线故障反射波形

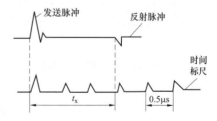

图 16-7　接地故障反射波形

接地故障反射脉冲的大小和接地电阻值有关。接地电阻越低，反射信号越大，当接地电阻大于 100Ω 时，其反射波明显减弱。因此低压脉冲法不能测量高阻故障和闪络性故障。

为了测量脉冲波在电缆芯中往返一次所需时间，示波器中有一时间标尺与探测脉冲相对应，在测量时，读取从发送脉冲到反射脉冲对应于时间标尺的格数，即可计算出到故障点的距离。

（三）闪络法

对于高阻故障及闪络性故障，一般均需将故障点电阻烧低后方可测量故障点，既费时又费力。采用闪络法测量电缆高阻故障点及闪络性故障点却不必经过烧穿过程，可以用电缆故障闪络测试仪直接测量，因而缩短了电缆故障点的测量时间。

闪络法测量基本原理与低压脉冲法相似，也是利用脉冲波传播时在故障点产生反射的原理。测量时，在电缆上加上一直流高压或冲击高压，使故障点放电而形成一突跳电压波，此突跳电压波在电缆内从测试端到故障点之间来回反射，用闪络测试仪测出两次反射波之间的时间，用下式可计算出故障点的位置

$$l_x = \frac{1}{2} v t_c \tag{16-7}$$

式中　l_x——故障点距测量端的距离，m；

　　　t_c——脉冲波从测量端到故障点来回传播一次的时间，μs；

　　　v——脉冲波在电缆中的传播速度，m/μs。

波速 v 可测量而得。

图 16-8 为直流高压闪络法的测量接线。故障点距离测试端有一定距离，如 800m 时，故障波形如图 16-9 所示，该图为直流高压闪络法实测波形。

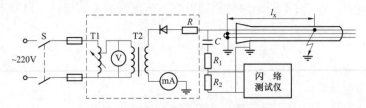

图 16-8　直流高压闪络法的测量接线

C—隔直电容，不小于 0.1μF；R_1—分压电阻（水电阻），

15～40kΩ；R_2—分压电阻，200～500Ω

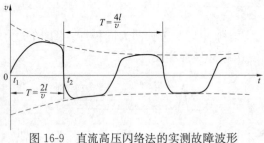

图 16-9　直流高压闪络法的实测故障波形

为了更准确地观测故障波形，也可在示波器上测取图 16-9 所示波形中 $t_1 \sim t_2$ 时间段，即第一次与第二次反射之间的波形，如图 16-10 所示。故障点靠近测量端时的故障波形如图 16-11 所示。故障点靠近测量端时故障波形的特点是往返反射线密集，幅度较小，衰减很快。

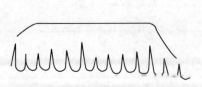

图 16-10　直流高压闪络法的典型
实测波形（故障点距测量端 800m）

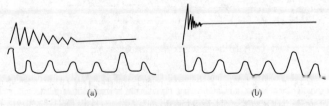

图 16-11　故障点在测量端时的故障波形

（a）故障点距测量端 21m；（b）故障点在测量端及其附近

（四）声测法

对于长电缆，按上述方法（电桥法、脉冲法、闪络法）确定的故障点位置通常有一定误差。为了更准确地测出故障点，减少开挖工作量，多采用声测法进行定位。声测法目前应用广泛，但不适用于接地电阻特别低（小于50Ω）的情况。

声测法原理如图16-12所示。利用直流高压试验设备使电容器充电、储能，当电压达到某一数值时，经过放电间隙向故障相电缆芯放电，由于故障点具有一定的故障电阻，在电容器放电过程中，此故障电阻相当于一个放电间隙，在放电时将产生火花放电，引起电磁波辐射和机械的音频振动。根据粗测时所确定的故障点大致位置，在地表面用声波接收器（拾音器）探头反复探测，找到地面振动最大、声音最大处即为电缆故障点的位置。

放电时能量的大小取决于图16-12中电容器电容 C 的大小。电容器所储能量 $W = \frac{1}{2}CU^2$，式中 U 为所加试验电压，在6～35kV电缆的声测试验中，U 一般为20～25kV，因此电容 C 越大，放电时的能量越大，定位时听到的声音也越大。C 一般选为2～10μF，具体数值应根据试验设备的容量来确定，即根据试验变压器、调压器、硅堆容量而定。

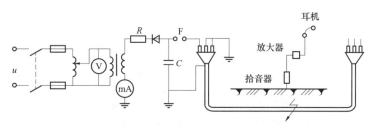

图16-12　声测法原理
C—储能电容；F—放电间隙；R—限流电阻

放电电压由放电间隙控制。一般将放电间隙调至一定位置，放电电压控制在20～25kV，每隔3～4s放电一次即可。

在用声测法测定故障点时，要注意以下几点：

（1）注意地线的连接。冲击放电的大电流流过主接地网引起电压瞬时升高，可能危及与电网相连的其他设备，因此接地时，电容器的接地线应直接和电缆的铅包地线连接，不应接公用接地线。试验变压器高压绕组的接地端不直接和电容器地线连接，应接公用接地线。试验变压器和调压器外壳可不接地。

（2）对于断线故障，最好将电缆一端接地，利用对地击穿后的声音定位。

（3）外界声音干扰大的场所，可选在夜深人静时进行。

（4）断线和闪络故障常发生在中间接头，因此在用脉冲法确定大致位置后，可用声测法定位，并着重检查中间接头。

（5）若电缆头或电缆的连接盒外壳与接地线接触不良，户内电缆接头处电缆与接地支架接触不良时，检测时这些地方也会有声音，应注意与故障点声音相区别，防止误判断。

（6）检测时不仅要注意放电响声，还应注意电缆表面是否有振动，便于精确确定故障点位置。

电缆故障的类型很多，电缆故障的测寻方法也因故障性质的不同而不同。近年来，国内故障测距、定点方法不断发展、不断改进，图 16-13 为各种性质的电缆故障适合采取的检测方法及步骤，供测量时参考。

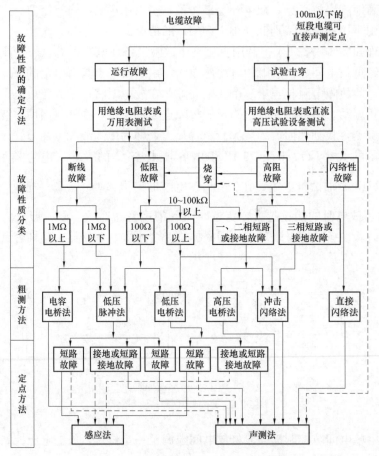

图 16-13　电缆故障检测方法选择流程图

第五节　橡塑电缆耐压试验

橡塑电缆在完成安装和新做终端头后不进行直流耐压试验，而应以交流耐压试验完成对绝缘的检验。

一、交流耐压试验代替直流耐压试验的原因

交流耐压试验代替直流耐压试验的原因如下：

（1）在交流和直流电压下电场分布是不相同的，直流电场分布取决于电阻率，而交流电场分布则由介电常数决定。橡塑电缆是由多种介质、多层材料构成的，故在直流耐压试验时不能真实地反映电缆特性。

（2）橡塑电缆的电阻系数既和温度有关，又和电场强度大小有关。在直流电压作用下，由于温度及电场强度的变化，会使电阻系数变化，导致绝缘层各处电场强度分布改变，即在同样厚度下的绝缘层，由于温度上升，其击穿电压下降。

（3）直流耐压试验不能发现机械损伤等缺陷。

（4）由于空间电荷的作用，当电缆或接头在直流电压下闪络或击穿，可能损伤正常绝缘，造成多点击穿。

（5）由于橡塑电缆结构具有"记忆性"，这个记忆性是由于单相应力（直流耐压）作用产生的，一旦电缆有了由于直流耐压而引起的"记忆性"，它就需要很长时间来释放，释放过程中形成直流偏压，电缆运行时，直流偏压会叠加于交流电压上，产生过电压，严重时超过电缆额定电压，可能损坏电缆。

二、橡塑电缆交流耐压试验

多年的实践经验表明，橡塑电缆在现场进行交流耐压试验，是检验其绝缘状态最为有效的方法。

过去的规程不要求进行现场交流耐压试验，是由于试验设备难以解决。随着电力电子技术的发展和试验设备制造水平的提高，现场交流耐压试验设备很容易获得，使交流耐压试验广泛开展。

1. 交流耐压的频率

交流耐压频率参照第八章。

2. 交流耐压试验时间

交流耐压时间应根据电缆额定电压高低、试验电压高低，按相关规程要求选取。

第六节　电缆振荡波局部放电检测

一、试验原理

电缆振荡波局部放电检测时，通过一个高压电源，在几秒内向电缆充电至预定测试电压，随后短接电源，在试验回路产生振荡波电压，与此同时，对电缆进行局部放电检测。振荡波电压频率接近于交流工频，此种方法能有效分析和定位电缆中易引发局部放电的缺陷，对电缆损伤小，试验设备相对轻便，易于搬运。

根据电源形式的不同可分为直流激励方式和交流激励方式。直流激励原理如图 16-14 所示。

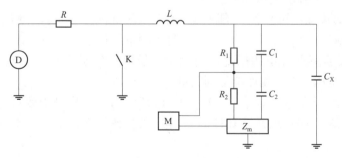

图 16-14　直流激励原理图

图 16-14 中，D 为直流电源，R 为限流电阻，K 为开关，L 为谐振电感，R_1、C_1 为分压器高压臂，R_2、C_2 为分压器低压臂，Z_m 为检测阻抗，C_X 为被试电缆等效电容，M 为数据

采集与处理单元。

在开关闭合前，直流电源通过限流电阻、谐振电感向被试电缆充电，当充电电压达到预定电压值时，开关迅速闭合，在谐振电感和被试电缆组成的串联谐振回路上产生逐渐衰减的振荡电压波。该电压波直接作用在电缆本体上，激发电缆缺陷产生局部放电，通过分压器和检测阻抗检测局部放电信号。

交流激励与直流激励类似，电源、分压器不同，原理如图16-15所示。

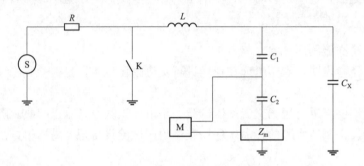

图16-15 交流激励原理图

图16-15中，S为交流电源，R为保护电阻，K为开关，L为谐振电感，C_1为分压器高压臂，C_2为分压器低压臂，Z_m为检测阻抗，C_X为被试电缆等效电容，M为数据采集与处理单元。

在开关闭合前，调节电源频率，交流电源的输出频率与谐振电感、被试电缆本体电容谐振频率相同时，在被试电缆上产生谐振电压。调节交流电源的输出电压，被试电缆上的电压达到设定值时，开关迅速闭合，在被试电缆上产生阻尼振荡电压，激发电缆缺陷产生局部放电，通过分压器和检测阻抗检测局部放电信号。

二、试验系统的要求及试验步骤

1. 试验系统的要求

直流电源：可输出的最大试验电压峰值不小于电缆额定相电压的$2\sqrt{2}$倍，输出电压连续可调，最大试验电压下充电电流不小于8mA。

交流电源：可输出的最大试验电压有效值不小于电缆额定相电压的2倍，输出电压连续可调，容量满足被试电缆的测试要求。

局部放电测量系统：可检测局部放电量范围为20pC～20nC，测量挡位包括20nC、10nC、1nC、500pC、100pC、50pC、20pC。每个测量挡位下，测量误差不大于挡位量程的±10%。在屏蔽实验室条件下的局部放电测量灵敏度应优于20pC。定位频带应至少包含150kHz～20MHz范围。定位精度应达到测量长度的1%。

振荡波电压及测量要求：频率在30～500Hz范围内，波峰呈指数规律衰减，且连续8个周期内的幅值衰减不超过最高幅值的5%。电压峰值测量误差不大于3%容许偏差。

2. 试验步骤

试验前确认待测电缆已断电，使用放电棒充分放电并保持接地，拆除电缆与其他设备的连接，电缆端部悬空，三相分开，非试验相保持接地。

测量电缆绝缘电阻，阻值小于30MΩ时，不宜进行局部放电测试。

使用低压时域反射仪确认电缆的长度和接头位置。

在 20pC~20nC 范围内逐档校准，校准完成后移除校准器。

根据电缆类型按表 16-4 施加相应次数的试验电压，当局部放电量达到表 16-5 中的参考临界值时，应及时更换电缆附件或本体。

表 16-4 振荡波局部放电试验中各测试电压及次数

电缆类型	试验电压										
	0	$0.5U_0$	U_0	$1.1U_0$	$1.3U_0$	$1.5U_0$	$1.7U_0$	$1.8U_0$	$2.0U_0$	1	0
新投运	1	2	3	1	1	3	3	1	1	1	1
已投运	1	1	3	1	1	3	3	—	—	1	1

新投运：敷设时间小于 1 年且未经过大修；其他情形为已投运

表 16-5 典型交联聚乙烯（XLPE）和油纸绝缘（PILC）电缆参考临界局部放电量

电缆及附件类型	投运年限	参考临界值（pC）
电缆本体（XLPE）	—	100
电缆本体（PILC）	—	1000
接头（XLPE-XLPE）	1 年以内	300
	1 年以上	500
接头（PILC-PILC）	1 年以内	2000
	1 年以上	3000
接头（XLPE-PILC）	1 年以内	300
	1 年以上	500
终端	1 年以内	3000
	1 年以上	5000

三、试验案例

（一）试品参数

电压等级：10kV；电缆长度：750m；型号：YJLV22－3×240mm。

投运年限：2 年。

（二）试验参数

振荡电压频率：358Hz；局部放电背景噪声：945~1176pC。

最高测试电压：$1.7U_0$；加压次数：15 次。

（三）试验结果

1. 试验前绝缘电阻

A 相：200GΩ；B 相：200GΩ；C 相：32GΩ。

2. 振荡波局部放电测试

PDIV（局部放电起始电压）。A 相：6.1kV；B 相：8.6kV；C 相：6.1kV。

A 相：绝缘缺陷（位于 420m 处中间接头）；B 相：绝缘缺陷（位于 420m 处中间接头）；C 相：绝缘缺陷（位于 420m 处中间接头）。

A 相的局部放电脉冲反射图如图 16-16 所示。

经检查，被试电缆三相中间接头的主绝缘均发现有划痕，推断未按施工工艺要求用砂纸打磨，导致外半导电层有尖角，主绝缘环切留有毛刺。A 相检查如图 16-17 所示。

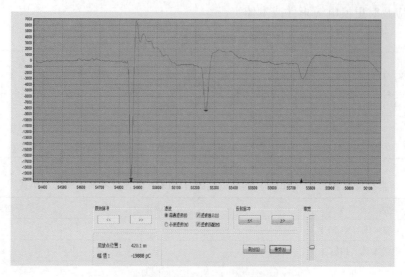

图 16-16　局部放电脉冲反射图

图 16-17　A 相检查照片

→【讨论】**充油电缆（投运后）和橡塑电缆为什么不做直流耐压试验？**

参考资料：充油电缆（投运后）和橡塑电缆一般不做直流耐压试验，仅在特殊情况下进行。

（1）充油电缆。在外力破坏时可通过对外护套的绝缘电阻测量和对油压进行监视，绝缘老化判断则可通过对油性能变化化验进行，无须再进行直流耐压试验。

（2）橡塑电缆。橡塑电缆主绝缘虽为整体结构，但在制造过程中，会有少量的副产品（甲烷气、聚乙醇、乙酰等）溶解在内部。这些副产品的绝缘电阻系数较小，分布又不均匀，这样在直流耐压时，电场强度也不均匀；另外，绝缘电阻系数受温度影响也比较大，而且与所加电场强度大小有关系。所以，在较高电压的直流耐压试验下不一定能发现电缆及其附件本身的缺陷，反而由于直流电场下空间电荷的作用导致电场分布畸变，往往在不高的直流电压下导致绝缘损伤，所以不进行直流耐压试验。

本章提示

本章介绍了电力电缆绝缘试验的项目、方法及注意事项，介绍了电缆故障性质及故障点检测的多种方法及应用。

埋在地下的电缆出现故障，如何才能尽快找出故障原因和故障点，这可是一门让人重视、让人羡慕的技术。你知道怎么找吗？

本章重点

1. 电力电缆的直流耐压和泄漏电流试验。
2. 电缆故障探测的多种方法与应用。
3. 橡塑电力电缆交流耐压试验。

复习题

1. 简述电力电缆的试验项目及标准。
2. 如何计算电缆绝缘电阻、泄漏电流的不平衡系数？
3. 与交流耐压试验比较，电缆直流耐压试验及泄漏电流试验有何优点？
4. 电力电缆直流耐压试验及泄漏电流试验应注意哪些问题？试验结果如何分析判断？
5. 简述电力电缆相别试验的基本方法。
6. 电力电缆故障有哪些类型？
7. 如何判断电缆故障的性质？
8. 简述检测电缆故障点位置的电桥法的基本原理。
9. 简述检测电缆故障点位置的闪络法的基本原理。
10. 如何选择电缆故障检测方法？

第十七章

绝缘子试验和防污闪试验

绝缘子承担绝缘和机械固定作用，按形状和使用场所可分为悬式绝缘子、支柱绝缘子、棒式绝缘子、针式绝缘子、套管绝缘子、防污绝缘子等。按照材料构成分类，应用最广泛的是瓷质绝缘子、玻璃绝缘子和复合绝缘子。

绝缘子除具有良好的绝缘性能外，还应有相当高的机械强度（抗拉、抗压、抗弯）。绝缘子在运行中，由于受电压、温度、机械力以及化学腐蚀等的作用，绝缘性能会劣化，出现一定数量的零值绝缘子，即绝缘电阻很低（一般低于300MΩ）的绝缘子。零值绝缘子的存在对电力系统安全运行是一个潜在的隐患。当电力系统出现过电压及工频电压升高等情况时，有零值绝缘子的绝缘子串易形成闪络。因此检测不良绝缘子并及时更换是保证电力系统安全运行的一项重要工作。

绝缘子的试验项目有测量绝缘电阻、交流耐压试验、带电检测零值绝缘子。运行中对于多节支持绝缘子和悬式绝缘子的试验可在上述三项试验中任选一项进行。

第一节　测量绝缘电阻

测量绝缘子绝缘电阻可以发现绝缘子裂纹或瓷质受潮等缺陷。绝缘良好的绝缘子的绝缘电阻一般很高，劣化绝缘子的绝缘电阻明显下降，仅为数百兆欧、数十兆欧甚至几兆欧，用绝缘电阻表可以明显检出。由于绝缘子数量多，用绝缘电阻表摇测其绝缘电阻工作量太大，因此仅在带电检测出零值绝缘子位置后，停电更换该零值绝缘子前，为保证准确性才摇测绝缘电阻。

《规程》规定，用2500V及以上绝缘电阻表摇测绝缘子绝缘电阻，多元件支持绝缘子的每一元件和每片悬式绝缘子的绝缘电阻不应低于300MΩ。

应当指出，当带电测出绝缘子为零值绝缘子，但其绝缘电阻大于300MΩ时，应摇测其相邻良好绝缘子，比较两者绝缘电阻，若绝缘电阻值相差较大仍应视为不合格。

第二节　交流耐压试验

产品出厂前、现场安装前一般均对绝缘子进行交流耐压试验。交流耐压试验是判断绝缘子耐电强度的最直接方法。对支柱绝缘子等单元件绝缘子一般进行交流耐压试验是最有效的试验方法。试验中应注意以下问题：

（1）根据试验变压器容量，可选择一只或多只相同电压等级绝缘子同时试验。交流耐压时间规定为1min。

（2）耐压过程中，绝缘子无闪络、无异常声响为合格。

（3）对于 35kV 多元件支持绝缘子，当试验电压不够时，可分节进行。

第三节 防污闪技术

瓷质绝缘子表面沉积污秽物后，由于瓷表面的亲水性，遇到毛毛雨、大雾和下雪天气，瓷绝缘表面就会受潮，导致表面泄漏电流大增，严重时造成闪络，这就是电力系统的污闪事故。由于污闪事故发生范围大、停电范围广，易造成电网解列，因而经济损失和社会影响巨大。如 1986 年兰州电网的"3·16"污闪，导致 14 条线路 41 处发生污闪，5 条线路 9 处架空地线断线，2 条线路 3 处导线断线，全网断路器跳闸 106 台次，5 个 220kV 变电站和 28 个 110kV 变电站全部停电，兰州电网与西北主网解列，电厂与系统解列 2 次。

传统的防止污闪的手段一般是加大污秽地区的绝缘爬距、加强瓷瓶停电清扫工作、涂硅油、采用半导体釉绝缘子等。瓷绝缘子运输安装中损坏率高，加之运行中还要带电检测零值绝缘子、清扫等，维护工作量很大。随着电力系统额定电压的提高、安全供电可靠性要求的提高、瓷绝缘子体积增大、制造成本增长，使瓷绝缘子的发展受到限制。

20 世纪 60 年代研制出的玻璃绝缘子，其突出优点是零值自爆，可免带电测量零值绝缘子。但由于与瓷绝缘子一样有亲水性，防污闪效果一般。

20 世纪 90 年代以来 RTV 防污涂料和复合绝缘子在防污闪方面起到了巨大作用。RTV 防污闪涂料即室温硫化硅橡胶涂料，用喷或涂刷的方法，在绝缘子和套管表面形成薄膜，室温下 2～4h 固化。该涂料具有优良的憎水性、迁移性。污层表面吸附的水分以不连续小水滴形式存在，防止了泄漏电流和局部放电电弧的产生和发展，提高了污闪电压。由于使用寿命较长，失效后可以再涂，减少了清扫工作量，目前广泛应用于支柱绝缘子和套管等设备。

复合绝缘子是一种硅橡胶制成的整体式绝缘子。复合绝缘子与瓷绝缘子比较，有以下明显的优点：

（1）优良的防污闪性能。硅橡胶表面具有优良的憎水性、憎水性恢复和迁移性。与同样爬距的瓷绝缘子比较，污闪电压是瓷绝缘子的 1 倍以上。另外，复合绝缘子还可以很方便地增加盘径、增加伞裙得到大的爬距。

（2）质量轻，体积小。复合绝缘子的质量是相同电压等级瓷绝缘子的 1/10～1/7，伞裙有弹性，运输和安装不易损坏。

（3）运行维护工作量少。由于复合绝缘子内外绝缘一样，不会发生零值击穿，不需要检测。由于防污性能好，无须经常清扫，特别适合交通不便的山区。

（4）抗张力强度高。复合绝缘子芯棒是用纤维玻璃棒制成，抗张力强度远大于电瓷产品。

由于复合绝缘子具有以上优点，得到了大面积广泛的应用。

因此，加强污秽监测，优化变电站选址，优化线路路径选择，确定科学的绝缘爬距，喷涂 RTV 防污涂料，采用复合绝缘子是目前防污闪的主要手段。

第四节　复合绝缘子的憎水性试验

运行中的复合绝缘子，憎水性下降甚至消失，会导致严重事故，所以应定期对复合绝缘子进行憎水性试验，对已失去憎水性的及时更换，以保证安全。

一、概述

表面憎水性使复合绝缘子具有优良的防污闪性能。由于暴露在户外，受到日照、风吹、沙尘等因素的影响，以及电场作用，憎水性会随时间而改变。

对憎水性定义七级标准，第一级 HC1 是完全憎水性表面，依次憎水性递减，第 7 级 HC7 已完全丧失憎水性而成为完全亲水性表面。七级分类定性地描述了复合绝缘子表面的湿润情况，可用于现场对复合绝缘子进行快速检测判断。

二、试验设备

主要设备需要能喷出薄水雾的喷水瓶，瓶内装满不含任何化学物质（如洗涤剂、溶剂等）的自来水。

辅助判断设备有放大镜、光源和测量尺等。

三、试验方法

被试品的测试面积应为 $50\sim100\mathrm{cm}^2$，如果不能满足该要求，应在试验报告中注明。

在距离试品 $25\pm10\mathrm{cm}$ 的地方，每秒对试品喷 $1\sim2$ 次，连续喷雾 $20\sim30\mathrm{s}$，在喷雾结束后 10s 内，完成绝缘子憎水性的测量。

四、判断标准

绝缘子表面受潮情况应为 7 个憎水性等级（HC）中的一种。不同等级的判断标准见表 17-1 和图 17-1。

表 17-1　　　　　　　　　　　　　　憎水性等级判断标准（HC）

HC	描　　　　述
1	仅形成孤立的水珠，大部分水珠 $\theta_r \geqslant 80°$
2	仅形成孤立的水珠，大部分水珠 $50° < \theta_r < 80°$
3	仅形成孤立的水珠，大部分水珠 $20° < \theta_r < 50°$，通常它们不再是圆的
4	可以观察到孤立的水珠和水珠发展的水迹（即 $\theta_r = 0°$）。完全受潮面积 $< 2\mathrm{cm}^2$，总的水迹覆盖面积的总和小于被试面积 90%
5	一些完全受潮水迹面积 $> 2\mathrm{cm}^2$，总的覆盖面积小于试验面积的 90%
6	受潮覆盖面积 $> 90\%$，但仍能观察到少量的未湿润的面积（点或者狭窄带）
7	在全部试验面积上覆盖了连续水膜

(a)   (b)

(c)   (d)

(e)   (f)

图 17-1　憎水性典型图
（a）HC1；（b）HC2；（c）HC3；（d）HC4；（e）HC5；（f）HC6

　　水珠和固体表面之间的接触角 θ 应予以关注。图 17-2 给出了两种不同的接触角，前倾的接触角（θ_a）和后缩的接触角（θ_r），该水珠是在一个倾斜表面上，可以同时存在这两种接触角。

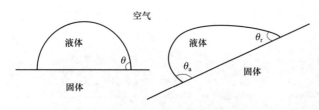

图 17-2　接触角图例

后缩角对于评价一支复合绝缘子的表面湿润性质是至关重要的。绝缘子表面的倾斜对 θ_r 角有影响，但在试验报告中不必校正。

五、试验注意事项

对于绝缘子；伞裙/绝缘子的上部、下部和中部（包括护套）都要测量。电压等级在 145kV 及以下的绝缘子，应对每个伞裙编号，对于更高的电压等级，可以每 5 个或 10 个伞裙为一组编号（取决于伞裙的总数）。靠导线侧最近的伞裙一般编为 1 号。

开始分组前，先对绝缘子各个部位的外观进行观察，包括绝缘子的上部、中部和下部。若各个部分有明显不同，则应对绝缘子两侧分别进行试验判断，并按固定格式进行记录。若沿绝缘子圆周表面外观基本相同，可在一侧进行试验即可。

另外注意以下 4 点：

（1）试验应避免在大风天气进行。

（2）若环境温度在 0℃左右，喷水瓶里应装温水。

（3）如果需要对表面积污取样，应记录取样位置及取样前后的憎水性。

（4）喷水后，应拍照记录。

六、试验报告

1. 基本情况

（1）地点、站名、线路名称（含杆号）。

（2）测试日期和时间。

（3）气象条件（温度、风力、降水量）。

（4）试验单位、测试人员。

2. 试验对象

（1）绝缘子类型。

（2）绝缘子布置方式（相别，在串中位置）。

（3）电压等级。

（4）安装日期或表面涂刷涂料的日期（涂料的类型）。

（5）安装方式（垂直，水平，倾斜角度）。

3. 憎水性分级

（1）不同位置的憎水性。沿着绝缘子的伞裙号；依次沿着每一个伞裙的表面（上表面、下表面，芯棒护套，大伞裙，小伞裙等）。

（2）绝缘子表面不同位置的憎水性。

4. 说明

大风对憎水性测试有影响，在此情况下进行的测试应在试验报告中注明。

憎水性试验报告见表 17-2。

表 17-2　　　　　　　　　　**憎 水 性 试 验 报 告**

单位名称：　　　　　　　　电压等级：　　　　　　　　日期：

地点：　　　　　　　　　　温度：　　　　　　　　　　风速：

杆塔/变电站类型：　　　　降水量：　　　　　　　　测量人员：

绝缘子安装方式：

绝缘子安装时间：

伞裙编号	T	B	C	T	B	C	T	B	C

结论：

本章提示

本章介绍了绝缘子的预防性试验项目及标准。

你知道为了安全，绝缘子串中零值绝缘子超过被测绝缘子总数的多少就应更换全部绝缘子？

本章重点

复合绝缘子憎水性检测的要点。

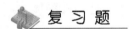 复 习 题

1. 简述绝缘子的试验项目及标准。
2. 简述防止污闪的手段。

第十八章

绝缘油和SF₆气体

很多电力设备中，使用着不同的液体绝缘材料，如变压器油、断路器油、电容器油和电缆油等。这些液体都具有油类的黏稠性，所以都叫"油"。它们大量用于变压器、电抗器中，用于改善电力设备的绝缘状态，统称绝缘油。其中变压器油用量最大。本章所讲的绝缘油均指变压器油。

SF_6气体具有很多优良绝缘性能和灭弧性能，因此被广泛应用于电力设备（如断路器、变压器等）中。

第一节 绝缘油质量要求

绝缘油的质量直接影响充油设备的安全和经济运行，所以对绝缘油质量有严格规定和要求，主要要求如下：

（1）良好的电气性能。评定电气性能的指标主要是绝缘强度（击穿电压）高、介质损耗因数小、体积电阻率高和吸气性好等。

（2）良好的抗氧化安定性。绝缘油在运行中一般温度在 $60\sim80℃$，并与空气接触，同时受到电场、电晕等作用，所以会产生热气化和电气化（劣化或氧化），为保证绝缘油的使用 20 年寿命，必须具有良好的抗氧化安定性能。

（3）高温安全性。绝缘油的高温安全性以闪点来衡量，闪点低，挥发性大，则安全性低，反之亦然。绝缘油的闪点有严格要求和规定。

第二节 绝缘油及其用途

绝缘油炼制时所选用的原油分别为环烷基、石蜡基和混合基。

以下为绝缘油在高压电力设备中的主要作用。

一、绝缘介质

绝缘油首先要保证电力设备绝缘的可靠性。如变压器内的绝缘油，要保证绕组与绕组之间、绕组与接地的铁芯和箱壳之间有良好的绝缘，在额定电压和一定幅值的过电压下，绝缘不击穿。

二、冷却介质

通过绝缘油的循环，把电力设备运行中导体和铁芯产生的热量传递给冷却装置，再散发到周围环境中去，以保证电力设备的温度在允许范围内。

三、浸渍介质

变压器绕组、电容套管芯子等经绝缘油浸渍后，一方面防止潮气进入，避免芯子受潮，如电容套管的芯子与瓷套间充少量绝缘油，就可以避免芯子受潮；另一方面，固体绝缘介质经过绝缘油的浸渍，使残留的气泡被排除，防止运行中产生局部放电，提高绝缘水平。

第三节 绝缘油的老化分析

绝缘油同固体绝缘材料一样，在电、热、化学作用下，会不断地被氧化（也称"老化"），逐渐失去绝缘性能。以下为绝缘油老化的主要原因。

一、设备本身

设计和制造不当造成的缺陷在运行中会产生过热或局部放电等，在使固体绝缘材料老化的同时也加速了绝缘油的老化。一般油温从 60℃ 起，每增加 10℃，油的氧化速度增加 1 倍，当油温达 100℃ 以上时，油会热分裂，所以，变压器上层油温都控制在 85℃ 左右。如果充油设备密封不严，漏进雨水，不仅加速油老化，而且破坏油的绝缘性能。当选用的固体绝缘材料不当，与油的相容性差时，也会加速绝缘油的氧化。

二、运行条件

当电力设备在额定条件下运行时，虽然在电场作用下油会氧化，但由于油本身具有一定的氧化安定性，其氧化极为缓慢。若运行中电力设备过负荷或散热设备故障，导致局部或整体油温升高时，会加速油的氧化。另外，油在阳光照射下，由于阳光中紫外线的作用，油很快氧化成酸性。过去户外充油套管的端部贮油器外壳为玻璃的，在电场和阳光作用下，经过 1～2 年套管中的油已氧化成酸性，后来改为铁外壳后，油的氧化变得十分缓慢。

三、污染杂质

电力设备在制造过程中环境不清洁，使微小金属、杂质颗粒附着在变压器绕组和铁芯上，注油时混入气泡，某些有机绝缘材料溶解在油中等，这些杂质对油的氧化都起着触媒作用，会加速油的氧化。

四、维护不当

密封垫在运行中损坏使雨水或潮气进入油中，油循环时由于部件损坏，冷却水渗入油中，油温在升降的过程，经呼吸器吸入水分等，都会使油的绝缘性能变差，击穿电压显著降低，介质损耗显著增加。

油氧化后各项性能变差。氧化后的油最明显的表现是油的颜色由淡黄色变为深暗红色，由透明变为浑浊，黏度、含水量、酸价和灰分都有所增加，甚至有大量油泥从油中析出，这些都会严重影响电力设备的安全运行。

第四节 水分对绝缘油的影响

绝缘油中一旦含有较多的水分，对其各项性能，特别是绝缘性能影响是很大的。

一、油中水分来源

1. 从空气中来

运行中的油与大气接触，通过呼吸从空气中吸收潮气。

2. 油氧化时的化学反应生成水

以下面的例子说明。分子式为 C_nH_{2n+2} 的纯石蜡经氧化生成有机酸和水。

化学反应式为

$$2C_nH_{2n+2}+3O_2 = 2C_nH_{2n}O_2+2H_2O$$

碱中和这种酸时，得到盐和水。化学反应式为

$$C_nH_{2n}O_2+KOH = C_nH_{2n-1}O_2K+H_2O$$

由此看出，石蜡氧化时生成一个分子的水，相当于中和酸时所消耗的一个分子的 KOH。把上述计算应用到绝缘油，我们得到，如果用 1mgKOH 足以中和 1g 油，则每克油含有 $18/（56 \times 1000）$ g 水。因为水和 KOH 分子量的比为 18/56。这样，每克油需 1mgKOH 时，每 4.55L 油生成的水比 1mg 还要多。

3. 变压器绕组因干燥不彻底

从固体绝缘材料中析出水分。这种情况在新设备投运和事故抢修中很容易发生。

4. 偶然从外面落进水滴

这种情况发生在密封垫损坏时，雨水进入油中；强油循环的部件损坏时，冷却水也会渗入油中。

二、水在油中存在的状态

1. 沉积水

水从油中脱离出来，结聚成水珠，沉积到油底部。这种水分虽对油的绝缘强度（击穿电压）没有直接的危险，但也是不允许的。这表明油中已存在溶解水了，应该对油进行处理，否则不能保证安全。

2. 溶解水

通常由大气中进入油内的水分成为极细微的颗粒状分布在油中。溶解水急剧地降低油的击穿电压。油中溶解水的存在，说明油已脏污。用离心分离作用可除去一部分油中溶解水，完全除去油中溶解水必须在低温时借助在高真空下油的雾化来实现。

3. 结合水

水分与油化学结合在一起称为结合水。结合水是油氧化而生成，表明油已出现早期老化的征兆。

4. 乳化水

乳化水又叫乳浊液。油与超微水滴的混合物称为乳浊液。无论是加热、澄清、过滤等，都不能使乳化水中的水滴与油分开。乳浊液分为两类：油滴悬浮在水中时称为亲水性的乳浊液。当分界层内集聚可溶于水而不溶于油的物质时，如油用碱处理生成的纳皂，便可形成这种乳浊液。水滴悬浮在油中时为憎水性乳浊液。存在有可溶于油中的表面活性物质时，如沥青质、树脂或金属盐，会产生这种乳浊液。

三、水分对绝缘油绝缘性能的影响

绝缘油中含有的水分，一方面使油的击穿电压急剧下降；另一方面和别的元素化合成低分子酸，腐蚀金属和固体绝缘材料。

绝缘油在常温时，若含有万分之一的水分，油的击穿电压只有不含水时的 15%～30%。当油中含有 0.000 5% 的水分时，油耐压达 130kV；但当油中含有 0.005% 的水分时，耐压只有 50kV。另外，水和油一般不相混合，但油中难免含有纤维等杂质，水分就会侵入纤维内部，降低油的绝缘强度。水分还可能渗入绕组内部的绝缘纸板上，降低纸板沿面闪络电压。所以，油中含水对绝缘影响是很大的。

为什么少量水分对油的绝缘强度会有如此大的影响呢？这是因为水的介电常数（80 左右）比油的介电常数（22～24）大许多倍，在电场作用下，油中的水珠变成细长形（依电力线方向），并且被吸至电场强度大的地方（油中电极边缘），易于产生电击穿。另外，当油中除含有水分，还含有纤维杂质时，这些纤维、杂质吸水性强，吸了水的杂质的介电常数比油显著增大，在电场作用下，它们不但被吸引到电

哇！油中的水泡和纤维杂质连成小桥，快击穿了！

场最强的电极附近，而且沿电场方向被拉长，沿着电力线排列形成杂质"小桥"。如果此"小桥"贯穿于电极之间，由于小桥的纤维及水分电导较大，使泄漏电流增大，发热增加，促使水分汽化，形成气泡；即使杂质"小桥"尚未贯穿全部极间间隙，在各段杂质链端部处油中的场强也增大很多，油在此局部的高场强下电离而分解出气体；"小桥"中气泡增多，促使游离过程增强，最后将小桥通道游离击穿。这一过程与热过程紧密联系着，故称为热击穿。

第五节　对绝缘油进行化学分析的意义

绝缘油在电场、高温和其他因素作用下，不断地氧化（又称"老化"），油的性能逐渐发生变化。为了及时发现这些变化，要对能体现绝缘油质量特征的指标进行化学分析。若运行中的绝缘油的指标离开规定标准一定范围后就说明油的质量有了问题，应及时采取措施。化学分析的项目有黏度、闪点、水溶性酸 pH 值、水分、含气量、酸值、界面张力和油中溶解气体组分含量分析等。

第六节　绝缘油的电气试验

一、绝缘油电气试验的意义

绝缘油具有优良的绝缘性能。绝缘油在运行过程中受电、热、局部放电和混入杂质（尤其是水分）的影响，逐渐老化，会失去绝缘性能。绝缘油一旦丧失绝缘性能，在正常运行电压下，也可能被击穿，致使电力设备损坏，造成停电事故。为了及时判断绝缘油的绝缘性能是否满足要求，仅靠化学分析是远远不够的，还必须进行电气试验。绝缘油的电气试验有电气强度试验和介质损耗因数 tanδ 值测量两项。

电气强度试验是检验绝缘油耐受极限电压的方法。影响绝缘油电气强度的主要因素是所含水分和杂质。电气强度不合格的油不允许注入电力设备；而运行的绝缘油电气强度不合格，应立即停电处理。电气强度不合格的油，只要过滤处理，除去其中的水分和杂质后，一般电气强度就会合格。

油的 tanδ 是反应油质状态的主要指标之一。绝缘油在交变电场作用下，因电导、松弛极化及游离会产生能量损耗，并用油的介质损耗因数 tanδ 值来衡量。绝缘油由于氧化或过热而引起老化，或含有杂质较多，电导和松弛极化加剧，损耗增加时，tanδ 值会随之增加。tanδ 值对绝缘油老化和污染严重程度反映很灵敏。油的老化初期，用化学分析尚不能发现时，由 tanδ 值可以明显判断。

二、电气强度试验

电气强度试验也称击穿电压试验，实际上是测量绝缘油的瞬时击穿电压值的试验。纯净的绝缘油中总会有一些自由电子在外界的高能射线作用下游离出来，或在局部强电场作用下从阴极冷射出来。这些电子在电场作用下，产生撞击游离，最终会导致绝缘油击穿。由于这种击穿完全由电的作用造成，故称为"电击穿"。工程上用的绝缘油总是不很纯净的，含有各种各样的杂质。不纯净的绝缘油的击穿是由于杂质形成的"小桥"贯穿电极之间，而"小桥"的电导较大，使泄漏电流增大，发热严重，游离过程增强，最后导致"小桥"通道游离击穿。这一过程是与热过程紧密联系着，故称为"热击穿"。

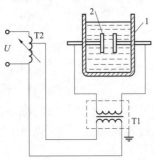

图 18-1　油击穿试验接线图
1—油杯；2—电极；
T1—高压试验变压器；T2—调压器

1. 试验方法

电气强度试验的试验接线与交流耐压试验基本相同。如图 18-1 所示，在绝缘油中放上一定形状的标准电极，两极间加上工频电压，并以一定的速度逐渐升压，直到两极间油隙击穿为止。该电压即为绝缘油的击穿电压。

2. 准备工作

（1）清洗油杯。试前电极和油杯应先用汽油、苯或四氯化碳洗净并烘干。冲洗时要用绸布，不得用棉纱。

（2）检查电极，若有烧伤痕迹不可再用。

（3）用标准规检查电极距离，应保持 2.5mm。

（4）取样瓶必须在不破坏原有贮装密封的状态下在试验室放置一定时间，待油温和室温基本接近后方可揭盖试验。

（5）揭盖前，应将试品颠倒数次，使油均匀混合，但尽可能不产生气泡。

（6）用试品油冲洗油杯 2～3 次。

（7）试品油注入时，应使试品油徐徐沿杯壁流下，以减少气泡。

（8）试品油在油杯内静置 10min。

（9）检查电路，应良好。

3. 试验步骤

（1）试验在室温 15～35℃、湿度不高于 75% 的条件下进行。

（2）从零起升压，以 3kV/s 的速度，直到油间隙击穿为止（自动跳开），并记下击穿电压值。上述步骤重复 5 次。

（3）每次击穿后，要对电极间的油用玻璃棒搅动数次，然后再静置 5min。

（4）为了减少击穿产生的游离碳，应将击穿电流限制在 5mA 以下。

4. 计算

（1）计算 5 次试验得到的击穿电压的平均值

$$U_{av} = (U_1 + U_2 + U_3 + U_4 + U_5)/5$$

（2）计算试品油的绝缘强度，计算式为

$$E = \frac{U_{av}}{d}$$

式中　　d——电极间距，取 0.25cm；

　　　　E——绝缘强度，kV/cm。

5. 试验结果判断

绝缘油的电气强度试验数据可参考相关规程，满足者为合格，否则为不合格。

三、油的 tanδ 值测量

采用高压西林电桥配以专用油杯在工频电压下进行绝缘油的 tanδ 测量。

1. 试验方法

（1）根据电桥的使用说明书，进行正确试验接线。

（2）高压西林电桥成套装置（一般用 QS3 型西林电桥或同等级电桥）的测量 tanδ 范围为 $1 \times 10^{-4} \sim 1$。

2. 试验步骤

（1）注入绝缘油的油杯置于绝缘板上，按电桥使用说明书做好接线和接地工作。

（2）试验电压按电极间隙每毫米施加 1kV 计算。

（3）在常温下测一次 tanδ 值。

（4）由于绝缘油的 tanδ 值随温度的升高按指数规律剧增，所以还必须在高温下测一次 tanδ 值。对变压器油应在 90℃ 时再测一次 tanδ 值。

（5）重做第二瓶油样的平行试验。两次测定 tanδ 的算术平均值为试品的 tanδ 值。90℃ 时所测值应符合《规程》要求。

四、油的体积电阻率试验

绝缘油的体积电阻率是鉴定其性能的主要指标之一，用以综合评定电气性能。

1. 绝缘油体积电阻率的定义

绝缘油内部直流电场强度与稳态电流密度的比值称为体积电阻率，用符号 ρ 表示，单位为 Ω·m 或 Ω·cm。

2. 绝缘油体积电阻率测定方法

测定绝缘油体积电阻率目前采用高阻计（微电流计），也可以采用检测介损因数和体积电阻率的自动化仪器。

测试条件为：场强 250V/mm；温度 90℃；若 tanδ 和 ρ 测量为同一台仪器，测完 tanδ 后先将两电极短路 1min 再测 ρ；若单独测 ρ，则需要油样注入油杯 10～15min 后再测；为了消除吸收电流的影响，要在加压 1min 后读数。上述这些条件对测量结果明显影响。应严格遵守。

所测 ρ 计算公式如下：

$$\rho = k \frac{U}{I}$$

式中　ρ——体积电阻率，$\Omega \cdot m$；

　　　U——施加电压，V；

　　　I——电流读数，A；

　　　k——常数，$0.113 \times C_0$（空杯电容量，pF）。

3. 影响因素

（1）温度。当油温升高时黏度减小，油导电性能增强，ρ 减小。测量 ρ 时有温度规定。

（2）杂质。油混入杂质时，尤其是导电杂质，ρ 就降低。所以，新油的 ρ 为运行油 ρ 的 50～100 倍。

4. 绝缘油的 $\tan\delta$ 与 ρ 的关系

绝缘油的 $\tan\delta$ 主要反映电导损耗，因此 ρ 也可以反映 $\tan\delta$，两者关系为

$$\tan\delta = (1.64 \times 10^{12})/\rho$$

由于测量绝缘油 ρ 的设备比测量 $\tan\delta$ 的设备简单，所以，适合现场作常规检查。

5. 利用所测 ρ 判断绝缘油缺陷

一旦发现绝缘油 ρ 值偏低或一段时间内下降明显，说明绝缘油中进入或老化生成较多的导电物质。另外，当绝缘油的 ρ 降低，必造成设备绝缘电阻降低，这样测出 ρ 值，可以给设备绝缘电阻值提供参考。

第七节　绝缘油中溶解气体分析和故障判断方法

我国从 20 世纪 60 年代开始试验研究油中溶解气体分析技术和方法。40 多年来采用该方法及时发现了大量充油电力设备内部存在的潜伏性故障，由于对这些潜伏性故障发现、处理及时，避免了事故发生和设备损坏。该方法具有不停电检测和能检测出缓慢发展的早期潜伏性故障等特点，已成为提高充油设备运行可靠性和杜绝运行中发生烧损事故的有效方法之一，被广泛采用，并列入《规程》中。目前该分析项目还扩大到在线监测。

一、油中溶解气体分析的理论基础

充油电力设备如变压器正常运行时，在电和热作用下，其绝缘油和有机绝缘材料会逐渐老化并分解出少量各种低分子的烃类和一氧化碳、二氧化碳等气体。当内部发生局部过热、局部放电（电晕放电）和电弧放电等故障时，会加速上述气体的产生速度和数量。油中分解出来的气体形成气泡，在油对流、扩散时不断溶解于油中。当变压器发生严重事故时，产气量大于溶解量，便有一部分气体进入气体继电器，累积到一定量时，导致气体继电器动作（轻者发信号，重者跳闸）。通过气体继电器内部气体分析和模拟试验，发现故障性质不同、严重程度不同所产生的气体组分和气体量也不同。在故障的初期，由于温度低，产气量少，都溶解在油中，气体尚不足使气体继电器动作，如果及时分析油中气体组分、含量及发展趋势，就能及时查出变压器内部潜伏性故障类型、部位和程度。

各种不同类型故障所产生的气体组分与故障点温度相关。判断故障的主要气体组分有氢气（H_2）、甲烷（CH_4）、乙烷（C_2H_6）、乙烯（C_2H_4）、乙炔（C_2H_2）、一氧化碳（CO）、二氧化碳（CO_2）、氧气（O_2）、氮气（N_2）等。每种气体代表的意义不相同，但又互相联系。总烃指甲烷（CH_4）、乙烷（C_2H_6）、乙烯（C_2H_4）、乙炔（C_2H_2）4 种气体的总和。

前一种气体又称 C_1，后三种气体又称 C_2。所以，总烃又可写为 C_1+C_2 的总和。

二、分析方法

油中溶解气体分析采用质谱仪和气相色谱仪。目前国内多采用气相色谱仪。主要有以下要求。

1. 取样

油样应是能代表变压器油箱本体的油，一般应在设备下部取样阀取样。当需要取气体继电器中的气样时，必须在尽可能短的时间内取出气样，并尽快分析，以减少不同组分的不同回溶率的影响。油样保存期不得超过 4 天。油样和气样都必须避光保存。

2. 脱气

同一个脱气装置，每次试验应尽可能使用同样油量。

3. 分析和结果表示方法

气相色谱仪要能满足对油中气体最小检知浓度的要求：乙炔不大于 1×10^{-6} 体积百分数；氢气不大于 10×10^{-6} 体积百分数。色谱分析结果用体积百分数即每升油中所含各气体组分的微升数表示，即 $\mu L/L$，过去习惯单位用 ppm（$1ppm=10^{-6}$）表示，现在统一用体积百分数表示。

三、分析结果判断方法

油中溶解气体分析结果的判断，以往采用总可燃气体法，近年来随着技术发展可采用以下方法。

1. 特征气体法

正常运行时绝缘油老化过程中产生的气体主要是 CO 和 CO_2。在油纸绝缘中存在局部放电时，油裂解产生的气体主要是 H_2 和 CH_4。在故障温度高于正常运行温度不多时，产生的气体主要是 CH_4。随着故障温度的升高，产生的气体中 C_2H_4 和 C_2H_6 逐渐成为主要特征。当温度高于 1000℃ 时，如在电弧温度的作用下，油裂解产生的气体含有较多的 C_2H_2。如果进水受潮或油中有气泡，则 H_2 含量极大。如果故障涉及固体绝缘材料时，会产生较多的 CO 和 CO_2。不同故障类型产生的气体组分见表 18-1。

表 18-1　　　　　　　　　不同故障类型产生的气体组分

故障类型	主要气体组分	次要气体组分
油过热	CH_4，C_2C_4	H_2，C_2H_6
油和纸过热	CH_4，C_2H_4，CO，CO_2	H_2，C_2H_6
油纸绝缘中局部放电	H_2，CH_4，C_2H_2，CO	C_2H_6，CO_2
油中火花放电	C_2H_2，H_2	
油中电弧	H_2，C_2H_2	CH_4，C_2H_4，C_2H_6
油和纸中电弧	H_2，C_2H_2，CO_2，CO	CH_4，C_2H_4，C_2H_6
进水受潮或油中有气泡	H_2	

固体绝缘的正常老化过程与故障情况下的劣化分解，表现在油中 CO 的含量上，一般情况下没有严格界限，CO_2 含量的变化规律更不明显。因此，在判断这两种气体含量时，应注意结合具体变压器的结构特点、运行温度、负荷情况、运行历史等情况加以综合分析。对开放式变压器油中 CO 含量一般在 $300\mu L/L$ 以下。如总烃含量超出正常范围，而 CO 含量超过 $300\mu L/L$，应判断为存在固体绝缘过热的可能性；若 CO 虽然超过 $300\mu L/L$，但总烃含量在正常范围，一般可判断为正常；某些双饼式绕组带附加外包绝缘的变压器，当 CO 含量超过 $300\mu L/L$，即使总烃含量正常，也可能有固体绝缘过热故障。

对储油柜中带有胶囊或隔膜的变压器，油中 CO 含量一般高于开放式变压器的。

突发性绝缘击穿时，油中溶解的 CO、CO_2 含量不一定高，此时应结合气体继电器中的气体分析做出正确判断。

2. 气体含量和产气速率法

故障越严重，则油中溶解的气体含量就越高。根据油中溶解气体的绝对值含量，与《导则》中规定的注意值比较，凡大于注意值者，应跟踪分析，查明原因。《导则》中规定的油中溶解气体含量的注意值如表 18-2 所示。

当气体浓度达到表 18-2 中给出的注意值时，应进行跟踪分析，查明原因。注意值不是划分设备有无故障的唯一标准。影响电流互感器和电容型套管油中氢气含量的因素很多，有的氢气含量虽低于表 18-2 中数值，但若增加较快，也应引起注意；有的仅氢气含量超过表 18-2 中数值，若无明显增加趋势，也可判断为正常。

表 18-2   油中溶解气体含量的注意值

设 备 名 称	气 体 组 分	含 量（$\mu L/L$）
变压器和电抗器	总烃	150
	乙炔	5
	氢气	150
互 感 器	总烃	100
	乙炔	3
	氢气	150
套管	总烃	100
	乙炔	5
	氢气	200

注　本表数值不适用于从气体继电器放气嘴取出的气样。

仅根据油中溶解气体绝对值含量超过"正常值"即判断为"异常"，是不全面的。如测得一台变压器油中 H_2 为 $6.7\mu L/L$，C_2H_2 为 $3.9\mu L/L$，C_1+C_2 为 $9.5\mu L/L$，报告结论为"正常"，但投入运行的两个月中，因内部有故障出现 8 次轻瓦斯动作。国内外的实践经验表明，要制定出变压器油中溶解气体的正常值是很困难的，尤其是 C_2H_2 的含量正常值，可低到 $0.05\mu L/L$，也可高达 $330\mu L/L$。因此，除看油中气体组分的含量绝对值外，还要看发展趋势，也就是看产气速率。

产气速率与故障消耗能量大小、故障部位和故障点的温度等情况直接相关。产气速率有两种表达方式。

（1）绝对产气速率。指每运行 1h 产生某种气体的平均值，计算式为

$$r_a = \frac{C_2 - C_1}{\Delta t} \cdot \frac{G}{\rho} \times 10^{-3} \qquad (18\text{-}1)$$

式中　r_a——绝对产气速率，mL/h；

　　　C_2——第二次取样测得油中某气体浓度值，10^{-6}；

　　　C_1——第一次取样测得油中某气体浓度值，10^{-6}；

　　　Δt——两次取样时间间隔，h；

　　　G——总油量，t；

　　　ρ——油密度，t/m^3。

变压器的总烃绝对产气速率的注意值见表 18-3。

表 18-3　　　　　　　　　　　总烃产气速率的注意值

变压器类型	开 放 式	隔 膜 式
产气速度（mL/h）	0.25	0.50

注　当产气速率达到注意值时，应进行跟踪分析。

（2）相对产气速率。指每运行一个月某种气体含量增加值与原有值之比的百分数的平均值，计算式为

$$r_r = \frac{C_2 - C_1}{C_1} \cdot \frac{1}{\Delta t} \times 100\% \qquad (18\text{-}2)$$

式中　r_r——相对产气速率，%/月；

　　　C_2——第二次油样中某气体浓度，10^{-6}；

　　　C_1——第一次油样中某气体浓度，10^{-6}；

　　　Δt——两次取样时间间隔，月。

总烃的相对产气速率大于 10% 时，应引起注意。但对总烃起始含量很低的设备，不宜采用此法。出厂和新投运设备的油中不应含 C_2H_2 成分，其他组分也应该很低。出厂试验前后两次分析，结果不应有明显差别。

3. 三比值法

油的热分解温度不同，烃类气体各组分的相互比例不同。任一特定的气态烃的产气率随温度而变化，在某一特定温度下，有一最大产气率，但各气体组分达到它的最大产气率所对应的温度不同。利用产生的各种组分气体浓度的相对比值，作为判断产生油裂变的条件，就是目前使用的"比值法"。三比值指五种气体（C_2H_2、C_2H_4、C_2H_6、H_2 和 CH_4）构成的三个比值 $\left(\dfrac{C_2H_2}{C_2H_4}、\dfrac{CH_4}{H_2} 和 \dfrac{C_2H_4}{C_2H_6}\right)$。三个比值的编码规则见表 18-4。判断故障性质的三比值法见表 18-5。

表 18-4 　　　　　　　　　　　　　　　　三比值法的编码规则

特征气体的比值	比值范围编码			说　明
	$\dfrac{C_2H_2}{C_2H_4}$	$\dfrac{CH_4}{H_2}$	$\dfrac{C_2H_4}{C_2H_6}$	
<0.1	0	1	0	例如：$\dfrac{C_2H_2}{C_2H_4}$ 为 1～3 时，编码为 1；$\dfrac{CH_4}{H_2}$ 为
0.1～1	1	0	0	1～3 时，编码为 2；$\dfrac{C_2H_4}{C_2H_6}$ 为 1～3 时，
1～3	1	2	1	编码为 1
>3	2	2	2	

表 18-5 　　　　　　　　　　　　　　　　判断故障性质的三比值法

序号	故障性质	比值范围编码			典　型　例　子
		$\dfrac{C_2H_2}{C_2H_4}$	$\dfrac{CH_4}{H_2}$	$\dfrac{C_2H_4}{C_2H_6}$	
0	无故障	0	0	0	正常老化
1	低能量密度的局部放电	0*	1	0	含气空腔中放电。这种空腔是由于不完全浸渍、气体过饱和、空吸作用或高湿度等原因造成的
2	高能量密度的局部放电	1	1	0	含气空腔中放电，已导致固体绝缘有放电痕迹或穿孔
3	低能量的放电①	1→2	0	1→2	不同电位的不良连接点间或者悬浮电位体的连续火花放电。固体材料之间油的击穿
4	高能量放电	1	0	2	有工频续流的放电。绕组、线饼、线匝之间或绕组对地之间的油的电弧击穿。有载分接开关的选择开关切断电流
5	低于 150℃ 的热故障②	0	0	1	通常是包有绝缘的导线过热
6	150～300℃ 低温范围的热故障③	0	2	0	
7	300～700℃ 中等温度范围的热故障	0	2	1	由于磁通集中引起的铁芯局部过热，热点温度依下述情况为序而增加：铁芯中的小热点，铁芯短路，由于涡流引起的铜过热，接头或接触不良（形成焦炭），铁芯和外壳的环流
8	高于 700℃ 高温范围的热故障④	0	2	2	

① 随着火花放电强度的增长，特征气体的比值有如下的增长趋势：C_2H_2/C_2H_4 比值从 0.1～3 增加到 3 以上；C_2H_4/C_2H_6 比值从 0.1～3 增加到 3 以上。

② 在这一情况中，气体主要来自固体绝缘的分解。这说明了 C_2H_4/C_2H_6 比值的变化。

③ 这种故障情况通常由气体浓度的不断增加来反映。CH_4/H_2 的值通常约为 1。实际值大于或小于 1 与很多因素有关，如油保护系统的方式，实际的温度水平和油的质量等。

④ C_2H_2 含量的增加表明热点温度可能高于 1000℃。

* C_2H_2 和 C_2H_4 的含量均未达到应引起注意的数值。

应用三比值法时注意事项如下：

（1）只有各组分含量达到注意值或产气速率达到注意值，可能存在故障时，才能进一步用三比值法判断其故障性质。气体含量正常，三比值法没有意义。

（2）表 18-5 中每一种故障对应于一组比值，多种故障联合作用，可能找不到相应组合。

（3）实际可能出现表 18-5 中没有包括的比值组合。因为某些判断尚在研究中。

4. 无编码比值法

由于三比值法存在一些不足，通过大量故障变压器分析，提出无编码比值法——不再对比值进行编码，直接由两个比值确定一个故障性质，使分析和判断更简单化。无编码判断变压器故障方法如下：

（1）计算 $\dfrac{C_2H_2}{C_2H_4}$ 的比值，当小于 0.1 时，为过热性故障；大于 0.1 时，为放电性故障。

（2）计算 $\dfrac{C_2H_4}{C_2H_6}$ 的比值，当比值小于 1 时，为低温故障；当比值大于 1 而小于 3 时，为中温过热（300～700℃）；当比值大于 3 时，为大于 700℃ 的高温过热。

（3）计算 $\dfrac{CH_4}{H_2}$ 的比值，确定纯放电还是放电兼过热故障。当比值小于 1 时，为纯放电；当比值大于 1 时，为放电兼过热。

经过 1300 多台次故障变压器分析和判断，并经过验证，无编码比值法准确率为 94%，而三比值法为 74%。

5. TD 图判断法

三比值法中，当内部产生高温过热和放电性故障时，绝大多数的 $\dfrac{C_2H_4}{C_2H_6}$ 大于 3。利用三比值法中的前两项，可构成直角坐标的 TD 图，如图 18-2 所示。图中以 $\dfrac{CH_4}{H_2}$ 为纵坐标，以 $\dfrac{C_2H_2}{C_2H_4}$ 为横坐标。除无励磁分接开关悬浮电位操作杆放电故障外，变压器内部故障均出现过热状态，逐渐发展成严重过热或放电故障，造成设备直接损坏。当故障向过热Ⅱ区方向发展或向放电Ⅱ区方向发展时，是应该严格控制的，要及早处理，防患于未然。在放电Ⅱ区，变压器应退出运行，查明原因并进行处理。在过热Ⅱ区变压器已不可继续运行，轻瓦斯保护有可能动作。

经过实际使用验证，TD 图收效很好。

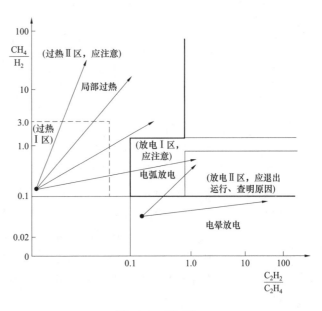

图 18-2　TD 图

6. 平衡判据法

当气体继电器发出信号时，可使用平衡判据进行分析判断。对油中溶解气体和气体继电器中的自由气体的浓度分析比较后，可以判断自由气体与溶解气体是否处于平衡状态，进而可以判断故障的持续时间。

对油中溶解气体和气体继电器气样进行色谱分析，然后进行比较。首先是把自由气体中各组分的浓度值利用各组分的奥斯特瓦尔德系数 K_i，计算出油中溶解气体理论值，或从油中溶解气体各组分的浓度值计算出自由气体的各组分的理论值，然后再进行比较。

各种气体在矿物绝缘油中的奥斯特瓦尔德系数 K_i 如表 18-6 所示。奥斯特瓦尔德系数定义为

$$K_i = \frac{c_0}{c_g} \tag{18-3}$$

式中　c_0——液相中气体浓度；

　　　c_g——气相中气体浓度。

表 18-6　　　　　　　　各种气体在矿物绝缘油中的奥斯特瓦尔德系数 K_i

气　体	K_i		气　体	K_i	
	20℃	50℃		20℃	50℃
氢（H_2）	0.05	0.05	二氧化碳（CO_2）	1.08	1.00
氮（N_2）	0.09	0.09	乙炔（C_2H_2）	1.20	0.90
一氧化碳（CO）	0.12	0.12	乙烯（C_2H_4）	1.70	1.40
氧（O_2）	0.17	0.17	乙烷（C_2H_6）	2.40	1.80
甲烷（CH_4）	0.43	0.40	丙烷（C_3H_8）	10.0	—

当气、液两相达到平衡时，对某一特定气体来说有

$$c_{0i} = K_i c_{gi} \tag{18-4}$$

式中　c_{0i}——在平衡条件下，溶解在油中组分 i 的浓度，10^{-6}；

　　　c_{gi}——在平衡条件下，气相中组分 i 的浓度，10^{-6}；

　　　K_i——组分 i 的奥斯特瓦尔德系数。

平衡判据判断方法如下：

（1）如果理论值与实测值近似相等，可认为气体是在平衡条件下放出来的。这有两种可能：一种是故障气体各组分含量均很少，说明设备是正常的；另一种是溶解气体含量略高于自由气体含量，则说明设备存在产生气体较慢的潜伏性故障。

（2）如果气体继电器中的自由气体含量明显超过油中溶解气体含量时，说明释放气体较多，设备存在产生气体较快的故障。

7. 总烃安伏曲线法

过热故障产生的原因有两方面，一是导电回路，二是导磁回路。如果导电回路有了热故障，气体含量与电流平方成正比（电阻损耗）；如果导磁回路有了热故障，则气体含量与电压平方成正比（磁路损耗）。这样再结合色谱分析数据的变化，即可判断部位。

根据上述理论，制作总烃安伏曲线，由此曲线判断。其具体做法如下：根据色谱分析取

样日期运行日志提供的电流、电压值，计算每日的变压器电源电压、电流平均值。以日期为横坐标，以总烃、电流、电压值为纵坐标绘制成总烃、电流、电压曲线，对三条曲线分析即可判断区分是导电回路还是磁回路过热。

8. 故障热点温度估算方法

根据日本月冈淑郎等人推荐，故障热点温度高于400℃时，估算热点温度的经验公式用来判断变压器铁芯接地故障较为有效。该热点温度 T（℃）的计算公式为

$$T = 322 \lg \frac{C_2H_4}{C_2H_6} + 525 \tag{18-5}$$

同时，日本木下位志等人通过变压器模拟试验，提出三成分和比值 k 与温度的关系，如图18-3所示。图中

$$k = \frac{CH_4 + C_2H_4 + C_3H_6}{TCG} \tag{18-6}$$

式中   TCG——可燃性气体总量。

国际电工委员会 IEC 标准指出，若 CO/CO_2 的比值大于 0.33 或小于 0.09，及 CO_2/CO 比值低于 3 或高于 11，则认为可能存在纤维分解故障，即固体绝缘劣化。当涉及固体绝缘裂解时，绝缘纸过热温度判断经验公式为

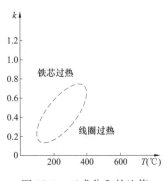

图18-3　三成分和的比值 k 与温度的关系

300℃以下　$T = -241 \lg \frac{CO_2}{CO} + 373 \tag{18-7}$

300℃以上　$T = -1196 \lg \frac{CO_2}{CO} + 660 \tag{18-8}$

9. 综合判断方法

运行中的充油设备色谱分析值与《导则》给出的注意值进行比较，如果超出注意值，应进行分析。另外，如果测出有乙炔（C_2H_2），虽色谱分析值未超过注意值，也应认真分析。

（1）首先排除外界影响。如油箱是否带油补焊，有载调压开关的油是否渗进本体油箱，设备运行过程中是否过热等。只有排除了外界影响，才能确认分析结果是可靠的，才可进一步分析。

（2）根据上述介绍的方法，如产气速率、特征气体、三比值法和 TD 图，进一步确定故障性质。如果气体继电器已有自由气体，还要用平衡判据法进行分析。

（3）结合其他检查试验，如测各绕组的直流电阻、空载特性试验、绝缘试验、局部放电试验和微水测量、油中微量金属分析等，进一步确定故障性质和部位。

（4）根据分析结果和设备具体情况，采取处理措施。如果性质不严重，而部位又一时确定不下来，则可继续跟踪分析，以加强监督。如果暂时停电困难，可以先限制负荷安排近期处理。如果综合分析认为故障严重，随时都有可能发生事故，则应立即停运，进行处理。

总之，色谱分析的结果应重视，但也不要只凭一次分析进行处理，应进行综合分析后，甚至多次跟踪分析后，才能最后确定处理方案。

华东电力试验研究所以特征气体法、三比值法和产气速率法为基础，结合我国许多电力部门的实践经验提出了一个变压器色谱分析诊断程序，如图18-4所示，供读者参考。

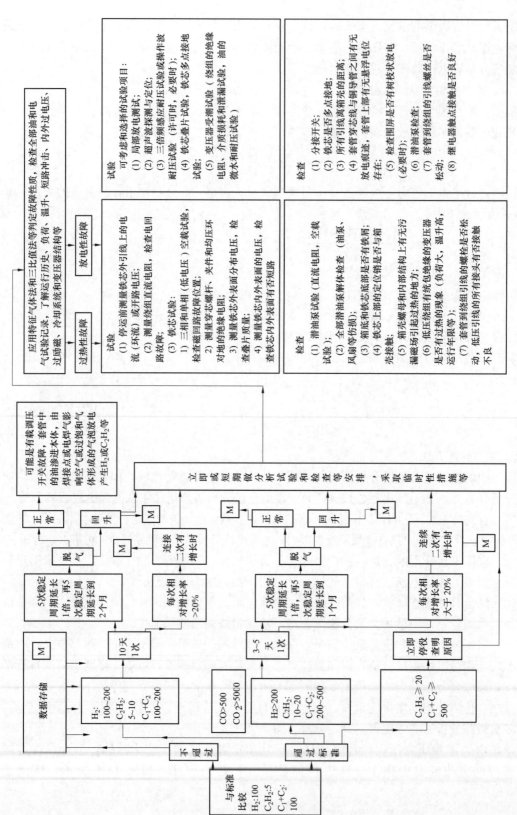

图 18-4　色谱分析诊断程序（气体含量单位为 10⁻⁶）

250

第八节　分析变压器绝缘油中微量金属含量
判断变压器故障部位

一、分析绝缘油中微量金属的目的

通过变压器油中溶解气体的色谱分析来检测变压器潜伏性故障，是一种比较成熟的方法。但该方法可以判断有无故障和故障类型，而不能确定故障部位。例如，色谱分析结果判断为裸金属过热故障，而裸金属过热又分为导电回路的铜（铝）导体过热和导磁回路的硅钢片过热，究竟是哪个回路，从色谱分析的结果难以判断。有时结合常规电气试验，虽可区分出导电回路故障或导磁回路故障，但究竟是导电回路或导磁回路的哪一部分故障，常规的电气试验也无能为力。

变压器内部发生故障时，除使绝缘油热解出 H_2、CH_4、C_2H_2、C_2H_4、C_2H_6 等气体外，同时还会有一些金属材料如铜、铁、铝等微粒或离子在高温作用下悬浮（或溶解）在油中。若导电回路过热则油中含有铜微粒或铜离子，而导磁回路过热则油中含有铁微粒或铁离子。所以，通过绝缘油中微量金属含量分析，就可以进一步判断过热故障在导电回路还是在导磁回路。如果再能分析出其他微量金属含量，如银、锡、铅等，尚可进一步判断是焊接头还是分接开关等过热故障。同样根据油中微量金属含量分析可判断放电故障是铜放电还是铁放电。另外，根据油中微量金属含量大小和增长速度，还可以进一步判断故障程度和发展趋势。

油中微量金属分析，可在设备带电时采样，非常方便。

二、测定绝缘油中微量金属含量的方法

目前国内外测量油中微量金属含量的方法有原子吸收法、原子发射法、X 射线荧光法、质谱法和电感耦合等离子体发射光谱法。最常用的是原子吸收法和电感耦合等离子体发射光谱法。

（1）原子吸收法测量要点。该方法将试样变为原子蒸气，一般不直接进样，而是经过前处理，通过对比试验。

（2）电感耦合等离子体发射光谱法测量要点。由于油中所含铁和铜数量甚微，故采取大量油样，分步在适当的温度下蒸发至碳化，最后以酸溶液过滤。

三、应用情况

国内已开展油中微量金属含量分析，配合色谱分析，可正确地判断出故障部位。

（1）某热电厂安装一台 SFSZ7-40000/110 型三绕组变压器，投运后 6 天取样进行色谱分析。色谱分析结果见表 18-7。后来又进行电气试验，各绕组直流电阻合格，说明导电回路没有问题；但空载电流和空载损耗比出厂试验值有明显增加，说明导磁回路有问题，经检查发现导磁回路确有硅钢片短路引起的局部过热。但故障未处理又投运，运行中造成轻瓦斯保护动作，说明故障已很严重。该变压器未返厂修理前，又取样进行油中微量金属分析，分析结果见表 18-8。既然判断为导磁回路过热，应该铁增加较多，由表 18-8 可见铜却增加很多。结合经验分析判断，可能是铁芯接地片太长（接地片为铜材），碰到铁芯上，铜在过热点外边，产生的铜离子易于扩散到油中的缘故。后来决定该变压器不返厂处理，就地吊钟罩检查，发现果然是由于接地片碰到了上铁轭。

表 18-7 色谱分析结果汇总表

分析日期	油中溶解气体含量 (10^{-6})								说 明
	H_2	CO	CO_2	CH_4	C_2H_4	C_2H_6	C_2H_2	总烃	
1991 年 12 月 9 日	9	12	74	8	18	2	3	31	投运前
1991 年 12 月 17 日	315	22	132	357	683	69	12	1121	—
1991 年 12 月 19 日	176	24	112	181	390	36	9	616	停电试验后，第二次投运前
1991 年 12 月 31 日	883	28	105	1107	1909	183	23	3222	—
1992 年 1 月 7 日	821	22	104	1455	2956	303	35	4749	—
1992 年 1 月 14 日	1302	47	449	2663	5002	457	47	8169	—
1992 年 1 月 21 日	1578	41	185	3250	6785	654	57	10 746	—
1992 年 2 月 10 日	72	33	114	69	262	33	5	369	处理故障后，未并网前

表 18-8 油中微量金属含量分析结果

样 品 名 称	金属含量 (10^{-6})	
	铜	铁
新 油	0.6	33
主变压器油	40	57

(2) 某电厂一台厂用高压变压器，色谱分析和油中微量金属分析分别见表 18-9 和表 18-10。由色谱分析表 18-9 判断为严重过热和火花放电故障，故障点温度已高于 1000℃，金属已熔化。结合表 18-10 中铜含量高进行分析，估计线圈发生故障。测线圈直流电阻平衡，说明导线未烧熔。经吊芯检查，发现 C 相绕组上部有较多铜末，绝缘已烧坏。

表 18-9 色 谱 分 析 表

气体成分	H_2	CH_4	C_2H_6	C_2H_4	C_2H_2	C_1+C_2	CO	CO_2
含量 (10^{-6})	197	106	20	134	80	340	290	640

表 18-10 油中微量金属含量表

金属成分	Cu	Fe
含量 (10^{-6})	258.1	195

(3) 某钢厂一台 2900kVA 变压器，色谱分析和油中微量金属含量分别见表 18-11 和表 18-12。由色谱分析，判断为一般性过热故障，温度不会使金属熔化，又结合油中微量金属分析，两者十分吻合。经检查没有找出故障点。

表 18 11 油样色谱分析表

气体成分	H_2	CH_4	C_2H_6	C_2H_4	C_2H_2	C_1+C_2	CO	CO_2
含量 (10^{-6})	48	70	90	146	0	306	300	1200

表 18-12	油中微量金属含量表	
金属成分	Cu	Fe
含量（10^{-6}）	37	120

（4）某化工厂一台变压器的色谱分析和金属含量分析见表 18-13 和表 18-14。根据色谱分析判断为严重过热和电火花放电的综合性故障，故障点温度大于 1000℃。结合表 18-14 中 Fe 含量大，而 Cu 含量少，分析判断故障点在铁芯回路。经检查是硅钢片发生放电引起的。

表 18-13		色谱分析表						
气体成分	H_2	CH_4	C_2H_6	C_2H_4	C_2H_2	C_1+C_2	CO	CO_2
含量（10^{-6}）	3450	4100	3300	5300	50	12 750	910	3858

表 18-14	微量金属含量表	
金属成分	Cu	Fe
含量（10^{-6}）	30	465.2

通过上述四例，说明通过绝缘油中微量金属分析，可以进一步判断潜伏性故障的部位和故障的严重程度。

四、分析绝缘油中微量金属含量的几点结论

（1）通过分析绝缘油中微量金属判断故障性质和部位，从理论上分析是可行的，经实践证明也是有效的方法之一。微量金属含量分析结合其他项目进行综合分析，使故障部位判断更为准确，除分析 Fe 和 Cu 外，通过锡、铅、银等成分的分析，可以扩大判断范围。

（2）目前运行中的变压器，尽管没有发生潜伏性故障，也应做一次油中金属含量分析，作为原始数据，待以后变压器有了问题，再次分析油中金属含量时，可用于进行比较，判断故障部位。

（3）油中金属含量是否合格，一方面根据绝对值大小判断，另一方面又要结合增长值（与原始值比较）进行判断。目前微量金属绝对值含量正常值：Cu 为 0.003%、Fe 为 0.008%。

第九节　SF₆气体的性质

一、SF₆ 气体物理性质

（1）SF₆ 气体的密度。SF₆ 气体分子量为 146，是密度较高的气体。20℃气压为 0.1MPa 时，其密度为 6.16kg/m³。由于 SF₆ 分子量大，分子之间的相互作用显著，使它不同于理想气体。当 SF₆ 气体压力高于 0.3~0.5MPa 时，由于分子间吸引力显著增加，使之明显偏离理想气体状态方程。

（2）沸点。SF₆ 气体的沸点为 -63.8℃。由于沸点不是很低，所以，选择 SF₆ 气体的工作压力时，要防止在环温较低时液化，即环温较低的地区，不能选择额定压力太高的 SF₆ 气

体断路器。

（3）在标准条件下，SF_6 气体是无色无味的气体。

二、SF_6 气体化学性质

（1）化学性质非常稳定。在空气中不助燃、不燃烧，与水、强碱、盐酸、硫酸等不反应，在常温甚至较高温度下一般不会发生自分解反应，热分解温度大约为 500℃左右。

（2）如果 SF_6 气体中存在某些金属，SF_6 气体稳定性则大为降低，其热分解温度为 150～200℃。如温度超过 150℃时，SF_6 气体开始与钢缓慢作用，生成硫化物和氟化物；在 250℃时 SF_6 气体开始与金属钠反应生成氟化钢等。在充有 SF_6 气体的电力设备运行温度范围内 SF_6 气体是稳定的。当温度高达几千摄氏度的电弧作用下，SF_6 气体才会产生剧烈的分解和电离，生成多种分解产物，其中某些分解物会导致以石英粉为填料的环氧树脂绝缘子的绝缘性能下降。

（3）SF_6 气体分子中根本不存在碳。由于 SF_6 气体分子不含有碳，作为灭弧介质是有利的，可以避免游离碳沉在绝缘表面构成一个连续导电层，形成闪络。

第十节　SF_6 气体的用途

由于我国电力工业迅速发展，极需要发展高电压、大容量和结构紧凑的电气设备，因而需要抗老化、不可燃的优良绝缘材料。SF_6 气体能满足这一需求。如 SF_6 气体的绝缘强度是相同气压空气的 2.5 倍，当 SF_6 压力为 0.2MPa 时，绝缘强度相当于绝缘油；SF_6 气体具有优良的灭弧性能，灭弧能力为空气的数十倍。SF_6 气体于 1900 年问世后，广泛用于电力设备作为绝缘介质、灭弧介质；应用电力设备的电压等级为 10～1000kV。

（1）SF_6 气体断路器。由于 SF_6 气体的优良绝缘性能和灭弧性能，SF_6 气体首先应用在断路器设备上。SF_6 气体断路器具有尺寸小、重量轻、开断容量大、维护工作量小和安装工期短等优点，这是传统的油断路器、压缩空气断路器无法比拟的。目前高压和超高压断路器几乎全被 SF_6 气体断路器所代替。

（2）SF_6 气体绝缘金属封闭开关设备（GIS）。GIS 是由断路器、隔离开关、接地开关、互感器、避雷器、母线、连接件和出线终端等元件组成，全部封闭在金属接地外壳中，充以 SF_6 气体作为绝缘和灭弧介质。GIS 装置具有结构紧凑，占地仅为常规设备的 5%～10%；且绝缘受环境的影响较小，更适合重污区和高海拔地区。

（3）SF_6 气体绝缘电缆（GIC）。SF_6 气体绝缘电力电缆设备于 1969 年问世，目前已制造的这类电力电缆额定电压达到 800～1200kV。由于 SF_6 气体的优良性质，GIC 具有以下特性：由于 SF_6 气体的相对介质常数 $\varepsilon=1$，因而电容量小，充电电流小，临界长度大；GIC 介质损耗小，可以忽略不计，又由于导体较粗，直流电阻小，因而截流量大和改善传热性能，传送能力大；SF_6 气体绝缘套管结构简单、价格便宜；GIC 设备无火灾危险，安装不受落差限制，特别适合场地狭窄、落差大的水电厂使用。

（4）SF_6 气体绝缘变压器（GIT）。城市供电需求量大，且对供电安全性要求越来越高，迫切要求电力变压器具有防火、防爆性能好，安装面积小、运行噪声低，GIT 正是能满足上述要求。美国 GE 公司 1956 年研制成功 SF_6 气体绝缘变压器，目前我国也已研制成功，并投入运行。

（5）SF$_6$ 气体绝缘互感器。与 SF$_6$ 气体绝缘电力变压器一样，SF$_6$ 气体绝缘电流互感器也已研制成功，并投入运行。

第十一节　温度对 SF$_6$ 气体湿度的影响

与绝缘油一样，SF$_6$ 气体中水分对 SF$_6$ 气体的绝缘水平等有很大影响，因此，研究 SF$_6$ 气体水的含量（湿度）和影响是十分必要的。

一、湿度大的危害

（1）湿度大对 SF$_6$ 气体设备耐压、强度的影响。在较高的气压下，湿度过高，耐压强度将有所下降，这一点已被实验证实。另外，温度降低到一定程度，水分子就会在绝缘件表面凝结成水或冰，大大降低绝缘件表面闪络电压，甚至引起闪络放电。

（2）水分对 SF$_6$ 电弧分解物的影响。SF$_6$ 气体在电弧、火花放电和电晕放电作用下，会分解多种产物。由于水分分解对产物的组分和生成量有极大影响，如生成 HF 和 H$_2$SO$_3$ 等。HF 和 H$_2$SO$_3$ 有着很强的腐蚀作用。HF 可以腐蚀大多数无机和有机材料，而且还可以腐蚀玻璃、瓷器及填充石英粉的环氧树脂铸件；H$_2$SO$_3$ 可与多种金属发生反应，给设备带来不利影响。

二、SF$_6$ 气体中水分来源

（1）充入的 SF$_6$ 气体中含有水分。新充入的 SF$_6$ 中因干燥不彻底带入水分。

（2）设备原来残存的水分。新设备组装或检修时抽真空后设备内残留的水分，如器壁上附着的水分等。

（3）固体绝缘件带入的水分。设备内部使用的有机绝缘材料制作的绝缘件，一般含水量为 0.1%～0.5%。在长期运行中，这些水分逐渐会释放出来。

（4）补充新气带来的水分。如果补充的新气中所含水分过大，会使 SF$_6$ 气体中所含水分增加。

（5）充 SF$_6$ 气体设备密封件渗入水分。当密封件不严或老化均可使外部水分渗入，使水分含量增加。

三、SF$_6$ 气体湿度测量的标准温度

SF$_6$ 气体湿度与温度相关，温度变化对 SF$_6$ 气体湿度影响很大，而且目前还未能找到不同温度下湿度的准确换算方法。

某单位在不同温度下对同一台 SF$_6$ 断路器湿度测量值如表 18-15 所示。

表 18-15　　　　　　　　不同温度下一台 SF$_6$ 断路器 SF$_6$ 气体湿度

环温（℃）	22.3	23.6	24.2	25.2	26.6	27.6	28.5	29.4	30.4	31.3
SF$_6$ 湿度（10^{-6}）	52.0	57.8	58.3	61.8	66.9	73.0	79.3	82.9	86.5	91.0

由表 18-15 可知，尽管温升仅为 31.3－22.3＝9（℃），而 SF$_6$ 气体湿度（体积分数）却从 52.0×10^{-6} 增加到 91.0×10^{-6}，增幅达 75%，说明温度对 SF$_6$ 气体湿度影响是很大的。作者在现场也遇到，在环境温度变化时，湿度在高温时不合格，而温度下降时又合格，但环温不符合标准要求（20℃）。

温度对 SF_6 气体湿度的影响，是充气设备内部因温度变化，导致水分转移的结果。设备安装的吸附剂，吸收设备内的大部分水分，当温度升高时，水分由吸附剂向 SF_6 气体转移，而温度降低时，水分又从 SF_6 气体转移到吸附剂中；设备内部的固体绝缘材料和器壁也会含有一定水分，随着温度的变化，渗透到材料内的水分也会随着温度升高慢慢释放出来，使 SF_6 气体含水量增加，反之亦然。

SF_6 气体湿度检测，应采取如下措施：

（1）测量时记录温度。在作者到基层绝缘监督检查时，发现有时忘记记录温度，使检测失去意义。尽量避免高温或低温检测。

（2）在高温时检测 SF_6 湿度虽超标，但不严重，应在 20℃ 左右复测，再决定是否进行处理。

（3）在低温时检测 SF_6 气体湿度，测量值虽未超标，但已接近 20℃ 时标准值，同样应在 20℃ 左右复测，决定是否处理。

（4）如果有条件时，在不同温度下进行湿度检测，将检测结果绘制成一表格，供以后参考。

【讨论】 为什么 SF_6 电气设备气体中湿度测量值与温度没有正确的换算公式？

一、温度变化对 SF_6 设备各部件含水量的影响

1. SF_6 设备材料的影响

由于固体材料对水分的吸附作用，SF_6 设备内部固体绝缘材料及箱体内壁，都含有微量水分，在某一温度下，固体材料中的水分与 SF_6 气体中的水分交换达到平衡。当温度升高时，固体材料内部的水分释放，使气体中的水分增加，温度降低时，气体中的水分一部分凝聚在箱体内壁及绝缘材料表面，气体中的水分含量减少。

产生上述变化的原因是，当温度降低时，水分子的平均动能减弱，器壁效应增强，这时，会有相当数量的水分子被箱体内壁或绝缘件吸附，使 SF_6 气体中的水分子减少。当温度升高时，水分子平均动能增大，使原先附着在箱体内壁和绝缘件表面的水分子重新释放，回到 SF_6 气体中，使 SF_6 气体中的水分子增加。

2. SF_6 设备中吸附剂的影响

对于绝缘状态良好的 SF_6 设备，其内部总的水分子含量是很小的。在环境温度升高时，气室内相对湿度会减小，而当温度降低时，气室内相对湿度相应增大。SF_6 断路器气室中的水分子大部分是被吸附剂吸附的。SF_6 中残余的水分子是处于吸附和释放的平衡状态，这种平衡状态与温度有关。

当温度升高，气室中相对湿度降低时，吸附剂吸附水分子的能力降低，吸附剂会释放水分子。而在温度降低时，气室中相对湿度升高，吸附剂吸附水分子的能力增加，吸附剂又会吸收 SF_6 气体中的水分子。

3. 环境温度对外部水分通过设备材料渗透进入气室的影响

SF_6 设备内部水、汽分压相差悬殊，所以外部的水分子有可能透过设备密封不严的部位进入设备内部。当环境温度高时，外部相对湿度大，外部水分子进入设备内部量较大，反之环境温度低时，进入量小。

4. 温度对气体分子运动速度的影响

由麦克斯韦方程可知，气体相对平均热动能速度受温度和相对分子质量的影响，温度越高，气体分子运动速度越大；相对分子质量越大，气体分子运动速度越小。由于水和 SF_6 气体的相对分子质量相差很多，温度变化时，气体中的水分子所获得的动能与 SF_6 分子所获得的动能增量不同。

二、温度变化对 SF_6 电气设备湿度测量值的影响

SF_6 电气设备由两部分组成：一部分为固体，如导电杆、绝缘支柱、绝缘拉杆、管壁、吸附剂等；另一部分就是一定压力的 SF_6 气体。对于正常运行的 SF_6 电气设备，其中的 SF_6 气体压力一般规定在 $0.5\sim0.6$MPa，环境温度运行在 $-20\sim40$℃，在一般情况下，对于在这一压力和温度范围内运行的 SF_6 电气设备，其内部含水量是极其微量的，远未达到 SF_6 气体中水蒸气的饱和压力。设备中的水分本应完全以气相的形式存在，但实际并不是这样。由于设备内部固体有机绝缘材料，瓷套、箱体内壁以及吸附剂等固体部件对微量水分的吸附作用，使得设备内部的水分以两种状态存在。固体材料中的水分以液态形式存在；SF_6 气体中的水分以气态存在。在某一温度下，这两种水分状态达到动态平衡，即固体材料对气态的水分吸附速度和液态中的水分子由于热运动而蒸发为气态的速度达到相等。这时，各自水分含量保持不变。当温度发生变化时，原有的平衡被打破，经过一定时间后建立新温度下的新平衡点。根据物理学理论可知，在温度升高时，由于分子热运动加剧，固体材料对水分的吸附能力降低，这时固体材料吸附的水分部分或全部转变成气态进入 SF_6 中，使得气体中的水分含量增加，反之亦然。

正常情况下测量 SF_6 电气设备中的湿度，就是测量其中 SF_6 气体中的水分含量，从上面的分析可以看出，SF_6 气体中的水分含量会随温度变化而变化，这就是规程中为什么规定20℃左右进行测量的原因，也是在不同温度下进行测量，结果不同的重要原因。

通过上述讨论，已经清楚了 SF_6 设备中气体湿度随温度变化的原因。下面我们继续讨论如何在现场较为准确地测量六氟化硫设备气体中湿度的问题。为了讨论问题方便，先假定两个测量条件：①测量时间间隔内不考虑外部渗入设备的水分；②设备内 SF_6 气体中所含水分均匀分布。

先讨论不同的测试方法是否受到温度影响。从上述分析并结合各种测试方法的原理可以看出，SF_6 设备气体中的含水量随温度变化而变化，无论哪种测试仪器都是通过取气样测量水分含量。这样，无论是电解法、还是露点法测试结果都会受到温度的影响。既然各种测试方法都受到温度的影响，能否找到对测试结果修正的准确公式？分两类讨论：①不同类型的 SF_6 设备能否找到统一的修正公式，对不同温度下湿度测试结果进行修正。不同类型的 SF_6 电气设备固体材料与气体质量的比例不同，不同形态水分含量比例不同，随温度变化气体中水分含量的绝对值相差较大，因此，很难找到修正公式。②同类型的设备可否找到修正公式？同类型的设备固体材料与气体质量的比例关系基本相同。但在生产、运输、安装、运行过程中进入设备的水分含量有很大不同，同样使得设备内水分的液态、气态比例不同。随着温度的变化，液态和气态平衡后的比例也不同。因此，也很难寻找到一个统一的温度修正公式。

最后，讨论一个实际运行的问题。SF_6 设备在正常运行下，随着环境温度的变化，器身本体和内部气体温度也随之变化。同时，内部气体压力也发生变化。温度升高压力变大，温

度降低压力变小。但是对设备内部的水分形式而言，温度升高，水分子热运动的能量增加，吸附在固体内部或表面的水分易交换到 SF_6 气体中，同时温度的升高也带来了 SF_6 压力的增加，而压力的增加又使水分子转化成气态的能力减弱，这是一对矛盾的东西存在于同一物体中。因为影响因素过于复杂，定量地测量其中的变化十分困难。

三、结论

根据以上分析，无论是同类型 SF_6 设备还是不同类型设备，寻找准确的温度与 SF_6 气体湿度测试修正公式都是十分困难的。因此，建议：

（1）测量 SF_6 设备气体中湿度值时，尽可能按规程规定在 20℃ 温度下测量，以便按规程规定值判断。

（2）不允许在 0℃ 以下进行 SF_6 设备气体中湿度测量。

（3）由于施工、抢修等原因测量温度无法满足规程中规定的 20℃ 要求时，可采用 GB/T 8905《六氟化硫电气设备中气体管理和检测导则》中的公式对测量值进行修正，但应在温度能满足要求后复测。

本章提示

本章讲解了绝缘油的化学和电气性能，从充油设备的运行安全观点出发，介绍了绝缘油老化原因、水分的影响和化学分析指标的标准值。重点介绍了通过油中气体各种成分分析的气相色谱方法和油中微量金属分析判断设备故障的方法。

你知道绝缘油在热、局部放电或电弧放电时都分解出一些什么特征气体？知道气相色谱分析的"三比值法"吗？知道绝缘油击穿的"小桥"现象吗？

本章重点

1. 油中特征气体与潜伏性故障的关系。
2. 气相色谱分析方法。
3. 油中微量金属含量分析方法。

复习题

1. 简述绝缘油的作用。
2. 绝缘油为什么会老化？
3. 绝缘油中含少量水分，为什么会使击穿电压大幅下降？
4. 色谱分析的目的是什么？色谱分析的各特征气体是什么？
5. 为什么绝缘油中微量金属含量分析可以帮助判断故障部位？

第十九章

接 地 装 置 试 验

把电力设备与接地装置连接起来，称为接地。接地按其作用分为三类：

（1）保护接地。指正常情况下将电力设备外壳及不带电金属部分的接地。如发电机、变压器等电力设备外壳的接地，属于保护接地。

（2）工作接地。指电力系统中利用大地作导线或为保证正常运行所进行的接地。如三相四线制中的地线，某些变压器中性点接地等，就属于工作接地。

（3）防雷接地。指过电压保护装置或设备的金属结构的接地，如避雷器的接地，避雷针构架的接地等，也叫过电压保护接地。

接地装置由接地体和接地线组成。接地体多由角钢、圆钢等组成一定形状，埋入地中。接地线是指电力设备的接地部分与接地体连接用的金属导线，对不同容量、不同类型的电力设备，其接地线的截面均有一定要求。接地线多用钢筋、扁铁、裸铜线等。

接地阻抗，指电流通过接地装置流向大地受到的阻碍作用。所谓接地阻抗就是电力设备的接地体对接地体无穷远处的电压与接地电流之比，即

$$Z=\frac{U_{j}}{I_{e}} \tag{19-1}$$

式中　　Z——接地阻抗，Ω；

　　　　I_{e}——接地电流，A；

　　　　U_{j}——接地体对接地体无穷远处的电压，V。

影响接地阻抗的主要因素有土壤电阻率、接地体的尺寸、形状及埋入深度、接地线与接地体的连接等。

以边长 1m 或 1cm 正方体的土壤电阻表示土壤电阻率 ρ，其单位是 $\Omega \cdot m$ 或 $\Omega \cdot cm$。土壤电阻率与土壤本身的性质、含水量、化学成分、气候等有关。一般来讲，我国南方地区土壤潮湿，土壤电阻率低一点，而北方地区尤其是气候干燥地区，土壤电阻率高一些。

由于直流输电工程的接地装置和交流输电工程有所不同，接地装置参数测量也不同，两者分开介绍。

第一节　测量接地阻抗的原理

一、测量接地阻抗的原理接线图

测量接地阻抗一般采用伏安法或接地电阻表法，其原理接线如图 19-1 所示。

在接地电极 A 与辅助电极 B 之间，施加交流电压 u 后，通过大地构成电流回路。当电流从 A 向大地扩散时，在接地体 A 周围土壤中形成电压降，其电位分布如图 19-1（b）所示。由

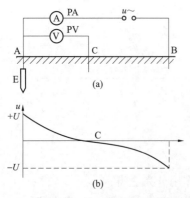

图 19-1 测量接地阻抗的原理

(a) 接线图；(b) 接地体周围土壤中的电位分布

E—接地体；C—电位探针；B—电流探针；

PA—测量通过接地体电流的电流表；

PV—测量接地体电位的电压表

电位分布图可知，距离接地极 E 越近，土壤中电流密度越大，单位长度的压降也越大；而距 A、B 越远的地方，电流密度小，沿电流扩散方向单位长度土壤中的压降越小。如果 A、B 两极间的距离足够大，则就会在中间出现压降近于零的区域 C。

二、接地极工频接地阻抗值

接地极 E 的工频接地阻抗为

$$Z = \frac{U_{AC}}{I} \tag{19-2}$$

式中 　U_{AC}——接地极 E 对大地零电位 C 处的电压，V；

　　　I——流入接地装置的工频电流，A；

　　　Z——接地极 E 的接地阻抗，Ω。

三、准确测量 Z 的方法

为了测准 Z，必须找准 C 点。找准 C 点的办法如下：①A、B 两点之间的距离足够大，尤其是大型变电站的接地网，A、B 之间距离应该是接地网的对角线长的 4~5 倍；②间接判断，将电位探针 C 在 A、B 两点某区域移动，当电压 U_{AC} 基本不变或变化很小时，则 C 点是近似零电位点。有时为了测准，则采用变电站的出线，达到 A、B 两点间距离足够大。

第二节　接地阻抗的测量

测量接地阻抗是接地装置试验的主要内容，现场运行部门一般采用电压—电流表法或专用接地电阻表（俗称接地摇表）进行测量。

一、接地阻抗的测量方法

用电压—电流表法和接地电阻表测量接地阻抗的接线如图 19-2 所示。

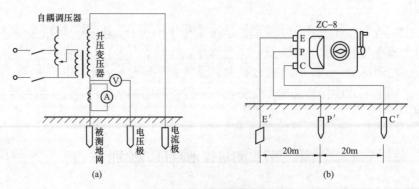

图 19-2　接地阻抗测量接线图

(a) 电压—电流表法测量接线；(b) 接地电阻表测量接线

电压—电流表法测量接线如图 19-2 (a) 所示。接地阻抗计算式为

$$Z = \frac{U}{I} \tag{19-3}$$

式中　Z——接地阻抗，Ω；

　　　U——电压表测得被测接地电极与电压辅助电极间电压，V；

　　　I——流过被测接地电极的电流，A。

一般低压 220V 由一条相线和一条中性线（一火一地）构成，若没有升压变压器则相线端直接接到被测接地装置上，可能造成电源短路。

图 19-2（b）示出了接地阻抗表的测量接线。接地电阻表的使用方法和原理类似于双臂电桥，使用时，C 接电流极 C′引线，P 端接电压极 P′引线，E 端接被测接地体 E′。当接地电阻表离被测接地体较远时，为排除引线电阻影响，同双臂电桥测量一样，将 E 端子短接片打开，用两根线 C、P 分别接被测接地体。

测量接地阻抗时电极的布置一般有以下两种，如图 19-3 所示。图 19-3（a）为电极直线布置，一般选电流线 d_{GC} 等于（4～5）D，D 为接地网最大对角线长度，电压线 d_{GP} 为 $0.618d_{GC}$ 左右。测量时还应将电压极沿接地网与电流极连线方向前后移动 d_{GC} 的 5%，各测一次。若 3 次测得的阻抗值接近，可以认为电压极位置选择合适。若 3 次测量值不接近，应查明原因（如电流极、电压极引线是否太短等）。当远距离放线有困难时，在土壤电阻率均匀地区，d_{GC} 可取 $2D$；当土壤电阻率不均匀时，d_{GP} 可取 $3D$ 左右。

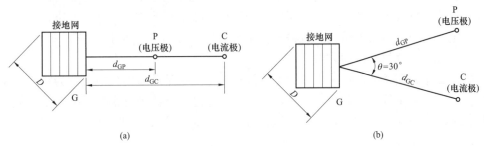

图 19-3　测量接地阻抗时电极布置图
(a) 直线布置；(b) 三角形布置

图 19-3（b）中示出的为电极三角形布置，一般选 $d_{GC} = d_{GP} = $（4～5）$D$，夹角 $\theta \approx 30°$。测量时也应将电压极前后移动再测 2 次，共测 3 次。

二、接地阻抗测量注意事项

（1）测量应选择在土壤干燥、未冻结时进行。

（2）采用电极直线布置测量时，电流线与电压线应尽可能分开，不应缠绕交错。

（3）在变电站进行现场测量时，由于引线较长，应多人进行，转移地点时，不得甩扔引线。

（4）测量时接地阻抗表无指示，可能是电流线断线；指示很大，可能是电压线断线或接地体与接地线未连接；接地阻抗表指示摆动严重，可能是电流线、电压线与电极或接地阻抗表端子接触不良，

测量线长，现场千万不可抛甩！

也可能是电极与土壤接触不良造成的。

（5）对于运行 10 年以上接地网，应部分开挖，检查接地体是否有焊点断开、松脱、严重锈蚀现象。曾发生过变电站接地电阻测量合格而开挖检查时发现接地体严重锈蚀的情况。

第三节　接地装置的电气完整性试验

除了测量接地装置接地阻抗外，还应进行电气完整性测试，即测试连接于同一接地网的各相邻设备接地线之间的电气导通情况。上述两个测试项目的结果均合格，才能确保接地装置安全运行。接地装置电气完整性试验，也称导通试验。

一、接地引下线导通试验目的

接地装置的接地引下线截面积一般小于接地网主干线截面积，而在发生短路故障时，流过接地引下线的电流是全部故障电流，接地网干线有分流作用，通过的电流比接地引下线的电流小，所以，截面积小的接地引下线成为接地装置中的薄弱环节。另外，接地引下线分为两部分，一部分处于大气中，另一部分处于土壤中。由于大气与土壤电化学腐蚀机理的差别和土壤表层结构组成的不均匀性，接地引下线更易于腐蚀。作者在现场多处地网开挖检查中，发现接地引下线较地网干线腐蚀严重得多。

如果引下线腐蚀不能及时发现，在事故时电流将烧断引下线造成电力设备失地运行，对人身和设备非常危险。在 20 世纪 70 年代，由于引下线烧断造成主机和主变压器损坏事故多次发生。定期对引下线导通情况进行检测是十分必要，做到发现腐蚀及时处理。

二、接地引下线导通试验方法

（1）测量接地网接地阻抗法。理论上讲同一个地网接地装置的接地阻抗为定值，无论从哪一个设备接地引下线测量都可以。从电力设备各接地引下线处分别测量接地阻抗值，然后进行比较判断，较大者存在接触不良。这种方法一方面太费人力和时间，不易实现，另外准确度也不高，现很少采用。

（2）万用表测量法。用万用表测量接地引下线与接地网之间或与相邻设备接地引下线之间的电阻值，再减去引线电阻，即为测量值。这种测量方法的优点是简单易行，缺点是不太精确。

（3）接地摇表测量法。该方法与万用表测量法相似，但更为有效。

（4）专用仪器测量法。利用双电桥原理专门制造的导通测量仪，可以消除引线和接触电阻的影响，测量更精确有效。这种方法是目前较为普遍采用的方法，检测有效性高。

三、试验结果判断和处理

检测方法不同，判断的方法也不同。第一种测量方法现场很少采用，实践经验较少，缺少通用判据。可以相互比较，测量较大者再用其他方法进一步核对。

用万用表测量，1Ω 及以下为良好，大于 1Ω 不良，大于 30Ω 严重腐蚀，甚至已断开，应尽快开挖检查。

用接地摇表测量，小于 0.2Ω 为良好。

专用仪器测量，在 $50m\Omega$ 以下良好；$200m\Omega \sim 1\Omega$ 为不良，重要设备应尽快开挖处理，而其他设备在适当时检查处理；1Ω 以上属于断开状态，应立即开挖处理。如果测量值相对其他设备明显大一些，应跟踪测量。

四、试验注意事项

（1）测量时先选一个与主网连接良好的引下线为参考点，再测量其他设备引下线与参考点的电阻值。如果有较多的设备引下线测试结果不良，宜考虑重新选择参考点。

（2）测量值与初始值比较，应不大于初始值的1.5倍。否则应进一步核对。

（3）每次测量参考点位置宜保持不变，以便历次数据比较。

（4）对主要设备（如变压器、避雷针、避雷器）引下线电阻应从严控制。因为这些设备遇有故障会有大电流通过，容易烧断。

第四节 土壤电阻率的测量

接地电阻的大小与土壤电阻率有很大关系，土壤电阻率是接地网设计的重要依据。土壤电阻率测量方法有三极法和四电极法两种。

一、三极法测量

在需要测量土壤电阻率的地方，埋入一几何尺寸已知的接地体，用上节介绍方法测量接地阻抗值，然后计算出该处的土壤电阻率。

常用的接地体为圆钢、钢管，垂直埋深约1m。测量接地阻抗时，电压极距电流极和被测接地体20m左右即可。依据电极尺寸及所测得的接地电阻，计算土壤电阻率，公式为

$$\rho = \frac{2\pi l R}{\ln \dfrac{4l}{d}} = \frac{lR}{0.367 \lg \dfrac{4l}{d}} \tag{19-4}$$

式中　ρ——土壤电阻率，$\Omega \cdot m$；

　　　l——钢管或圆钢埋入土壤的深度，m；

　　　d——钢管或圆钢的外径，m；

　　　R——接地体的实测接地阻抗，Ω。

用扁铁作为接地体时，土壤电阻率计算式为

$$\rho = \frac{2\pi l R}{\ln \dfrac{2l^2}{bh}} = \frac{lR}{0.367 \lg \dfrac{2l^2}{bh}} \tag{19-5}$$

式中　ρ——土壤电阻率，$\Omega \cdot m$；

　　　l——扁铁的长度，m；

　　　h——扁铁中心线离地面的距离（埋深），m；

　　　b——扁铁宽度，m。

用三极法测量时，接地体附近的土壤起决定性作用。这一方法测出的土壤电阻率，主要反映接地体附近土壤情况，必要时应在拟建接地网区域内多选几点测量。

二、四电极法测量

测量接线如图19-4所示。四电极法测量土壤电阻率也可用具有4个端子的接地电阻表来测量。测量时用四根均匀的直径为

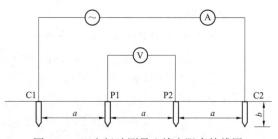

图19-4　四电极法测量土壤电阻率接线图

1.0～1.5cm，长为 1.0～1.5m 的圆钢作电极，埋深 b 为 $a/20$，电极间距离 a 保持为埋深 b 的 20 倍；即 a 为 20～30m，则土壤电阻率计算式为

$$\rho = 2\pi a U/I \qquad （电流、电压表法） \tag{19-6}$$

$$\rho = 2\pi a R \qquad （接地电阻表法） \tag{19-7}$$

式中 ρ——土壤电阻率，$\Omega \cdot m$；

$\quad a$——电极间距离，m；

$\quad U$——电压表读数，V；

$\quad I$——电流表读数，A；

$\quad R$——接地电阻表测量值，Ω。

四电极法测得的土壤电阻率反映的土壤范围与电极间距离 a 有关，反映的土壤深度随 a 的增大而增大，a 较小时所得土壤电阻率仅为大地表层的电阻率。测量时应选 3～4 点进行测量，取多次测量数值的平均值作为测量值。

应当指出，以上方法测得的土壤电阻率不一定是一年中的最大值，土壤电阻率与季节、天气等有关，应按下式进行校正，即

$$\rho = K\rho_0 \tag{19-8}$$

式中 ρ——设计所应用的土壤电阻率，$\Omega \cdot m$；

$\quad K$——考虑季节及土地干燥的季节系数，见表 19-1，测量时大地比较干燥则取表中的较小值，比较潮湿则取较大值；

$\quad \rho_0$——实测的土壤电阻率，$\Omega \cdot m$。

表 19-1 季 节 系 数 K 值

埋深（m）	K 值	
	水平接地体	2～3m 的垂直接地体
0.5 以下	1.4～1.8	1.2～1.4
0.8～1.0	1.25～1.45	1.15～1.3
2.5～3.0	1.0～1.1	1.0～1.1

第五节　接触电压和跨步电压测量

当土壤电阻率较大时，接地网的接地阻抗值可能不满足规程要求。如果经测量，接地装置的接触电压和跨步电压不超过允许值，又满足高电位不引出和低电位不引入的要求，可以不进行接地网的改造。

一、接地网接触电压和跨步电压的定义

当接地短路电流 I_K 流过接地网时，在地面上离电力设备的水平距离为 1.0m（模拟人脚的金属板），沿着设备外壳、构架或墙壁离地面为 1.8m 的两点之间的电位差称为接触电动势。接触电压是指人体接触上述两点时人体所承受的电压。

当接地电流 I_K 流过接地网时，在地面上水平距离为 1.0m 的两点之间的电位差称为跨步电势。跨步电压是人体的两只脚接触上述两点时人体所承受的电压。

二、测量接触电压和跨步电压的方法

接触电压和跨步电压的测量原理如图 19-5 所示。

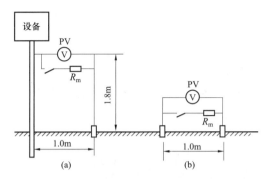

图 19-5　跨步电位差、跨步电压、接触电位差、接触电压测试示意图
(a) 接触电压；(b) 跨步电压

测试时施加试验电压的方法参考本章第二节测量接地阻抗施加试验电压的方法。

1. 接触电压测量

按图 19-5 (a) 部分，并上模拟人体的电阻，电压表读数即为接触电压 U'_j。

2. 跨步电压测量

按图 19-5 (b) 部分，并上模拟人体的电阻，电压表读数为跨步电压 U'_k。

3. 接触电压 U'_j 和跨步电压 U'_k 的换算

试验电流为 I 时测得的 U'_j 和 U'_k，应换算为接地装置流过最大单相短路电流 I_{max} 时的电压值。

$$U_j = U'_j \frac{I_{max}}{I} \tag{19-9}$$

$$U_k = U'_k \frac{I_{max}}{I} \tag{19-10}$$

式中　I——试验电流，A；

I_{max}——系统最大短路电流，A。

三、试验注意事项

(1) 模拟人体的电阻 R_m，取值 1500Ω。

(2) 测试时电极采用铁钎紧密插入土壤中，如果场区为水泥地面，则采用包裹抹布的直径 20cm 金属圆盘，并压上重物。

四、接触电压和跨步电压判断标准

1. 根据系统最大单相短路电流值判断

当有效接地系统最大短路电流不大于 35kA 时，接触电压 U_j 不大于 85V；跨步电压 U_k 不大于 80V。当系统最大单相接地电流大于 35kA 时，参照上述标准。

2. 根据土壤电阻率、接地短路电流持续时间确定

(1) 110kV 及以上有效接地系统和 6～35kV 低电阻接地系统或同一点两相接地时，有

$$U_j \leqslant \frac{174+0.17\rho}{\sqrt{t}} \tag{19-11}$$

$$U_k \leqslant \frac{174+0.7\rho}{\sqrt{t}} \tag{19-12}$$

式中 ρ——电阻率，$\Omega \cdot m$；

t——短路电流持续时间，s。

（2）3～66kV 不接地系统、经消弧线圈接地系统和高电阻接地系统，发生单相接地故障后，当不能迅速切除故障时，有

$$U_j \leqslant 50+0.05\rho \tag{19-13}$$

$$U_k \leqslant 50+0.2\rho \tag{19-14}$$

式中 ρ——土壤电阻率，$\Omega \cdot m$。

第六节　输电线路杆塔工频接地阻抗测试

杆塔接地阻抗测试，一般采用便携式测试仪。

一、测试方法

测试方法有三极法和钳表法两种。

（一）三极法测试

三极法测试采用接地电阻测试仪，测试接线如图 19-6 所示。

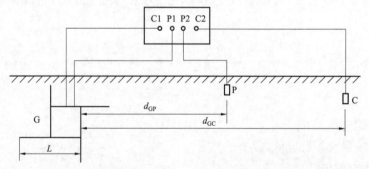

图 19-6　输电线路杆塔接地装置的接地阻抗测试图

G—被试杆塔接地装置；C—电流极；P—电位极；L—杆塔接地装置的最大射线长度；
d_{GC}—电流极与杆塔接地装置的距离；d_{GP}—电位极与杆塔接地装置的距离

1. 直线法测试

电位极 P 离杆塔基础边缘直线距离 $d_{GP}=2.5L$（L 为杆塔接装置最大射线长度），电流极 C 离杆塔基础边缘直线距离 $d_{GC}=4L$。若土壤电阻率均匀，$d_{GP}=1.8L$，$d_{GC}=3L$。如果杆塔接地装置不是射线布置，L 按接地装置最大几何等效半径选取。

2. 30°夹角法测试

接地装置周围土壤电阻率较均匀，也可采用电压极和电流极 30°布置，如图 19-3 布置方式。此时 $d_{GP}=d_{GC}=2L$。

（二）钳表法测试

1. 钳表法测试示意图及原理图

钳表法测试接线示意图如图 19-7 所示，测试原理如图 19-8 所示。

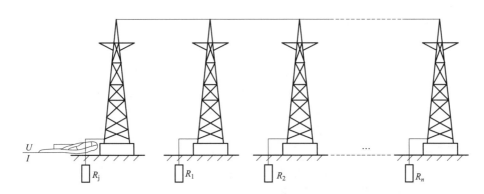

图 19-7　钳表法测量杆塔工频接地电阻示意图

R_j—被测杆塔的接地电阻；R_1，R_2，$\cdots$，R_n—通过避雷线连接的各基杆塔的接地电阻；
U—钳形接地电阻测试仪输出的激励电压；I—钳形接地电阻测试仪感应的回路电流

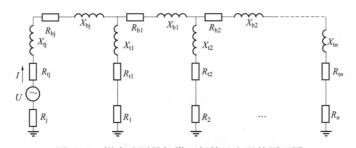

图 19-8　钳表法测量杆塔工频接地电阻的原理图

R_{bj}，R_{b1}，R_{b2}……各档避雷线的电阻（包括接触电阻）；X_{bj}，X_{b1}，X_{b2}……各档避雷线的
电抗；R_{tj}，R_{t1}，R_{t2}，$\cdots$，R_{tn}—各基杆塔的电阻（包括接触电阻）；
X_{tj}，X_{t1}，X_{t2}，$\cdots$，X_{tn}—各基杆塔的电抗

　　由图 19-7 和图 19-8 可知，钳表法测试的是本杆塔接地阻抗与本杆塔架空地线和邻近杆塔的接地阻抗形成的回路阻抗。所以，测得值除了本杆塔接地阻抗外，还有一个增量（塔身、本档架空线和两侧各档链回路等效阻抗值）。所以，为了采用此法测试，只有在一定条件下才近似测出杆塔接地装置的接地阻抗。

2. 钳表法测试的条件

（1）测试极必须有多基杆塔并联回路，即杆塔所在的输电线路具有与杆塔连接良好的避雷线，且多基杆塔的避雷线直接接地。测试杆塔所在线路区段中要求直接接地的避雷线上并联的杆塔数量如表 19-2 的规定。

表 19-2　　　　测量所在线路区段中直接接地的避雷线上并联杆塔数量的要求

杆塔接地电阻 （Ω）	$0<R_j$ ≤ 1	$1<R_j$ ≤ 2	$2<R_j$ ≤ 4	$4<R_j$ ≤ 5	$5<R_j$ ≤ 7	$7<R_j$ ≤ 10	$10<R_j$ ≤ 15	$15<R_j$ ≤ 17	$17<R_j$ ≤ 24	$24<R_j$ ≤ 30	$30<R_j$ ≤ 40	$40<R_j$ ≤ 50
并联杆塔数量 （基）	≥ 4	≥ 5	≥ 6	≥ 7	≥ 8	≥ 9	≥ 10	≥ 11	≥ 12	≥ 13	≥ 15	≥ 16

（2）被试杆塔接地装置只保留一根接地引下线与杆塔塔身相连，其余接地引下线应断开，并用导线将断开的接地引下线与被保留的一根接地引下线并联。

（3）上述回路中不应再有自然接地极。

二、测试注意事项

（1）测量应安排在干燥季节和土壤未冻结之前，不应在冻结后立即测试。

（2）雷云在杆塔上方活动时应停止测试，并撤离现场。

（3）测试时，工作人员不允许直接接触接地装置或杆塔的金属部分。

（4）三极法测试时，还应注意以下事项。

1）测试前应拆除被测试杆塔所有接地引下线；

2）应避免电压和电流极布置在接地装置的射线上面，布线不宜与放射延长线平行或同方向；

3）如果实测值与以往比较有明显增加或减小，应改变电极方向或增大电极距离重新测试。最好每次测量保持布线方向和长度一致。

（5）钳表法测试时的其他注意事项。

1）测试时打开钳口，钳住被保留的那根接地引下线，并使其处在居中位置，并垂直于钳口所在平面；钳口接触良好，读取稳定的读数。

2）如果实测值与历次测试结果比较变化不明显，则认为测量结果有效；如果测试结果远大于历次测量结果或超过规定值，则应进行三极法测量，以判断原因。

3）当输电线路改变时，应重新用三极法和钳表法对比测量。

4）每次测试前应对钳表进行自检。

三、测试结果判断

实测值和相关规程要求比较，符合标准为合格。

第七节　水电阻率测量

水电厂设计接地装置时，需要先测量水的电阻率值。水电阻率测量有两种方法。

一、专用仪器法

取水样后，采用电导测量仪直接测量电阻率。取水样时应记录水样温度；每种水样取 3 瓶，每瓶水样 1000ml 左右，水样瓶口应用蜡密封，且水样不宜保存过长时间。

3 瓶水样测量的平均值，即为该水样的电阻率。

二、四极法

与测量土壤电阻率四极法一样，但电极入水深度 h 不应大于极间距离 a 的 1/20，极距

可从水深的 $1/10 \sim 1/20$ 开始测量，测得的电阻率曲线水平段为水电阻率。

第八节　直流接地极接地电阻、地电位分布、跨步电压和分流的测量

我国直流输电工程越来越多，而接地极的接地电阻、地位分布、跨步电压和分流的测量工作也同时开展。

由于交流输电和直流输电不同，接地系统参数测量也有所不同。如交流输电工程接地参数测量采用的是交流电源，所测电压和电流的比值为阻抗值，而直流输电工程接地系统参数测量选用直流电源，所测电压和电流的比值为电阻值。

一、直流接地系统

在直流输电系统中，为实现正常或故障时以大地作为回路，使直流电流返回到换流站直流侧中性点，在距一端换流站一定距离设置的接地装置和设施，称为直流接地极系统。它主要包括接地极线路、接地极馈流线和接地极。

二、直流接地极接地电阻测量

（1）测量接地极电阻如图 19-9 所示。

图 19-9 中 L2 为电位测量线，将远方接地点的电位引到接地极线路和接地极馈流线的连接点，用以测量接地极与远方接地点之间的电位差。远方接地点与直流接地极的距离至少为直流接地极最远两端距离的 10 倍。

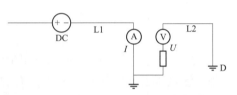

图 19-9　接地极接地电阻测量接线图
DC—换流站运行电源或试验电源；A—直流电流表；
V—直流电压表；L1—电流线（接地线路）；
L2—电位测量线；D—远方接地点

1）单极大地回线运行方式测量法。这种测量方法是在单极大地回线运行时开展，接地极线路即为电流线 L1，利用系统提供的电流作为试验电源，电位线 L2 采用人工放线。

2）自备直流电源测量法。电源工作地点可设置在换流站或接地极址。如果试验电源设置在换流站，以接地极线路为电流线 L1，通过换流站接地网和直流接地极构成电流回路。电位测量线 L2 采用人工放线。如果试验电源设置在接地极址处，通过辅助电流极和直流接地极构成电流回流，电位测量线 L2 采用接地极线路两条中的一条，也可以人工放线。

采用直流电流表 A 测量 L1 内的电流，用直流电压表 V 测量接地极线路和接地极馈流线的连接点与远方接地点之间的电压 U。

（2）测量数据处理。接地极接地电阻

$$R' = \frac{U}{I} \tag{19-15}$$

式中　R'——接地极接地电阻实测值，Ω；

　　　U——接地极线路和接地极馈流线的连接点与远方接地点之间的电压，V；

　　　I——接地极总入地电流，A。

上述测量应进行三次，取其平均值为最终接地极接地电阻 R

$$R = \frac{R' + R'' + R'''}{3} \tag{19-16}$$

式中 R——接地极接地电阻，Ω；

R'、R''、R'''——3 次接地极接地电阻测量值，Ω。

三、直流接地极地电位分布测量

1. 测量方法

直流接地极地电位分布测量宜采用参考点法和电位差法相结合的方法。在接地极附近地电位变化较大的区域内采用参考点法，其他区域采用电位差法。参考点法和电位差法的接线如图 19-10 和图 19-11 所示。

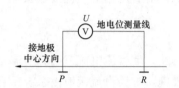

图 19-10　参考点法接线

R—远方参考点；P—测量点；V—直流电压表

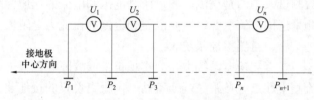

图 19-11　电位差法接线

V—直流电压表；$P_1 \sim P_{n+1}$—测量点

在接地极的一个或多个方向进行地电位分布测量。地电位的最远测量点距接地极中心不小于 10km，此时距离接地极中心最远的一个测量点为地电位的测量终点，该点的地电位为 0V。

图 19-11 参考点测量时，地电位测量线将远方参考点 R 的参考电位移到测量点 P 的上方，用直流电压表测量点 P 与参考点 R 之间的电位差 U。U 即为测量点 P 对参考点 R 处参考电位的地电位。R 固定不变，移动 P 点，可以得出距离接地极中心不同位置相对于参考点 R 处参考电位的地电位。不同点测量时入地电流不完全相同时，应折算到同一电流下的值。

图 19-11 电位差法检测时，用直流电压表 V 分别测量 P_1 与 P_2 之间，P_2 与 P_3 之间，……P_n 与 P_{n+1} 之间的电位差 U_1，U_2……U_n。将 U_1，U_2……U_n 相加，得到测量点 P_1 相对测量点 P_{n+1} 的地电位。如果测量时入地电流不完全相同，应折算到同一电流下。

2. 测量点的布置

地电位测量点应以接地极中心为起点向外布置。

地电位测量路径应避开管道、铁路等，若必须在这些地方测量，则应在记录中说明，地电位测量点还应避开水塘、沟等对地电位分布影响较大的位置。

在接地极导体上方附近，相邻地电位测量点之间距离不宜超过 1m，随着地电位测量与接地极导体距离增加，相邻测量点之间的距离可相应增加。

采用参考点在接地极导体上方及附近测量地电位，应测出地电位的最大值及所在位置。如果地电位测量路径经过多个接地极上方时，应当测量出多个地电位极大值，并经过比较，得出最大地电位及其所在位置。

3. 测量数据处理

在入地电流 I_m 下测得地电位 U_{gm} 后，按下式换算为入地电流 I_c 下的地电位 U_{gc}。入地电流 I_c 可以是直流接地极的额定电流或最大入地电流。

$$U_{gc} = \frac{I_c}{I_m} U_{gm}$$

(19-17)

4. 试验报告内容

（1）在被测直流接地极的平面图上标明地电位测量路径和地电位测量点。

（2）测量地电位时入地电流和对应的地电位测量值，并标明最大地电位的位置。

（3）接地极中心到测量终点的距离和测量终点前一段的平均电位梯度（折算到对应额定电流下的值）。

（4）额定电流和最大电流下的电位换算值。

（5）额定电流和最大电流下的电位分布曲线。

四、直流接地极跨步电压测量

该法用一个人体等效电阻模拟进行测量，人体等效电阻 R 取 1400Ω，允许偏差应不大于 $\pm 1\%$。

1. 测量接线

跨步电压测量接线如图 19-12 所示。

测量时将两个不极化电极分别放在测量点 P_1、P_2 上，安放不极化电极时，地面应平整且有一定湿度，使电极和地面接触良好。采用直流电压表测量电压。测量跨步电压时如果直流输电系统处于单级大地回路运行方式，可使用硫酸铜参比电极，或固体不极化电极。如果采用自备直流电源测量，应使用固体不极化电极。

2. 不极化电极要求

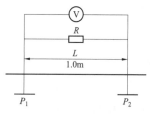

图 19-12　跨步电压测量示意图
V—直流电压表；R—人体等效电阻；
L—距离；P_1、P_2—测量点

（1）一对固体不极化电极的极化电位差不大于 1.0mV，一对硫酸铜参比电极的极化电位差不大于 5.0mV。

（2）定期对不极化电极检测。在室温条件下，将一对硫酸铜参比电极放入盛有饱和硫酸铜溶液的容器中或者将一对固体不极化电极放入盛有饱和氯化钠溶液的容器中。用直流电压表准确测一对电极间的电位差。直流电压表准确度不低于 1 级，分辨率不低于 0.1mV，输入阻抗不小于 $1000\text{k}\Omega$。

当一对硫酸铜参比电极间的电位差小于 5.0mV 时，可以认为合格（可以用来测量跨步电压）。当一对固体不极化电极间的电位差小于 1.0mV 时，可以认为合格（可以用来测量跨步电压）。

3. 测量点布置

应在可能出现较大跨步电压的位置选择测量点。

（1）接地极导体上方两侧地面。可在接地极导体上方地面两侧沿垂直接地极导体方向布置测量点，测量区域一般取接地极导体上方地面两侧 $0\sim10\text{m}$。

（2）散流不均匀，电流密度大的接地极上方地面附近，如馈电电缆与接地极的连接处上方地面附近。

（3）低洼处和沟渠附近。

（4）局部土壤电阻率突变的地方。

（5）其他位置。在关注的局部位置选择一个测量点，放置一个不极化电极，以该点为圆心，在半径为 1.0m 的圆弧上用另一个不极化电极探测，找出电位差较大的几点。再以这几点为圆心，分别放置电极，重复上述测量，直至找到该地区的最大跨步电压。

4. 测量数据处理和试验报告内容

在入地电流 I_m 下测量跨步电压 U_{sm} 后，按下式换算电流 I_c 下的跨步电压 U_{SC}。

$$U_{SC} = \frac{I_C}{I_m} U_{sm} \tag{19-18}$$

式中　I_C——可以是接地极的额定入地电流或最大入地电流。

试验报告应包括以下内容：

（1）标明测量点的平面图。

（2）测量接地极入地电流和对应的跨步电压值，标明最大跨步电压的位置。

（3）额定入地电流或最大入地电流下的跨步电压值。

五、直流接地极馈电电缆分流测量

1. 测量仪表

直流钳形电流表，准确度不低于1.0级；单极大地回线方式测量时，分辨率不低于1A；采用自备直流电源测量时，分辨率不低于0.1A。

2. 测量方法

首先选择一根馈电电缆，编号为1。用1块直流电流表固定检测1号馈电电缆电流，第一次测量结果记为 I'_{11}。用另一块（或多块）直流钳形电流表测量其他 $n-1$ 根馈电电缆电流，测量结果记为 I'_j（$j=2$，3，…，n），在测量第 j 根馈电电缆电流 I'_j（$j=2$，3，…，n）的同时再测量第1根馈电电缆电流，记为 I'_{1j}（$j=2$，3，…，n）。

对上述测量得到的电流进行归算处理。采用下式将所有的馈电电缆电流测量结果归算到对应于 I'_{11} 的值

$$\begin{cases} I_i = I'_{11} \\ I_j = \dfrac{I'_{11}}{I'_{1j}} I'_j \ (j=2,\ 3,\ \cdots,\ n) \end{cases}$$

采用下式计算对应于 I'_{11} 的总入地电流

$$I_m = \sum_{i=1}^{n} I_i$$

按下式计算每条馈电电缆的分流系数 m_i

$$m_i = \frac{I_i}{\sum\limits_{j=1}^{n} I_j} (i,\ j=1,\ 2,\ \cdots,\ n)$$

对应于入地电流 I_m 下每条馈电电缆的电流 I_i（$i=1$，2，…，n），需要下式换算入地电流 I_c 下的馈电电缆电流 I_{ci}（$i=1$，2…，n）。入地电流 I_c 可以是直流接地极的额定入地电流或最大入地电流。

$$I_{cj} = \frac{I_c}{I_m} I_i$$

3. 试验报告内容

（1）测量的馈电电缆电流 I'_{11}、I'_{1j}、I'_j（$j=2$，3…，n）以及归算到对应于 I'_{11} 的各条馈电电缆电流 I_i（$i=1$，2，3，…，n）和总入地电流 I_m。

（2）每条馈电电缆的分流系数 m_i（$i=1$，2，…，n）。

（3）额定入地电流和最大入地电流下每条馈电电缆的电流换算值。

六、模拟电流注入法

在直流输电系统停运时，可使用模拟电流注入法，对直流接地极的接地电阻、地电位、跨步电压和馈电电缆分流进行测量。试验电源必须为直流，一般安放在换流站，通过电流线 L1（可利用接地极线路）将电流 I 注入直流接地极。模拟注入接线示意图如图 19-13 所示。

采用模拟电流注入法测量时，应在测量结果中去掉背景电压的干扰，可采用通、断法减小背景干扰的影响。以测量地电位为例，测量每一位置的电位 U 时，先闭合开关 K，当仪表读数稳定后，测量该位置含有背景电压的总电压 U_Z，在测量地电位的同时，测量模拟入地 I；然后断开直流电源开关 K，测量该位置的背景电压 U_B，按下式计算入地电流 I 在该位置产生的地电位 U_D

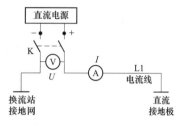

图 19-13　模拟电流注入法的
接线示意图

$$U_D = U_Z - U_B$$

对每一个测量位置按照上述方法测量 3 次，将每次测量得到的地电位 U_D 换算到同一电流后取平均值，便可得到换算电流对应的地电位。

本章提示

本章介绍了电力设备的接地类型及接地阻抗、土壤电阻率的测量接线。

你知道 1kV 以上电力设备接地阻抗允许值吗？记住运行 10 年以上接地网，要部分开挖检查接地体的情况。

本章重点

1. 接地阻抗、土壤电阻率测量方法。
2. 接地阻抗测量注意事项。

复习题

1. 何谓接地，何谓接地阻抗，接地按作用分为几类？
2. 简述 1kV 以上电力设备接地阻抗允许值。
3. 简述接地阻抗测量的注意事项。
4. 电极直线布置、电极三角形布置测量接地阻抗时，电压线和电流线的长度如何选取？
5. 简述土壤电阻率测量的三极法和四电极法。
6. 如何测量接触电压和跨步电压？
7. 直流接地极接地电阻怎样测量？

第二十章

母线试验及定相试验

第一节 母 线 试 验

母线是电力系统的重要设备，起着汇集与分配电能的作用。

母线试验的项目：一是检查连接部分的接触情况，在运行条件下还可通过红外点温仪检测连接处是否发热来判断接触情况；二是停电时对母线进行绝缘电阻测量和交流耐压试验，考验母线支持绝缘子及部分辅助设备（如隔离开关支座等）对地绝缘。试验设备容量足够时，对母线进行耐压试验时可连同母线所带断路器、电流互感器、隔离开关一起进行。母线耐压试验时应注意以下问题：

（1）所有非试验人员应退出配电室，通往邻近高压室门闭锁，而后方可加压，穿墙套管等高压部位应做好安全措施，派专人监护。

（2）试验时母线所带电压互感器、避雷器等设备应当与母线断开，并保证有足够的安全距离。

（3）对有两段母线且一段运行或母线所带线路一侧仍带电的情况，做母线耐压试验时应注意母线与带电部位距离是否足够。两者距离承受电压应按交流耐压试验电压与运行电压之和考虑。间隔距离不够时应设绝缘挡板或不再进行耐压试验，而对母线用 2500V 绝缘电阻表进行绝缘电阻试验。

（4）母线耐压时间为 1min，无击穿、无闪络、无异常声响为合格。

第二节 定 相 试 验

当两台新投变压器要并联运行，新架输电线路与系统并网，新装电力电缆交接，运行中电力电缆重装接线盒或终端头后投运等情况下必须进行定相试验。该试验的目的是防止上述工作时相序接错造成重大事故。

对于两台新投变压器并联运行及新架输电线路与系统并网等情形，确定相序方法如下所述。

一、高压定相

对于 110kV 及以下系统一般采用电阻杆高压定相，如图 20-1 所示。将需要并网运行的两端电压分别送至一隔离开关或断路器两侧，当两侧电压相位相同时，高压定相串流表 PA 指示为零或一较小数值；两侧电压相位不同时，PA 指示为一较大数值，其值大约为 $\frac{U}{R}$。其中 U 为系统线电压，R 为两电阻杆阻值之和。由于两侧电压来自两个系统或受输电线路容升现象等的影响，两侧同相电压的幅值可能有一定差异，造成电流表 PA 有一定指示，不过与两侧不同相时电流表 PA 指示数相比较小，一般不超过不同相 PA 指示数的 10%。

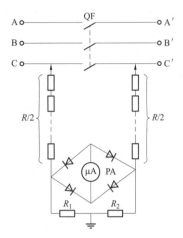

图 20-1　高压定相原理示意图

电阻杆的阻值选择：

6～10kV 系统，50～100MΩ；

35kV 系统，150～200MΩ；

110kV 系统，400～800MΩ。

电阻杆阻值选定后还应考虑电阻杆表面爬距是否满足要求，必要时应在电阻杆顶部及连接处加装均压环。新制作的高阻杆在使用前应先在试验室内加压试验，检查其阻值、爬距等是否满足要求。检查方法按《电力安全工器具预防性试验规程》规定的方法进行。

PA 一般采用 $0～500\mu A$ 带整流微安表。

并联保护电阻 R_1、R_2 一般选择为 1MΩ 左右电阻，防止当 PA 内部断线时高压危及人身及仪表安全。

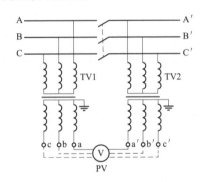

图 20-2　电压互感器低压侧
定相的试验接线

定相引线（高阻末端接表计部分）需采用屏蔽线，芯线接信号及表计，屏蔽接地。

二、低压定相

对于 110kV 及以上系统一般采用低压定相，即通过电压互感器二次电压定相，如图 20-2 所示。当电压表 PV 指示为零时，两侧电压同相；当电压表指示为线电压（如 100V）时，两侧电压不同相。

三、新型核相器

目前市场上已有多种型号的核相器，采用抗干扰数字信号采集器，将被测高压线路的相位信息数据采集并无线发射，由核相器主机接受并自动进行相位比较，最终显示核相结果。

四、定相试验时的注意事项

（1）用电阻杆定相前，应用 2500V 绝缘电阻表检查电阻杆阻值是否正常，防止在电阻受潮或有断裂情况下用电阻杆定相。

（2）电阻杆定相时应有专人监护，注意定相引线与带电部分距离是否足够，电阻杆顶端与带电部位是否接触良好。

（3）用电压互感器定相时应事先确定互感器极性是否正确，必须在同相互感器同极性二次端子间测量电压。

（4）定相时读表人员应认真读表、记录，必须有两人一起读表，以免一人误读数或疏忽引起误判断。

（5）对于新投低压配电室，即 380V 低压母线并联运行前，应采用电压表定相。

本章简要介绍了母线试验和定相试验的试验方法及注意事项。

母线交流耐压试验时一定要注意与邻近带电部位或停电部位距离是否足够，非试验人员应退出配电室，通往邻近高压室门闭锁。定相时为什么要两人一起读表？想想 380V 低压母线为什么一般不用万用表定相？

本章重点

1. 母线交流耐压试验注意事项。
2. 定相试验的方法及注意事项。

复习题

1. 简述母线交流耐压试验的标准。
2. 母线交流耐压试验时应注意哪些问题？
3. 定相试验时应注意哪些问题？

第二十一章

同 步 发 电 机 试 验

发电厂和水电厂中的发电机都为同步发电机，它将原动力的机械能转变成电能，再通过升压变压器和输电线路送往用户。

近年来，我国电力工业迅速发展，已进入大电网和大机组的发展阶段。目前 $300 \sim 600MW$ 的发电机已成为电网的主力机组；$1000MW$ 发电机组已建成投产。对发电机进行预防性试验，一方面是为了保证发电机本身的安全运行，另一方面也是为了保证电力系统安全运行。

第一节 定子和转子绕组绝缘电阻、吸收比和极化指数

一、发电机绝缘的特点

1. 电气性能

绝缘应具有足够高的耐电压强度，能承受一定的过电压；在工作电压和工作温度下，绝缘介质损耗因数 $\tan\delta$ 小且稳定；具有较高的起始游离电压，绝缘寿命保证在 $25 \sim 30$ 年。

2. 热性能

工作温度下，绝缘中浸渍漆和黏合剂不应析出流动。绝缘材料、铜导体和定子铁芯热膨胀系数不同，在绕组升温和冷却过程中，它们之间将产生较大的机械应力。长时间作用可能使绝缘失去弹性甚至出现裂纹，导致击穿。

3. 机械性能

运动时绝缘受到各种机械力作用。

（1）端部线圈在运行时会产生电动力，突然短路时电动力加剧，可能使端部线圈固定松动，松动后长时间运行会使绝缘磨损。

（2）定子绕组的横向磁通使导体受到幅向交变电动力，在短路时，电动力可增长数倍。交变电动力作用可引起绝缘磨损或断裂，导致击穿。

（3）转子绕组在运行时受到很大的离心力作用，可能出现的缺陷如转子绕组一点接地、匝间绝缘损坏等。

4. 化学性能

发电机运行产生电晕放电时，伴随产生臭氧和各种氮氧化物，前者是强烈的氧化剂，侵蚀有机绝缘材料；后者和水形成硝酸或亚硝酸，腐蚀金属材料，使纤维材料变脆。所以，发电机绝缘应采用防晕材料，防止产生电晕放电。

发电机定子绕组绝缘主要有沥青浸胶、烘卷云母和环氧粉云母三种。绝缘结构为含有漆、沥青、虫胶、环氧、云母带和玻璃丝带等材料的复合式夹层。所以，发电机定子绝缘的吸收现象很显著，测量绝缘电阻、吸收比和极化指数能有效地检出绝缘受潮、脏污及贯穿性

的集中性缺陷。

二、测量方法

测量绕组绝缘时，用电动式绝缘电阻表依次测量各相或分支对地以及其他相或分支间的绝缘电阻值、吸收比和极化指数。测量时应在引出线套管表面加屏蔽，所有线圈均应首尾短接（非被测线圈还应接地）；在正式测量前，一定要将定子绕组对地、相间预放电 5～10min，否则测量的绝缘电阻值偏大，而吸收比又偏小；由于定子绕组对地电容量较大，为了防止损坏绝缘电阻表，测量完毕后，仍保持绝缘电阻表额定电压下（或转速）断开相线，以防对绝缘电阻表反充电导致其损坏。

三、试验结果分析和判断

（一）绝缘电阻试验结果分析和判断

为了便于比较，绝缘电阻换算到同一温度后才能分析判断。

1. 绝缘电阻值温度换算

不同温度下的绝缘电阻值应换算到 75℃ 或 40℃。下面推荐换算公式，根据具体条件选择。

（1）IEEE std43—1974 推荐用式（21-1）换算

$$R_c = K_t R_t \tag{21-1}$$

式中　R_c——换算到 75℃ 或 40℃时的阻值，$M\Omega$；

R_t——测试温度为 t℃时的阻值，$M\Omega$；

K_t——绝缘电阻温度换算因数。

绝缘电阻温度换算因数 K_t，按下式计算

$$K_t = 10^{\alpha(t-t_1)} \tag{21-2}$$

式中　t——试验时温度，℃；

t_1——换算温度值（75℃、40℃），℃；

α——温度系数，℃$^{-1}$，此值与绝缘材料的类型有关，如 A 级绝缘材料为 0.025，B 级绝缘材料为 0.030，按式（21-2）计算的，换算温度为 75℃ 和 40℃的 K_t 值，见表 21-1 和图 21-1、图 21-2。

表 21-1　　　　　　　　　　定子绕组绝缘电阻温度换算因数 K_t

定子绕组温度	A 级绝缘材料		B 级绝缘材料	
（℃）	换算至 75℃	换算至 40℃	换算至 75℃	换算至 40℃
75	1.0	7.5	1.0	11.4
70	0.75	5.6	0.71	8.0
60	0.42	3.2	0.35	4.0
50	0.24	1.6	0.18	2.0
40	0.13	1.0	0.088	1.0
30	0.075	0.56	0.044	0.5
20	0.042	0.32	0.022	0.25
10	0.024	0.18	0.011	0.125
5	0.011	0.13	0.0078	0.088

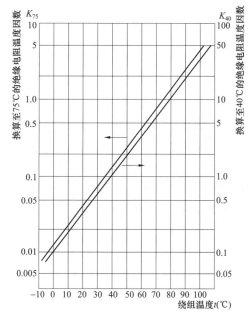

图 21-1　定子绕组 A 级绝缘材料温度换算因数

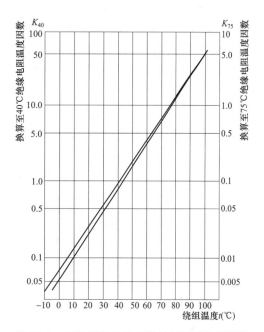

图 21-2　定子绕组 B 级绝缘材料温度换算因数

（2）苏联产品推荐，在 75℃之内（不低于 10℃），绝缘电阻按表 21-2 进行温度换算。

表 21-2　　　　　　　　　　　定子绕组绝缘电阻温度换算因数 K_t

定子绕组温度（℃）	换算至 75℃	定子绕组温度（℃）	换算至 75℃
75	1.0	40	0.29
70	0.88	30	0.21
60	0.59	20	0.15
50	0.41	10	0.11

（3）温度换算不很准确，所以，安排试验时，尽可能在相近温度下进行。有条件时，干燥完毕后的冷却过程中测量不同温度下的绝缘电阻值，绘制绝缘电阻与温度的关系曲线图。在曲线图上查出 75℃（或 40℃）的绝缘电阻值。再由式（21-1）求出不同温度下的 K_t 值，列出定子绕组绝缘电阻温度换算因数 K_t 值表。这样这台发电机定子绕组绝缘电阻温度换算就更准确。

2. 绝缘电阻值的判断

绝缘电阻值与多种因素相关，难以制订出统一的标准值。《规程》规定各单位根据经验自行规定标准；若在相近试验条件下（温度、湿度），阻值降低到历年正常值的 1/3 以下，应查明原因；各相或分支阻值的差值不应大于最小值的 100%。

（二）吸收比和极化指数的判断

测量发电机绝缘电阻时，同时测量吸收比和极化指数。

当发电机定子绕组绝缘受潮、脏污时，不仅绝缘电阻值下降，而且吸收特性衰减时间缩短，吸收比 K 值减小。由于吸收比对绝缘受潮反应灵敏，我国在 20 世纪 80 年代以前，一直把它作为判断绝缘受潮的主要指标之一。判断标准为 $K \geqslant 1.3$，认为绝缘是干燥的。但 20世纪 80 年代开始投运的大型发电机，在测绝缘电阻时，阻值很大，而吸收比 $K < 1.3$，其他试验也证明绝缘没有受潮。经过研究分析认为，大型发电机电压高、容量大，绝缘材料性能提高，绝缘结构复杂，吸收时间常数延长，达到稳定时间在 600s 及以上。所以，60s 的绝缘阻值远没有达到稳定值，使 K 值小于 1.3。测量极化指数就能测到稳定值，比较客观地反映绝缘状态。所以，《规程》推荐 200MW 及以上发电机测量极化指数。极化指数在较大范围内与定子绕组温度无关，吸收比与定子绕组温度有关，仅在 10～30℃范围内影响较小，吸收比测量最好在 10～30℃范围内测量，而极化指数就没此要求。

综合上述分析，《规程》对发电机定子绕组绝缘吸收比 K 和极化指数 P 规定如下：环氧粉云母绝缘 K 不应小于 1.6 或 P 不应小于 2.0。也就是说，只要一个满足，另一个不满足也是合格的，即大型发电机 $K < 1.3$，而 $P > 1.5$，则绝缘是合格的，未受潮；中小型发电机 $K > 1.6$，而 $P < 2.0$，同样绝缘未受潮，是合格的。

四、转子绕组的绝缘电阻测量

运行时，转子绕组高速运转，同时承受高温作用，绝缘电阻值一般不大。绝缘电阻测量分静态和动态，动态又分为空载和负载两种。

（一）静态测量

发电机静止状态，把滑环上的碳刷提起来，用 1000V 绝缘电阻表测量（水冷用 500V 或以下绝缘电阻表），线路端子接在滑环处，接地端子接在转轴上。《规程》规定，绝缘电阻一般不小于 0.5MΩ，水冷发电机在室温下一般不应小于 5kΩ。《规程》还规定，对于 300MW 以下的汽轮发电机，在 75℃时不小于 2kΩ，或在 20℃时，不小于 20kΩ，亦可投运。对于 300MΩ 及以上的汽轮发电机，在 10～30℃时，绝缘电阻不小于 0.5MΩ。在测量前，正负滑环应短路放电。

（二）动态测量

发电机空载或带负载两种状态下测量转子绕组的绝缘电阻。

1. 空载测量

励磁回路处于灭磁状态，把碳刷提起来。在升速过程中，在不同转速逐点测量绝缘电阻值，绘制出绝缘电阻值与转速的关系曲线。由此曲线可判断绝缘电阻受离心力作用下阻值的变化，以及转子绕组绝缘状态和转速的关系。

2. 负载测量

采用电压表法。用内阻为 200 000Ω/V 的万用表。在测量前一定保证励磁回路绝缘状态良好。

先测量正负滑环之间电压 U_k，再依次测量正滑环对轴电压 U_+ 和负滑环对轴电压 U_-，则转子绕组对轴绝缘电阻值（MΩ）为

$$R_i = R_v \left(\frac{U_k}{U_+ + U_-} - 1 \right) \times 10^{-6} \tag{21-3}$$

式中　R_v——万用表内阻，Ω。

如果改变负荷大小，也就是改变转子绕组温度，依次测出绝缘电阻值，可绘出绝缘电阻值与负荷的关系曲线。由此曲线可判断绝缘电阻和温度的关系，判断转子绕组在高温下是否绝缘不良或接地。

第二节　定子绕组泄漏电流测量和直流耐压试验

测量绝缘电阻时，施加电压比较低，绝缘缺陷不易被发现。直流泄漏电流测量和直流耐压试验时，试验电压比较高，缺陷更容易暴露；另外，用比较准确的微安级电流表测量泄漏电流，更容易发现绝缘缺陷。直流耐压试验还有一个优点，是比交流耐压试验更容易发现绕组端部的绝缘缺陷。

一、试验方法

试验方法和其他设备基本一致。微安级电流表应接在高压侧，并对出线套管表面进行屏蔽。为了防止强电场杂散电流的干扰，微安级电流表也要屏蔽。试验应在发电机停机后，清扫污秽前的热态下进行，这样能更有效发现绝缘缺陷。试验电压应按每级 $0.5U_N$ 分阶段升压，每一阶段停留 1min 后，读取泄漏电流值，绘出泄漏电流和电压的关系曲线，即

$$I_x = f(U_s) \tag{21-4}$$

式中　I_x——泄漏电流值，μA；

　　　U_s——试验电压，kV。

二、注意事项

氢冷发电机试验，充氢时氢的纯度应大于 96％以上；排氢时，氢的纯度应在 3％以下；不准在置换过程中进行试验。微安级电流表换挡时，用合格的操作杆或用光电遥控装置进行。试验完毕后，先用放电棒放电（经过电阻），然后再接上接地线充分放电 3min 以上。

三、试验结果分析判断

1. 《规程》不规定泄漏电流值标准的原因

泄漏电流值大小，实际上也反映绝缘电阻值大小，同样受到各种因素影响，难以制订出统一的合格标准值。另外，这一试验最后是直流耐压试验，所以判断绝缘状态应以最后能否通过耐压试验为准。现场试验时，虽然泄漏电流值不大，但最后耐压时可能击穿；反之，尽管泄漏电流大一些，但最后耐压通过，所以泄漏电流值不能完全体现绝缘状态，仅能相对比较，判断绝缘是否存在缺陷。《规程》要求泄漏电流有异常时，应尽可能找出原因，并消除，并非绝对不能投运。

2. 泄漏电流换算

泄漏电流受温度影响很大，不同温度下的泄漏电流难以比较。目前推荐的换算公式为

$$I_{x75} = I_{xt} \times 1.6^{\frac{75-t}{10}} \tag{21-5}$$

式中　I_{x75}——换算至 75℃时泄漏电流值，μA；

　　　I_{xt}——在温度为 t℃时实测泄漏电流值，μA；

　　　t——试验时，绕组实测温度，℃。

但用式（21-5）计算值和实测值差别较大，最好的办法是进行实测。绝缘正常时，求出发电机定子绕组泄漏电流与温度的关系。在 20～70℃温度范围内，测量泄漏电流值，按式（21-6）计算

$$\ln \frac{I_{xt_2}}{I_{xt_1}} = n(t_2 - t_1) \tag{21-6}$$

式中　I_{xt_2}——温度为 t_2 时泄漏电流值，μA；

I_{xt_1} ——温度为 t_1 时泄漏电流值，μA。

再由式（21-6）得

$$n = \frac{\ln \dfrac{I_{xt_2}}{I_{xt_1}}}{t_2 - t_1} \qquad (21\text{-}7)$$

n 值是针对某一台发电机求得的，所以，可以在不同温度下进行泄漏电流按式（21-8）换算

$$I_{xt_2} = I_{xt_1} e^{n(t_2 - t_1)} \qquad (21\text{-}8)$$

3. 泄漏电流试验判断

试验最终的判断标准是能否通过直流耐压试验，泄漏电流值只能反映绝缘的部分缺陷。

（1）《规程》的要求。在规定试验电压下，各相或各分支泄漏电流的差别不应大于最小值的 100%；相间（分支）差值与历年比较，不应有显著变化；泄漏电流不随时间延长而增大。另外，泄漏电流随电压不成比例显著增长时，应注意分析；如果不符合上面要求两条之一，应尽可能找出原因并消除，但并非不能运行。

（2）根据泄漏电流异常，判断故障部位。

1）当泄漏电流随时间延长而增加，则说明绝缘有高阻性缺陷、绝缘分层、松弛或潮气侵入等。

2）各相（或分支）泄漏电流相差大，超过《规程》的规定，可能是在远离铁芯的端部有缺陷或套管脏污。

3）泄漏电流随电压不成比例上升，表明绝缘受潮或脏污。

4）微安表在试验过程剧烈摆动，说明绝缘有断裂性缺陷，如槽口处或套管有裂纹等。

第三节　定子绕组交流耐压试验

为了确保发电机安全运行，除前述试验项目，还应对发电机定子绕组主绝缘进行更加严格的交流耐压试验。

一、交流耐压试验时试验电压倍数选择

发电机定子绕组一般都是星形接线，中性点不接地，当产生单相接地时，其他两相对地电压升为线电压，所以试验电压不能低于线电压。同时要考虑操作过电压作用时，绝缘不被击穿。经统计操作过电压最大幅值不超过 $3U_{ph}$（U_{ph} 为相电压），约为 $1.7U_N$（U_N 为线电压），实际大概率不会超过 $1.5U_N$。目前《规程》规定试验电压为 $1.5U_N$。如采用超低频（0.1 Hz）耐压试验，试验电压峰值为工频试验电压的 1.2 倍。经过几十年的实践，这个规定是科学的、合理的，确保了发电机安全运行。

二、试验方法和注意事项

1. 试验接线

交流耐压试验接线如图 21-3 所示。

试验步骤如下：

（1）应在非破坏性试验合格后进行。

（2）接线后检查，试验设备是否完好，仪器仪表指示是否正确。

（3）在空载条件下调整保护球隙，使放电电压在试验电压的 1.1～1.12 倍范围内，并在

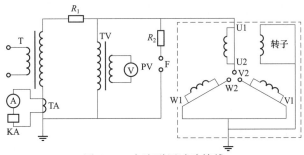

图 21-3 交流耐压试验接线

T—试验变压器；TA—电流互感器；KA—过流继电器；R_1—限流电阻；R_2—保护电阻；

TV—电压互感器；PV—电压表；F—保护球隙

试验电压的 1.05 倍下坚持 2min 不放电，降压断电源。

(4) 在 R_1 后短路，调整过电流保护跳闸的整定值。

(5) 把高压引线接到试品上，正式试验。

2. 试验过程中注意事项

(1) 试品为容性负载，电容量较大，试验过程中有容升现象。所以，试验电压不能利用试验变压器变比换算，应该直接测量。因为试验电压不高，可以用 0.5 级电压互感器或静电电压表直接测量。

(2) 应在热态下试验，并保证氢气浓度在 3% 以下或 96% 以上，不得在置换过程中进行。

(3) 保护和限流电阻 R_1、R_2，应有足够的阻值和热容量。

(4) 在试验过程中，应防止回路发生谐振。

三、绝缘交流耐压试验结果判断

(一) 绝缘击穿的判断

过电流保护动作跳闸，并听到发电机内部有放电声响，闻到烧焦气味或发现冒烟等；电压表剧烈摆动或电压值下降，电流表剧烈增加等。出现上述现象，可能绝缘已击穿。断开试验电源后，测量绝缘电阻值，如果值很小或为零，则表明绝缘已击穿。

(二) 防止误判断

在升压过程中，由于参数变化，产生谐振，误判为绝缘击穿。

1. 串联谐振

在升压过程中，电压略微升高，而电流剧烈增长，可能是发生了串联谐振。被试发电机绝缘呈电容性，试验变压器和调压器的漏抗与其组成 LC 串联回路。当升压过程中参数变化，形成 $X_L = X_C$，则构成串联谐振。这时试品上的电压升高，甚至超过试验电压值，由于 $X_L = X_C$，整体阻抗下降，电流剧烈增长。单独试验变压器的漏抗较小，很难达到与试品阻抗接近或相等，通常不会发生串联谐振。

2. 并联谐振

在升压过程中，电压略微升高，而电流反而大幅下降，则可能发生了并联谐振。发生谐振时，如果是变阻器调压，变阻器上的压降大大减少，试验变压器输出电压增大，危及发电机绝缘。防止办法：采用 QS1 电桥或伏安法测量发电机绝缘电容量 C_x，合理选择试验回路

参数，避免并联谐振。计算公式为

$$C_x > 1.3 \frac{P_N}{U_N} \times 10^6 \quad (21\text{-}9)$$

式中　C_x——试品电容，pF；

　　　P_N——试验变压器额定容量，kVA；

　　　U_N——试验变压器额定电压，kV。

四、水内冷发电机绝缘试验

水是良好的冷却介质，效果优于氢气，而且有更好的绝缘性能，除盐凝结水的电阻温度系数为负值（电阻率随温度升高而降低）。所以，用水作发电机冷却介质，可以提高电磁负荷、容量，同时缩小尺寸。目前发电机广泛用水作为冷却介质，而且是内冷式（直冷）。

（一）水内冷发电机定子绕组水系统

发电机定子绕组水内冷系统如图 21-4 所示。

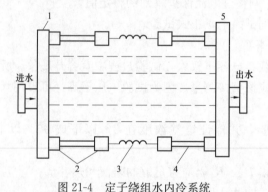

图 21-4　定子绕组水内冷系统

1—总进水管；2—不锈钢接头；3—空心导线；4—绝缘引水管；5—总出水管

由图 21-4 可知，定子绕组主绝缘由槽部、端部和引水套管、绝缘引水管和冷却水组成。进出水汇水环管对地对外部水管应绝缘（运行时接地，测试时拆除接地连线）。

（二）绝缘试验时的等效电路

水内冷发电机定子绕组绝缘测试的等效电路如图 21-5 所示。

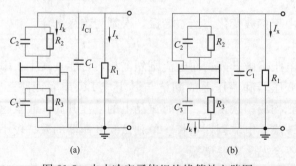

图 21-5　水内冷定子绕组绝缘等效电路图

（a）汇水管接地（低压屏蔽）；（b）汇水管接高压（高压屏蔽）

R_1、C_1—加压相对地和其他两相（接地）的绝缘电阻和电容；

R_2、C_2—加压相对汇水管的电阻和电容（包括引水管及水阻）；R_3、C_3—汇水管对地电阻和电容

进行直流试验时，流过主绝缘的泄漏电流 I_x 一般为数十微安，流过引水管的电流 I_k 为数十或数百毫安（此电流主要由加压相引水管中的水阻 R_2 和非加压相引水管电阻及汇水管对地电阻 R_3 决定）。因此，在通水时，为判断绝缘状态，必须将 I_k、I_x 分开。I_k 值过大时，试验设备必须加滤波电容器或提高水质，否则，会在一定程度上影响测试的准确性。

交流试验时，流经 C_1 的电流 I_{C1} 以毫安计，比流过 R_1 的电流 I_x 大得多。

当引水管为聚四氟乙烯塑料管，或其他耐电老化的绝缘管，也可在吹水后进行绝缘试验。

（三）绝缘试验

1. 定子绕组绝缘电阻测量

不论是通水还是吹水后，为了测量 R_1，必须将汇水管接到绝缘电阻表的屏蔽端，把 R_2、R_3 屏蔽。通水测量时，绝缘电阻表流过的电流很大，为补偿水路中直流极化电势对测量的影响，防止测试完毕后试品电容对并联水阻放电损坏表头，应采用专用的水内冷发电机绝缘电阻表。吹水后，可使用普通绝缘电阻表测量。

2. 转子绕组绝缘电阻测量和判断标准

在通水时，连同水阻一块测量（水阻没法屏蔽），绝缘电阻不小于 $5k\Omega$；测量用 $500V$ 及以下有千欧挡绝缘电阻表测量。不通水时，用普通绝缘电阻表测量，不小于 $0.5M\Omega$。

3. 直流泄漏和直流耐压试验

（1）不通水时试验。在新安装或更换引水管时，具备不通水试验条件。但绝缘引水管内有积水时，必须用干燥的压缩 N_2，从顺、逆两个方向将积水吹干净，以防试验时放电烧坏绝缘管内壁。另外，为了测量准确，必须采用低压或高压屏蔽法，如图 21-6 和图 21-7 所示。

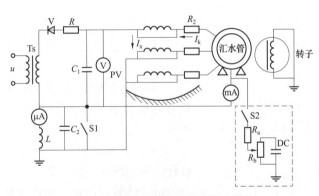

图 21-6　直流试验低压屏蔽法接线图

V—高压二极管；R—限流电阻；Ts—试验变压器；C_1—稳压电容；C_2—抑制交流分量电容；
L—抑制交流分量电感；S1、S2—开关；DC—1.5V 干电池；R_2—水电阻

（2）通水试验。发电机虽停运，但定子绕组冷却水保持正常循环（水压、水温、水质和运行时一样）下的试验。

1）低压屏蔽法。该法适合汇水管对地为弱绝缘的发电机，接线如图 21-6 所示。由图

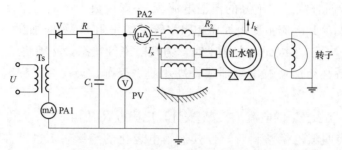

图 21-7　直流试验高压屏蔽法接线图

Ts—试验变压器；R—限流电阻；PA1—毫安级电流表；PA2—微安级电流表；

V—高压二极管；C_1—稳压滤波电容器；R_2—引水管电阻

21-6 可见，由于毫安级电流表和微安级电流表的不同接法，将流过水管的电流 I_k 和流过加压相对地及其他两相绝缘的电流 I_x 分开，便可以通过泄漏电流值判断定子绝缘状态。

低压屏蔽法试验时，由于微安级电流表和汇水管对地电阻 R_3 相并联，使表读数 I'_x 小于实际泄漏电流 I_x，为得到准确的 I_x 值，应按下式进行换算后求得 I_x 值

$$I_x = I'_x\left(1+\frac{R_A}{R_3}\right) \tag{21-10}$$

式中　R_A——微安级电流表内阻，Ω；

　　　R_3——汇水管对地电阻，Ω。

通水时，断开微安级电流表后，用万用表正、负极性各测一次汇流管对地电阻，取其平均值为 R_3。

另外，通水试验时产生极化电势，未加压微安级电流表即有读数，产生误差。为了消除此影响，需要进行补偿。图 21-6 虚线内就是全补偿装置。调节 R_b 值大小，使微安级电流表读数为零即可。

2）高压屏蔽法。该方法适合汇水管对地绝缘和定子绕组绝缘具有同等水平的发电机。测量泄漏电流的微安级电流表接于高压侧，采用全屏蔽法，测量比较准确，但需要试验设备容量较大。

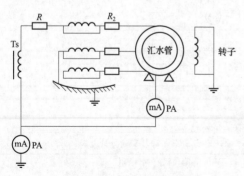

图 21-8　交流耐压试验接线图

Ts—试验变压器；R_2—引水管电阻

（3）交流耐压试验。与直流耐压试验一样，也分为通水和不通水两种方式。试验接线如图 21-8 所示。

1）不通水试验。必须将水吹净，以防绝缘引水管内壁闪络放电而烧伤；为了使绝缘引水管同步进行耐压试验，应将汇水管接地；同样将流过引水管的电流 I_K 屏蔽，使毫安级电流表读数为试品的电容电流值。

2）通水试验。接线图同图 21-8，但这时汇水管没有承受耐压，所以，还必须单独对汇水管进行一次交流耐压试验。

第四节　测量定子绕组槽部线圈防晕层对地电位

一、测量目的

通过该测量，可以发现定子槽楔松动、防晕层损坏和检温元件电位升高等缺陷。尤其是运行年限较长的设备，应定期测量。

二、测量方法和判断

1. 测量方法

对定子绕组施加额定相电压，用高内阻电压表测量绕组表面电位值。另外，也可以在定子绕组施加额定相电压，在抽出转子的情况下，用超声波接收仪在定子腔内沿各槽移动（贴近而不接触）探测，记录放电部位。

2. 判断

（1）用电压表测量电位时，应不大于10V。

（2）用超声波测量时，根据放电点分布状况可确定整槽的电腐蚀情况，具体如下：

1）没有槽放电，放电点无规律性，一般为绝缘内部放电。

2）放电点沿整槽分布，则为槽放电。

3）槽口放电时，可能是防晕层断裂，槽口绝缘损坏或防晕层处理不良等。

第五节　定子绕组端部手包绝缘检查

国产200、300MW水氢氢汽轮发电机多次发生因定子绕组端部手包绝缘质量问题造成的绝缘击穿、短路事故。定子绕组整体直流泄漏电流和直流耐压试验时，试验结果三相绕组泄漏电流平衡或合格，但手包绝缘处的工艺缺陷仍然有可能存在，导致运行中发生绝缘事故。为了有效发现手包绝缘处的缺陷，有两种检查方法：一种为端部绝缘表面电位测量法；另一种是端部绝缘泄漏电流测量法。

一、端部绝缘表面电位测量法

手包绝缘鼻部形状复杂，绝缘层的整体性和密实性较差，一旦焊接头渗漏，加水压之后，其绝缘层会受潮和积水，使绝缘沿壁厚方向的强度降低。积水和潮气越多，绝缘强度越小。当绕组外加电压值一定时，绝缘表面对地电位与绝缘强度呈线性关系，绝缘强度越高，则表面电位越低，反之亦然。在极端情况下，绝缘强度为零，表面对地电位便是绕组导体承担的电压值。所以，通过测量表面对地电位，判断手包绝缘的质量，也叫外延电位测量法。

1. 测量接线图

端部绝缘表面电位测量接线图如图21-9所示。

2. 测试设备

（1）20kV、200mA直流耐压试验装置一套。

（2）静电电压表（7.5～30kV）一只；直流微安级电流表（100～150μA，0.5级）

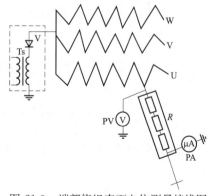

图21-9　端部绕组表面电位测量接线图

一只。

（3）带金属探针的绝缘杆一支，杆内多个电阻串接，总阻值 100MΩ，容量 1～2W；绝缘杆留有不小于 1m 的安全长度。

3. 测试方法

（1）两侧端部接头编号。

（2）所有被测接头、手包绝缘引线接头及过渡引线并联块等部位包裹一层厚为 0.01～0.02mm 的铝箔纸。

（3）水压试验后通水条件下，用正接线试验方式。水质应合格（开启式水电导率不大于 5.0μS/cm，密封式不大于 2.0μS/cm）。如果引水管吹净时，可在不通水采用正或反接线试验，但反接线必须在不通水时试验。

（4）试验应在端部清扫前，若端部产生脏污，可采用反接线试验。

（5）外加试验电压值为发电机额定电压。测试绝缘杆一端接触包铝箔的接头，另一端经微安级电流表接地，金属探针同时并接静电电压表。逐点测试，记录电压值和电流值。超过标准时，则应分段试验找出具体部位。

4. 测试注意事项

（1）整个测试过程中属于带电工作，应按高压带电作业的安全措施执行。

（2）处理绝缘后，待绝缘干燥后再试验。

（3）正接线方式适用定子绕组通水或水吹干时试验，反接线适用不通水，在接头包裹铝箔处加试验电压。

（4）试验前用绝缘绳将三相导线分别悬吊引至机外，以便区分缺陷位置。

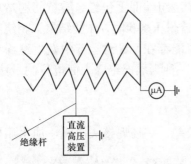

图 21-10　手包绝缘泄漏电流接线图

二、端部绝缘泄漏电流法

1. 试验接线图

试验接线图如图 21-10 所示。

2. 测试设备

（1）直流高压发生器，输出电流大于 100μA。

（2）直流微安级电流表一只，0～100μA，0.5 级。

（3）绝缘测试杆，长度大于 1.5m。

3. 测试方法

（1）测试应在定子绕组绝缘处理完后，交直流耐压之前。

（2）在水接头处手包绝缘部分全部包上铝箔，在线圈根部塞上铝箔，塞不到的部位，测试时尽量用深试头靠近，励侧上下层引线手包绝缘部分包上铝箔。

（3）测试电压。测试所施加的直流电压值为发电机额定电压。

（4）测试时，三相引出线用导线连接后，接在直流微安级电压表一端，而表另一端接地。用绝缘杆将直流高压输出，在包有铝箔的部位逐点加压测试，读取微安级电流表稳定值。

4. 需处理部位的定位

当泄漏电流超过标准而需要处理时，应对不合格部位进一步确定。把盒口端和水管端分别包上铝箔（其间距大于 30mm），再进行加压测试，确定不合格部位。

不合格部位处理后，再重复上述测试，直到合格为止。

5．测试注意事项

（1）整个测试过程属于高电压带电作业，所以应按带电作业的要求进行。绝缘杆、绝缘靴和绝缘手套应试验合格。

（2）试验人员和高压引线应保持1m以上距离。

（3）发电机两端有专人监护。

（4）铝箔应尽可能塞实。

6．测试结果判断

试验结果判断标准见表21-3。

表 21-3　　国产 200～300MW 水氢氢汽轮发电机定子绕组端部手包绝缘泄漏电流判断标准（推荐）

发电机状态	测 量 部 位	不同额定电压下之限值（μA）		
		15.75kV	18kV	20kV
新机出厂前	手包绝缘引线接头及汽轮发电机侧隔相接头	8	9	10
	端部接头	12	14	16

目前现场以表面电位测量为主，泄漏电流测量仅作为辅助判断的试验。

第六节　定子和转子绕组直流电阻试验

测量发电机定子和转子绕组直流电阻（包括绕组的铜导体电阻、焊接头及引出线电阻）目的是检查焊接头质量。相同温度下，铜导体和引出线电阻基本不变化（导线断股极少发生，一般不考虑），所以整个绕组直流电阻变化，反映的是焊接头质量变化。焊接头受到各种因素影响（如制造缺陷、运行中长期过负荷和出口短路等），可能使运行中焊缝的接触电阻增加而发热，发热后又使电阻增加，如此恶性循环，导致焊接头局部过热，严重时外包绝缘烧损，焊接头开裂，酿成事故。定子和转子绕组直流电阻测量是十分重要的。

一、定子绕组直流电阻测量

1．压降法——伏安法

这是一种原始的传统方法，测试简单。但准确度不高，灵敏度低，目前已极少采用。

2．电桥法

定子绕组直流电阻比较小，通常采用双臂电桥测量。定子绕组直流电阻测量时，转子已抽出，充电时间很短。电桥法测量准确度高，灵敏度高，并可直接读数。

测量时应注意以下5点：

（1）待电流稳定后再合检流计开关；测完后先断检流计开关，再断电源开关。

（2）电桥准确度不应低于0.5级。

（3）电桥与测试线、测试线与被测绕组等连接应紧密、可靠和正确。

（4）在冷态下测量，绕组表面温度与周围温度之差不应大于±3℃。

（5）将测量的电阻值换算为75℃值，便于比较。

3. 测量结果判断

(1) 汽轮发电机各相或各分支的直流电阻值，在校正了由于引线长度不同而引起的误差后相互间差别及与初次（出厂或交接）测量比较，相差不得大于最小值的 1.5%。水轮发电机为 1%，超出者应查明原因。

(2) 汽轮发电机相间（或分支）差别及其历年的相对变化大于 1% 时，应引起注意。

(3) 相对变化可以从 U、V 和 W（或分支）大小排列次序判断。如果每次都是 $R_U > R_V > R_W$，说明相对变化正常；如果 $R_W > R_U > R_V$，说明 W 相本身已不合格了。

二、转子绕组直流电阻测量

1. 测量方法

测量方法与定子绕组相同。

2. 结果判断

(1) 与初次（交接或大修）测量结果比较，其差别一般不超过 2%。

(2) 如果现场经过 3 次以上测量，应该把多次测量结果的平均值作为基准值，以后测量时与基准值比较，会比较客观。

(3) 显极式转子绕组还应对各磁极线圈间的连接点进行测量。

第七节　测量转子绕组交流阻抗和功率损耗

制造工艺不良以及运行中的电、热作用，均可导致转子绕组匝间绝缘损坏而产生匝间短路。一旦发生匝间短路，会使转子电流增大，绕组温度升高，限制发电机无功输出，有时还会引起机组剧烈振动，被迫停机。所以，及时将匝间短路找出来，并消除是十分重要的。

转子绕组中产生匝间短路时，流经短路线匝中的短路电流，约比正常线匝中的电流大 n（n 为一槽线圈总匝数）倍，它有强烈的去磁作用，导致交流阻抗大为下降，而功率损耗又明显增加。所以，测量转子绕组的交流阻抗和功率损耗可以判断是否有匝间短路发生。

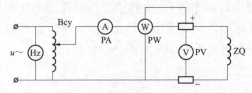

图 21-11　转子绕组交流阻抗和功率损耗试验接线
Bcy—调压器；A—交流电流表；V—交流电压表；
W—功率表；＋、－—滑环；ZQ—转子绕组

一、试验接线

试验接线如图 21-11 所示。

由图 21-11 所得交流阻抗

$$Z = \frac{U}{I} \tag{21-11}$$

式中　Z——交流阻抗值，Ω；

U——测量转子绕组电压，V；

I——测量转子绕组电流，A。

二、影响因素

交流阻抗和功率损耗测量的影响因素包括：

(1) 定、转子之间间隙大小。

(2) 短路位置及短路状态。

(3) 试验电压大小。

(4) 槽楔和护环形式。

(5) 转子本体的剩磁。

（6）静止或转动状态。

由上所知，该法存在以下不足：

（1）短路线匝较少时，不能准确测量。

（2）难以判断槽号。

三、试验结果分析和判断

由于交流阻抗和功率损耗影响因素太多，所以，难以规定统一的标准值。《规程》仅规定：在相同试验条件下与历年测量值比较，不应有显著变化；交流阻抗和功率损耗值各单位自行规定。

如果现场已开展动态匝间短路监测，可以代替本试验。

四、试验注意事项

（1）试验电压峰值不超过转子绕组的额定电压。

（2）试验应在相同条件下进行。

（3）可在静止或转动状态下测量。

（4）尽量采用专门仪器测量。

第八节　发电机空载和短路特性试验

一、空载特性试验

在发电机额定转速下，定子电流为零（开路），定子电压 U_0 和转子励磁电流 I_e 的关系曲线，称为发电机空载特性曲线，如图 21-12 所示。

通过空载特性试验与以前的曲线比较，可以判断转子绕组是否有匝间短路故障，也可检验发电机磁路的饱和程度。

一般汽轮发电机空载特性试验，电压升至 $130\%U_N$；水轮发电机为 $150\%U_N$。

二、发电机短路特性试验

发电机在额定转速下定子电压为零，定子绕组短路时的短路电流 I_k 与转子的励磁电流 I_e 之间的关系曲线，如图 21-13 所示。由于发电机短路时，磁路处于不饱和状态，所以短路特性曲线是一条通过原点的直线。

根据试验测得的数据绘制的短路特性曲线与以前测得曲线进行比较，差值应在测量误差范围内。若差值较大，应进一步对转子的直流电阻、匝间绝缘和绕组接线进行检查，并找出是否有短路故障。

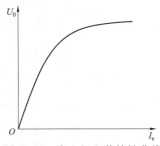

图 21-12　发电机空载特性曲线

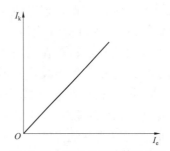

图 21-13　发电机短路特性曲线

第九节　发电机轴电压测量

发电机轴电压所引起的轴电流会使轴承、汽轮机蜗母轮等产生严重的电腐蚀。为了切断

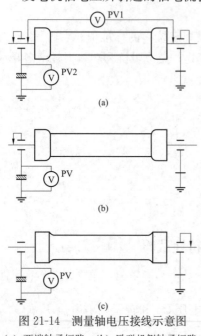

图 21-14　测量轴电压接线示意图

(a) 两端轴承短路；(b) 励磁机侧轴承短路；
(c) 汽轮机侧轴承短路

轴电流的通路，在发电机励磁侧的轴承下、励磁机轴承下及轴承的各个油管接头处都要垫上绝缘垫。在运行中，绝缘垫可能因油污堆积、损坏或老化等原因而失效，使轴电流能够流通而造成设备损坏。为了检查运行中发电机轴承与底座间的绝缘状态，应定期测量发电机的轴电压。

轴电压按产生原因可分为两种：一是发电机磁通不对称产生的轴电压，称为"单极效应"；二是高速蒸汽产生的静电引起的轴电压，其数值很高。轴电压的测量接线如图 21-14 所示。

测量轴电压时应将轴上原有的接地保护电刷提起，发电机两侧轴与轴承用铜刷短路，用交流电压表 PV1 测量发电机轴的电压 U_1；然后将发电机轴承与轴经铜丝刷短路，消除油膜压降，在励磁机侧，用 PV2 测量轴承支座与地之间的电压 U_2。

判断标准：当 $U_1 \approx U_2$ 时，说明绝缘垫绝缘情况良好；当 $U_1 > U_2$ 时（U_2 低于 U_1 的 10%），说明绝缘垫的绝缘不好；当 $U_1 < U_2$ 时，说明测量不准，应检查测量接线和仪表。

测量时应该用高内阻（不小于 $100\text{k}\Omega/\text{V}$）的交流电压表或真空管电压表，在发电机各种工况下（包括空转无励磁、空载额定电压、短路额定电流以及各种负荷下）进行测量。

近年来由于采用静止半导体或旋转半导体励磁系统，又增加一类新的轴电压源。如果轴和地无任何接触，轴电压可达到数十至数百伏以上，频率为几百赫兹。在可控硅励磁系统中，可控硅快速导通给发电机转子绕组施加一个脉冲电压，这种脉冲电压在分布电感、电容和电阻组成的转子等效电路中引起电流，与励磁电流中有峰值脉冲的情况相似，该电流反过来在电机磁场中引起峰值脉冲，在轴上产生电压。

以往消除轴电压依靠接在汽轮机侧转轴装的接地电刷。由于接地电刷接触不良，不能消除换向期间的高频电流脉冲，虽然轴电感较小，但对高频（如 500Hz）表现出很大的阻抗。目前消除轴电压的办法是：汽轮机侧的接地电刷保存，另外，在励磁机轴头安装一电刷，经过一组无源 RC 电路接地，如图 21-15 所示。

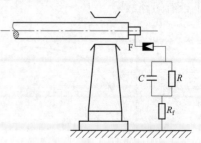

图 21-15　抑制轴电压装置图

F—熔丝；C—电容器，$10\mu\text{F}$；
R—电阻器，500Ω；R_f—分流器

图 21-15 中 R 将电流降为几个毫安，又可以防止建立直流电势；电容器 C 可以有效防止静止半导体励磁系统产生有害的轴电压；熔丝 F，以防止事故时转轴流过较大的环流。这样限制轴电压小于 10V。

第十节 发电机相序测定

新安装的发电机就位后必须测定出定子绕组的相序，也就是在绕组引出线上标明 U、V、W，否则无法配置继电保护、安控装置及测量仪表的电流互感器和电压互感器。关于定子绕组的相序，可以根据制造图纸及定子绕组的实际排列来确定。如已知汽轮机的转动方向，则转子的磁通，先割切绕组 1，然后切割绕组 2，最后切割绕组 3，则可定绕组 1 为 U 相，绕组 2 为 V 相，绕组 3 为 W 相。当然也可以定绕组 2 为 U 相，绕组 3 为 V 相，绕组 1 为 W 相。确定相序的标号，最好根据习惯排列为 U、V、W，如图 21-16 所示。

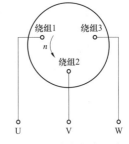

图 21-16　确定相序示意图

如果没有制造图纸，且观察定子绕组实际排列有困难，可按下面方法进行测试。

（1）用直流法或交流电压法确定绕组的始端和终端。该方法参考第二十二章第一节异步电动机定子绕组的极性检查试验。

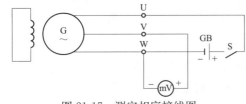

图 21-17　测定相序接线图

（2）按图 21-17 进行接线。图中电池 GB 需要 4～6V 蓄电池。接好线后，合上开关 S，然后利用天车或盘车装置依汽轮机旋转方向慢慢转动转子，此时若直流毫伏级电压表或直流毫安级电流表的指针向正方向摆动，则电池正极的引出线端为 U 相，接电池负端的引出线端为 W 相，接直流毫伏表的正极引出线端为 V 相；若毫伏表指针向负方向摆动，则把电池的极性互换一下后，再按上述方法确定。

这个方法对星形（Y）、三角形（△）接法的发电机都适用。

第十一节 定子铁芯磁化试验

及时地检查出定子铁芯局部过热，是防止发电机运行中定子绝缘损坏事故和铁芯烧熔事故的主要措施之一。发电机交接时、重新组装或更换、修理硅钢片后；运行 15 年以上的发电机，每隔5～7 年大修时；局部或全部更换定子绕组前后，认为有必要时，均应进行铁芯磁化试验。

一、试验接线

试验前，把转子抽出来，用穿过定子膛缠绕的专门励磁绕组建立磁通，和测量绕组正交布置，如图 21-18 所示。水轮发电机定子铁芯内径较大，可在圆周方向间隔 120°均匀绕励磁线圈，测量绕组绕在任意两励磁绕组之间，如图 21-19 所示。

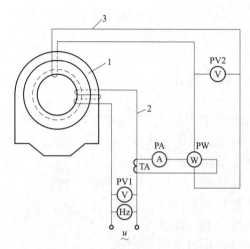

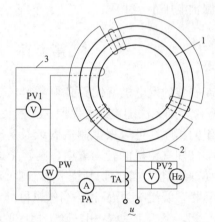

图 21-18　汽轮发电机铁芯磁化试验接线图
1—有效铁芯；2—励磁绕组；3—测量绕组；
PV1、PV2—交流电压表；PA—交流电流表；
PW—功率表；TA—电流互感器

图 21-19　水轮发电机铁芯磁化试验接线图
1—有效铁芯；2—励磁绕组；3—测量绕组；
PV1、PV2—交流电压表；PA—交流电流表；
PW—功率表；TA—电流互感器

二、励磁绕组计算

（1）励磁绕组匝数计算。计算公式如下

$$W_L = \frac{U \times 10^4}{4.44 fSB} \tag{21-12}$$

式中　U——励磁绕组电源电压，V；

B——铁芯轭部磁通密度，T；

S——铁芯轭部截面积，cm^2。

当 $f=50Hz$，式（21-11）变为

$$W_L = \frac{45U}{SB} \tag{21-13}$$

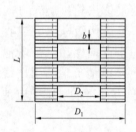

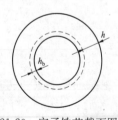

图 21-20　定子铁芯截面图

关于磁通密度 B 的取值，绕组间接冷却、容量为 100MW 及以下的汽轮发电机和小容量的水轮发电机，由于其轭部的工作磁密度仅为 1.0T 左右，故 $B=1.0T$；对于直接冷却的汽轮发电机和大型水轮发电机，轭部工作磁通密度为 1.4T 以上，故 $B=1.4T$。

（2）铁芯轭部截面积 S 的计算。定子铁芯各部分尺寸如图 21-20 所示。

$$S = Lh \tag{21-14}$$

$$L = K(L_1 - nh) \tag{21-15}$$

$$h = \frac{D_1 - D_2}{2} - h_b \tag{21-16}$$

式中　L——定子铁芯有效长度，cm；

h——定子铁芯轭部高度，cm；

K——铁芯填充系数，取 0.93；

L_1——铁芯总长，cm；

n——铁芯通风沟数；

b——通风沟宽，cm；

D_1——铁芯外径，cm；

D_2——铁芯内径，cm；

h_b——铁芯齿高，cm。

如果计算出的匝数较多时，考虑励磁绕组本身的压降，可以将计算的匝数 W_t 减少 1～2 匝。

三、励磁电流和功率计算

（1）励磁电流 I。由下式计算

$$I = \frac{\pi D_{av} H_o}{W_L} \tag{21-17}$$

$$D_{av} = D_1 - h \tag{21-18}$$

式中 D_{av}——铁轭的平均直径，cm；

H_o——单位长度安匝数，当 $T=1.0$ 时，H_o 为 2.15～2.30 安匝/cm；当 $T=1.4$ 时，$H_o = \dfrac{H_{omax}}{\sqrt{2}}$。

（2）励磁功率。由下式计算

$$P_e = IU \times 10^{-3} \tag{21-19}$$

式中 P_e——励磁功率，kVA。

励磁绕组导线截面按每平方毫米（铜线）不大于 3A 的电流密度选择。

四、测量绕组匝数计算

$$W_m = \frac{U W_L}{U_m} \tag{21-20}$$

式中 U——励磁绕组所加电压，V；

U_m——测量绕组电压，V；该电压应在电压表量程的 1/3～3/4 范围内。

五、试验方法

1. 试验步骤

（1）按图 21-18 和图 21-19 所示，绕好励磁、测量绕组和接入各种测量仪表；在铁芯轭部，齿部放置适当数量的酒精温度计。

（2）合上励磁绕组电源 10min 后，用半导体点温计或红外线测温仪测量铁芯各部温度、选出较冷处，放置适当数量的酒精温度计；再过 10min 后，找出较热点，同样装置一些酒精温度计。

（3）进行 45min 或 90min 试验。当励磁磁通为 1.0T 时，为 90min；当励磁磁通为 1.4T 时，为 45min。每 10min 读一次仪表和温度计读数。

2. 注意事项

（1）励磁绕组应采用绝缘导线。导线与铁芯、励磁绕组与机壳凸棱处垫足够绝缘的材料。

（2）在定子膛内检查时，应穿绝缘鞋、戴绝缘手套，并不得用双手同时触摸铁芯。膛内不得放金属物件。

（3）测温要用酒精温度计时，应紧贴被测点，并采取保温措施。原发电机定子铁芯的测温装置，仍可用来监视温度。

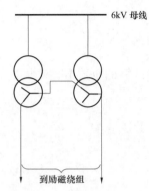

图 21-21　两台厂用变压器
串接试验接线

（4）试验过程中，如有局部过热点，但温差不显著，可提高试验电压，使磁通密度升高到 1.2～1.4T。这样既可方便找到过热点，又可减少试验时间。

（5）试验过程中有异常时，如任何一处温度超过规定的 105℃，个别地方发热严重，甚至发红、冒烟等，应立即停止试验，待消除后，再进行试验。

（6）如果磁通密度 $B=1.0T$，则持续 90min；$B=1.4T$ 时，则只持续 45min。

（7）如果试验电源电压大于 400V，而小于 800V，则可用 2 台厂用变压器串联使用，如图 21-21 所示。

（8）测温也可以用红外热像仪。

（9）铁芯单位损耗计算

$$\Delta P = \frac{P}{G} \tag{21-21}$$

式中　ΔP——单位损耗，W/kg；

　　　P——总铁损耗，W；

　　　G——铁芯总质量，kg。

铁芯总质量计算公式

$$G = \pi D_{av} S \times 10^{-3} = 24.5 \times D_{av} S \times 10^{-3} \tag{21-22}$$

式中　G——铁芯总质量，kg；

　　　D_{av}——定子铁轭平均直径，cm；

　　　S——定子铁轭截面，cm²。

六、试验结果判断

（1）磁通密度 $B=1.0T$ 时，齿的最高温升不大于 25K，齿的最大温差不大于 15K，单位损耗不大于 1.3 倍参考值。

（2）单位损耗参考值见表 21-4。

表 21-4　　　　　　　　　　　　　　硅钢片单位损耗

硅钢片品种	代　号	厚　度（mm）	单位损耗（W/kg）	
			1.0T 下	1.5T 下
热轧硅钢片	D21	0.5	2.5	6.1
	D22	0.5	2.2	5.3
	D23	0.5	2.1	5.1

硅钢片品种		代　号	厚　度 (mm)	单位损耗（W/kg）	
				1.0T 下	1.5T 下
热轧硅钢片		D32	0.5	1.8	4.0
		D32	0.35	1.4	3.2
		D41	0.5	1.6	3.6
		D42	0.5	1.35	3.15
		D43	0.5	1.2	2.90
		D42	0.35	1.15	2.8
		D43	0.35	1.05	2.5
冷轧硅钢片	无取向	W21	0.5	2.3	5.3
		W22	0.5	2.0	4.7
		W32	0.5	1.6	3.6
		W33	0.5	1.4	3.3
		W32	0.35	1.25	3.1
		W33	0.35	1.05	2.7
	单取向	Q3	0.35	0.7	1.6
		Q4	0.31	0.6	1.4
		Q1	0.35	0.55	1.2
		Q6	0.35	0.44	1.1

（3）磁通密度 $B=1.0$T，则试验 90min；$B=1.4$T 时，则试验 45min。

（4）在 $B=1.4$T 时和运行年限较长的发电机，标准自行规定。

第十二节　转子一点接地试验

发电机转子绕组一点接地后，由于未形成电流回路，仍然可以继续运行。以前就曾有个别中、小型发电机带一点接地而长期安全运行的例子。但转子绕组一点接地，尤其是绕组本身接地，对大型发电机极为不利，如果再发生一点接地（绕组内部或外部），形成部分线匝短路，由于回路电阻减小，而流过较大的电流，在接地点可能将轴烧坏；又由于磁路不对称，可能引起转子剧烈振动；另外，还会导致转子本体磁化等。当转子绕组一点接地时，及时通过试验寻找到接地点，并消除是非常重要的。

一、转子绕组一点接地的原因

由于转子绕组绝缘在运行中受到热、电和机械作用，会逐渐老化或损伤，严重时产生直接接地（接轴）。接地的原因有以下 6 点：

（1）转子绕组过热，绝缘损坏而接地。

（2）转子绕组至滑环的引线及导电螺钉绝缘损坏而接地。

（3）冷却器漏水，导电粉尘、焊渣等掉入或吹入转子绕组内引起严重的匝间短路和接地。

（4）制造中工艺粗糙，形成毛刺，运行中刺破绝缘形成接地。

（5）运输过程中绝缘受潮和脏污形成接地。

（6）老式结构的转子，运行中因热膨胀和机械力作用，使护环下绝缘损坏接地。

二、接地分类

1. 按绝缘电阻大小分类

（1）绝缘电阻低于 $2k\Omega$ 大于 500Ω 时，则称为非金属性接地。

（2）绝缘电阻低于 500Ω，则称为金属性接地。

2. 按接地稳定性分类

（1）稳定性接地。其绝缘电阻不随机组转速高低、负荷大小而变化。

（2）不稳定性接地。其绝缘电阻要么随机组转速高低而变化；要么随所带负荷大小而变化。不稳定性接地又分为以下四类。

1）低速接地。机组运转在低速或静止时，出现接地。当转速上升后，绝缘电阻又恢复正常。

2）高速接地。机组在静止时或低速运转时，绝缘电阻正常；机组转速升高时，绝缘电阻下降；在转速达到某一速度，则出现接地。

3）高温接地。发电机在空载或低负荷时，绝缘电阻正常，而增加负荷到某一值后，则出现接地。

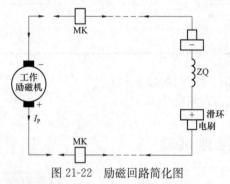

图 21-22　励磁回路简化图

4）综合性接地。绝缘电阻值既与转速高低有关，又与负荷大小的综合接地有关。

三、发电机励磁系统的等效电路

发电机运行时，发出一点接地信号，应包括整个励磁系统，而不仅仅是转子绕组。所以，为了寻找具体接地点，应该了解励磁系统。

以直流励磁发电机为例，励磁系统是由三部分组成的，简化电路如图 21-22 所示。第一部分发电机转子，第二部分灭磁开关 MK 及回路，第三部分工作励磁机及回路。

四、一点接地故障查找试验

当励磁系统发出一点接地信号时，应该以最简单的方法查找接地点。

（1）停电时，可以通过分别测量励磁回路三部分绝缘电阻找到接地点。

（2）发电机正常运行时，故障点在转子绕组内部还是外部，可以利用电位变号法查找。该方法接线如图 21-23 所示，接地点 K 在转子绕组内部。用一高内阻的直流电压表或数字电压表，将表一端接地，而还要将发电机大轴用铜刷接地；再将电压表另一端头连接在带绝缘柄的铜刷上，测量正负滑环对地电位，正滑环对地为正电位，负滑环对地为负电位，即正负滑环对地电位为异号。

如果接地点 K1 在转子绕组外部，如图 21-24 所示。

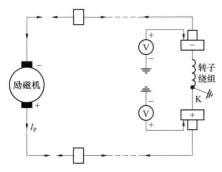

图 21-23　电位变号测量图（在绕组内部）

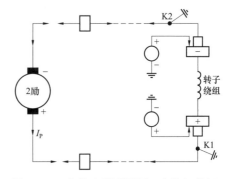

图 21-24　电位变号测量图（在绕组外部）

按上述方法测量正负滑环对地电位，正滑环对地为负电位，负滑环对地为正电位，因此在绕组外部接地时，正负滑环对地电位为异号。K2 接地时有同样结果。

由上述测量就可以区别接地点在绕组内部还是外部。

（3）确定转子绕组故障后，把不稳定接地，先人为变成稳定性接地，可以采用烧穿法。烧穿法采用工频交流电源，施加电压不超过转子绕组的励磁电压，并经隔离变压器和限流电阻（电阻可采用 200～1000W 灯泡代替），取下正负滑环上全部电刷，带绝缘柄铜网刷一端接触滑环，另一端接轴。电流应限制在 5～15A（5A 适用中、小发电机，15A 适合大型发电机），并将正负滑环短接，以减少转子回路电感影响。

如果不稳定性与转速有关，可在接地电阻最小值进行烧穿。经过烧穿使不稳定性接地，变成稳定性的金属性接地。但也不排除，烧穿后，可能将接地消除。

（4）转子绕组接地部位查找。

1）电压表法。

a. 适用条件：可以在静止状态，也可在转动状态；可以在运行状态，也可在外加电压下。

b. 测量方法：在转子滑环两端施加直流电压后，用电压表测量正负滑环之间电压值 U、正滑环对地电压 U_1、负滑环对地电压 U_2，则接地点电阻值

$$R_g = R_v \left(\frac{U}{U_1 + U_2} - 1 \right) \tag{21-23}$$

式中　U——正负滑环间电压，V；

U_1、U_2——正、负滑环对地电压，V；

R_g——接地点接触电阻，Ω；

R_v——电压表内阻，Ω。

如果属于金属性接地，$R_g \approx 0$，则可计算出接地点到正、负滑环的距离

$$L_+ = \frac{U_1}{U_1 + U_2} \times 100\% \tag{21-24}$$

$$L_- = \frac{U_2}{U_1 + U_2} \times 100\% \tag{21-25}$$

c. 注意点：测量时发电机处于旋转状态，则采用铜网刷直接连接到滑环上；测得 U_1+U_2 不大于 U；发电机带负荷测量时，还应保持转子电流不变。

另外，电压表内阻 R_V 要足够大，$R_V > 10^6\Omega$ 最理想，如数字式电压表。否则计算的接地电阻值，距正、负滑环距离误差较大。

2）测量直流电阻法。

a. 适用条件：发电机停机。

b. 测量方法：采用双电桥法，测量转子绕组的电阻 R_{+-}、正滑环和负滑环对接地点的电阻 R_{+K}、R_{-K}。由上述试验结果，可计算出接地点距正、负滑环的距离

$$L_+ = L\frac{R_{+K}}{R_{+-}} \tag{21-26}$$

$$L_- = L\frac{R_{-K}}{R_{+-}} \tag{21-27}$$

式中 L——转子绕组总长度；

   L_+——接地点距正滑环距离；

   L_-——接地点距负滑环的距离。

c. 注意点：为了测量准确，测量时接地端连接应牢靠；计算转子绕组长度 L 应精确。

上述两种方法，由于转子绕组的导线长度太长，都在几千米以上，测量误差为 $\pm 0.5\%$ 时，则计算长度误差在 20m 左右，已超过转子长度，失去判断意义。但也有例外，如果计算距正、负滑环在 1% 以下，则可判断在滑环及引线附近。如在测量一台 TB-60-2 型发电机时，测量结果距正滑环 0.5%，则认为在滑环附近。检查发现正滑环的引线密封螺丝处绝缘已烧焦化。所以，这两种方法，仅能测出接地点大致位置。

3）直流大电流轴向位置确定。通过在转子轴上施加较大的直流电流，寻找轴向接地点位置。

a. 试验接线图如图 21-25 所示。

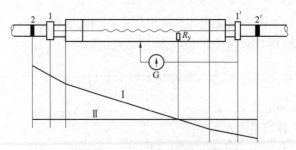

图 21-25   轴向接地点接线试验

1、1′—滑环；2、2′—测量用卡环；G—检流计

b. 测量方法：转子轴上迪入 200～1000A 的直流电流。检流计 G 一端接任一滑环上，另一端接探针。把检流计探针沿转子本体轴向移动。当检流计指示为零时，则为接地点在轴向位置。

c. 注意点：试验时，直流电源可采用直流电焊机提供，也可用其他电源。直流电源接

到轴上时，应将引线用螺栓压在卡环上。在试验过程中，检流计可能在轴上一段范围内指示为零或最小值。此时应加大电流值或提高检流计灵敏度。如果在测量过程中，有两个接地点，则说明确实有两处接地。如在一次转子绕组绝缘电阻不合格（水内冷），并机后转子绕组因两点接地跳闸。在寻找接地时，电压表法和直流电阻法，故障点距正滑环30%左右。后来用大电流轴向位置寻找，在正护环处有两个接地点。拔护环后，确有两处接地，与测量吻合。

4）直流大电流辐向位置确定（即线槽）。

a. 试验接线如图21-26所示。

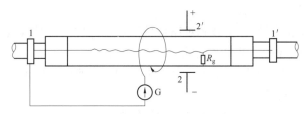

图21-26　辐向接地点接线试验

1、1′—滑环；2、2′—大齿；G—检流计

b. 试验方法：在大齿上通以300～500A直流电流。检流计一端接任一滑环，另一端接探针，将探针沿辐向圆周移动一圈，寻找出G指示零的位置即为接地点。

应该沿转子两个半圆方向进行。如接地点是两个，则应将直流电源引线端改接到与磁极表面是垂直方向的小齿上继续进行试验，找出G为零的点。前后结果是轴向、辐向交点，即为接地点。

电源引线一定要接触良好，以防烧伤转子表面。

5）具体线匝的寻找方法。上述试验找出具体线槽后，拔下一侧或两侧护套，用6～12V直流电源在正负滑环上加压，测量故障线槽线匝导体对地电位分布，即可找到具体接地线匝。

6）两点及以上多点接地时的寻找方法。如果存在两点及以上多点接地时，通过测量转子绕组电阻判断。如果直流电阻测量值与以前比较，变化较大，则可认为多点接地。这时应拔下护环，在正负滑环两端加直流电压，测量各匝对地电位，可找出接地点。

第十三节　转子绕组匝间绝缘短路试验

由于转子绕组制造缺陷，运行过程中离心力、温度等影响，转子绕组匝间绝缘损坏故障占转子绕组故障的比例较大。匝间绝缘损坏最明显的表现是发电机无功功率输出降低，振动增大，严重时还发生接地故障，可能导致转子磁化和轴颈、轴瓦烧伤，严重威胁发电机安全运行。

一、试验方法

检测转子绕组匝间绝缘故障的方法有以下6种：①交流阻抗和功率损耗法；②单开口变

压器法；③双开口变压器法；④转子绕组直流电阻法；⑤发电机空载特性试验；⑥发电机短路特性试验。

以上试验方法已进行多年，积累了一定经验，但这些方法不能捕捉转子绕组动态的匝间绝缘故障。上述 6 种方法各有如下优、缺点：

（1）单、双开口变压器法，仅适应于停机抽出转子后进行，动态时没法测试。但这种方法可以测出有问题的线槽号。

（2）前三种方法比较灵敏，但受转子槽楔材料、槽楔与槽壁接触紧密程度影响较大。

（3）交流阻抗和功率损耗法简单，较灵敏，可在静、动态下测量。但除了受槽楔影响外，还受到转动时定子附加损耗、转子剩磁、试验电压高低、波形和升压操作等多种因素影响，轻微匝间绝缘短路难以判断。

（4）转子绕组直流电阻法、空载和短路特性法，也同样受多种因素影响，只有短路匝数较多时，才能明显反映出来，灵敏度较低。

（5）除单开口和双开口变压器法外，其他方法均不能判断故障的具体槽号。

二、匝间绝缘短路分类

不随转速和温度变化的，称为稳定性匝间绝缘短路；随着转速和温度变化的，称为不稳定匝间绝缘短路或动态匝间短路。

三、微分探测绕组法——微分动态法

上述方法都不能在实际运行工况下进行检测，其检测条件与实际运行工况的等价性也较差。另外，有些动态匝间绝缘短路往往随转子静止而消失或减轻，这就需要新的检测方法来弥补不足，这就是微分探测绕组法。微分探测绕组法的原理如下：对运行中的发电机定、转子之间的旋转磁场进行微分，根据微分后的波形分析，诊断转子绕组是否存在匝间短路，并准确显示匝间绝缘短路槽的位置。在发电机三相稳定短路试验及 $\cos\varphi = 0$ 运行方式时最适合这一测试方法。

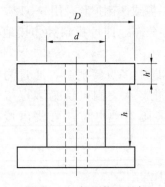

图 21-27　探测绕组骨架

上述方法的实现是在定、转子气隙某处固定一个微型绕组。该绕组对气隙的旋转磁场采样并进行微分，微分信号引入示波器，根据示波器显示的微分波形分析判断是否存在匝间短路及其所在槽号。

1. 动态测量方法

动态测量方法有单导线法、霍尔元件间接微分法（外加微分电路）以及切向、径向微分绕组法。实践证明，径向微分绕组法效果最好。

按图 21-27 所示，制作探测绕组的绝缘框架。

内径 d 为 3mm，外径 D 为 5～8mm，高 h 为 4～5mm，h' 为 1mm。以直径 ϕ 为 0.05～0.1mm 的高强度聚酯漆包线绕 100～300 匝。绕好的探测绕组固定在定子槽楔上，使之突出定子铁芯表面占半边气隙长度一半处。探测绕组在发电机运行时感应电动势为

$$E = -W \frac{\mathrm{d}\varPhi}{\mathrm{d}t} \tag{21-28}$$

探测绕组的有效面积为 A，穿过的磁通量为 $\varPhi$，磁通密度 $B\,(t)$，则

$$\Phi = AB(t) \tag{21-29}$$

$$E = -w \frac{\mathrm{d}\left[A - B(t)\right]}{\mathrm{d}t} = K \frac{\mathrm{d}B(t)}{\mathrm{d}t} \tag{21-30}$$

式（21-30）说明，探测绕组感应电动势 E 是由气隙磁通密度经微分而产生的，故称微分线圈。电动势 E 信号引入示波器。用双线示波器的一对端子引入定位信号。

2. 探测信号判断

将所测信号与图 21-28～图 21-30 微分示意图比较；再与双线示波器定位信号比较，就可判断转子绕组是否有匝间短路及所在槽号。一台发电机实测图如图 21-31 所示。

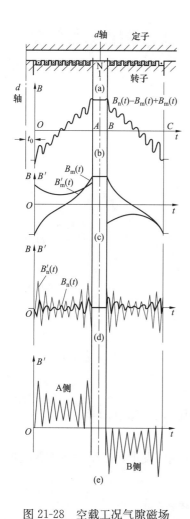

图 21-28　空载工况气隙磁场
分布及其微分示意图

（a）转子展开图；（b）空载气隙磁场分布；

（c）$B_{\mathrm{m}}(t)$ 及其微分；（d）$B_{\mathrm{n}}(t)$ 及其微分；

（e）气隙磁场微分

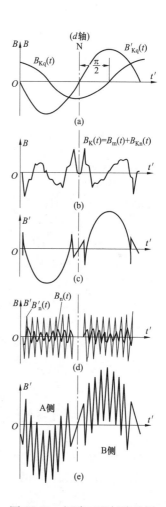

图 21-29　短路工况气隙磁场
分布及其磁场微分示意图

（a）$B_{\mathrm{Ka}}(t)$ 及其微分；（b）短路气隙磁场分布；

（c）$B_{\mathrm{m}}'(t) + B_{\mathrm{Kn}}'(t)$；（d）$B_{\mathrm{n}}(t)$ 及其微分；

（e）气隙磁场微分

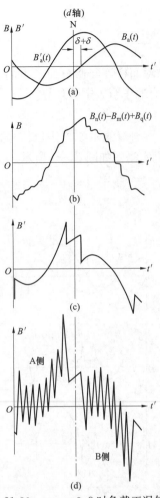

图 21-30 cosφ＝0.8时负载工况气隙
磁场分布及其微分示意图

（a）B_a（t）及其微分；（b）负载气隙磁场分布；

（c）B'_m（t）＋B'_a（t）；（d）气隙磁场微分

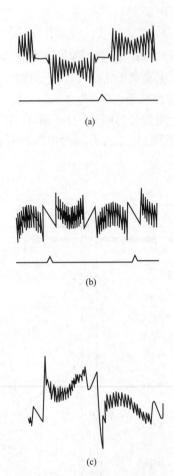

图 21-31 TQQ-50-2型发电
机动测波形

（a）空载工况；（b）短路工况；

（c）满负载工况

第十四节　测量定子绕组单相接地电容电流值

发电机容量越来越大，额定电压也随之提高，这样就使发电机定子绕组单相接地故障电
流也增大，可能超过允许值。允许值见表21-5。

表 21-5　　　　　　　　　　发电机定子绕组单相接地电流允许值

额定电压 （kV）	额定容量 （MW）		故障电流允许值 （A）
6.3	≤50		4
10.5	汽轮发电机	50～100	3
	水轮发电机	10～100	

额定电压 (kV)	额定容量 (MW)		故障电流允许值 (A)
13.8～15.75	汽轮发电机	125～200	2
	水轮发电机	40～225	
18～20	300～600		1

注 氢冷发电机为 2.5A。

为什么单相接地故障电流不能超过允许值呢？如果单相接地故障电流超过允许值，该电流流过定子铁芯，可能使铁芯烧损；而铁芯烧损后，修复工作十分困难，所以《规程》规定单相接地故障电流不能超过允许值。否则，应加装消弧线圈补偿，使补偿后的电流小于允许值。

发电机出口单相接地时，电流值最大，而且基本上是电容电流。根据电工原理分析，电容电流值和所加电压成线性关系。这就可以在低电压下测量，然后根据线性关系，再换算为额定电压下的值。

一、试验方法

发电机单相接地电容电流值测量，在开机时进行。

1. 试验接线图

试验接线如图 21-32 所示。

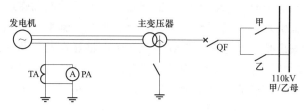

图 21-32　发电机电容电流值测量接线图

2. 试验步骤

（1）如图 21-32 所示，试验前接上电流互感器 TA 和电流表 PA。TA 和 PA 的量程应根据发电机容量和电压大小，确定单相电流大概范围来选择。TA 可选用多抽头的，电流选择 0～1A、0～2A 等。TA 和 PA 为 0.5 级。

（2）在试验过程中，发电机保持额定转速 $n=3000\text{r/min}$。

（3）电压测量利用原来发电机的电压测量仪表进行。

（4）加励磁升压，分别在定子电压为 1、2、3、5kV 时测量电流值。

（5）电压值和电流值应满足线性关系，否则测量不准。

（6）换算到额定电压下电流值。

3. 安全措施

（1）测量点的接地线截面积 $S=4\text{mm}^2$，并应接在主接地网上。所有接头应接牢。

（2）电压和电流应同时读取。

（3）最高试验电压为发电机额定电压的一半。

（4）试验过程中，有异常应停止试验，待找出原因并消除后重新试验。

二、测试实例

一台 100MW，$U_N = 10.5$kV 的汽轮发电机，在开机时测量了单相接地电流值，见表 21-6。

表 21-6 发电机单相接地电容电流值

定子电压（kV）	2	4	5
接地电流（mA）	160	320	400

由以上测试说明低压法测量是很可信的。

第十五节 汽轮发电机组退磁试验

一、汽轮发电机组磁化成因和危害

1. 汽轮发电机组磁化的原因

（1）汽轮机单极自激磁化。汽轮发电机转子绕组极间连线沿转子周向布置，当极间连线流过数千安电流时，转轴将发生轴向磁化。另外，汽轮机的零部件在制造厂装配时，有时采用直流焊接，数百安培直流电流使这些零部件磁化。

（2）定子绕组内部短路，使部分绕组的电流方向与正常工作时方向相反，可能产生轴向磁通势，将轴瓦环形磁化。

（3）转子绕组不对称匝间短路及两点接地。发电机转子轴在正常情况下漏磁通等于零。如果转子两匝或以上绕组出现不对称匝间短路时，在转轴内产生漏磁通，即"轴向漏磁通"。轴向漏磁通一路从发电机转子汽轮机端头出来，经过汽轮机各个转子、轴瓦、轴承及基础闭路；另一路从发电机转子的励磁机端轴头出来，经过正、副励磁机转子，轴瓦，轴承及基础闭路。以上部件由于穿过磁通，必将被磁化。还有当转子绕组产生两点不对称短路接地时，产生轴电流，流过发电机转子轴、轴承油膜被破坏的轴瓦及基础形成闭合电路。由于上述部件流过电流，便被磁化。

（4）定、转子气隙不对称或励磁回路连接不当。当发电机定子和转子不在同一轴线上时，引起等于基波频率的脉动磁通，经过轴形成闭合回路，产生轴间磁化。

2. 磁化的危害

磁化可能导致汽轮机轴瓦电烧伤、轴颈电烧伤、多级叶片与隔板摩擦损坏等。

二、退磁试验

汽轮发电机组一旦被磁化，必须及时进行退磁工作，以确保安全运行。退磁有交流和直流两种方法。

（一）直流退磁试验

1. 退磁的标准

理想的退磁试验应该使材料恢复到磁场强度 $H=0$，磁感应强度 $B=0$ 的坐标原点状态。实际试验时，机组各部分剩磁均降至 10×10^{-4}T 以下，轴颈和轴瓦剩磁均降至 2×10^{-4}T 以下即为合格。

2. 退磁原理

如图 21-33 所示，在被退磁体上缠绕励磁线圈。退磁就是周期性改变励磁线圈中电流的方向，并逐渐均匀减小电流，使磁化件中剩磁 B 逐渐减小，在接近 $B=f(H)$ 曲线的坐标原点附近时，再进一步减小 H 的变化值，以便找出 $H=0$ 的某一合适点，使 $B=0$ 或很小值，这就完成了直流退磁。

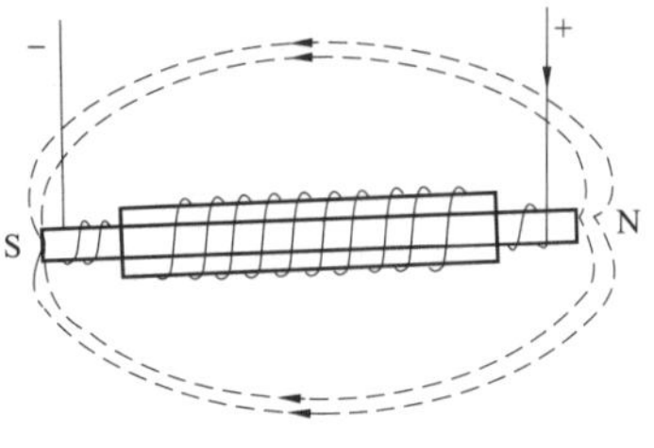

图 21-33 在退磁件上缠绕
的励磁线圈

3. 直流退磁接线

直流退磁试验接线如图 21-34 所示。

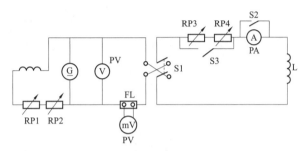

图 21-34 直流退磁的电气接线

G—直流发电机（Z—82 型、30kW、110/93.8A）、RP1、RP2—磁场变阻器；PV—直流电压表；FL—分流器；
S1—换向开关；S2—电流表短路开关；S3—变阻器短路开关；RP3、RP4—负载电阻；PA—电流表；L—励磁线圈

在退磁过程中，采用交直流霍尔效应高斯计测量剩磁值大小并监视退磁过程中剩磁的变化。通常对退磁件径向、轴向和周向剩磁进行测量，霍尔效应探头的平面与被测物体平面的平行垂直距离为 $1\sim1.2$mm。

4. 直流退磁试验应注意事项

（1）缠绕的励磁线圈所建立的退磁场极性应与剩磁极性相反。

（2）同样的励磁安匝，当退磁体的磁力线回路有气隙时，退磁效果好，剩磁小。所以，开路退磁较闭路退磁效果好。

（3）局部退磁。有些磁化体经过退磁后，大部分部位的剩磁很小，但个别部位仍然剩磁较大，为使剩磁大的部位降下来，必要进行局部退磁。

（4）汽轮机不揭缸退磁时，只能将表面剩磁退掉，内缸、转子等部件剩磁几乎不变化。所以，应该揭缸，逐个部件进行退磁。

（5）退磁安匝的选择。采用外部去磁场等于或大于退磁体本身最大剩磁场的千倍，效果最好。200MW 和 300MW 汽轮发电机组各部件直流退磁安匝数见表 21-7。

表 21-7   汽轮发电机组退磁励磁安匝数

序号	被退磁件名称	300MW	200MW
1	发电机转子	120 000	97 600
2	汽轮机低压二缸转子	135 000	—
3	汽轮机低压一缸转子	141 000	69 000
4	汽轮机中压缸转子	30 000	7800

序号	被退磁件名称	300MW	200MW
5	低压内缸体，包括上下隔板、隔板套及相邻一套轴瓦	54 000	—
6	中压缸上缸体，包括上隔板与隔板套	36 000	11 050
7	中压缸下缸体，包括部分隔板	36 000	—

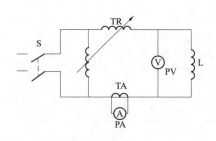

图 21-35　交流退磁电气接线

TR—试验变压器用调压器（TDJA200/0.5 型）；

PA—电流表；TA—电流互感器；

PV—电压表；L—励磁线圈（交流励磁线圈）；

S—电源开关

（二）交流退磁试验

1. 交流退磁原理

将退磁件置于交流励磁线圈中，然后将励磁线圈电流升至一定数值，逐渐提起退磁件远离励磁线圈，就完成一次退磁试验工作。

2. 交流退磁接线图

交流退磁电气接线如图 21-35 所示。

三、交直流退磁试验比较

直流退磁效果好，适合汽轮发电机组中的发电机转子、汽轮机转子、隔板、隔板套、轴瓦及缸体等；交流退磁方法简单、省时间，但受试验设备容量限制，并伴有集肤效应等缺点，只适用汽轮机小块隔板、部分轴瓦、气封套、螺栓等小部件退磁。

第十六节　发电机定子绕组端部振动特性试验

发电机安装运行后，一定数量的定子绕组端部振动较大，可能导致绕组短路、漏水、断线断裂等事故。发电机定子绕组端部正常运行时承受交变电磁力，出口或内部短路时承受巨大的瞬态电磁力作用，这些力是事故发生的诱因。当端部线棒的固有频率接近 100Hz 时，端部绕组处于谐振状态，即使较小的激振力也会诱发较大的振动，往往投运后不久端部绝缘严重磨损。

有的发电机设计制造时，端部绕组结构固有频率避开了 100Hz，但在运行时线棒绝缘、绑绳、垫块、支架等绝缘材料受电、热作用，绝缘和机械性能逐渐降低，因振动磨损，绑扎紧固件之间连接紧度也会改变，故端部振动特性也随之发生变化，其端部固有频率呈下降趋势，极有可能接近 100Hz，所以在大修时监视这些变化时是十分必要的。

发电机交接时和大修后均要测量定子端部振动特性。

一、名词解释

1. 动态特性测定试验

为了解结构的动态特性和验证设计时采用的力学模型是否正确所做的试验，如模态试验。

2. 固有频率

由系统本身的质量和刚度所决定的频率，n 自由度系统一般有几个固有频率，按大小次序排列，最低的为第一固有频率。

3. 模态试验

为确定系统模态参数所做的振动试验。一般先由激励和响应关系得出频率响应矩阵，再由曲线拟合等方法识别出各阶模态参数。

4. 模态参数

模态的特征参数，即振动系统的各阶固有频率、振型、模态质量、模态刚度与模态阻尼。

5. 振型

机械系统的某一给定振动模态的振型是指由中性面（或中性轴）上的点偏离其平衡位置的最大位移值所描述的图形。

6. 定子绕组端部椭圆振型

定子绕组端部和支撑结构整体振型有椭圆形状。

7. 频率响应函数

（1）简谐激励时，稳态输出相量与输入相量之比。

（2）瞬态激励时，输出的傅立叶变换与输入的傅立叶变换之比。

（3）平稳随机激励时，输出和输入的互谱与自谱之比。

8. 相干函数

$x_1(t)$ 和 $x_2(t)$ 的互谱的绝对值平方与各自的自谱乘积之比。可表示为

$$r_{12}^2(f) = \frac{|\overline{G}_{12}(f)|^2}{G_1(f)G_2(f)} \tag{21-31}$$

式中　$\overline{G}_{12}(f)$——经过集合平均后的自谱。

由互谱不等式可得

$$0 \leqslant r_{12}^2 \leqslant 1 \tag{21-32}$$

9. 阻尼

能量随时间或距离的耗散。

10. 动态信号分析仪

当代最常用的基于快速傅立叶变换原理和数字信号处理技术的信号分析仪。它对输入的模拟信号进行抗混滤波、采样保持和模数转换等初步处理后按不同要求可对信号进行时域分析、时差域分析（相关分析）、频域分析（功率谱、频响函数等分析）和幅值域分析（直方图、概率密度等分析）。

11. 采样频率

1s 内的采样次数。

12. 窗函数

为了用数字分析仪进行分析，对信号进行截断处理时所用的权函数。

二、定子绕组端部振动特性测量仪器

仪器通常由以下部分组成：①四通道动态信号分析仪（数据采集箱）；②四通道信号处理放大仪；③发电机定子绕组端部振动特性分析软件包；④便携计算机；⑤振动传感器；⑥力锤；⑦力传感器；⑧附件等。仪器的主要功能为：①汽轮机侧模态；②励磁机侧模态；③定子整体模态；④绕组鼻端固有频率；⑤引线固有频率测量等。

三、测量项目和测点布置

测量项目：①定子绕组端部整体模态试验；②定子绕组鼻端接头固有频率测量；③定子绕组引出线和过渡引线固有频率测量。

测点布置：①定子绕组端部整体模态试验，在汽侧和励侧绕组端部锥体内截面上，各取如图 21-36 所示的 1、2、3 个圆周，每一个圆周上的测点应沿圆周均匀布置且数量不少于定子槽数一半（或在圆周上等分 16、20 个或更多点）；②定子绕组鼻端接头固有频率测量测点布置如图 21-36 中的圆周 1；③定子绕组引出线和过渡引线固有频率测点布置，在定子绕组引出线和过渡引线固有薄弱处适当布置若干测点。

四、测量方法

（1）定子绕组端部整体模态试验。

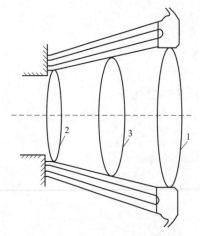

图 21-36　定子绕组端部模态
试验测点布置图

1—定子绕组端部鼻端接头各测点组成的圆周；
2—定子绕组的槽口部位各测点组成的圆周；
3—定子绕组端部渐开线中部各测点组成的圆周

1）采用锤击法，一点激振多点响应或多点激振一点响应两种方法均可。推荐一点激振多点响应法，用力锤定点敲击定子绕组端部上的某点，向绕组端部提供一个瞬态冲击力，动态信号分析仪拾取端部绕组上各测点的径向（可加测切向和轴向）的振动响应，再经模态分析软件分析处理，得到定子绕组整体的频率、振型和阻尼等模态参数。

2）推荐按图 21-36 所示圆周 1 到圆周 3 的顺序测量。测得圆周 1 的数据后，可根据分析的需要，再加测圆周 2 和圆周 3 的数据。

（2）定子绕组鼻端接头，引出线和过渡引线固有频率测量。用力锤分别敲击定子绕组鼻端接头，引出线和过渡引线，测量相应测点的振动响应，经动态信号分析仪分析得到相应的瞬态激励频率响应函数，在瞬态激励频率响应函数的幅频特性曲线上，相干函数值在 0.9 以上的极大值点为各测点的固有频率值。

（3）测量次数。每一测点至少重复测量一次，并尽量保持锤击的方向和力度一致。

（4）测量时应记录环境、线棒和内冷却水温度。

五、试验条件

定子绕组为水内冷的发电机，端部模态试验、定子绕组鼻端接头、引出线和过渡引线固有频率测量应在停机时进行，定子绕组应通水；新机交接试验可先测量不通水状态下的数值。

六、判断标准

（1）绕组端部整体模态标准。

1）新的发电机交接试验时，端部整体模态频率在 94～115Hz 之间为不合格，需制造厂处理。

2）已运行的发电机大修时试验或必要时试验，端部整体模态频率在 94～115Hz 范围内，且振型为椭圆，应采取措施对端部进行处理。

3）若运行发电机，端部整体模态频率虽在 94～115Hz 之间，但振型不是椭圆，应结合发电机历史情况进行综合分析。若端部磨损严重或松动，应尽快处理并复测模态；若无明显磨损，应加强监视，在具备条件时进行端部处理。

（2）线棒鼻端接头，引出线和过渡引线的固有频率标准。

1）新发电机上述试验部位的固有频率在 94～115Hz 之间为不合格。

2）已运行的发电机，个别线棒上述部位的固有频率在 94～115Hz 之间，应结合发电机历史情况进行综合分析处理。

（3）相邻两次试验结果对比标准。

1）模态振型和频率有明显差异时应对绕组端部固定结构进行检查。

2）在频率响应函数的幅频特性曲线上，94～115Hz 之间的固有频率点，幅值有明显增大时，应进行加固处理。

七、测量设备的要求

1. 力锤

力锤应带有力传感器，推荐使用压迫式力传感器，其最大量程不小于 50kN，锤帽为橡胶软材料，力锤的频响范围为 0～200Hz。

2. 加速度传感器

推荐使用压电式加速度传感器测量定子绕组端部的振动响应。

3. 电荷放大器

由上述力传感器和加速度传感器选择相应的电荷放大器，应具有足够的放大倍数；另外，使输出信号幅值大于动态信号分析仪器量程的一半。

4. 动态信号分析仪

（1）至少应具有两个信号通道，推荐采用 4 通道动态信号分析仪。各通道间应无相差采集，采样频率大于 10kHz，采样点数不少于 1024 点，频谱分析分辨率不低于 0.5Hz。

（2）应具有以下功能：

1）频谱分析、功率谱分析、传递函数和相干函数分析；

2）信号加窗（力信号加力窗、加速度信号加指数窗）处理和多次测量数据的平均处理；

3）具备数据储存功能。

（3）应具备抗外界电磁场和电源干扰的能力。

八、模态分析的方法

（一）模态分析的基本过程

模态是机械结构的固有振动特性。每个模态具有特定的固有频率、阻尼比和模态振型。通过模态分析掌握结构在某一感兴趣的频率范围内各阶主要模态的特性，就可预计结构在此频段内的实际振动响应。模态分析包括 4 个过程：

1. 动态数据采集

（1）激励方法。对结构施加一定的动态激励，然后采集力信号及各点的振动响应，用相应的识别方法获取模态参数。激励方法按输入力的信号特征可分为正弦扫描、正弦快扫描、瞬态激励等，推荐采用瞬态激励法。

（2）数据采集。为降低试验成本，推荐同时采集激励和响应信号，用不断移动激励点位置或响应点位置的方法取得振型数据。

（3）时域或频域信号处理。对采集的振动信号进行滤波处理、频谱分析、传递函数估计、相干函数分析等。

2. 建立结构数学模型

根据已知条件建立一种描述结构特性的模型，作为计算及识别参数的依据。

3. 参数识别

按识别域的不同可分为频域法、时域法和混合法。

4. 振型动画

根据试验得到的结构模态参数模型，即一组固有频率，模态阻尼以及相应各阶模态的振型，采用活动振动的方法，将放大的振型叠加到原始的几何形状上。

（二）机械导纳测量

结构物任意两点的传递函数也称机械导纳。机械导纳的测量是模态分析的基础。系统传递函数的定义是

$$H(f) = \frac{\overline{G}_{12}(f)}{\overline{G}_2(f)} \tag{21-33}$$

式中　$\overline{G}_{12}(f)$——经过集合的平均后的互谱；

　　　$\overline{G}_2(f)$——经过集合平均后的自谱。

为了评价传递函数的估计精度，定义了相干函数（等于或小于 1 的实数），在非共振点（传递函数的零点）由于输出信号小，输出信噪比很低，相干函数也较小；在共振点（传递函数的极大值点）由于输出信号的信噪比高，相干函数也较大。当存在噪声时，相干函数也会随着平均次数的增加而有所改善，通常采用多次测量数据取平均值的方法，以提高测试准确性。

第十七节　定子绕组断股试验

一、定子绕组断股的原因和危害

发电机定子线负荷达到 1000A/cm 以上，定子绕组电磁力相应增大，振动幅值增高可能引发导线疲劳断裂；如果定子绕组端部或引线固定结构欠佳，端部和引线产生较大的切向和径向振动，久而久之，则端部和引线因疲劳发生断裂。

定子绕组断股发生后，水冷发电机产生漏水、有些断股发展成相间短路事故。所以，断股如不能及时发现，将严重影响发电机安全运行。

二、定子绕组断股判断方法

由于定子绕组每一个线棒导线数量都达几十根，而且是多个线棒串联而成，这样某一个线棒断 1~2 股，仅测量直流电阻是不能发现的。

可采用在线监测装置诊断断股，效果较好。该装置的接线如图 21-37 所示。

导线断股时，在断头之间产生间歇电

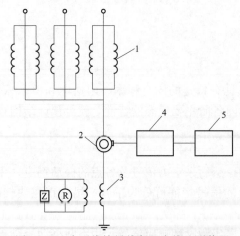

图 21-37　定子线棒导线断股在线监测装置

1—发电机；2—中性点射频电流互感器；3—零序接地变压器；4—固定频率监测仪；5—记录仪

弧，就是工作电流每次过零时电弧熄灭，电流增大又重燃。由于间歇性电弧伴随着高频信号产生，通过在发电机中性点与零序接地变压器之间的"射频电流互感器"，采取高频信号，再通过无线噪声测量仪或固定频率的无线电监测系统进行分析判断。

多台大型汽轮发电机安装这种装置，成功检出几台发电机定子绕组断股缺陷。

第十八节 转子绕组单开口变压器匝间短路试验

作者多年在电厂工作期间处理多台发电机转子绕组匝间短路故障，均采用单开口变压器法。该方法很方便确定匝间短路槽号和严重程度。

一、单开口变压器法的原理

转子在膛外时，通过滑环施加交流电压 u_1，如没有匝间短路时，每槽内线圈各线匝电流方向一致，电流所产生磁通 Φ_1 的一部分穿过转子表面的空气间隙，与转子线圈本身相链，如图 21-38 所示。磁通 Φ_1 相位较 u_1 相位落后 90°。如果在槽顶部安置一只开口变压器则感应电动势 E，在相位上较磁通 Φ_1 落后 90°，如图 21-38（b）所示。

当转子绕组产生了匝间短路，如图 21-39 所示。k1 和 k2 为短路点，k1abck2 为短路线匝。由于 Φ_1 的作用在短路线匝中产生短路电流 i_k，而 i_k 产生磁通 Φ_k，在相位上落后 Φ_1 近 180°。Φ_k 大于 Φ_1，所以 Φ_1 和 Φ_k 合成磁通 Φ_s，在相位上较 Φ_1 落后大于 90°，其值小于 Φ_1。这时在单开口变压器中感应电动势 E_s 相对于 E 落后 90°以上，其值也小，如图 21-39（b）所示。所以，通过所有槽各单开口变压器感应电动势值大小和相位测量结果可以判断是否存在匝间短路故障和匝间短路故障的严重程度。当没有匝间短路故障时，测量各槽单开口变压器感应电动势的数值和相位基本相同；存在匝间短路时，故障槽的感应电势数值和相位均有变化，相位偏转角度较大，数值减小。

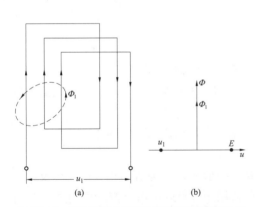

图 21-38 转子绕组正常通电磁通和感应电压
（a）原理图；（b）相量图

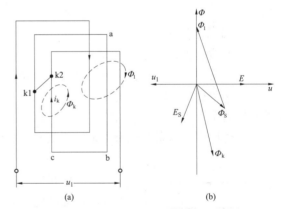

图 21-39 转子绕组匝间短路磁通和感应电压
（a）原理图；（b）相量图

二、单开口变压器试验方法

现场单开口变压器试验有单开口变压器瓦特表法、单开口变压器高内阻电压表法、移相器和二线示波器法以及单开口变压器相位电压表法四种方法。上述第一方法、第二方法和第三种方法由于使用仪器仪表较多，接线复杂，试验结果还需作图处理等原因，被第四种方法所代替。下面只介绍该方法。

1. 单开口变压器相位电压表法试验接线

该方法试验接线如图 21-40 所示。采用相位电压表测单开口变压器感应电压大小及其与电源电压之间的相位角度。也可以采用钳形相位表和高内阻毫伏表分别测量单开口变压器感应电动势值和相角。

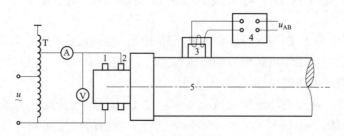

图 21-40 单开口变压器相位表法

T—调压器；1、2—转子滑环；3—单开口变压器；4—相位表；5—转子本体；A、V—电流和电压表

2. 单开口变压器试验注意事项

(1) 转子输入交流电压不大于转子励磁额定电压的 $1/\sqrt{2}$。

(2) 单开口变压器在转子中间部位依次测量。

(3) 转子线槽应编号，并用钢字打上编号。

(4) 转子绕组有接地时，应消除后再进行试验或用隔离变压器隔离。

(5) 单开口变压器和转子紧密接触，移动时保持平行，不能反转。

(6) 如果有匝间短路，对应两个线槽测得结果应基本相同，否则是测量有误，应重测。

3. 试验结果判断

应将试验结果进行综合分析。

(1) 在正常情况下，感应电压（电流）相位差分散度一般在 30°以下。

(2) 如果存在匝间短路情况，则感应电压（电流）相位差将偏转 90°以上，或幅值下降至正常槽的 1/3 以下。

(3) 对比历年结果，如果原来属于正常，突然变化较大，也说明存在问题。

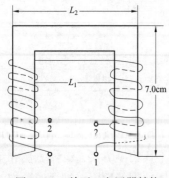

图 21-41 单开口变压器结构

4. 单开口变压器参数

单开口变压器有两种形式，一种适用于 300MW 及以下汽轮发电机，另一种适用于 300MW 以上汽轮发电机。单开口变压器结构如图 21-41 所示。

300MW 及以下使用的单开口变压器铁芯截面积为 $2.20 \times 3.5 \text{cm}^2$；线圈共 2×600 匝，有中间抽头；开口距离 $L_1 = 3.85 \text{cm}$，距离 $L_2 = 6.80 \text{cm}$。

300MW 以上使用的单开口变压器铁芯截面积为 $4.3 \times 3.2 \text{cm}^2$；开口距离 $L_1 = 4.0 \text{cm}$，距离 $L_2 = 10 \text{cm}$；线圈匝数为 2×800。

5. 试验实例

一台发电机因转子匝间短路而出力达不到额定值,对其进行处理。未处理前瓦特表法单开口变压器电流相位如图 21-42 所示,经过拔护环处理好匝间故障后,瓦特表法单开口变压器电流相量图如图 21-43 所示。由上两图说明匝间短路已处理好,投运后达到额定出力。

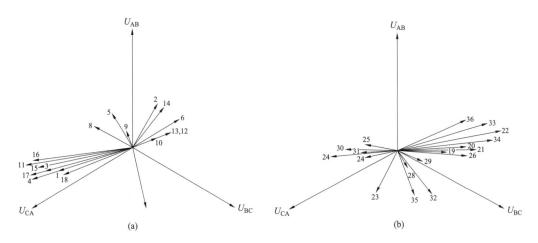

图 21-42 未处理前瓦特表法单开口变压器电流相位图
(a) 1~18 槽;(b) 19~36 槽

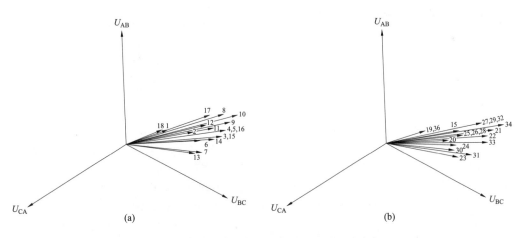

图 21-43 处理后瓦特表法单开口变压器电流相位图
(a) 1~18 槽;(b) 19~36 槽

第十九节 发电机零序电抗试验

发电机定子绕组中三相电流相等,相位一致时,对应定子绕组的电抗为零序电抗 x_0。零序电抗在数值上等于零序电流所对应的零序电压基波与零序电流基波之比。

测量发电机零序电抗的目的，是了解发电机的特性和研究发电机不对称运行时电压、电流值，为保护整定计算提供参数。

一、零序电抗测量方法

发电机零序电抗有多种测试方法，但最为方便的是外加电压测定法。将定子绕组顺序串联起来或三相对应端并联起来，并使励磁绕组短接，发电机静止或驱动到额定转速，然后在定子绕组施加低压单相电压，便可测量零序电抗。

二、零序电抗测量接线

零序电抗测量接线有三相串联接线、三相并联接线两种。

（1）定子绕组三相串联接线如图 21-44 所示。

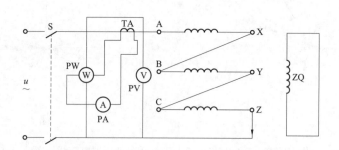

图 21-44　定子绕组串联测量零序电抗接线图

S—电源开关；ZQ—转子绕组；W—功率表；TA—电流互感器；V、A—分别为交流电压和电流表

（2）定子绕组三相并联接线如图 21-45 所示。

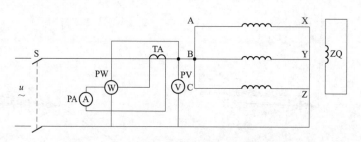

图 21-45　定子绕组并联测量零序电抗接线图

S—电源开关；ZQ—转子绕组；TA—电流互感器；V、A—分别交流电压和电流表

（3）试验使用的仪器仪表选择。交流电压表：0～600V，0.5 级，1 只；交流电流表：0～5A，0.5 级，1 只；单相功率表：0～600V，0～5A，0.5 级，1 只；TA—电流互感器，150/5A，0.5 级，1 只（如果试验发电机容量大，则按容量选择）

三、试验步骤

（1）选择试验电源。所选择的试验电源容量应足够使发电机绕组达到 1%～3% 的额定电流。

（2）按图 21-44 或图 21-45 正确接线，同时将转子绕组短接起来。

（3）将发电机开启，使转速从零升起逐渐达到额定转速或者发电机静止。

（4）合上电源开关 S，待各表计读数稳定后同时读取各测量值。

四、测量结果计算

1. 串联法

（1）零序阻抗 $\qquad\qquad Z_0=\dfrac{u_0}{3I_0}$ （Ω）

（2）零序电阻 $\qquad\qquad R_0=\dfrac{P_0}{3I_0^2}$ （Ω）

（3）零序电抗 $\qquad\qquad x_0=\sqrt{Z_0^2-R_0^2}$ （Ω）

式中 P_0、u_0、I_0——发电机定子绕组试验所测功率、电压和电流值。

2. 并联法

（1）零序阻抗 $\qquad\qquad Z_0=\dfrac{3u_0}{I_0}$ （Ω）

（2）零序电阻 $\qquad\qquad R_0=\dfrac{3P_0}{I_0^2}$ （Ω）

（3）零序电抗 $\qquad\qquad x_0=\sqrt{Z_0^2-R_0^2}$ （Ω）

式中 P_0、u_0、I_0——发电机定子绕组试验所测功率、电压和电流值。

五、试验注意事项

（1）试验电流以定子绕组 1‰～3‰ 额定电流为宜，电流不能太低。

（2）测量电压的接线应直接接在发电机引出端子上。

（3）为了测量准确，试验接线应最好为串联方法，保证三相电流值和相位完全相同，获得正确结果。并联法由于不能保证三相电流完全相同，误差较大。

（4）零序电抗值与转子位置和结构有关，为了消除转子位置不同对 x_0 的影响，在试验时转子应保持额定转速。如果转子是叠片极掌的无阻尼绕组结构，x_0 值与转子位置无关，可以在静止状态进行试验。整块转子结构的发电机 x_0 与转子位置有关，应在旋转状态下进行试验。

第二十节 定子绕组端部电晕检测试验

发电机定子绕组如果防晕层和绝缘存在缺陷，运行中可能出现端部严重电晕、放电甚至绝缘击穿情况。为了判断定子绕组端部是否有电晕存在、电晕存在位置和严重程度，必须进行电晕检测试验，为检修提供依据。

一、定子绕组端部电晕检测试验方法

早期端部电晕检测试验是在做交流耐压试验时目测，而且没有评价标准，很不规范。目前电晕检测试验方法有日盲型紫外成像装置检测法、暗室目测法、局部放电法、声波探测法、脉冲电流法和电磁辐射法等，但比较成熟的是前两种方法，本节重点介绍。

1. 日盲型紫外成像装置检测试验方法

该装置可探测紫外线的波长在 240～280mm（这是电晕所发出的紫外线波长，自然光不含有此波长）之间。它具有使电晕产生的紫外光和被测物视频影像迭加在一起的功能。

紫外成像装置将接收到的紫外光经过一系列的放大后得到光子数 N。N 值与电晕强度相关。

起始电晕光子数 N_c，是装置探测到的电晕起始时的光子数。

测量背景光子数 N_e，未加压时，装置所探测到的试品表面的紫外光子数。

测量增益，为了测量对应不同电晕强度的紫外光，装置利用各种器件对所探测的紫外光进行放大，不同的放大强度对应不同的测量增益。应对测量增益进行归一化处理，最大的测量增益对应的数值为 100%，最小增益对应的数值为 0%。

电晕饱和强度 D 表示电晕所产生部位的电晕强度。对同一电晕强度最大测量光子数所对应的测量增益 K 进行归一化后的倒数作为饱和强度，即，$D = \dfrac{1}{K}$。

2. 暗室目测法

该法在遮挡可见光的环境下，通过目测，判断被加电压端部表面所产生的电晕。同时辅助用人的耳朵听电晕发出的声音。

二、上述两种试验方法的检测试验步骤

采用上述两种方法检测试验时，根据端部表面电晕位置不同，检测试验分两个阶段。

1. 第一阶段检测试验

这一阶段检测端部绕组同相内和相绕组对地的电晕，具体位置如下：

（1）端部绕组防晕涂层和定子线棒出槽口位置。

（2）绕组与端部压板、压环、压指之间。

（3）端部支撑环、绑绳周围。

（4）绕组汇流排、出线与周围的支撑件之间。

（5）测量热电阻和其他监测设备的引出电缆周围。

2. 第二阶段检测试验

这一阶段只检测异相间的电晕，应忽略第一阶段所发现的同相内电晕和相绕组对地电晕。

上述两个阶段所施加电压是不同的，具体施加电压见表 21-8。

表 21-8　　　　　　　　　　　试　验　电　压

发电机冷却方式	试验电压	
	第一阶段	第二阶段
空气冷却	$1.1U_N/\sqrt{3}$	$1.1U_N$
氢气冷却	$U_N/\sqrt{3}$	U_N

注　U_N 为发电机额定电压；当海拔大于 1000m 时，电压值应进行修正。

三、检测试验的要求

（1）被检测发电机绝缘电阻试验应合格，在检测前应对定子绕组端部污秽清理，若需要了解在脏污情况下的电晕情况亦可不清理，但检测结果不宜按照清理的检测标准评价。

（2）检测环境应处于 $5 \sim 40℃$，相对湿度小于 80%。如不符合上述要求，在评价时考虑对测量数据的影响。

采用日盲型紫外成像装置检测时，应在没有阳光直射的条件下进行。如检测试验需要辅助照明，应在加压前使用紫外成像装置对被检测试验部位进行扫描。在探测最大增益下，测

量的背景光子数 N_e 应不大于日盲紫光成像装置标定时最大增益下的起始电晕光子数 N_c 的 5%。

（3）检测设备和资料。

1）发电机定子绕组展开图。可以确定定子绕组相带位置，并能标注电晕缺陷位置和区域。

2）工频加压装置能够对被检测发电机单相长时间加压到表 21-8 所列数值。

3）2m 长的绝缘杆。绝缘杆应经试验并合格。绝缘杆把手处应有可靠的接地线，绝缘杆前端固定有记号笔，以检测时标记电晕位置。

4）激光笔，能用此笔准确定位电晕点。

5）采用日盲型紫外成像装置检测时，应进行标定。

6）采用暗室目测检测试验时，应将发电机端部遮盖，使端部亮点足够低，并能保证试验人员的安全距离，检测试验前应根据定子绕组展开图，用记号笔在绕组出槽口处标记绕组编号、相间位置。将所有测量元件（如测温、测振动传感器等）在引出箱处短路接地。检测发电机的定子绕组具备交流耐压的试验条件。

7）加压方式和注意事项。同一相有多个分支时，将所有分支并联同时加压。第一阶段加压时，可以分相加压，非加压相接地，也可三相并联同时加压。第二阶段加压时，应分相加压，非加压相接地。

施加电压时，电压达到规定试验电压的 75% 时，应以规定试验电压的 5% 分段加压。加压过程中出现过热、异味、异声、放电等异常情况时，应立即降低电压并停止试验。

四、日盲型紫外成像装置检测试验

（一）检测试验步骤

1. 确定检测距离

检测距离应按标定的距离确定。一般标定距离为 2m 为宜。检测距离是装置到绕组端部的直线距离。检测距离应记录在数据表中。

2. 确定检测试验角度

为了防止电晕部位被端部紧固件遮挡，检测时应变换检测装置对试品内的观察角度，以检测电晕点的最大测量光子数所对应的角度为最佳检测角度。

3. 电晕强度确定

在最佳检测角度稳定测量 1min，在此时间内测量光子数变化在 +5% 范围，应记录 1min 的最大光子数 N，即为电晕点的电晕强度。记录光子数最大值的同时，还应当记录对应的增益。

4. 标记电晕位置

找到电晕位置后，使用激光笔指定该位置，并同时用记号笔圈定电晕位置。还应该把电晕位置在绕组展开图中标注和编号，同时还应在记录表中记录相关数据。

如果检测装置具有摄录功能，还应将电晕图像进行记录。完成上述工作后，再开始下一个电晕点的检测。

（二）检测结果记录

检测结果和档案包括电晕检测数据表、端部标记照片，电晕摄录结果，标有电晕位置及编号的定子绕组展开图，日盲型紫外成像检测记录表见表 21-9。

表 21-9 日盲型紫外成像检测记录表

检测日期		环境温度（℃）		环境湿度（%）	
检测阶段	第一阶段或第二阶段				
检测位置	驱动器或非驱动器				
加压（kV）		加压相别		背景光子数 N_e	
序列号	测量光子数 N	测量增益（%）	测量距离（m）	绕组展开图中对应编号	对应的电晕图像编号
1					
2					
3					
4					

（三）检测评定

1. 根据检测光子数确定电晕等级及检修方式

第一阶段检测结果及检修方式见表 21-10。

表 21-10 第一阶段检测结果及检修方式

试验电压	光子数 N	检修方式
$1.1 U_N/\sqrt{3}$（空冷）或 $U_N/\sqrt{3}$（氢冷）	$N \leqslant 2N_e$	合格，不检修
	$N > 2N_e$	不合格，应进行检修

注 N_e 为检测背景光子数。

第二阶段检测结果及检修方式见表 21-11。

表 21-11 第二阶段检测结果及检修方式

试验电压	光子数 N	电晕饱和强度口	检修方式
$1.1 U_N/\sqrt{3}$（空冷）或 $U_N/\sqrt{3}$（氢冷）	$(N-N_e) < N_e$		合格，不检修
	$N_e \leqslant (N-N_e) \leqslant 4N_e$	1～1.09	具备条件进行处理，否则下次处理
	$N_e \leqslant (N-N_e) \leqslant 4N_e$	>1.1	应进行处理
	$(N-N_e) > 4N_e$		应进行处理

注 1. N_{c1} 为标定的起始电晕光子数。

2. 若实测 N 远大于 N_c 的 5% 时，可用 N 代替 $N-N_e$。

2. 电晕图谱分类

（1）电晕集中。如果电晕集中属于严重的电晕缺陷，因该区域局部放电强度较大，可能造成绝缘损坏。即使因电晕面积小检测到的光子数合格，也应进行处理。

（2）电晕分散。如果电晕呈分散状态，对绝缘造成损伤可能性不大，若光子数也合格，可以暂不处理。

3. 不同检测距离测量光子数应进行折算

如果检测距离与标定距离不一致，应将所测光子数折算到标定距离下的光子数。

在一定电晕强度下，所测光子数与距离有一定的函数关系，典型关系见图 21-46 所示。

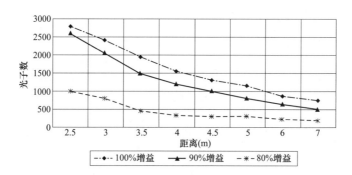

图 21-46　紫外成像装置的光子数与测量距离（2～7m）的关系

为了求得函数，需要在某一电晕强度和增益下，实测 2～3 个不同距离下的光子数。然后进行曲线拟合。发电机电晕检测采用 1～4m 的距离，由于距离变化较小，宜采用线性拟合，可以满足工程需要。

五、暗室目测法检测试验

（1）加压前应做好保证试验人员的安全措施，如加装隔离带。隔离带和加压绕组之间的距离应符合有关规定。

检测试验人员应不少于 2 人。暗光观察应停留至少 10min。达到眼睛完全适当暗室下的亮度方可施加试验电压。

试验时经人工确认后，使用激光笔对准电晕位置，并用固定有记号笔的绝缘棒在相应位置作出标记，同时在绕组展开图的对应位置进行标记和编号，检测数据记录在记录表 21-12 中，然后再重新开始进行其他电晕点的检测工作。

升压过程中听绕组端部电晕放电声辅助查找电晕位置。

（2）检测结果和记录。将检测结果记录在表 21-12 中，端部标记照片，标有放电位置及编号的定子绕组展图等俱全。

表 21-12　　　　　　　　　　　　暗室目测法检测记录

检测日期		环境温度（℃）		环境湿度（%）	
检测阶段	第一阶段或第二阶段				
检测位置	驱动器或非驱动器				
检测电压（kV）	加压相别				
序列号	端部标记编号			绕组展示图中对应编号	
1					
2					
3					

（3）暗室目测法检测结果评定和处理。暗室目测检测试验结果评定和处理方式见表 21-13 和表 21-14。

表 21-13 第一阶段检测结果及处理方式

试验电压	目测结果	处理方式
$1.1U_N/\sqrt{3}$（空冷）或 $U_N/\sqrt{3}$（氢冷）	无亮点和火花	合格，不检修
	有亮点和火花	不合格，检修处理

表 21-14 第二阶段检测结果及处理方式

试验电压	目测结果	处理方式
$1.1U_N/\sqrt{3}$（空冷）或 $U_N/\sqrt{3}$（氢冷）	无亮点和火花	合格，暂不处理
	间断出现的金黄色亮点无连续晕带	现场具备条件应处理，否则，下次检修处理
	有明显的金黄色亮点，稳定的火花或连续晕带	不合格，应处理

六、日盲型紫外成像检测装置标定

采用日盲型紫外成像检测装置检测定子绕组端部电晕放电时，事先对装置进行标定。

（一）标定要求

1. 标定环境要求

环境温度 5～40℃，相对湿度小于 80%。

2. 对标定试验室要求

标定试验室应在局部放电背景干扰小于 10pC 的室内标定。

3. 标定仪器要求

标定应选用宽带局部放电测试仪，标志时应遵照有关规定。

4. 升压装置要求

应采用局放值小于 100pC 的工频加压装置。

（二）标定原则

1. 试品选择

选取 2～3 根表面清洁、绝缘良好、防晕层没有损坏的备用线棒，进行紫外成像检测装置起始电晕光子数 N_{c1} 的标定。

2. 电晕起始试验

在试品线棒端部模拟生产电晕的情况，用局部放电仪辅助确定是否发生电晕或放电，当局部放电量达到 1500pC 时，认为端部已出现明显电晕。记录紫外成像装置所测电晕光子数，即为起始电晕光子数 N_{c1}，为了减少误差，应对多次测量的数据按统计规律处理。

（三）标定电气接线

1. 标定电气接线

标定接线如图 21-47 所示。

在距离试品绕组端部铜导体 10cm 处的绝缘处，均匀缠绕一根细的裸铜线，并可靠接地。线棒其余部分用绝缘强度高于线棒绝缘等级 5 倍以上的绝缘物（如支柱绝缘子），将线

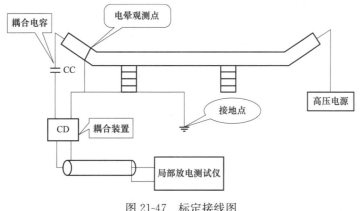

图 21-47　标定接线图

棒与地有效绝缘。

2. 标定步骤

按图接好线后，对被试线棒施加 20％额定电压的试验电压，并逐步升高电压，直到出现明显的稳定局部放电，局部放电仪重复出现最大局部放电量（1500±100）pC 时，认为端部已经发生明显电晕或端部放电。在需要标定的距离处，调整日盲型紫外成像装置的测量角度，使测量光子数为最大，稳定测量位置，读取光子数。应将线棒接地点处的 4 个面都扫描到，在 1min 之内光子数变化不超过读数的 5％时，记录光子数即为第一次测量的起始电晕光子数 N_{c1}。

对其余线棒重复上述步骤，测取第 i 次起始电晕光子数 N_{ci}，试验次数 $i \geqslant 50$ 次。

一般是常用最大增益下的起始电晕光子数 N_c。

3. 标定数据处理

利用测得数据 N_{ci}，得出 95％置信空间的光子数范围 $[N_{cL}, N_{cH}]$。最终光子数 $N_c = N_{cH}$。标定每两年进行一次。

→【讨论】**发电机定子绕组交直流耐压试验发现端部和槽部绝缘缺陷的不同作用。**

发电机定子绕组进行交流耐压和直流耐压时，由于端部电压分布不同，对于发现发电机端部和槽部的绝缘缺陷作用不同。当施加交流电压时，端部电压降落梯度大，所以不易发现端部绝缘缺陷；而施加直流电压时，端部电压降落梯度很小，因此，易于发现端部绝缘缺陷。而从介质发热的观点，而交流耐压更能有效发现槽部绝缘缺陷。

发电机定子绕组施加交流电压和直流电压时，线棒绝缘等效电路如图 21-48 所示。

由图 21-48（b）可知，当定子绕组施加直流电压时，线棒表面电阻 R_2 不同段流过的泄漏电流不同，越靠近槽部流过的电流越大，电压梯度也越大，电场强度越高；距槽口越远，电场强度越低，同样由图 21-48（c）可知，当定子绕组施加交流电压时，线棒表面电阻 R_2 流过的容性电流也不同，作用到端部绝缘上的电压比施加电压低，距槽口越远下降的幅度越大。由于容性电流大小与线棒单位长度上绝缘体的电容，即容抗 X_C 相关，泄漏电流大小与线棒单位长度绝缘电阻相关，容抗 X_C 与绝缘电阻数值相比较要小得多，容性电流较阻抗电流大得多，交流耐压与直流耐压相比，作用到端部绝缘上的电压值较施加电压有大幅度下降，距槽口越远下降的幅值越大。发电机直流耐压时，易于发现端部绝缘缺陷。

图 21-49 是一台发电机进行交直流耐压时，从槽口开始沿线棒测得的绝缘与导线之间的

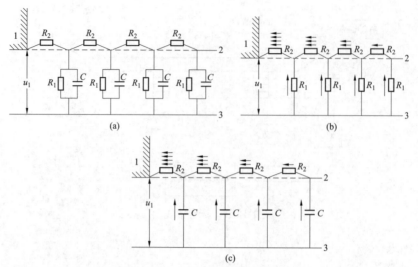

图 21-48　发电机线棒端部绝缘电路图

(a) 发电机线棒端部绝缘等效图；(b) 发电机线棒端部直流耐压下电流分布图

(c) 发电机线棒端部交流耐压下电流分布图

1—定子铁芯；2—端部绝缘表面；3—线棒导体

R_1—线棒单位体积电阻；R_2—线棒单位长度表面电阻；C—线棒单位长度绝缘体的电容

电压分布曲线图。由图中可知，进行直流耐压时，端部所承受的试验电压值与所加电压相差很小，距槽口 30cm 处，是试验电压的 85%；进行交流耐压时，端部所承受的试验电压值与所加电压相差很大，距槽口 30cm 处，降到试验电压的 12%。综上所述，对发电机定子绕组而言，交流耐压和直流耐压不能相互代替。

图 21-50 是一台发电机定子绕组端部绝缘表面不同污秽程度时，分别进行交流和直流耐压时，从槽口开始测得的沿线棒表面电压分布图。

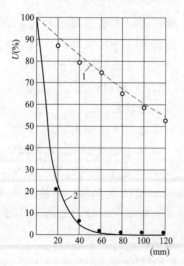

图 21-49　交流耐压线棒端部电压分布

1—直流耐压；2—交流耐压

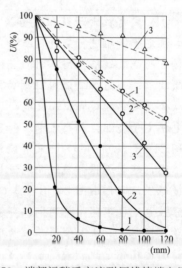

图 21-50　端部污秽后交流耐压线棒端电压分布

—— 交流耐压；- - - 直流耐压

1—表面清洁；2—表面有煤灰；3—表面有煤灰和碳刷粉末

从图 21-50 可知，当端部表面污秽很严重时，进行交流和直流耐压时，沿端部线棒电压分布差别情况相对减小。当发电机进行热态交流和直流耐压时，测量沿端部线棒表面电压分布时，若电压分布差较大，说明端部绝缘干净，不存在受潮问题，否则端部绝缘存在严重污秽或受潮。

本章提示

发电机定子和转子绕组绝缘和接头由于电、热和机械振动影响会逐渐老化或接触不良，运行中产生事故。本章介绍了保证发电机绝缘处于良好状态的各种测试方法。

你知道针对不同冷却方式的发电机应采用什么样针对性的试验方法吗？知道氢冷发电机做交直流耐压时对充氢排氢纯度的严格要求吗？

本章重点

1. 理解掌握行之有效的发电机测试方法，如转子动态测量匝间短路和定子端部手包绝缘测试方法等。

2. 发电机常规试验方法及注意事项。

3. 发电机各种故障点的判断分析。

 复习题

1. 简述发电机预防性试验的项目。

2. 如何进行发电机轴电压的测量？

3. 如何确定发电机的相序？

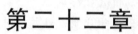

第二十二章

交流电动机试验

电动机的预防性试验包括绝缘电阻测量，直流泄漏电流测量，直流耐压试验，工频交流耐压试验，定子绕组直流电阻测量等。这些试验的试验方法和标准与发电机相同，不再介绍。下面仅介绍电动机的一些特殊试验项目。

第一节　定子绕组的极性检查试验

一、试验目的

电动机定子三相绕组按一定规律绕制在定子铁芯圆周上，每相绕组均有头尾两端。若将绕组头尾接错，通入平衡三相电流时，不能产生旋转磁场，反而会损坏电动机。为了检查首尾接线是否正确，应进行极性试验。

二、试验方法

首先用万用表判断出每相绕组的两个端头，并做好记号，然后再进一步用下述方法判断极性。

1. 直流感应法

在电动机任一相绕组中通以脉冲电流时，由于互感作用在另外两相绕组中将产生感应电动势，由脉冲电流和感应电动势的方向，便可确定三相绕组的头尾，即相应的极性。试验接线如图 22-1 所示。当合上开关 S 时，脉冲电流通过绕组 L1，并在 L2、L3 绕组中感应出电动势，使直流毫安表偏转。若仪表指针向正方向偏转，则接仪表"－"端和接电池"＋"极的绕组端头为同极性；若仪表指针反向偏转，则接仪表"＋"端和接电池"＋"极的绕组端头为同极性。这样可以确定出 3 个端头为同极性，另外三个端头亦为同极性。此三个同极性端头为首，另外 3 个端头为尾。

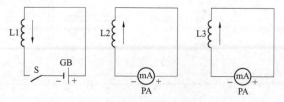

图 22-1　直流感应法测极性试验接线图

在试验过程中，开关 S 合上后不要马上断开，否则难以正确判断直流毫安表的偏转方向。

2. 交流电压法

试验接线如图 22-2 所示。将任意两相绕组串联后接至交流 220V 电源上，第三相绕组接电压表或灯泡。当电压表指示从几十伏到一百多伏或灯泡亮，说明串联的两相是首尾相连的；如果电压表指示很低，仅几伏或灯泡不亮，说明串联的两相绕组为首首相连或尾尾相连的。用同样的方法，可以判断出第三相绕组的首尾。测量时应注意如下两点：

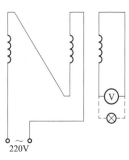

图 22-2　外加交流电压
测量极性图

（1）绕线式电动机转子开路时，感应电压可达 200V 左右，应选择合适的表计。

（2）20kW 以上的鼠笼式电动机或转子短路的绕线式电动机，感应电压虽然仅几十伏，但一次电流可达几十安，应选择合适的电源和调压器。

3. 万用表法

将 3 相绕组接成Y形，把任一相接到 24V 或 36V 交流电源上（也可由调压器获得），在其他两相出线端子接万用表（10V 上），如图 22-3（a）所示。接通电源后记下万用表读数。然后再改接线，如图 22-3（b）所示。同样接通电源后，记录万用表读数。

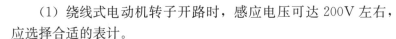

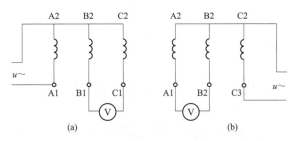

图 22-3　万用表测电动机极性图
（a）第一次接线；（b）第二次接线
V—万用表

若两次万用表读数均为零，说明三相接线首尾正确；若两次万用表都有读数，则说明两次都未接电源的那相极性接反，将其反接就可以了，在图 22-3 中中间一相（即 B1—B2）绕组极性反了；若两次试验时一次有读数，一次没有读数，说明没有读数的试验接电源相极性反了，在图 22-3（a）试验时万用表没有读数，A1—A2 绕组极性反了；在图 22-3（b）试验时万用表没有读数，C1—C2 绕组反了。

上述试验如果现场没有低压交流电源，改为干电池作为电源也可以。万用表选 10V 以下直流电压挡，两个引出线端分别接电池的正负极，如万用表指针不摆动，说明无读数，如万用表指针摆动，说明有读数，而判断绕组首末端方法同上。

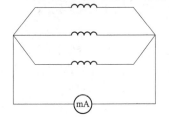

图 22-4　毫安表法测极性图

4. 毫安表法

将三相绕组并在一起，如图 22-4 所示。万用表放在 0.5mA 直流挡。用手慢慢转动转子，如果指针不摆动或微动，表示接线是三相头或尾相接；如果万用表指针摆动，则

327

表示其中有头尾相连，可任意调换一相绕组接线再试，直到指针不动或微动为止，接线才为头或尾相接。

5. 转向法

该法适用于小型电动机。将每相任取一个接线头，把三相的 3 个接头接在一起并接地，如图 22-5 所示。用两根 380V 电源相线依次接到电动机的两个接线端子上，观察电动机转动方向，若三次转动方向相同，表示三相头尾接线正确；若三次有二次反方向，则表示参与两次反向的那相绕组接反了，将其接线对调即可。

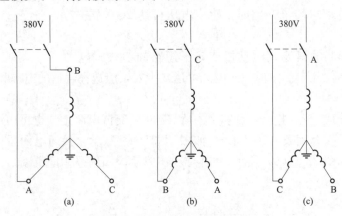

图 22-5　转向法测极性接线图

第二节　定子绕组匝间绝缘试验

不仅运行中的电动机会因匝间短路（匝间绝缘损坏）而烧毁，而且新投运的电动机也时有发生。所以进行电动机定子绕组匝间绝缘试验很有必要。匝间绝缘损坏的主要原因是制造质量不良、机械损伤、绝缘老化、振动磨损等。

匝间绝缘试验方法有冲击电桥法、感应法和感应冲击法三种。

一、冲击电桥法

测试接线如图 22-6 所示。在任两相绕组间接入接地的可变电阻 R_1 及 R_2 构成电桥回路，在 A、B 间接检流计 G 或 $100\mu A$ 的电流表，将绕组的中性点引出，并接至 $0.5 \sim 0.7\mu F$ 的电容 C 的一极上，C 的另一极接在直流电源的输出端。接上电源后，电容 C 充电到一定数值时引起球隙 F 放电，形成振荡。若被测两相绕组没有匝间短路，桥路 A、B 间没有电位差，检流计中没有电流。若有匝间短路，则 A 与 B 间有电位差，检流计中有电流。

该方法可查出电机匝间绝缘已破坏或很脆弱的缺陷，比较简单，便于现场应用。

二、感应法

试验接线如图 22-7 所示。在一相绕组施加一定值的交流电压，观察各绕组感应电压的大小，根据感应电压的大小判断是否有匝间短路。感应电压越小，说明短路越严重。另外，还可以在绕组 A、B、C 加压，根据各相绕组感应电压值是否相同来判断。匝间绝缘好的电动机，各相感应电压基本一致。

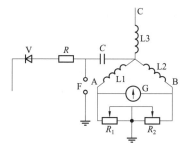

图 22-6　冲击电桥法匝间绝缘试验接线图

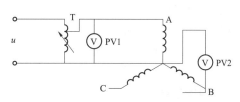

图 22-7　感应法匝间绝缘试验接线图

第三节　鼠笼电动机转子笼条故障检查

当电动机鼠笼条断裂时，运行中往往出现转矩减小、振动增大、启动噪声增大等现象，下面为检查鼠笼条断裂的方法。

一、电流曲线法

试验接线如图 22-8 所示。先把试验电流调到 3～4A，将电动机转子缓慢转动一周，记录型电流表在记录纸上记录下电流值。如果转子没有断条，记录纸上是一条直线；若有断条，则电流曲线随断条相应地发生瞬时波动，且电流值增大。

二、铁粉法

测试方法如图 22-9 所示。用白纸把转子包起来，转子通电后往上撒铁粉，然后升电流直到铁粉排列清晰为止。如果鼠笼条断了，铁粉撒不上去或排列不整齐。若无断裂，则铁粉排列整齐。

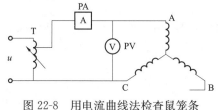

图 22-8　用电流曲线法检查鼠笼条
断裂试验接线图

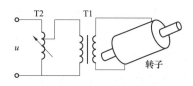

图 22-9　用铁粉法检查鼠笼
条断裂试验接线图

第四节　绕组的直流电阻试验

一、试验目的

电动机绕组直流电阻的测量是电动机试验中的一个重要试验项目。因为电动机在运行过程中的振动，可能导致端部线圈（尤其是槽口处）并联股线断裂；在工作电流和启动过程 4～7 倍额定电流作用下会使焊接点烧熔或开裂；在引出线和套管处，还会因螺母松动，使连接处产生接触不良。为了及时和准确地发现上述缺陷，在大小修和过载后测量绕组直流电阻。以前小修时不测直流电阻，但现场发现运行中的电动机因断股、焊接点开裂多次造成跳闸事故，说明大修测量合格的绕组，不能保证一个大修周期。所以，《规程》规定在小修时，也测量绕组直流电阻。经过各电厂实践，小修测量绕组直流电阻，发现了一定数量的断股、焊接点开裂和螺母松动缺陷。

二、试验方法

试验方法一般采用单、双臂电桥法。伏安法因操作麻烦又不准确已被淘汰。10Ω 以上电阻用单桥，10Ω 及以下，采用双电桥法。单电桥法，测量结果应减去引线电阻。另外，为了便于比较，应将测量结果换算到 75℃值。

三、测量结果判断

（1）3kV 及以上或 100kW 及以上电动机各相绕组直流电阻的相互差别不应超过最小值的 2%；中性点未引出者，可测线间电阻，其相互差别不应超过 1%。

（2）其余电动机自行规定。

（3）应注意相互间差别的历年相对变化。这一条应该理解为，三相大小排列次序也不能变化。如果历年结果都是 $R_A > R_B > R_C$，但这一次变为 $R_C > R_A > R_B$，虽然这次三相间比较合格，但 R_C 已从最小变为最大，C 相自身已超过 2% 的范围，可能发生断股或焊点开裂，已不合格了。

四、不合格测量结果的处理

如果发现绕组直流电阻不符合《规程》要求，应进一步寻找故障点。

（1）先确定是哪一相不合格。根据测量结果可以判断出故障相别。

（2）由已知的故障相别，先从外观检查引出线和套管连接处是否过热，并检查螺母松紧程度。如果没有问题，则故障点在绕组内部。

（3）绕组内部检查。可以用电焊机给故障相加一个电流，该电流值为 50%～100%额定电流，在加热过程中，用手摸定子绕组。如果有一个槽内线棒温度比其他线棒高，则温度高的线棒断股；如果手摸端部线棒，在焊接点处有一处温度高，说明该处焊接开裂。通过实践，这个方法有效，准确且简单。

（4）分段寻找法。把故障相从中间剪断，测两次直流电阻值，较大者为故障段。再对故障段按上述方法判断，直到判断出故障线棒。但这个方法比较复杂，需要重新焊接大量焊点并包端部绝缘。

根据上述分析，应优先采用绕组内部检查法。

五、测量的线电阻换算成相电阻

换算方法参考变压器相应内容。

第五节　试验判断异步电动机旋转方向

一、试验方法

通过试验确定异步电动机旋转方向有两种方法，一种方法是通过 mV 法，一种是通过两电压表法。

1. mV 表法

（1）试验接线如图 22-10 所示。

（2）按图 22-10 接线，合上开关 S 后，按机械旋转方向要求，手动转动电动机转子。如果 mV 表正方向偏转，则电池 E＋接电源 A 相；mV 表＋接电源 B 相；另一端子接电源 C

相。如果 mV 表反向偏转，则将电动机任意两个线端对调即可。图 22-10 电动机任两个引线对调，则 mV 表正向偏转，再按上述方法接电源。

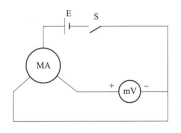

图 22-10　mV 表法判断异步
电动机旋转方向
MA—异步电动机；E—干电池，3V；
S—开关

2. 两电压表法

（1）试验接线如图 22-11 所示。

（2）按图 22-11 接线，E 为 6V 干电池（或直流电源），V1、V2 为直流电压表。合上 S 开关，V1、V2 电压表读数相同，近似为 3V。然后按电动机所带机械负载需要方向旋转电动机转子，两电压表读数发生变化。如 V1 读数大于 3V，而 V2 读数小于 3V，就可以按交流电源 C 相接到两个电压表公共端的电动机接头上，交流电源 B 相接到 V2 另一端的电动机接头上，交流电源 A 相接到 V1 表另一端的电动机接头上。这样就使电动机的旋转方向和所带机械方向一致。

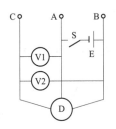

图 22-11　两电压表法判断异步
电动机旋转方向
D—异步电动机；E—干电池（6V）
S—开关；V1、V2—直流电压表（6V 量程）

二、试验注意事项

电源相序 A、B、C，由于没有统一标准规定，为了准确确定相序，应该在采用上述方法之前，先用相序表确定电源相序。

第六节　电动机干燥试验

电动机由于运输、保管、长期停运、安装地点漏水漏汽等原因受潮，绝缘电阻和吸收比不合格，可能造成电动机不能投运或绝缘击穿，需现场进行干燥处理。

一、干燥方法

（1）3 相低电压干燥法。受潮不严重的高压电动机（10kV 及以下）可采用对称 3 相低压电源（380V）干燥法。所加的电压低于额定电压的 15％，电动机不会转动。该方法的基本原理是利用定子绕组的电阻损耗发热、铁芯交变磁通损耗发热达到干燥目的。

该方法所加电流值较小，发热量也较小，干燥时间一般在 2 天或以上。干燥过程中应有专人负责，定时测量电流、温度、绝缘电阻和吸收比，直到绝缘电阻值和吸收比合格。

（2）单相电压干燥法。现场有单相低压电源，可采用此法干燥。干燥试验接线如图 22-12 所示。

转子抽出或留在镗内（作为调节电流用—轴向移动）。低压电源采用交流电焊机。干燥过程中通过调节电焊机二次电压达到所需电流值；干燥过程中定时测量定子绕组端部和铁芯温度，并控制其不大于 75℃，直到绝缘电阻和吸收比合格。

（3）短路干燥法。

1）转子绕组短路干燥法。此法适用于绕线式转子。短路点选在转子绕组到集电环的连接处；定子绕组施加三相交流电压，一般为额定电压的 15％左右，电流可达额定电流的 5％左

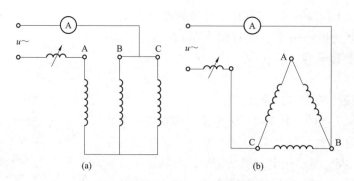

图 22-12　单相低压干燥试验接线图

（a）电动机星形接线图；（b）电动机三角形接线图

右。干燥过程中定期测量定子绕组的表面温度，并控制在 75℃，直到绝缘电阻和吸收比合格。

2）同步电动机转子绕组短路干燥法。干燥接线如图 22-13 所示。

交流电源经过调压器接到定子绕组上，高压电动机可以通过 380V 电源直接接到定子绕组上。干燥过程中同样定期测量定子绕组表面温度，并控制在 75℃之内，直到绝缘电阻和吸收比合格。

3）定子绕组短路干燥法。三相电动机如有 6 个出线端子，则采用一相通入低压电源作为励磁绕组，另两相绕组各自短路。接线如图 22-14 所示。

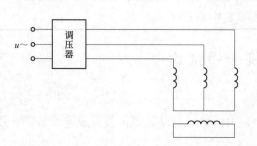

图 22-13　同步电动机转子短路干燥接线图

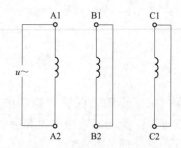

图 22-14　定子绕组短路干燥接线图

干燥过程中，每隔 4h 进行各相轮换，使整体加热均匀。定期测量定子绕组表面温度，并控制在 75℃之内，测量绝缘电阻和吸收比直到干燥合格为止。

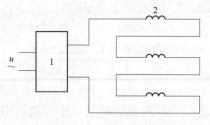

图 22-15　直流干燥接线图

1—直流电焊机；2—电动机

（4）铁损干燥法。当高压电动机严重受潮，如绝缘内进水，通电加热会引发电解作用而损坏绝缘，这时，可以采用铁芯损耗加热方法。该方法参考第二十二章第十一节定子铁芯试验内容。

（5）直流干燥法。现场有直流电源时，如直流电焊机等，可采用直流干燥法。

直流干燥法适用于大中型电动机轻微受潮的干燥，接线如图 22-15 所示。

定子绕组中通过直流电流时，导体铜损 $P = I^2 R$（式中 I 是电流值，单位为 A；R 是导体总电阻，单位为 Ω）。

由式 $P=I^2R$ 可以通过增加电流提高干燥温度，反之亦然；另外，设置保温也可以提高干燥温度。这种方法应该注意以下 6 点：①一台直流电焊机容量不够时，可以多台并联运行（并联的电焊机性能应相近）；②直流回路不可采用隔离开关或自动开关切断电流，应将磁场电阻调为最大，输出电流最小，再切断交流电源，以防过电压产生；③干燥过程定期测量定子绕组表面温度，并控制在 75℃ 以内，绝缘电阻和吸收比合格后停止加热；④如果电动机只有三个端子引出，可以采用定子绕组并联加串联后接到直流电源，同样干燥过程中定期互换接线，使各相受热均匀；⑤干燥过程中电流由直流电焊机磁场电阻进行调节；⑥ 干燥过程中，电流由额定电流的 5% 逐渐增加，但不得大于 80% 额定电流。

（6）其他干燥法。作者在电厂工作期间，经常遇到高中低压电动机受潮，为了及时处理此问题，采取一些很简单有效的干燥方法，收得很好效果。

1）在电动机镗内放置加热元件法。小型或中型电动机受潮轻微时，抽出转子后在电动机内部放置红外线灯泡加热干燥，多次采用效果很理想。加热元件也可以采用白炽灯泡、小型电阻灯、空间加热器等，当然这些加热元件不如红外加热灯泡理想。加热时最好将电动机出口密封，防止热损失。加热元件功率大小根据电动机容量选择，不宜过大，使绝缘过热受损，但也不能太小，以免加热时间太长。加热干燥过程中，定期测量绝缘电阻、吸收比。

2）吹热风干燥法。有条件对受潮电动机内部吹热风也是一种方法。热风加热到 90℃，经过滤后吹向电动机内部。当定子绕组绝缘电阻在 3～4h 稳定不变，则干燥结束。

3）烘箱或烘房干燥法。电厂有蒸汽可利用，建造一个烘箱或烘房，可对大中型电动机干燥。作者多次利用烘箱对受潮电动机干燥处理，效果十分理想。因为烘箱或烘房容积大，大型电动机很方便；另外，内部温度可调，不论是轻微受潮，还是严重受潮，十分方便。干燥过程定期测量定子绕组绝缘电阻、吸收比，合格后停止干燥。

二、干燥方法选择

电动机容量有大有小，额定电压有高有低，受潮程度有轻有重，现场条件（加热热源）不一样；加热工期要求有长有短，所以，选择加热方法时，应综合分析后制定符合现有条件的干燥方法，有时还要采用两种及以上干燥方法。为了提高干燥效率，还要进行保温。

三、干燥注意事项

干燥首先要保证绝缘不受损伤，定期测量绝缘电阻、吸收比，合格停止加热，做到干燥彻底。

第七节 电动机空载试验

电动机交接和大修后应进行空转检查，其目的是检查电动机的振动、声音、轴承和碳刷装置是否正常等，有时还检查空载电流（盘表）是否有异常。当对电动机内部情况有怀疑时，应进行空载试验，测定空载电流和损耗，以判断性能是否良好。

一、空载试验接线

空载试验接线如图 22-16 所示。

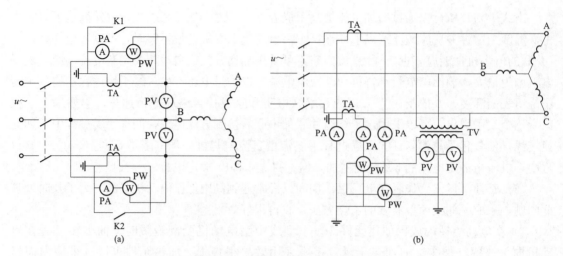

图 22-16　电动机空载试验接线图

（a）低压电动机接线图；（b）高压电动机接线图

二、仪器仪表选择

电压互感器：一次电压按电动机额定电压选择，0.5 级；2 只单相互感器组成 V/V 接线。电流互感器：一次电压同样按电动机额定电压选择，0.5 级，2 只，一次电流按电动机额定电流的 50% 选择。单相低功率因数表 2 只。交流电压表和电流表均 0.5 级。

三、试验步骤

试验步骤如下：①试验前应检查电动机绝缘，结果应合格，手动转动转子应灵活；②按试验接线图正确接线；③合上 K1、K2 短路隔离开关或将电流互感器二次侧短路，以防启动电流损坏仪表；④合上电源开关；⑤待电动机正常运转一段时间后，拉开 K1、K2 短路开关或将电流互感器二次短路断开，读取各仪表指示值；⑥记录各仪表指示值后，断开电源开关。

四、试验注意事项

试验注意事项如下：①电动机继电保护装置应正确投运；②试验电源三相电压对称、频率稳定；③电动机空转时间要求：10kW 以下，20～30min；10～100kW，30～40min；100kW 以上，40～80min，然后读取各仪表指示值；④试验电压与电动机额定电压允许偏差不大于 ±3%；⑤试验电源频率与电动机额定频率相差不大于 ±2%。

五、试验结果计算

（1）试验电压与额定电压偏差在 ±3% 之内，可将试验结果按线性关系换算到额定电压下的值，即

$$I_{0N} = \frac{U_N}{U_0} \times I_0 \, (\text{A}) \tag{22-1}$$

$$P_{0N} = \left(\frac{U_N}{U_0}\right)^2 \times P_0 \, (\text{W}) \tag{22-2}$$

式中　U_N、I_{0N}、P_{0N}——分别为额定电压、额定电压的空载电流和损耗；

　　　　U_0、I_0、P_0——分别为实测的空载电压、空转电流和空转损耗功率。

（2）试验电源频率与额定频率偏差小于 ±2% 时，将实测的空载电压按线性比例换算到额定频率时的电压值 U_{0N}，即

$$U_{0N} = \frac{f_N}{f'_0} \times U'_0 \quad (V) \tag{22-3}$$

式中　f_N——额定频率，Hz；

　　　f'_0——测量时的电源频率，Hz；

　　　U'_0——实测试验电源电压，V。

然后，再将测的空载电流 I_0，空载功率 P_0 修正到额定电压时的空载电流和空载功率。

六、试验结果判断

电动机空载试验时，一方面测量空载电流和空载损耗；另一方面在试验的同时，对机械特性进行观察，并用红外温仪测量各部温度；还要用振动仪表测量振动值。电动机在空载时，可以通过听声音等方式判断电动机缺陷。大中型电动机的空载电流值应小于额定电流的20%，小型电动机应小于50%；三相任一相空载电流与平均值的差值应小于10%，否则电动机可能存在三相匝值数不相等或气隙不均匀等缺陷。

空转损耗功率应为额定功率的 3%～8%；所测功率也不应超过初始值的50%。

第八节　电动机短路试验

异步电动机短路试验，是指转子短路（指绕线式转子）且被制动、定子绕组施加电压，测量电压、电流及功率。

现场进行短路试验时，通常缺少三相可调电源设备，大多采用单相电源法，该方法具有简便、转子不需要制动等优点。

电动机短路试验，可计算出启动电流和启动特性（如启动转矩和临界滑差），同时可以检查定子绕组的对称性和接线的正确性、鼠笼转子的铸铝质量及绕线式转子的质量等。

一、单相短路试验接线图

电动机单相加压短路试验接线如图 22-17 所示。

二、试验步骤

试验步骤如下：①根据图 22-17 接线，并选择适当的试验电压（由同类型电动机试验数据确定）；②将单相电源分别施加在AB、AC、BC 定子绕组上，待各仪表指针稳定后，迅速读取各仪表指示值，并断开试验电源。

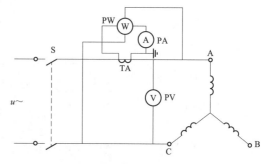

图 22-17　单相加压短路试验接线图

S—电源开关；PW—功率表；TA—电流互感器；

PV—交流电压表；PA—交流电流表

三、试验注意事项

试验注意事项如下：①试验电压不宜过高，一般为额定电压的 50%～60%，绕线式电动机转子电流不要过大，以防转子绕组过热；②为了避免试验导线电阻的压降引起误差，测量电压接线应直接接在电动机引出线头上；③试验过程转子位置不应改变；④绕线式电动机做此试验时，应将转子滑环短路。

四、试验结果计算

电流平均值　　　　　　　　$$I_P = \frac{I_{AB} + I_{BC} + I_{CA}}{3} \quad (A) \tag{22-4}$$

电压平均值
$$U_P = \frac{U_{AB} + U_{BC} + U_{CA}}{3} \quad (V) \qquad (22\text{-}5)$$

功率平均值
$$P_P = \frac{P_{AB} + P_{BC} + P_{CA}}{3} \quad (W) \qquad (22\text{-}6)$$

短路电阻　星形
$$R_k = \frac{P_P}{2I_P^2} \quad (\Omega) \qquad (22\text{-}7)$$

　　　　　三角形
$$R_k = 1.5 \frac{P_P}{I_P^2} \quad (\Omega) \qquad (22\text{-}8)$$

短路阻抗　星形
$$Z_k = \frac{U_P}{2I_P} \quad (\Omega) \qquad (22\text{-}9)$$

　　　　　三角形
$$Z_k = \frac{1.5U_P}{I_P} \quad (\Omega) \qquad (22\text{-}10)$$

短路电抗
$$X_k = \sqrt{Z_k^2 - R_k^2} \quad (\Omega) \qquad (22\text{-}11)$$

转子有效电阻
$$R_2 = R_k - K_j R = R_k - 1.05R \quad (\Omega) \qquad (22\text{-}12)$$

式中　K_j——集肤效应作用系数，取 1.05；

　　　R——定子绕组直流电阻，Ω。

额定电压起动时起动电流 I_K 值
$$I_K = \frac{2}{\sqrt{3}} \times \frac{U_N}{U_P} \times I_P \times K_H \quad (A) \qquad (22\text{-}13)$$

起动电流 I_K 与额定电流 I_N 之比
$$K_Q = \frac{I_K}{I_N} \qquad (22\text{-}14)$$

起动转矩与额定转矩之比
$$K_J = \frac{M_K}{M_N} = \frac{3R_2' I_K^2}{P_N} \qquad (22\text{-}15)$$

最大转矩与额定转矩之比

星形接线
$$K_{max}' = \frac{M_{max}}{M_N} = \frac{U_N^2}{2P_N \left[K_j R + \sqrt{(K_j R)^2 + X_k^2} \right]} \approx \frac{U_N^2}{2P_N (1.05R + X_k)} \qquad (22\text{-}16)$$

三角形接线
$$K_{max}'' = \frac{M_{max}}{M_N} = \frac{3U_N^2}{2P_N \left[K_j R + \sqrt{(K_j R)^2 + X_k^2} \right]} \approx \frac{3U_N}{2P_N (1.05R + X_k)} \qquad (22\text{-}17)$$

临界滑差
$$S_K = \frac{R_2}{\sqrt{(K_j R)^2 + X_k^2}} = \frac{R_2}{\sqrt{(1.05R)^2 + X_k^2}} \qquad (22\text{-}18)$$

以上式中　K_H——铁齿饱和系数，取 $1.3 \sim 1.5$；

　　　　　R_2'——折算至定子侧的转子有效电阻，Ω。

五、试验结果分析

分析如下：①三次试验数据很接近，说明电动机完好；②若测量结果有两次相等而另外一次不等，则说明定子绕组接线错误或转子有缺陷。具体分为两种情况：ⓐ定子绕组为星形接线时，应将读数不等的那次测量中未参加试验的那相绕组对调端头后，重复进行测量，当读数仍存在不等，说明定子绕组没有错误，转子回路严重不对称，如鼠笼条断裂、绕线式转子绕组开路或有部分匝间短路。ⓑ定子绕组为三角形接线时，应对调读数相等的那两次测量中共有的那相绕组的端头后，重复进行测量，若读数不等现象仍存在，则说明不是定子绕组接线错误，仍是转子回路存在和ⓐ一样的缺陷。

第九节　电动机接地故障检测

电动机定子绕组接地故障时，检测接地点具体部位，便于检修工作，方法如下述。

一、冒烟法

当电动机定子绕组非金属接地，采用此法。在绕组与铁芯之间施加一个较低交流电压，而且电压可调，限制回路电流5A以下，以防烧铁芯。电源也可以采用交流电焊机。当电流通过接地点时产生热量，烧损绝缘后冒烟出来，有时并伴有火花。为了便于观察应事先将转子抽出来。

二、电压降法

同样将转子事先抽出来。试验接线如图 22-18 所示。

将直流电源施加于故障相 AX 两端，读出 V1、V2、V3 电压值。若 $U_1+U_2=U_3$，说明读数正确，否则读数有误。

根据上述读数按比例求出接地点 d 距引线端 A 的百分数 L 值

$$L(\%)=\frac{U_1}{U_3}\times100\%\qquad(22-19)$$

该法对于金属性接地点检测很准确。

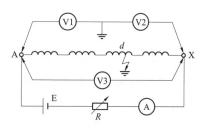

图 22-18　电压降法试验接线图

V1、V2、V3—直流电压表；A—直流电流表

E—直流电源；R—可调电阻

三、电流定向法

该法将故障相 AX 首尾并联施加直流电压，如图 22-19 所示，而绕组中电流方向，如图 22-20 所示。

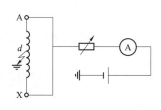

图 22-19　电流定向法接线图

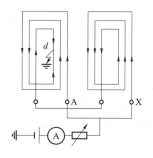

图 22-20　电流定向法原理图

绕组流过电流时，在电动机定子槽顶部放置一个小磁针，逐槽移动，则小磁针改变指示方向的地点，就是接地点所在槽的位置。再把小磁针顺着故障线棒所处的槽沿轴向移动，小磁针在故障点处改变方向，这样故障槽号和接地点均可确定。

四、开口变压器法

该方向仅适合大型电动机。首先将转子抽出，在已确定绕组接地相别后，给故障相与铁芯间施加一交流低电压，如图 22-21 所示。使电流导入端至接地点之间，所有串联线圈中都流过电流，而在接地后边线圈中都没有电流流过。这时用一只开口变压器跨接在槽口上方，如同发电机的单开口变压器一样。开口变压器铁芯上绕一测量线圈，并接一只高内阻电压表，逐槽测量。当每槽上顺轴向移开口变压器，当全槽都测

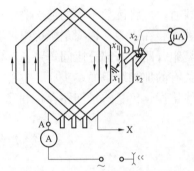

图 22-21　开口变压器接线图

出感应电压时，说明接地点还在后边的槽内。如开口变压器在 x_1、x_2 槽内由上向下移动时，到 D 点电压表指示为零，故障点就在 D 处。

第十节　电动机断线故障点的查找试验

电动机起动电流大、起动频繁、振动大，经常有断线、接触不良缺陷发生。当有上述缺陷时，准确查找到故障点是十分必要的。

一、断线缺陷分类

电动机定子绕组断线、接触不良等缺陷分为以下 4 种：

（1）一相断线。一般小型电动机一相断线。

（2）断股。当电动机定子绕组采用两根或两根以上导线并联，有一根或一根以上断开，称为断股。

（3）支路断开。当电动机定子绕组采用多支路接线，有一支路或一支路以上断开，称为支路断开。

（4）接触不良。电动机定子绕组引线和接线铜鼻子焊接质量不良，运行过程中产生裂纹，造成接触不良。

二、断线和接触不良诊断

电动机定子绕组发生断线和接触不良缺陷，运行过程中可以从三相电流不平衡、声音、转速等诊断；定期绕组直流电阻测量诊断。

（1）断相诊断。小型电动机定子绕组一相断线，测该相直流电阻时，星形接线则断相直流电阻无数值；三角形接线测直流电阻凡涉及断相则无数值，三次只能一次可以测出数值，另外两次没有读数。

星形接线电动机，一相断线合上电源时，电动机不能起动，只有嗡嗡声；一相没有电流指示；其他两相电流增大。

三角形接线电动机，一相断相合上电源时，电动机能起动，但带负荷时一相电流比其他两相电流大 70% 左右。

（2）断股诊断。如果电动机定子绕组是由 2 根及 2 根以上导线并联时，测绕组直流电阻时，偏差超过标准。这时可以计算有断股时的直流电阻偏差，与测量的直流电阻偏差比较，如果两者符合，基本上是由断股引起的。电动机定子绕组并联接线如图 22-22 所示。

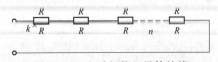

图 22-22　电动机绕组导体接线

R—并联一根导线电阻；n—n 个串联

当并联导体完好时，则一相绕组总电阻 $R_z = n \times \dfrac{R}{2}$。若其中一个并联回路在 k 点断开一根导线，则这时一相绕组总电阻 $R'_z = (n-1)\dfrac{R}{2} + R$。将上述两个结果再计算偏差值，如果与测量偏差符合，就说明断股缺陷存在。

（3）支路断开诊断。当电动机定子绕组采用多支路时，有一支路断线，则运行过程中断线的一相电流较其他两相偏小，而测量绕组直流电阻时，其三相值显著不平衡。同样，可以通过计算和测量值偏差是符吻合判断。

（4）接触不良诊断。如果电动机定子绕组引线和接线鼻子处产生了接触不良，运行中可以闻到绝缘材料过热的刺鼻气味；测量绕组直流电阻三相偏差超过标准值。在确定为此缺陷之前，应排除断股、支路断线。

三、缺陷部位寻找试验

电动机定子绕组测直流电阻偏差超标时，应首先确定缺陷性质，然后再查找具体部位。具体步骤如下：

（1）确定缺陷相别。

（2）抽出转子检查，目测寻找缺陷点。

（3）不论是断股、支路断线、接触不良均应给故障相施加电流，电流值为额定电流的 20% 左右。施加电流后，用红外测温仪测温。如认为是断股，应重点检查定子绕组温度，断股线棒温度低于其他完好线棒；如果是接触不良，则应重点检查各接头温度。这种方法很有效。如有一台额定电压为 6kV、额定容量为 2000kW 高压电动机，绕组直流电阻超标，计算偏差和测绕组直流电阻偏差吻合，是断股。采用直流电焊机给断股施加 50A 电流，20min 后顺利找到缺陷线棒。

本章提示

本章介绍了高压电动机的各种电气试验方法，介绍了电动机故障点判断方法。

你熟悉电动机鼠笼条断裂的判断方法吗？知道怎样判断定子绕组的极性吗？

本章重点

1. 异步电动机绝缘试验项目及方法。

2. 电动机绕组直流电阻的测量方法。

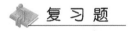 复习题

1. 异步电动机绝缘的试验项目有哪些？

2. 定子绕组的极性怎样判断？

3. 鼠笼条断裂怎样判断？

4. 电动机断线故障如何寻找？

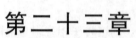

第二十三章

非有效接地系统单相接地电容电流测量

一、非有效接地系统单相接地电容电流测量目的

我国 35kV 及以下电力系统为非有效接地系统，发生单相接地时，故障点流过的电流为另外两相的对地电容电流。故障点流过的电容电流小于《规程》规定值时，电流在自然过零时可以自行熄灭，这时系统可采用绝缘系统；故障点流过的电容电流大于《规程》规定值时，电流形成的电弧不能自行熄灭，形成弧光过电压，从而损坏系统绝缘，造成短路事故。为了防止上述弧光过电压产生，《规程》规定应在系统中性点装设消弧线圈。

为了解非有效接地系统单相接地电容电流值大小，正确调整消弧线圈脱谐度，必须测量单相接地系统的电容电流和每条出线的电容电流值。

二、非有效接地系统单相接地电容电流值

当非有效接地系统某一点 d 产生接地故障时，如图 23-1 所示。

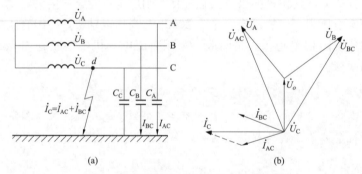

图 23-1　单相接地时电容电流和相量图

(a) 单相接地时的电容电流；(b) 电容电流相量

d—接地点；C_A、C_B、C_C—分别为三相对地电容

从图 23-1 知道，当 d 点接地时，A 相和 B 相对地电压升到线电压，其电流分别为 $I_{AC}=U_{AC}\omega C_A$；$I_{BC}=U_{BC}\omega C_B$。因为系统三相对地电容 C_A、C_B、C_C 基本上相等，以 C 代替，则 $\sum C=C_A+C_B+C_C=3C$。

由图 23-1 (b)，I_{AC} 和 I_{BC} 的合成电流，就是单相接地的电容电流 I_C。

$$I_C=2U_N\omega C\cos 30° \tag{23-1}$$

再将式 (23-1) 变换为

$$I_C=3\omega CU_{phN} \tag{23-2}$$

以上式中　U_N——系统额定电压；

U_{phN}——系统额定相电压。

如把 $3C$ 设为 $\sum C$ ，则系统单相接地电容电流为

$$I_C = \omega \sum C U_{phN} \tag{23-3}$$

从式（23-3）知道，只要测量系统 3 相对地总电容值 $\sum C$ ，就可以计算出单相接地电容值，这就是间接测量电容电流值的原理。

三、非有效接地系统单相接地电容电流测量方法

非有效接地系统单相接地电容电流测量有直接测量法、间接测量法和低电压测量法等。

（一）直接测量法

该法是将系统人为一点金属接地进行测量，接线如图 23-2 所示。

（1）此法适用范围和不足。适用于任何方式下的中性点不接地系统，即在主变压器的被测量侧有无中性点引出，有无安装消弧线圈，消弧线圈投入或退出的情况下均可进行测量，而且比较准确。

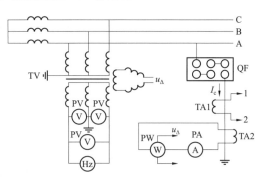

图 23-2 人为金属接地测量接线图

QF—接地断路器；TV—测量用电压互感器；
TA1、TA2—保护和测量用电流互感器；
W—测量接地回路有功功率表

该法的不足是具有一定的安全风险，如果在测量期间因系统非测量相对地电压升高发生接地，会产生两相短路故障，造成停电事故。另外，难以对每一条线路实测。因为每一条线路测量，只能将线路投运测量一次，将该线路退出再测一次，两者之差为该线路电容电流。这样使测量次数较多。另外，误差也较大。

（2）试验步骤。选取电流互感器、电压互感器时，额定电压和电流应符合被测系统要求，选一台可允许频繁操作的断路器；合上断路器待仪表指示稳定后读数，然后再换相测量。

三相分别测量，取平均值。

（3）注意事项。应严格执行相关规程中的规定，天气应良好且无重大操作；接地线应用 25mm² 的多股透明绝缘软铜线，连接可靠；断路器过电流速断保护应在试验前校验，确保可靠动作；试验人员应站在绝缘垫上，并且与所读表计保持 1m 以上的距离。

（二）间接测量法

间接测量法有中性点外加电压法、中性点外加电容法、偏移电容法、人工星形电容器组中性点法、调谐法、相角法和专门仪器法等。

1. 中性点外加电压法

（1）适用范围。该法适用于小水电农网中的发电机直配线网络的电容电流测量，且厂用电变压器的发电机侧中性点经消弧线圈接地。其特点是在电网的发电机或变压器的中性点引入一定的电压。由于中性点外施电压后，造成三相电压不平衡，电压升高的相危及电网安全，所以外施电压最高值为额定相电压的 33%。

（2）试验接线。试验接线如图 23-3 所示。

（3）试验步骤。

1）将消弧线圈的脱谐度适当调小；

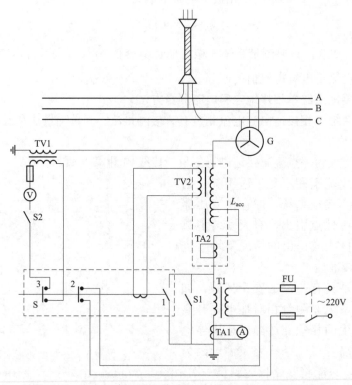

图 23-3 发电机直配线网络中性点外加电压法测量原理图

S2—低压开关；T1—外接电源变压器，变比为 K_T；TA1—测量零序电流的电流互感器，变比为 n_1；

TV1—测量位移电压的电压互感器，变比为 K_1；S—接触器；TV2—消弧线圈的电压互感器；

TA2—消弧线圈的电流互感器；L_{acc}—消弧线圈；G—发电机；FU—熔断器

2) 接触器工作线圈的电压按 $U_{phN}/3K_p$ 整定（K_p 为试验时消弧线圈所处分头变比，U_{phN} 为电网额定相电压）。

3) 外接电源变压器的电源未合闸之前，接触器的触头 1 处在断开位置，触头 2、3 处在闭合位置，低压开关 S1、S2 处在断开位置。

4) 当检查接线正确后，合上 S2，再合上外接电源变压器电源，待电压表、电流表指针稳定后读数。

（4）试验数据处理。试验时，测量零序回路的电流为 I_0，将 I_0 归算至额定电压的值，从而得到被测电网的电容电流值 I_C，即

$$I_C = \frac{I_0}{U_0} U_{phN} \tag{23-4}$$

式中　I_C——被测电网电流；

　　　I_0——测量零序电流值；

　　　U_0——厂用电变压器中性点位移电压；

　　　U_{phN}——电网额定相电压。

若试验时接入电压、电流互感器 TV、TA、则电网电流 I_C 为

$$I_C = \frac{n_1 I'_0}{k_1 U'_0} U_{phN} \qquad (23-5)$$

式中　I_C——电网电容电流；

　　　I'_0——被测零序电流；

　　　n_1——测量零序电流的电流互感器变比；

　　　k_1——测量位移电压的电压互感器变比；

　　　U'_0——被测位移电压；

　　U_{phN}——电网额定相电压。

2. 中性点外加电容法

（1）适用范围。该法适用于主变压器中性点有套管引出网络的电容电流测量，常用于 35kV 系统。其特点是在变压器的中性点外接一定电容量的电容器，试验前估算系统电容，合理选取 3 个电容量为等差数列关系的电容器，分别测量一次，取 3 次测量结果的算术平均值。接有消弧线圈的网络应断开消弧线圈。

（2）试验接线。测量原理和等效电路如图 23-4 所示。

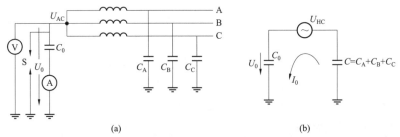

图 23-4　中性点外加电容法测量原理和等效电路图

（a）试验测量原理图；（b）外加电容后等效电路图

C_0—外加电容；S—放电间隙；A—电流表；

C_A、C_B、C_C—分别为三相对地电容

（3）试验步骤。

1）不对称电压 U_{HC} 测量。应采用高内阻电压表，以减少测量误差。测量时将电压表一端接地，另一端通过高压熔断器与绝缘杆的金属头连接。操作人员手持绝缘杆，将其金属头短时接触中性点母线，待表计指示稳定后读数，以三次读数取平均值。所测电压较高时，采用电压互感器测量。

2）位移电压 U_0 测量。将电容器 C_0 接入中性点后，测量中性点位移电压 U_0。U_0 值大小由 C_0 值决定。为了保证测量准确，C_0 值一般为系统电容量的 $1\sim4$ 倍，U_0 值可达 $0.2U_{HC}\sim 0.5U_{HC}$。U_0 值的测量方法与 U_{HC} 一样，电压较低时，采用高内阻电压表测量法，电压较高时，采用电压互感器测量法。

（4）试验数据处理。由图 23-4（b），被测系统电容和电容电流为

$$\sum C_X = \frac{C_0 U_0}{U_{HC} - U_0} \qquad (23-6)$$

$$I_C = \omega U_{phN} \sum C_X \qquad (23-7)$$

式中　　$\sum C_X$——被测电容，$\sum C_X = C_a + C_b + C_c$；

C_0——外加电容；

U_0——位移电压；

U_{HC}——不平衡电压；

I_C——被测网络电容电流；

U_{phN}——网络额定相电压；

ω——角频率（$\omega = 314$）。

3. 偏移电容法

（1）适用范围。该法适用于主变压器被测系统侧没有中性点引出的 35kV 网络。其特点是在任一相对地之间施加一外接电容，使三相对地电压产生较大偏移。试验时外接电容器的容量应大到足以使系统三相对地电压产生明显变化；另外，三相对地电压测量采用系统中母线的电压互感器，因此电压互感器应保证 0.5 级的精度。

（2）试验接线。试验接线如图 23-5 所示。

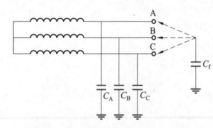

图 23-5　偏移法电容电流测量接线图

C_A、C_B、C_C—分别为系统三相对地电容；

C_f—外加电容器

（3）试验步骤。

1）外加电容 C_f 首先投入 A 相。在 C_f 投入 A 相前后，通过系统中母线电压互感器 TV 测量 A 相对地电压 U_A、U'_A。

2）同样方法测量 C_f 投入 B 相、C 相前后的对地电压 U_B、U'_B 和 U_C、U'_C。

3）各相均测量 3 次，取平均值。

（4）试验数据处理。系统三相对地电容 $\sum C$、电容电流分别为

$$\sum C = C_f \frac{U'_{ph}}{U_{ph} - U'_{ph}} \tag{23-8}$$

$$I_C = \omega U_{phN} \sum C \tag{23-9}$$

式中　　U'_{ph}——C_f 投入后三相对地电压平均值（$U'_{ph} = U'_A + U'_B + U'_C/3$）；

U_{ph}——C_f 投入前三相对地电压平均值（$U_{ph} = U_A + U_B + U_C/3$）；

U_{phN}——系统额定相电压。

4. 人工星形电容器组中性点法

（1）适用范围。该方法适用于主变压器被测系统没有中性点引出的 10kV 系统，与上述偏移电容法原理相同的是在任一相对地之间施加一外接电容 C_P，使三相对地产生偏移电压。此法的特点是接入一组三相电容量基本一致的星形电容器组，形成一人造中性点，从而测量系统的中性点位移电压。

由于 35kV 系统星形电容器组绝缘水平较高不易实现，本测量方法仅用于 10kV 系统。

（2）试验接线。试验接线如图 23-6 所示。

（3）试验步骤。

1）测量时先合上 S 开关，然后再将人工星形电容器断路器 QF 合上，若无异常现象时，拉开低压开关 S，读取 PV 电压表的值，取三次值的平均值。此值为系统的固有不对称电压

U_{HC}。断开 QF 断路器，并将电容器组放电。

2）合上 S 开关，将外接电容 C_P 接到 A 相，合上 QF 断路器，若无异常时，拉开 S 开关，读取电压表三次，取平均值，此值记为 U_{OA}。然后合上 S 开关，再断开 QF 断路器，并将人工星形电容器组放电。

3）重复 2）的过程，分别将 C_P 接入 B 相和 C 相，读取 U_{OB}、U_{OC} 的值。

（4）试验数据处理。三相对地总电容值 $\sum C$ 为

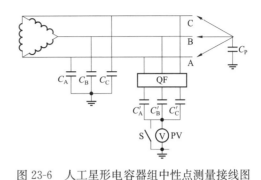

图 23-6　人工星形电容器组中性点测量接线图
C_A、C_B、C_C—分别为系统三相对地电容；
C'_A、C'_B、C'_C—分别为人工星形电容器；
C_P—外接电容；QF—人工星形电容器组接入系统断路器；
PV—数字电压表；S—低压开关

$$\sum (C_A + C_B + C_C) = C_P \left[\frac{\sqrt{U_{ph}^2 + U_{HC}^2 (1 + m^2)}}{U'_{op}} - 1 - m^2 \right] \tag{23-10}$$

电容电流 I_C 为

$$I_C = \omega U_{ph} \sum (C_A + C_B + C_C) \times 10^{-6} \tag{23-11}$$

$$U'_{op} = \sqrt{\frac{U_{OA}^2 + U_{OB}^2 + U_{OC}^2}{3} - U_{HC}^2}$$

$$m = \frac{U_{HC}}{U'_{op}}$$

以上式中　U_{OA}、U_{OB}、U_{OC}——分别将 C_P 接入三相后测出的人工星形电容器组中性点对地电压；

　　　　　C_P——外接电容器；

　　　　　U_{ph}——测量时系统的相电压；

　　　　　U_{HC}——未接入 C_P 之前人工星形电容器中性点不对称电压。

5. 调谐法

（1）适用范围。该法适用于装有调匝式消弧线圈的系统。改变消弧线圈分接头，从欠补偿到过补偿状态，测量并记录各点的零序电流 I_0 和位移电压 U_0，通过绘制调谐曲线，计算得出系统电容电流。

当系统无消弧线圈时，也可采用在变电站的所用变压器原边的中性点外接一个有调匝式消弧线圈来进行测量。此方法可用于具有自动跟踪补偿功能的调匝式消弧线圈的系统。

（2）试验接线。试验接线如图 23-7 所示。

（3）试验步骤。

1）测量零序电流和位移电压。补偿系统正常运行时，改变消弧线圈分接头，使中性点位移电压达到系统额定电压的 1/3～1/2，同时记录零序电流 I_0 和位移电压 U_0，然后归算到额定相电压的 I_C 值。测量时应在谐振点两侧，且尽量接近谐振点进行（当位移电压 U_0 超过 50% 的额定相电压时，禁止操作消弧线圈，应在消弧线圈退出后再进行操作），测几个数值

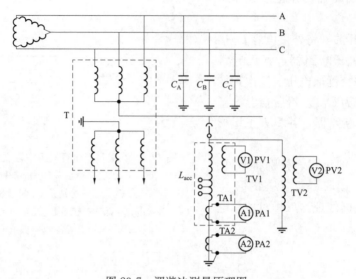

图 23-7 调谐法测量原理图

C_A、C_B、C_C—分别为三相对地电容；T—变压器；L_{acc}—消弧线圈；

TV2—测量位移电压的电压互感器；TA2—测量补偿电流的电流互感器；

PV1、PV2—电压表；PA1、PA2—电流表

取平均值。

2）利用图解法。根据消弧线圈调谐结果，分别绘出过补偿和欠补偿状态下不连续或连续曲线，然后作渐近线或直接找出 U_0 的最大值（谐振点），便可求出系统的电容电流，见图 23-8 所示。此时 $I_C = I_L$ 如果采用自动补偿调谐消弧线圈，利用图解法求 I_C 时，消弧线圈容量必须较大，分接头组数也应较多，得出结果较为准确。

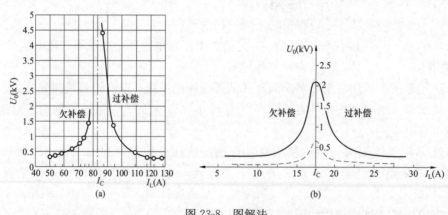

图 23-8　图解法

(a) 渐近线；(b) 谐振点

3）估算法。在实测数据绘制的曲线的欠补偿上升部分或过补偿的下降部分，见图 23-8，取出连续两点，得到相应的 U_{01}、I_{L1}、U_{02}、I_{L2}、后可按下式求系统的电容电流 I_C

$$I_C = \frac{I_{L2} - U_{01}/U_{02} \cdot I_{L1}}{1 - U_{01}/U_{02}} \qquad (23\text{-}12)$$

式中 I_{L1}、I_{L2}——分别为消弧线圈分接头 1、2 的补偿电流；

$\qquad U_{01}$——与 I_{L1} 对应的中性点位移电压；

$\qquad U_{02}$——与 I_{L2} 对应的中性点位移电压。

6. 相角法

（1）适用范围。该法适用于装有调匝式消弧线圈的系统。改变消弧线圈的分接头，测量中性点位移电压与相电压之间的相角，以不同分头位置补偿电流与所测相角之间的关系获取系统的电容电流 I_C。此方法也常用于具有自动跟踪补偿功能的调匝式消弧线圈的系统。

（2）试验接线。试验接线如图 23-9 所示。

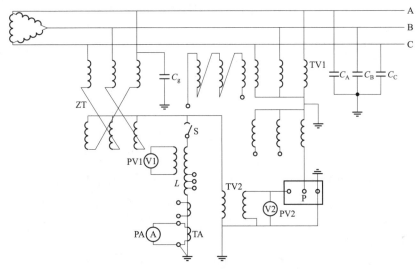

图 23-9 相角法测量原理图

ZT—接地变压器；L—消弧线圈的电感；TV1、TV2—电压互感器；P—相位表；PV1、PV2—电压表；PA—电流表；
S—低压开关；C_A、C_B、C_C—分别为三相对地电容；C_g—外接导向电容；TA—外接电流互感器

在消弧线圈的调谐过程中，在不同分头位置测量中性点位移电压与相电压之间的相角，从不同分头位置补偿电流与所测相角之间的关系来获得电容电流 I_C，即

$$I_C = \frac{I_{Lx}}{1 + d/\tan\varphi_x} = \frac{I_{Lx}}{1 + \nu} \qquad (23\text{-}13)$$

式中 I_{Lx}——消弧线圈 x 分头在额定相电压下的电流；

$\qquad d$——阻尼率，电网的固有阻尼率为 3.5%，消弧线圈有功损耗约为其额定容量的 1.5%，故 d 值一般取 5%；

$\qquad \varphi_x$——消弧线圈运行在 x 分接头时，中性点位移电压对电网一相电压之间的相角；

$\qquad \nu$——脱斜度，$\nu = d/\tan\varphi_x$。

（3）试验步骤。

1）将测量位移电压的电压互感器信号引接到相位表的相电压超前端子，将从母线电压互感器上引出的电压信号接到相位表的滞后端子，将相位表量程置于低挡（如 1～30V，根据所用的表而定）。

2）消弧线圈的调节可从欠补偿调到过补偿，也可从过补偿调到欠补偿。当从欠补偿开始时，随着分接头的分布下调，脱谐度逐渐减小，补偿电压、位移电压、φ_x将逐渐增大，直到φ_x接近90°时，达到共振点，这时$I_C=I_{Lx}$，位移电压最高。如果继续下调消弧线圈的分接头，φ_x将超过90°向180°逼近，这时补偿电流、脱谐度均逐渐增大，而位移电压逐渐降低。读取此过程的φ_x，取对应分接头的补偿带电流，按式（23-12）求出电网电容电流。如果能调节消弧线圈的挡位，使φ_x为80°～100°，此时将φ_x和挡位电流值代入式（23-13），所得的结果更准确。

3）消弧线圈分接头调节，可用手动方式，也可用自动方式，可视实际情况而定。

4）求电容电流值。

7．专门仪器法

该法将异频电流注入系统母线电压互感器开口三角绕组，再经过采集和计算出电容电流值。目前已制成专门测量仪器供现场测量。测量原理如图23-10所示。

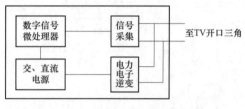

图23-10　测量仪原理图

仪器由微处理器控制电力电子逆变电路，产生一个恒压5Hz的方波，通过系统母线电压互感器开口三角注入零序电路，再通过采集和计算分析得出电容电流值。对于注入的方波信号由傅里叶级数可展开成角频率不同的正弦波之和；在开口三角分别测出U_5、U_{15}、U_{25}电压值，并同时测出I_5、I_{15}和I_{25}电流值，解方程组（由微处理器完成）可准确求出系统电容量，再最后计算出电容电流值。

与现场人为金属接地实测值比较，专门仪器所测值准确性高。该法的优点是简单、安全，不影响系统运行，测量速度快，仅数分钟完成，仪器质量轻，携带方便。

（三）低电压测量法

当3～35kV系统中性点经消弧线圈接地时，为了正确调整消弧线圈的分接头位置，必须实测出每条出线的单相接地电容电流值，尤其是该电流值较大时，直接影响消弧线圈的补偿作用。

作者根据电容电流I_C和所加电压U是线性关系，设计三相低电压法测量出线单相接地电容电流；又根据$I_C=\omega\sum CU_{ph}$，再结合电容电流I_C和所加电压U是线性关系，又设计另一种低电压法测量出线单相接地电容电流法。

1．人为一相金属接地测量法

利用低电压三相对称系统作为试验电源，并人为一相金属接地，测量其单相接地电容电流值，然后再换算到额定电压的值。该方法试验接线如图23-11所示。

如果不需要测量有功损耗，只测量电容电流I_C就可以了。

测量电流I'_C，乘以系数K，即为额定电压下的I_C值。

$$I_C=I'_CK \tag{23-14}$$

式中　　I'_C——实测电流；

　　　　I_C——额定电压下的电容电流；

　　　　K——系数$\left(K=\dfrac{U_N}{U_S}\right.$，其中$U_N$为额定电压，$U_S$为试验电压$\left.\right)$。

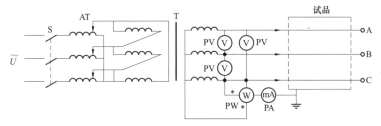

图 23-11　三相对称电压测试图

AT—三相自耦调压器；T—三只单相变压器；PA—0.5 级交流电流表；

PV—三只交流电压表（0.5 级）；PW—低功率因数瓦特表

注：如果仅测总的电流值，可以不接瓦特表。

2. 三相短路试验法

根据 $I_C = \omega \sum C U_{ph}$，只要将任一出线三相短路，对地施加电压，所测电流即为 I'_C，然后再换算到额定电压值。该方法试验接线如图 23-12 所示。

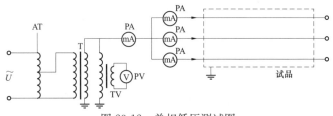

图 23-12　单相低压测试图

AT—自耦调压器；T—试验变压器；TV—0.5 级交流电压互感器；

PA—1 只 0.5 级交流电流表；PV—0.5 级交流电压表

注：如果不需要测量单相电流值，只接一只总的电流表也可以。

测量得到电容电流 I'_C，根据电容电流和施加电压 U 的线性关系，换算到额定电压。

$$I_C = I'_C K' \tag{23-15}$$

式中　I'_C——实测电流；

　　　I_C——电容电流值；

　　　K'——系数 $\left(K' = \dfrac{U_{phN}}{U_{S'}}，U_{phN} 为额定电压，U_{S'} 为试验电压 \right)$。

作者对一个发电厂 6kV 系统 22 条出线和 35kV 系统 13 条出线采用上述两种方法进行实测，准确度达到工程要求，满足调度要求。后来调度部门又委托作者对电力用户几十条线路进行实测并将实测结果汇编成册，供调度调整消弧线圈时参考。

四、正确选择测量电容电流的方法

上面介绍了非有效接地系统接地电容电流测量的多种方法。这些方法各有优缺点，现场应正确选择其中一种方法，现场应根据具体情况，如系统接线、人员素质、试验设备状况、调度部门要求（安全和精度）等，选择一种符合实际的测量方法。根据目前实际情况，不论从复杂程度、安全风险等方面考虑，人为金属一点接地法应该慎用，尽可能采用其他简单易行的方法。

本章提示

为了保证非有效接地系统安全运行，必须了解单相接地电容电流大小；现场对该电流测量有直接法、间接法、低电压法和专门仪器法等，可根据具体情况选择测量方法。

本章重点

1. 直接测量法的原理和安全注意事项。
2. 各种间接测量法的适用范围。
3. 低电压法测量原理和优点。
4. 专门仪器法应如何避免对系统二次回路的影响？

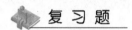

复 习 题

1. 绘制单相接地电容电流的相量图。
2. 为什么要装消弧线圈？
3. 为什么需要测量装有消弧线圈电网每条出线的单相接地电容电流值？

第二十四章

输 电 线 路 试 验

输电线路分为架空线路和电缆线路两种，本章只介绍架空线路的试验。

第一节　输电线路接头连接测量

输电线路有许多连接头，这些接头要求连接可靠，接触良好，运行过程不发热。接头连接电阻测量方法如下所述。

一、专用仪器测量法

用测量断路器静、动触头接触电阻的专用仪器，测量接头两端的接触电阻值。再计算和接头等长的导线电阻值，在相同温度下比较上述两个电阻，如果接头电阻值不大于导线电阻值，说明接头接触良好。

也可以用专用仪器把上述两个电阻值同时测量出来后再进行比较，结果也一样。

二、电压降测量

测量接线图如图 24-1 所示。

在导线上取接头 1、2 的长度和导线 3、4 长度相等，通直流电流后，测 U_{12}、U_{34} 两点电压，由欧姆定律 $R=U/I$，计算 R_{12}、R_{34} 电阻值。R_{12} 和 R_{34} 值对比判断接头状况，$R_{12} \leqslant R_{34}$，说明接头良好。

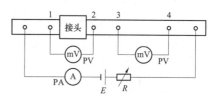

图 24-1　接头电压降法测量接线图
E—直流电源；PV—直流电压表；
PA—直流电流表；R—可调电阻

三、温升试验法

判断接头接触状态，最直观的试验方法是做温升试验。

当接头通入额定电流后，用红外点温仪测量接头温度和环温。当铜导线接头温升不大于 70K，铝导线接头温升不大于 60K 时，则认为接头良好。

第二节　输电线路工频参数测量

输电线路工频参数有直流电阻、正序阻抗 Z_1、零序阻抗 Z_0、相间电容 C_{12}、正序电容 C_1 和零序电容 C_0 等；同塔架设的多回路或距离较近、平行段较长的输电线路，还要测量之间的耦合电容 C_m 和互感阻抗 Z_m。由于负序参数与正序参数一样，故只测后者。

一、输电线路测量

1. 直流电阻测量

采用伏安法或电桥法。伏安法测试接线如图 24-2 所示。

351

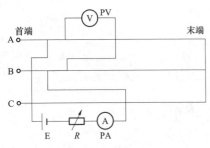

图 24-2 伏安法测量输电线路
直流电阻接线图

PA—直流电流表，0.5 级；

PV—直流电压表，0.5 级；E—电流电源

试前把首端三相短路接地，然后把末端三相可靠短路；拆除首端三相短路接地线，升压试验。根据测出的 AB 相电压和电流，按欧姆定律计算出 AB 相电阻 R_{AB}，并取 3 次测量值的平均值。同样方法测出 R_{BC} 和 R_{CA} 值。记录环境温度值。

按下列公式计算各相电阻值

$$R_A = \frac{R_{AB} + R_{CA} - R_{BC}}{2} \tag{24-1}$$

$$R_B = \frac{R_{BC} + R_{AB} - R_{AC}}{2} \tag{24-2}$$

$$R_C = \frac{R_{AC} + R_{BC} - R_{AB}}{2} \tag{24-3}$$

再按下列公式计算 20℃时每千米电阻值（Ω/km）

$$R_{20} = \frac{R_t \, (T+20)}{L \, (T+t)} \tag{24-4}$$

式中　R_t——环境温度 t 所测电阻值；

　　　t——环境温度值，℃；

　　　T——换算系数，铜材取 235，铝材取 225；

　　　L——输电线路长度，km；

　　　R_{20}——输电线路每千米电阻值。

如果用电桥测量，线路应比较短，感应电压比较低，并应扣除测量线电阻。

如果线路静电感应电压高、电磁感应电流大给线路直流电阻测量带来较强干扰，上述测量线路直流电阻方法难以实现。近年来研制的抗干扰高压线路直阻仪解决了干扰问题。

2. 输电线路正序阻抗测试

正序阻抗测试接线如图 24-3 所示。

按图 24-3 将输电线路末端三相用有足够截面积的导线可靠短路，在首端施加三相对称的工频电压，分别记录各表读数。电压取 3 个电压表读数的平均值 U_{av}；电流也同样取 3 个电流表读数的平均值 I_{av}；功率取 2 个功率表读数的代数和 P。

按以下公式计算每千米各相正序参数

$$Z_1 = \frac{U_{av}}{\sqrt{3} \, I_{av}^2} \times \frac{1}{L} \quad (\Omega/km) \tag{24-5}$$

$$R_1 = \frac{P}{3 I_{av}^2} \times \frac{1}{L} \quad (\Omega/km) \tag{24-6}$$

$$x_1 = \sqrt{Z_1^2 - R_1^2} \quad (\Omega/km) \tag{24-7}$$

$$L_1 = \frac{x_1}{2\pi f} \quad (H/km) \tag{24-8}$$

式中　Z_1、R_1、x_1、L_1——正序阻抗、正序电阻、正序电抗、正序电感；

　　　U_{av}——三相线电压平均值，V；

　　　I_{av}——三相电流平均值，A；

P——三相总功率，W；

L——线路长度，km；

f——试验电源频率，Hz。

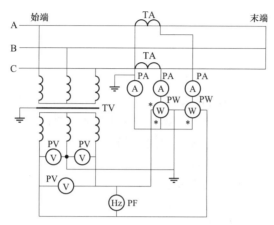

图 24-3　测试正序阻抗的接线图

TV—电压互感器；TA—电流互感器；PV—电压表；

PA—电流表；PW—功率表；PF—频率表

　　试验电源电压由被测输电线路长短而定：线路 100km 以上，应选择 1000V 及以上；100km 及以下，选择 380V。由于功率因数较低，应选择低功率因数功率表。

3. 正序电容测试

正序电容测试接线如图 24-4 所示。

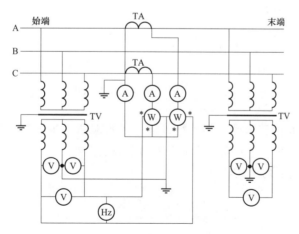

图 24-4　测试正序电容的接线图

　　如图 24-4 所示，线路末端开路，首端施加三相对称工频电压。测量首、末端三相电压，首端电流、功率和频率。

　　计算三相电流表读数平均值 I_{av}，首、末端 6 个电压表读数平均值 U_{av}，2 个功率表读数之和 P。

按下列公式计算

$$Z_1 = \frac{U_{av}}{\sqrt{3}\,I_{av}L} \quad (\Omega/km) \tag{24-9}$$

$$R_1 = \frac{P}{3I_{av}^2 L} \quad (\Omega/km) \tag{24-10}$$

$$x_1 = \sqrt{Z_1^2 - R_1^2} \quad (\Omega/km) \tag{24-11}$$

$$C_1 = \frac{10^6}{2\pi f x_1} \quad (\mu F/km) \tag{24-12}$$

式中　Z_1、R_1、x_1、C_1——正序阻抗、正序电阻、正序电抗、正序电容；

$\qquad U_{av}$——首、末端三相相电压平均值，V；

$\qquad I_{av}$——三相电流平均值，A；

$\qquad P$——三相总功率，W；

$\qquad L$——输电线路总长，m；

$\qquad f$——电源频率，Hz。

试验电压应选择输电线路额定电压 U_N。

4. 零序阻抗测量

零序阻抗测量接线如图 24-5 所示。

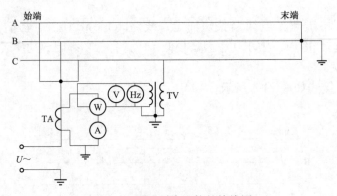

图 24-5　测量零序阻抗的接线图

如图 24-5 所示，将线路末端三相短路接地；在始端把三相短路，施加单相可调交流工频电压。分别记录电压表、电流表、功率表和频率表的读数。

根据各表读数，按下列公式计算

$$Z_0 = \frac{3U}{IL} \quad (\Omega/km) \tag{24-13}$$

$$R_0 = \frac{3P}{I^2 L} \quad (\Omega/km) \tag{24-14}$$

$$x_0 = \sqrt{Z_0^2 - R_0^2} \quad (\Omega/km) \tag{24-15}$$

$$L_0 = \frac{x_0}{2\pi f} \quad (H/km) \tag{24-16}$$

式中　Z_0、R_0、x_0、L_0——线路零序阻抗、零序电阻、零序电抗、零序电感；

U——试验电压，V；

I——试验电流，A；

P——功率表读数，W。

施加的试验电压值应与正序阻抗测量时相同。

5. 零序电容测试

零序电容测试接线如图 24-6 所示。把末端三相开路，始端三相短路，施加单相工频电压。

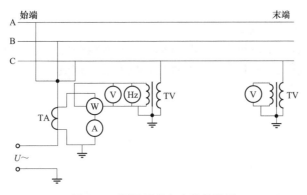

图 24-6　测量零序电容的接线图

记录始端电流值、功率值和始、末端电压的平均值 U_{av}。

按下列公式计算

$$Z_0 = \frac{3U_{av}}{IL} \quad (\Omega/\mathrm{km}) \tag{24-17}$$

$$R_0 = \frac{3P_0}{I^2 L} \quad (\Omega/\mathrm{km}) \tag{24-18}$$

$$x_0 = \sqrt{Z_0^2 - R_0^2} \quad (\Omega/\mathrm{km}) \tag{24-19}$$

$$C_0 = \frac{10^6}{2\pi f x_0} \quad (\mu\mathrm{F}/\mathrm{km}) \tag{24-20}$$

式中　Z_0、R_0、x_0、C_0——零序阻抗、零序电阻、零序电抗、零序电容；

U_{av}——始、末端电压平均值，V；

I——三相零序电流之和，A；

P_0——三相零序功率，W；

f——试验电压频率，Hz；

L——输电线路长度，km。

该试验电压可选取输电线路额定电压的 1/2。

6. 输电线路之间耦合电容测量

当分析两条平行输电线路之间传递过电压大小时，则需要知道它们之间的耦合电容值。耦合电容值测量接线图如图 24-7 所示。

将两条平行输电线路 1 和 2，在始端分别把三相短路，线路 2 经电流表接地。给线路 1 施加单相工频电压，记录电压、电流值和电源频率。

按下列公式计算

$$C_{\mathrm{m}}=\frac{I\times10^6}{2\pi fU}\qquad\qquad(24\text{-}21)$$

式中　C_{m}——线路 1 和线路 2 之间耦合电容，μF；

　　　U——试验电压，V；

　　　I——线路 2 的对地电流，A；

　　　f——试验电源频率，Hz。

试验电压一般不低于 10kV。

7. 输电线路之间的互感阻抗测试

当两条平行线路有一条流过不对称电流时，另一条线路感应电压和电流，有可能使该线路继电保护误动作，所以应测量两平行线路之间的互感阻抗值。

测量互感阻抗的接线如图 24-8 所示。

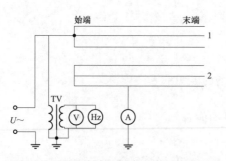

图 24-7　测量线路间耦合电容的接线图

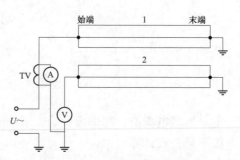

图 24-8　测量平行线路互感的接线图

按图 24-8 将线路 1、2 首末端三相短路，末端还要接地。在线路 1 施加试验电压，并测量电流值 I；在线路 2 上用高内阻电压表，测量感应电压 U，可得互感阻抗 Z_{m} 为

$$Z_{\mathrm{m}}=\frac{U}{I}\qquad\qquad(24\text{-}22)$$

式中　Z_{m}——输电线路互感阻抗，Ω；

　　　U——感应电压，V；

　　　I——试验电流，A。

施加电压一般几百伏到几千伏；电压、电流回路的接地，应接到不同的地网。

8. 同一条线路相间互感阻抗测量

三相中的一相为图 24-8 中的线路 1，其他两相为图 24-8 中的线路 2，测量方法和第 7 项完全相同。

二、输电线路参数测量注意事项

1. 线路测量部分

试验电源电压高、容量大，可利用变电站内的变压器进行隔离，防止电源干扰。为减少分布参数的影响，测电抗时，取始、末端电流平均值；测电容时，取始、末端电压平均值。

2. 平行输电线路的测量部分

当感应电压较高时，应增加试验电流，并换相多次测量，取平均值。全线同杆架设线路，由于感应电压太高，应全部停电测量。

3. 试验设备和仪表仪器选择

互感器应尽量利用变电站内原有设备，仪表准确度 0.5 级。

4. 被试线路隔离

试验线路上的电压互感器、避雷器等应拆除。

5. 优先选择专用测量仪测量

市场上已有多种型号专用线路测试仪，可快速测出一些线路参数；同时还可以测量现场温度和显示电压、电流波形等。

第三节　架空线路绝缘电阻测量

架空线路不论是新建线路还是检修后线路都要求测量绝缘电阻。但高压、超高压和特高压架空线路感应电压较高，贸然测量绝缘电阻，轻则损坏绝缘电阻表，重则使测试人员有触电危险。作者了解到一条新架设 330kV 架空线路投运前测量绝缘电阻，由于感应电压过高，使绝缘电阻表损坏；现场测试 110kV 变电站架空线路绝缘电阻时，经常会使测试人员有麻电现象。

由于感应电压较高，测量架空线路绝缘电阻，对测试人员和测试设备都有一定的危险；另外，架空线路绝缘电阻值分散性很大，每次测量值不能纵向比较，且规程没有具体数值规定，因此，测量高压、超高压和特高电压架空线路绝缘电阻时，应事先写出方案，方案中应有切实可行的安全措施，确保测试人员和测试设备安全。

对于同塔双回路输电线路，一条线路还在运行，另一条线路停电，建议也不要对停电线路测量绝缘电阻；对于单回路输电线路停电后，测量绝缘电阻前，应先测量感应电压，根据感应电压大小，再决定是否测量绝缘电阻。

线路感应电压测量方法和注意事项：

（1）线路首末端均断开，用静电电压表依次测量三相的感应电压大小。

（2）线路三相首端开路、末路短路，用交流电压表依次测量三相的感应电压。

（3）测量时应注意安全，感应电压最高可达数千伏，所以，测量人员要戴绝缘手套、穿绝缘鞋、用绝缘工具进行测量，以防电击。所用测量仪表开始放在最大量程，根据数值进行调整。

第四节　波　阻　抗　测　量

在研究过电压过程中，需要知道输电线路和发电机、变压器绕组的波阻抗，因此，测量这些设备的波阻抗是十分必要。

一、无损导线上的波过程

单根无损导线的等效电路如图 24-9 所示。

当导线上某点 x 突然施加电压 $u(t)$ 时（合上隔离开关 K），x 点附近两端电容被充电，

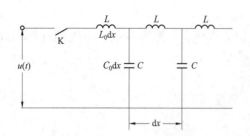

图 24-9　无损导线等值电路图
C_0—单位长度对电容；L_0—单位长度电感

但由于沿线有分布电感，因此，距 x 点较远的电容要经过一定时间才能被充电，故对各电容充电时，充电到电源电压时间是不同的，距离越远电源时间滞后越长。电容充电时，将有电流流过导线电感 L。当某一电容未被充电，相当于短路状态，其后的导线中无电流流过，因此，某一段导线距电源远近不同，要建立电流的时间也不同，距电源越远，时间也就越晚。综上所述，具有分布参数的导线、绕组，当某点施加电压后，导线各点电压、电流随它与电源距离远近不同，依次建立起来，因此，电压、电流以波的形式沿着导线传播，故称为波过程。

二、波速和波阻抗

电压和电流波传播如图 24-10 所示。

电压和电流波未到达 a 点前，导线 ab 段对地电位及导线中电流均为零。波运动到 b 点时，ab 段导线对地电位为 U，导线中电流为 I。

ab 段为单位长度，则波由 a 点运动到 b 点所需时间 $t=\dfrac{L}{V}$（其中 V 为波速）。在 t 时间内 ab 段对地电容获得电源送来的电荷 $Q=C_0 U$；同时 ab 段导线周围也建立磁场，单位长度磁通 $\Phi=L_0 I$。单位时间内流过 ab 段电荷为 $C_0 U/\dfrac{1}{V}$，即

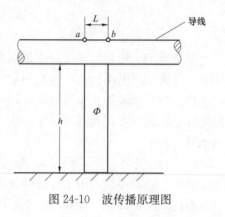

图 24-10　波传播原理图

电流

$$I=C_0 U/\frac{1}{V}=C_0 U V \tag{24-23}$$

ab 段导线周围磁通变化率 $\quad \dfrac{\mathrm{d}\Phi}{\mathrm{d}\tau}=\Phi/\dfrac{1}{V}=\Phi V$

该段导线对地电位 U 为

$$U=V\Phi=VL_0 I \tag{24-24}$$

由式（24-1）及式（24-2）可求得 V

$$V=1/\sqrt{L_0 C_0} \tag{24-25}$$

架空线路波速 V 等于光速；电缆线路 V 为光速的 $\dfrac{1}{2}$。

波阻抗

$$Z=\frac{U}{I}=VL_0=\sqrt{\frac{L_0}{C_0}} \tag{24-26}$$

虽然波阻抗与数值相等的集中参数电阻相当，但物理意义不同。电阻消耗能量，而波阻抗不消耗能量；波阻抗只与线路单位长度的电感、电容有关，与线路长度无关，而电阻与长度成正比；波阻抗表示同一方向传播电压波和电流波大小的比值。若导线同时存在前行波和反射波时，总电压与总电流比值不再等于波阻抗，而电阻则是两端电压与流过电流的比值。

三、波阻抗测量方法

波阻抗测量是利用波的折、反射原理进行的，如图 24-11 所示。图中 Z 是电缆波阻抗，R_1、R_2 是无感电阻，方波发生器 E 从首端经 R_1 输入方波，其前沿上升时间远小于波在 Z 中的行程时间，利用脉冲示波器 PS 观察 R_2 上的电压波形。当 $R_2>Z$，$R<Z$ 和 $R_2=Z$ 时，电压波形如图 24-11 (b)、(c)、(d) 所示。试验时调节 R_2 值，使脉冲示波器上的图形与图 24-11 (d) 相同，则波阻抗 $Z=R_2$。

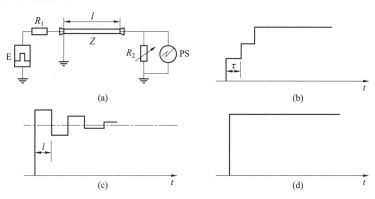

图 24-11　波阻抗测量原理图

(a) 测量原理图；(b) $R_2>Z$；(c) $R_2<Z$；(d) $R_2=Z$

在图 24-11 (a)、(c) 中测量 τ，由公式 $\tau=\dfrac{2l}{V}$，其中 l 为被测电缆长度，则波速 $V=\dfrac{2l}{\tau}$。

如果被试品比较长，采用图 24-12 测量。图中 E 是一个内阻为零的切断式方波发生器。当 $R_1>Z$、$R_1=Z$ 和 $R_1<Z$ 时，被测电缆首端电压波形分别如图 24-12 (b)、(c)、(d) 所示。试验时改变 R_1 的阻值，使首端电压波形逼近图 24-12 (c) 图形，则波阻抗 $Z=R_1$。利用公式 $K=\dfrac{Z}{R_1+Z}$ 也可求得 Z。

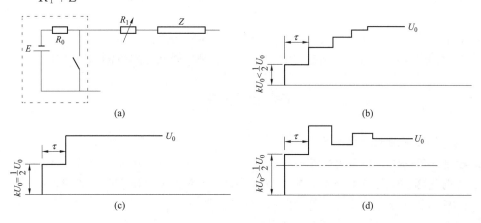

图 24-12　中性点不接地设备波阻抗测量

(a) 测量原理图；(b) $R_1>Z$；(c) $R_1=Z$；(d) $R_1<Z$

母线、发电机和中性点不接地的变压器均可利用此法测量其波阻抗。

自耦变压器和中性点接地变压器波阻抗测量如图 24-13 所示。用脉冲示波器测量 Z 和

R_1 的首端电压，如图 24-13 （b）、（c）所示，U_a、U_b 起始电压比值为 $K=\dfrac{Z}{Z+R_1}$。当 $R_1=$

Z 时，$K=\dfrac{1}{2}$。可以求出 Z 值。

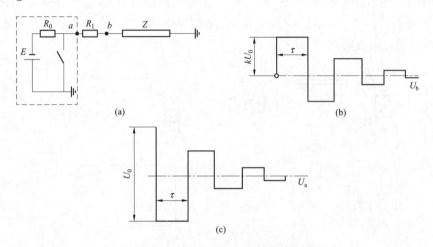

图 24-13　中性点接地设备波阻抗测量

（a）测量原理图；（b）U_b 波形；（c）U_a 波形

本章提示

本章介绍了输电线路接头接触电阻和工频参数各种测量方法和注意事项。试验电压值如何选择？工频参数测量为什么要选择低功率因数表？还介绍了波阻抗测量。

本章重点

1. 接头接触电阻的大小可与等长导线电阻大小比较，如果前者不大于后者，则说明接头状况良好。

2. 输电线路工频参数测量正序电容时，末端电压测量方法。

3. 平行输电线路互感阻抗测量方法与同一条线路相间互感阻抗测量方法比较。

复习题

1. 铜和铝接头温升要求是多少？

2. 输电线路的工频参数有哪几种？

3. 输电线路直流电阻单独测量和正序参数测量出的直流电阻有什么不同？

4. 正序参数测量接线图是怎样的？

5. 输电线路之间的耦合电容怎样测量？

6. 同一条线路间互感阻抗怎样测量？

7. 线路参数测量的注意事项有哪些？

8. 输电线路绝缘电阻测量应注意什么？

第二十五章

电 抗 器 试 验

第一节　高压并联电抗器现场局部放电试验

一、试验原理

高压并联电抗器只有一个绕组，不同于变压器，因此无法采用感应加压的方法给绕组施加电压进行试验。实验室试验时，可以采用足够电压和容量的大型试验变压器直接向并联电抗器施加试验电压，此种试验变压器体积庞大、配套系统复杂、运输不便，基本无法在现场使用。目前，可以采用变频串联谐振技术，由补偿电容器与并联电抗器串联，通过调节试验电源输出电压频率，使并联电抗器与补偿电容器在合适的频率下达到谐振状态，从而使并联电抗器绕组承受需要的试验电压，如图 25-1 所示。

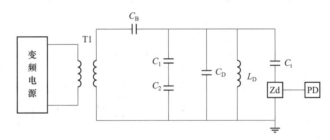

图 25-1　并联电抗器现场局部放电试验原理图

图 25-1 中，T_1 为试验变压器，C_B 为补偿电容器，C_1、C_2 组合为分压器，L_D 为并联电抗器的电感，C_D 为并联电抗器的等效电容，C_t 为并联电抗器高压套管的电容，Zd 为局部放电检测单元，PD 为局部放电检测仪。试验时，检测单元利用套管电容耦合采集信号，连接至局部放电检测仪进行测量。

二、试验中应注意的问题

1. 试验电压的频率选择

与变压器感应电压及局部放电试验类似，为防止并联电抗器铁芯饱和，应将试验电压频率适当提高，这样也有利于降低补偿电容器容量，通常频率选择为 $75\sim300\mathrm{Hz}$。

2. 补偿电容器局部放电引起干扰

局部放电信号频率较高，约 $100\mathrm{kHz}$，在此频率下，只考虑局部放电信号的传播时，图 25-1 可做一定的等效简化，如图 25-2 所示。

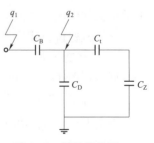

图 25-2　等效简化图

图 25-2 中 C_z 为局部放电检测单元 Zd 的电容，假设被试并联电抗器内部存在放电量 q_2，试品两端形成一个脉冲电压

$$\Delta U = \frac{q_2}{C_D + \dfrac{C_t C_z}{C_t + C_z}} \tag{25-1}$$

C_z 两端的脉冲电压为

$$\Delta U_{Z1} = \frac{q_2}{C_D + \dfrac{C_t C_z}{C_t + C_z}} \cdot \frac{C_t}{C_t + C_z} \tag{25-2}$$

假设补偿电容器内部或外部存在放电量 q_1，传播到局部放电检测单元 Zd，得到 C_z 两端的脉冲电压为

$$\Delta U_{Z2} = \frac{q_1}{C_D + \dfrac{C_t C_z}{C_t + C_z}} \cdot \frac{C_t}{C_t + C_z} \tag{25-3}$$

从式（25-2）、式（25-3）可以看出，补偿电容器侧内部或外部存在的放电量与被试并联电抗器内部放电量存在相同的信号传递函数，均可以无差异地传递到局部放电检测单元，难以分辨放电的来源，对局部放电检测造成干扰。

为屏蔽试验设备端局部放电信号的干扰，可以在补偿电容器与被试并联电抗器之间加装阻波电抗器 L_1，如图 25-3 所示。

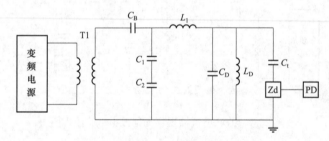

图 25-3　加装阻波电抗器后的等效图

3. 改进补偿电容器接线方式

为了完成试验，整体回路需要的补偿电容器容量是比较大的，可以采用电容器组，通过多台电容器的串、并联组合，达到需要的容量。

通过部分电容并联的方式，可以先补偿部分电感电流，再实现谐振，从而降低需要变频电源提供的电流，从而降低电源容量。

三、试验设备实例

1. 被试高压并联电抗器参数

型号：BKD-100 000/750；

额定容量：100 000kVA；

额定电压：800/$\sqrt{3}$ kV；

阻抗：2133Ω；

电感值：6.793H。

2. 试验设备参数

（1）无局放变频电源。

额定容量：450kW（推挽线性放大式）；

额定输入电源：380×（1±10%）（三相），50Hz；

额定输出电压：单相，0～350V连续可调；

输出电压不稳定度：≤1.0%；

额定输出电流：1285A；

输出波形：纯正正弦波；

输出波形畸变率：≤1.0%；

频率可调范围：20～300Hz；

输出频率分辨率：0.1Hz；

输出频率不稳定度：≤0.05%；

允许连续运行时间：额定容量下≥180min；

允许温升：在额定负载下，连续工作180min，出风口温升≤25K；

局部放电量：额定电压下≤10pC；

绝缘水平：输入、输出端子对地≥3kV/AC/1min；

冷却方式：强迫风冷；

噪声水平：≤85dB；

频率在设定范围内调节时，电压恒定输出。

（2）无局放励磁变压器。

额定容量：450kVA；

输入电压：350/400/450V；

最大输入电流：1286A；

输出电压：5、10、15kV；

低压绕组对地：5kV/1min；

高压绕组对地：$1.1U_N$/1min；

额定频率：50～300Hz；

局部放电量：额定电压下≤10pC；

阻抗电压：≤5%；

噪声水平：≤65dB；

允许连续运行时间：额定电压、额定电流下120min；

冷却方式：ONAN；

绝缘耐热等级：A级。

（3）无局放高压谐振电容器。

额定电压：267kV；

额定电流：≥50A；

额定电容量：$0.08\mu F$；

局部放电量：额定电压下≤10pC；

绝缘水平：$1.2U_N$/1min；

额定频率：20～300Hz；

允许连续运行时间：额定输出电流下120min。

（4）无局放阻波电抗器。

绝缘水平：≥1000V；

电感量：2mH，有1mH的抽头；

通流能力：最大100A/60min；

工作频率：20～300Hz；

绝缘水平：1.2倍额定电压/1min；

局部放电量：额定电压下局放量≤10pC。

3. 试验设备配置及相关参数

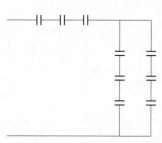

图25-4 补偿电容器连接方式

选择1台无局放变频电源，选择9台无局放谐振电容器按照3串、3并的方式接线，如图25-4所示，总的补偿电容为0.08μF，无局放励磁变压器输入选择400V，输出选择10kV。

试验中，试验回路的频率为

$$f=\frac{1}{2\pi\sqrt{LC}}=\frac{10^3}{2\pi\sqrt{6.793\times0.08}}=216（\text{Hz}）$$

试验电压最高为 $1.7U_{\text{m}}/\sqrt{3}$ 时，被试并联电抗器通过的电流为

$$I=\frac{U}{\omega L}=\frac{1.7U_{\text{m}}/\sqrt{3}}{2\pi fL}=\frac{785}{2\pi\times216\times6.793}=85.2（\text{A}）$$

补偿电容器并联部分通过过的总电流为

$$I_{\text{CB1}}=U\omega C_{\text{B1}}=785\times2\pi\times216\times(0.08\times2/3)\times10^{-3}=56.8（\text{A}）$$

单台补偿电容器通过的电流为28.4A。

补偿电容器串联部分通过的总电流为

$$I_{\text{CB2}}=U\omega C_{\text{CB2}}=785\times2\pi\times216\times(0.08/3)\times10^{-3}=28.4（\text{A}）$$

单台补偿电容器通过的电流也为28.4A。

试验变压器输出端输出电流为28.4A，变频电源输出电流为28.428.4×（10/0.4）=710（A）。

第二节 干式空心电抗器匝间绝缘耐压试验

一、试验原理

干式空心电抗器的故障大部分都是由匝间绝缘缺陷引起的，匝间绝缘缺陷通常通过匝间绝缘耐压试验来检测，其原理如图25-5所示。

直流高压电源D通过充电电阻R对电容C充电（L在直流高压状态下为短路状态），当高压达到所需试验电压后，通过控制高压电子开关K的闭合，电容C和电抗器L形成电压衰减振荡波。

试验时，先施加不高于20%的试验电压的标定电压，获得一个衰减振荡电压波形，再施加试验电压获取衰减振荡电压波形，比较两个波形的振荡频率和包络线衰减率，可以判断

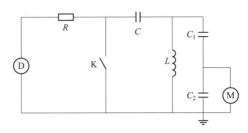

图 25-5 干式空心电抗器匝间绝缘耐压试验
D—高压直流电源；R—充电电阻；C—充电电容器；
K—高压放电开关；L—被试电抗器；C_1、C_2—分压器；
M—测量系统

被试电抗器的匝间绝缘状态。

标定电压下的波形和试验电压下的波形振荡频率和包络线衰减情况一致，则匝间绝缘正常，反之则匝间绝缘存在缺陷。振荡频率变化程度、包络线衰减程度与匝间绝缘击穿点的位置、试品参数等因素有关。异常情况下，振荡频率的变化不小于 5％。当电抗器内部故障较为严重时，有可能标定电压下波形和试验电压下波形变化趋势基本一致，但同时与同类设备比较，其波形呈现振荡周期减少、包络线衰减快的特点。

二、试验的要求

直流电源额定电压与被试电抗器匹配，具有足够输出容量，保证每次放电波形的初始电压峰值能达到 100％试验电压。

充电电容器应采用脉冲电容器，与被试电抗器电感形成阻尼振荡放电时，放电电压振荡频率不大于 100kHz。

放电开关可采用电子开关或可控点火球隙，在试验电压范围内导通和开断应可控，保证放电电压稳定。

测量系统应具备抗电磁干扰能力，能清晰记录振荡电压波形，测量波形振荡频率和包络线衰减速度。系统测量频带应包含 10～100kHz 范围，测量系统及分压器对电压峰值的测量不确定度应不大于 3％。

出厂试验时，试验电压的初始峰值为 $1.33 \times \sqrt{2}$ 倍（户外设备）、$\sqrt{2}$ 倍（户内设备）额定短时感应或外施耐压试验电压（方均根值），部分设备试验电压见表 25-1。现场试验时，试验电压按照出厂的 80％施加。

表 25-1   出 厂 试 验 电 压 要 求   kV

系统标称电压（方均根值）	设备最高电压（方均根值）	试验电压（峰值）	
		户外设备	户内设备
6	7.2	47	35
10	12	66	50
20	24	103	78
35	40.5	160	120

在持续 1min 的试验时间内，应产生不少于 3000 个规定幅值的过电压，每次过电压的初始峰值应达到表 25-1 的要求，过电压振荡频率应不大于 100kHz。

三、试验案例

某变电站 35kV 干式电抗器 A 相发生故障，对 B、C 相进行匝间过电压试验，波形如图 25-6 所示。

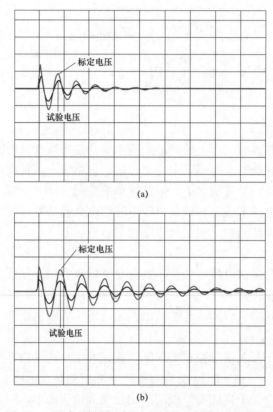

(a)

(b)

图 25-6 干式电抗器匝间过电压试验振荡电压波形图
(a) B 相波形图；(b) C 相波形图

由波形可见，B 相振荡周期较少，包络线衰减较快，C 相标定电压下和试验电压下波形衰减趋势较为一致。进一步解体检查发现，B 相内部部分绕组匝间绝缘损伤。

本章提示

本章介绍了高压并联电抗器现场局部放电试验和试验设备实例，介绍了干式空心电抗器匝间绝缘耐压试验。

本章重点

高压并联电抗器现场局部放电试验的变频串联谐振技术。

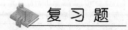 复习题

高压并联电抗器现场局部放电试验如何改进补偿电容器接线方式？

第三篇

绝缘在线监测方法

实践证明：对电力设备定期进行预防性试验，可以发现多种绝缘缺陷，避免设备事故，对保证电力设备安全运行有重大作用。但是随着高压电力设备的大容量化、设备结构的多样化，以及系统安全可靠性要求越来越高，传统的试验方式显现出一些不足。主要表现在以下3个方面：

（1）试验时需要停电。停电不仅需要进行大量的倒闸操作，还给用户的生产带来影响。超高压大容量电力设备的停电越来越困难，并且往往造成漏试或试验超周期。

（2）试验间隔周期长，试验时间集中。预防性试验一般为1~3年一次，一些发展较快的缺陷在两次试验之间可能发展成事故。试验往往集中在一段时间完成，在较短时间内需要完成大量设备的试验任务，难以对每台设备都进行十分仔细的检测和诊断。

（3）部分试验方法的有效性、灵敏性不足。通常采用的试验电压在10kV及以下，对于110kV及以上设备，这种偏低的试验电压再加上现场的电磁场干扰等因素，难以灵敏有效地诊断出设备的早期缺陷。在现场发生过预防性试验合格的设备投入运行后不久，就发生事故的情况。

为了适应电力设备向超特高压、大容量方向发展，确保电力设备的安全运行，迫切需要寻求更加有效的绝缘监测方法。经过研究发现：在运行状态下对高压电力设备的绝缘状态进行监测是反映设备绝缘状态有效而又灵敏的方法，这就是"在线监测"。"在线"即被测设备处于正常运行状态而不需停电，试验在运行电压下进行，最能反映设备的实际绝缘状态。又由于试验无须改变设备的运行条件而可随时进行，因此可以随时掌握设备绝缘状态。在线监测是绝缘监测技术的发展方向。

绝缘在线监测方法的出现，并不意味着传统的预防性试验已快寿终正寝。其原因如下：

（1）今后一段相当长的时间内，预防性试验仍是电力设备试验的主要手段。电力设备的出厂试验、交接试验和许多特性试验都依靠预防性试验方法，在线监测方法是无法代替的。

（2）预防性试验的原理与方法是绝缘在线监测方法的基础。不掌握和熟悉预防性试验，没有预防性试验的实践与经验，就难以掌握和提高绝缘在线监测方法。

（3）部分绝缘在线监测的试验结果还需要用停电试验方法去验证。

绝缘在线监测与预防性试验将长期共存，它们都是保证电力系统安全运行的重要手段，忽视预防性试验的倾向是不正确的。

第二十六章

电容型设备带电测试

电力系统中运行着大量的 35kV 及以上电容型设备，如高压电容型套管、电容式电流互感器、耦合电容器等设备。这些设备结构都可以看成是由多个电容器串并联组成。对这些电容型设备的预防性试验主要是测量电容量和 tanδ 两个参数。耦合电容器直接与输电线路相连，预防性试验时需要停运整条线路，由于停电困难，耦合电容器漏试情况较多。因此开展电容型设备的带电测试很有必要。

第一节　电 容 量 的 测 量

《规程》要求：耦合电容器的电容值偏差不超出额定值的 $-5\%\sim10\%$，电容型套管、220kV 及以上电流互感器的电容值与出厂值或上一次试验值的差值，超过 $\pm5\%$ 应查明原因。

带电测量电容量是通过测量被试品的电容电流和设备运行电压来实现的。其方法如下：

一、用毫安级电流表测量

以耦合电容器为例，测量接线如图 26-1 所示。测量前，先退出耦合电容器的高频保护及载波通信装置，合上接地开关 S，断开耦合电容器与载波通信装置和高频保护的原有连线，并根据铭牌电容量选择合适量程的 0.5 级交流毫安级电流表，与接地开关并联，然后用绝缘杆拉开接地开关，由交流毫安级电流表读取流过耦合电容器的交流电流有效值 I_C；测量完毕用绝缘杆合上接地开关，恢复高频保护与载波通信装置接线，拆除毫安级电流表后，再拉开接地开关。电容量计算公式为

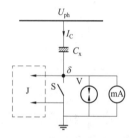

图 26-1　测量耦合电容器
电容量接线图
J—高频载波通信装置；
V—250～350V 放电管；
S—接地开关

$$C_x = \frac{I_C}{U_{ph}\omega} \times 10^6 \tag{26-1}$$

式中　C_x——被试品电容量，pF；

　　　I_C——被测电容电流，mA；

　　　U_{ph}——系统运行相电压，kV；

　　　ω——角频率，$\omega = 2\pi f$。

将计算出的 C_x 与铭牌值或过去的测量值相比较，以判断电容量状况。

测量电容型套管和电流互感器电容量时，需测量其小套管流入地和末屏流入地的电容电

流，不牵扯高频保护与载波通信装置，测量时更为方便。一些运行单位为了测量方便，将小套管和末屏接地线进行了改造，直接引到地面接地。

应当指出：

（1）测量时必须保证从δ点（见图26-1）到交流毫安级电流表接地端间无断线，以防止断线处与主电容形成串联分压产生高电压，危及设备、人身安全。一般情况下在δ点与地间并入一保护放电管 V（250～350V），或在测量时另附一接地棒，接地开关拉开后，δ点仍用接地棒接地，测量时仅需人为地使接地棒稍稍离开δ点几毫米后，读取交流毫安值。测量回路万一有断线，则这个间隙就先放电，起到良好的保护作用。

（2）毫安级电流表的接地点应接在被试品的接地端上。

表 26-1 给出了不同型号耦合电容器运行电压下的交流电流计算值。

表 26-1　　　　　　　　不同型号耦合电容器运行电压下交流电流计算值

型　　号	运行电压 （kV）	标准电容量 （pF）	计算交流电流 （mA）
OY-35-0.0035	$35/\sqrt{3}$	3500	22.2
OY-110/$\sqrt{3}$-0.0066	$110/\sqrt{3}$	6600	132
OY-110/$\sqrt{3}$-0.01	$110/\sqrt{3}$	10 000	199
OY-220/$\sqrt{3}$-0.0033	$220/\sqrt{3}$	3300	132

二、用传感器测量

用毫安级电流表测量耦合电容器电容量尽管容易实现，但存在着测试时仍需断开原接地回路，耦合电容器的高频保护及载波通信装置还要退出运行等缺点。近年来，传感器技术的发展为带电测试开辟了新天地。

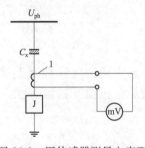

图 26-2　用传感器测量电容型
设备电容量的接线图
1—传感器；U_{ph}—运行相
电压；J—结合滤波器

用传感器测量电容型设备电容量的接线如图 26-2 所示。在原接地回路中套入一穿心小型互感器（传感器）。这类传感器采用高导磁材料制成，一般为无源，制成穿心电流互感器形状，一匝穿心。根据一次侧电流的大小，传感器可制成1∶1、1∶5、1∶20 等变比。当一次侧流过微弱的毫安级电流时，传感器二次侧感应出相应的毫伏级电压，根据二次侧测出的毫伏级电压值可计算出一次侧接地线中的交流电容电流，并按式（26-1）计算出被试品电容量。

用传感器测量时，不需断开一次侧接地线，不影响耦合电容器的高频保护及载波通信装置运行，是一种更安全更方便的测量方法，已被广泛采用。

第二节　中性点不平衡电压的测量

测量三个单相电容型被试品组成的三相设备中性点不平衡电压 U_0，可以很灵敏地反映该设备的缺陷，实现带电监测。

不平衡电压测量原理及接线如图 26-3 所示。中性点电阻 γ_0 上的电压为 U_0，有时也将 U_0 称为选频电压。

表 26-2 给出了当某三相被试品中的一相有局部缺陷，其局部缺陷 $\tan\delta'$ 变化时，随着 $\tan\delta'$ 的增加，其整体 $\tan\delta$、ΔC_x、$\Delta I/I_0$ 及 U_0 的变化情况。

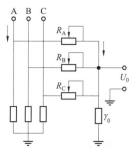

图 26-3　三相不平衡电压 U_0 的测量接线图

表 26-2　　　　　某相局部缺陷，其 $\tan\delta'$ 变化时其他参数的变化情况

$\tan\delta'$（%）	总体 $\tan\delta$（%）	ΔC_x（%）	$\Delta I/I_0$（%）	U_0（mV）
7.8	0.43	0.008	0.031	8.12
16.8	0.55	0.038	0.063	17.7
28.8	0.701	0.105	0.125	20.8
43.8	0.847	0.224	0.25	43.3
83.8	1.028	0.574	0.595	69.4
123.2	1.029	0.859	0.977	84.8
183.2	0.932	1.105	1.222	100.3
333	0.724	1.324	1.347	105.3

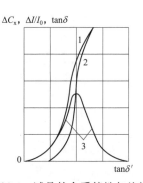

图 26-4　试品的介质特性与绝缘局部缺陷 $\tan\delta'$ 的关系曲线

1—$\Delta C_x = f$（$\tan\delta'$）；

2—$\Delta I/I_0 = f$（$\tan\delta'$）；

3—$\tan\delta = f$（$\tan\delta'$）

从表 26-2 所示数据中可以看出：在 $\tan\delta'$ 变化范围内，U_0 总能很灵敏地反映出缺陷的变化；在缺陷发展初期整体 $\tan\delta$ 可以反映，而当缺陷发展严重时，整体 $\tan\delta$ 反而下降了；ΔC_x、$\Delta I/I_0$ 虽能反映，但灵敏度不如 U_0。如图 26-4 所示为试品的介质特性与绝缘局部缺陷（$\tan\delta'$）的关系曲线。

现场影响测量 U_0 的主要因素有系统三相电压不平衡、谐波干扰（以三次谐波为主）。为克服谐波对测量的影响，测量时常采用带有滤波的选频电压表来测 U_0。

应考虑系统三相电压不平衡对测量的影响。对于长期存在的三相不平衡电压可在第一次测量时调节 R_A、R_B、R_C 电阻（见图26-3），使 $U_0 = 0$，分析其变化趋势。

U_0 测量目前没有现成的标准，测量出的 U_0 也不能确定哪一相有缺陷，主要根据其与历次测量值比较并分析变化情况来进行判断。当 U_0 有明显异常变化时，应停电试验，并检查分析。

表 26-3 给出了一些单位带电测量 U_0 发现的一些缺陷。

表 26-3　　　　　　　　　带电测量 U_0 发现缺陷举例

试　　品	U_0（mV）	停电试验检查结果
LCLWD-220 型电流互感器	85	A 相 $\Delta C_x \approx 15\%$
LCWLD3-220 型电流互感器	90	C 相 $\Delta C_x \approx 15\%$
LCWD3-220 型电流互感器	2000	A 相末屏绝缘电阻 0
LB-220 型电流互感器	20	B 相 $\tan\delta$（%）增加 0.2
BR-10 型套管	400	B 相小套管接地
BR-220 型套管	45	C 相 $\Delta C_x \approx 12\%$
BR-110 型套管	3	合格
BR-220 型套管	17	A 相 $\tan\delta$（%）增加 0.3

本章提示

本章介绍了电容型设备电容量和三相电容型试品中性点不平衡电压的概念与测量方法。

值得一提的是，现在有很好的开口钳形电流表，不需要再用毫安级电流表或装传感器就可以很方便地测试流过电容型试品的电流从而计算出电容量来。记住试验时的安全措施！记住试验结果的换算公式！

本章重点

中性点不平衡电压的概念。

 复习题

如何带电测量耦合电容器的电容量？

第二十七章

电压互感器的绝缘在线监测

第一节　串级式电压互感器绝缘的带电测试

串级式电压互感器主要型号有 JCC-110、JCC-220 等。运行中电压互感器一次绕组的 A 端接高压，X 端接地，二次绕组 a、x 和辅助二次绕组 a_D、x_D 感应出低电压，供电压测量、继电保护与自动装置等使用。电压互感器预防性试验的主要内容为测量一次对二次及地的绝缘电阻和介质损耗因数 $\tan\delta$。

嗯，一次绕组电流怎么比二次变小了？

通过电压互感器一次绕组的电流大小除与绕组的长度（匝数）、导线截面、绕组匝间绝缘和线间绝缘有关外，还与互感器铁芯质量、二次负荷等有关。

如图 27-1 所示为带电测量一次绕组电流 I_1 的接线图。该接线与测量电容型试品的交流电容电流的接线基本相同。测得的电流值 I_1 与初始值比较，若有异常时（明显减小或增大），则应考虑互感器铁芯是否有匝间短路、一次绕组有无断线或匝间短路及小套管接地不良等情况。

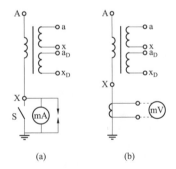

图 27-1　电压互感器一次绕组
电流带电测量接线图
（a）毫安级电流表法；（b）传感器法

第二节　电容式电压互感器开口三角电压测量

电容式电压互感器二次绕组中，设有组成开口三角的一组。利用测量开口电压可判断系统单相接地故障。经研究和实践证明，当电容式电压互感器主电容 C_1 和分压电容 C_2 有部分单元击穿时，开口三角同样会测出电压，电压大小还可以反映击穿严重程度，所以，平时定期测量开口电压变化，易于在运行时发现 C_1、C_2 的缺陷，避免恶性事故发生。

开口三角电压可以定期用电压表测量，正常时所测电压不大于 1V；目前开口三角输出已接入故障录波器，只要定期检查故障录波器开口三角电压波形（平时为一条直线），当有变化时再测量电压值，以判断 C_1、C_2 是否有缺陷。

开口电压值大小很容易判断系统单相故障还是 C_1、C_2 有局部缺陷。

本章提示

本章简单介绍了串级式电压互感器一次绕组电流的测量方法。

记住：串级式电压互感器一次绕组电流测量结果与初始值比较显著变大或变小都不是好事，一次绕组电流变小你知道意味着什么吗？

本章重点

1. 串级式电压互感器一次绕组电流异常原因。
2. 电容式电压互感器开口三角电压变化判断电容器缺陷。

复习题

1. 如何进行串级式电压互感器一次绕组电流的测量，能发现什么缺陷？
2. 电容式电压互感器开口三角为什么会有电压？

第二十八章

GIS 局部放电带电检测技术

运行中的 GIS 发生故障的原因，可能是母线气室内有超过一定长度的自由金属体，也可能是由于高压屏蔽层与高压导体或气室间的连接问题而引起的电火花，还可能是因为尖端（突起）部位产生的电晕放电，所有这些问题都会在 GIS 发生故障之前引起局部放电现象。有时局部放电会立即引起设备故障，而有时局部放电现象能够存在数月甚至更长时间，每次局部放电都会对设备绝缘产生一定程度的损坏，而且这种损坏会逐渐积累，当其累计损坏量足够大时，就会击穿绝缘介质，造成短路，使设备彻底损坏。局部放电量的大小本身并不能指示设备发生故障的危险程度，但局部放电的产生来源必须查明，然后才能评估局部放电对设备的影响程度。

GIS 中的局部放电根据放电产生部位的不同大致可以分为 5 种来源，导体上的毛刺放电、接地壳体上的尖端放电、盆式绝缘子/绝缘件表面的局部放电、绝缘子内部空隙、电场中的异物或屏蔽接触不良造成电位悬浮，如图 28-1 所示。

GIS 中的局部放电如果发生在绝缘表面或内部，可能会造成绝缘子沿面闪络；如果发生在内部空间，可能会造成内部 SF_6 气体绝缘气体劣化，产生较多带电粒子，在断路器操作或过电压情况下可能造成绝缘击穿。

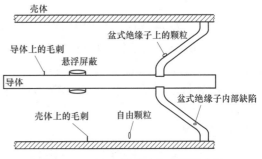

图 28-1　GIS 中局部放电来源示意图

目前，GIS 局部放电带电检测的主流方法有超声波法和特高频（UHF）法，两种方法检测原理、适用范围均有不同。

一、超声波检测法

（一）检测原理

GIS 局部放电时，分子间剧烈碰撞并在宏观上瞬间形成一种压力，产生超声波脉冲，包括纵波、横波、表面波。放电看起来像一次小的"爆炸"，它激励机械波在绝缘体中传播。在 SF_6 气体中只有纵波可以传播并且衰减很大，而在带电导体、绝缘子和金属壳体等固体中除纵波外还有横波传播，横波在固体中衰减小。由于超声波的波长较短，因此它的方向性较强，能量较为集中。通过安置在外壳上的超声波传感器可以接收到这些信号。通过黏合剂把超声波探头贴在 GIS 壳体外壁上，在超声波作用下，超声波探头的压电元件吸收两个断面上产生交变的束缚电荷，引起端部金属电极上电荷变化或在外回路上产生交变电流，再通过对超声波信号进行分析即可判断是否发生了局部放电。

由局部放电产生的超声波和金属屑撞击外壳引起的机械振动的频率，在数千赫兹到数十千赫兹之间，为去除其他的声源的干扰，传感器的检测频率一般选为1～20kHz。超声波检测法的优点是传感器与GIS设备的电气回路无任何联系，不受电气方面的干扰。缺点是现场除了局部放电以外，还存在不少其他原因可能引起外壳振动，而且有的振动还很强烈。由于不同原因引起振动的频率特性不同，因此可采用带通滤波器来减小外界的影响。

在选择测试点时，要求法兰之间最少1～2个点，一般选择气室的侧下方作为选点位置，母线筒选择靠近绝缘支撑部件的位置，在GIS拐臂、断路器断口处、隔离开关、接地开关、电流互感器、电压互感器、避雷器等处均应设置测试点。

对于罐式断路器，应该在其壳体上选择3～4个位置进行测试，一般选在断口下方、盆式绝缘子附近、支撑绝缘附近以及套管升高座位置等。

在测试中，需要使用耦合剂减小超声波信号的衰减，一般采用专用耦合剂或医用凡士林，耦合剂应有一定黏度，确保超声波探头与GIS壳体紧密接触，尽量将接触面上的气隙挤出，保证壳体的微小振动能被传感器接收。

超声波信号在环氧树脂绝缘中衰减很大，所以这种方法基本不能测量环氧树脂绝缘中的缺陷，因此超声波法无法检测盆式绝缘子中的缺陷（如气泡）。

（二）常用仪器及检测

目前常用的超声波局部放电测试仪工作频段为10～100kHz，在对自由颗粒、振动、悬浮电位等GIS内部缺陷产生的局部放电信号进行分析后，能用连续、相位和脉冲三种模式显示图像，通过测量特征进行诊断，具有较高灵敏度。超声波局部放电检测仪由主机、内置同步单元、传感器、数据传输电缆、外置前置放大器和数据处理软件等部件组成。

1. 仪器设置和测量模式

设置内容主要包括输入级、信号源选取、增益、上限频率、下限频率、平滑和包络线等。可选模式包括连续测量模式、脉冲测量模式和相位测量模式。

连续测量模式下，波形显示声信号的有效值（RMS value）、峰值（Periodic peak value）、50Hz/100Hz（Frequency 1content/Frequency 2content）相关性等信号，如图28-2所示。连续图谱共有4个柱状图，分别为信号的有效值、峰值、50Hz的相位相关性、100Hz的相位相关性。因为局部放电都是与电源的相位相关的，根据局部放电在不同的相位放电特性，能判断出放电的性质，如毛刺、悬浮电位等。

脉冲模式下，如果电场的库仑力超过重力，颗粒就会上下跳动。每次颗粒撞击壳体就产生一个宽带的瞬态声脉冲，它在壳体内来回传播。来自这种颗粒的声信号是颗粒端部的局部放电和颗粒碰撞壳体的混合信号。脉冲模式图显示出由明显的自由颗粒存在时测得的脉冲幅值及时间延迟，描述了颗粒的大小和数量，以及中心导体与外壳间的声源的位置，如图28-3所示。这种模式与颗粒的特性密切相关，颗粒以像弹道一样的抛物线方式跳动。

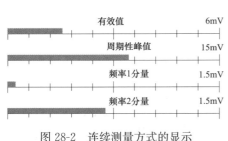

图 28-2 连续测量方式的显示

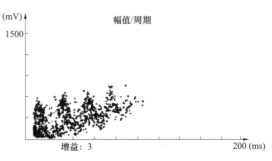

图 28-3 GIS 中自由颗粒的幅值与飞行时间关系的脉冲模式显示

相位模式下，可以得到一个与工频有关的幅值与相位的关系图，显示在同一参考电压下声波脉冲在横轴和纵轴上的幅值。相位图主要用于显示局部放电和电晕，用来判断局部放电和电晕是否与工频周期存在关系。图 28-4 为某变电站 GIS 中测得的屏蔽松动的相位图，从中可以看出电气悬浮屏蔽放电和工频周期的相关性。

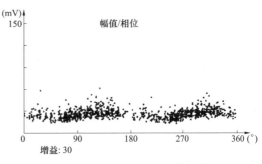

图 28-4 松动屏蔽的相位图示例

2. 检测判断依据

(1) 毛刺放电。带电部分或壳体上的突起将使局部场强增大，当交流场强超过某一水平时，首先在负峰值处发生放电。当电压继续升高，放电次数增加，则在正峰值处也可能放电。因此，毛刺放电信号的 50Hz 相关性较强。毛刺放电的典型图谱如图 28-5 所示。

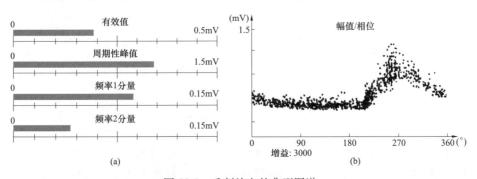

图 28-5 毛刺放电的典型图谱
(a) 连续模式；(b) 相位模式

毛刺放电故障时，连续模式下有效值和峰值都会增大，信号稳定，而 50Hz 相关性明显，100Hz 相关性较弱。在相位模式下，一个周期内会有一簇较集中的信号聚集点。

(2) 自由颗粒。电场强度足够大时，颗粒开始跳动，将会使工频耐受电压水平大幅降低。颗粒与壳体碰撞一次，便发射一个宽带瞬时超声脉冲，它与 50Hz 和 100Hz 相关性很弱。在脉冲模式中，可以看到颗粒的运行轨迹，很明显看到颗粒的飞行高度和飞行时间。危险颗粒是细长形而且跳得很高的颗粒。自由颗粒的典型图谱如图 28-6 所示。

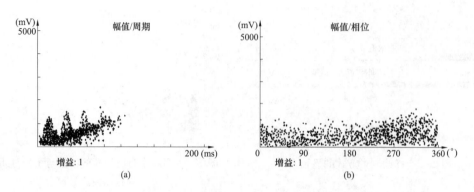

图 28-6　自由颗粒放电的典型图谱

(a) 脉冲模式；(b) 相位模式

自由颗粒故障的连续模式图谱中，有效值和峰值会很大，往往达到几百甚至上千毫伏，其信号不稳定，表现为周期性的波动，而 100Hz 和 50Hz 相关性没有。对信号进行危险性评估，需要进入脉冲模式观察颗粒的幅值和飞行时间，从而判断颗粒的危险性。

(3) 电位悬浮放电。松动或接触不良会引起电位悬浮，有时电场屏蔽松动并开始振动，也可能是电接触松动而变为电位悬浮。一块大的悬浮金属体将可能被充电，并当物体与基点之间的电压超过耐受电压时就会发生大规模放电或电弧。这类放电一般发生在电压上升沿，产生一大的连续的 100Hz 为主的包络线，并且有低的波峰因数。电位悬浮放电的典型图谱如图 28-7 所示。

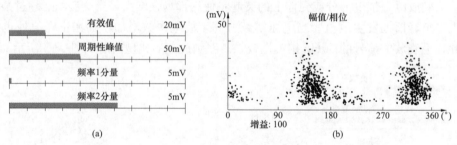

图 28-7　电位悬浮放电的典型图谱

(a) 连续模式；(b) 相位模式

电位悬浮故障连续模式中有效值和峰值都会增大，信号稳定，而 100Hz 相关性明显，50Hz 相关性较弱。在相位模式下，一个周期内会有两簇较集中的信号聚集点。

(4) 绝缘子上的颗粒。移动到绝缘子上的颗粒有许多种的行为方式。它可能在绝缘子四周移动，并可能放电、充电；也可能固定到绝缘子上，并向绝缘子表面放电，因绝缘子表面不是自恢复绝缘材料，也可能损害表面，从而导致击穿。

目前，有关绝缘子表面上的颗粒发出的超声信号已知规律有限，研究表明这些放电没有确定的超声信号，但　部分自由绝缘子上大颗粒的信号可以被灵敏的传感器探测到，其基本特征如下：信号不稳定，但不像自由颗粒那样变化大，有一定的稳定值；表现出 50Hz 的相关性较强，但 100Hz 的成分也有；在紧邻盆子附近信号强，距离远则很弱。目前很难给此类缺陷制定相关危险性判据，但此类缺陷是极为危险的，一旦发现应及时处理。

（5）机械振动。有些缺陷形成了机械振动，但没形成悬浮电位，应加以区分。机械振动超声信号不稳定，在相位模式下，呈现多条竖线并在零点（180°）左右两侧均匀分布。机械振动的典型图谱如图 28-8 所示。

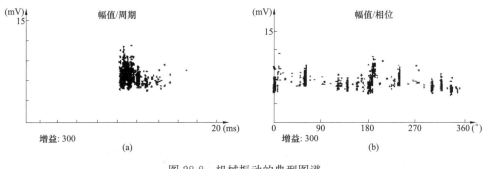

图 28-8　机械振动的典型图谱

（a）脉冲模式；（b）相位模式

（三）典型案例

1. 275kV GIS 超声局部放电检测

对国外某变电站 275kV GIS 进行超声波局部放电测试时，发现疑似局部放电信号，其相位图如图 28-9 所示。

分析图形，放电集中在负半周，判断缺陷为毛刺性质。将该气室打开检查，发现有微小颗粒，壳体油漆上有一条长约 15mm 的划痕，将颗粒清扫后，局部放电信号仍然存在，因此确定放电由划痕引起，处理后，局部放电信号消失，其相位图如图 28-10 所示。

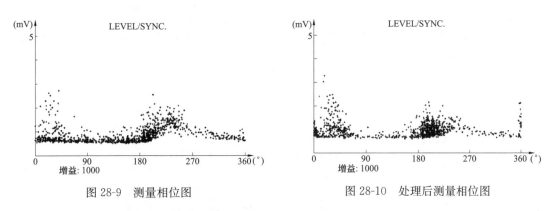

图 28-9　测量相位图　　　　　图 28-10　处理后测量相位图

2. 220kV GIS 超声局部放电模拟检测

某单位进行了模拟试验，在 220kV GIS 一相导体上放置长 2cm 的细铜线，模拟尖峰放电，用超声波局部放电测试仪与电测法局部放电测量装置进行测试对比。给此相加压，另两相接地，升压到 45kV 时，局部放电产生。此时，电测法局部放电测试仪还没有信号。升压到 90kV，电测法局部放电测试仪显示 3.9pC；超声波局部放电测试仪显示峰值 3.9mV，测试波形如图 28-11 所示，50Hz 相关性大于 100Hz 相关性，相位图谱表征放电集中在负半周，放电发生在导体上。

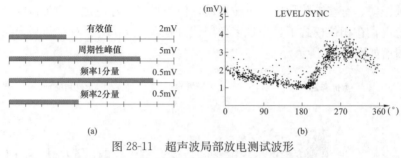

(a)   (b)

图 28-11　超声波局部放电测试波形

（a）连续模式；（b）相位模式

试验设备如图 28-12 所示。

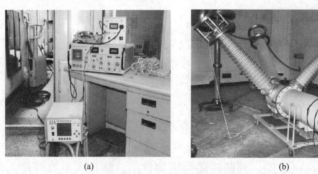

(a)   (b)

图 28-12　电测法与超声波法对比试验设备及试品

（a）电测法与超声波法局部放电测试仪；（b）试验试品

3. 110kV GIS 超声局部放电检测

对某变电站 110kV GIS 进行超声波局部放电检测时，发现一隔离开关气室信号峰值较大，达到 1000mV，如图 28-13 所示，放电主要集中在负半周，怀疑隔离开关触头放电，解体后发现，隔离开关动触头已部分烧蚀。

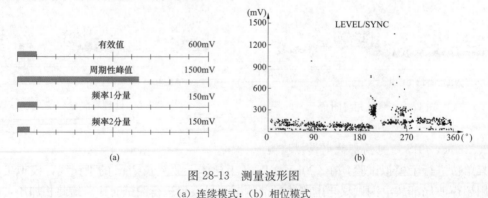

(a)   (b)

图 28-13　测量波形图

（a）连续模式；（b）相位模式

4. 220kV GIS 超声局部放电检测

某变电站 220kV GIS 投运后，进行超声波局部放电测试，B 相 TA 气室有微弱信号，幅值为 1.2mV，2 个月后再次检测，信号增长到 20mV，波形如图 28-14 所示，相位图表征为正负半周都放电，判断为悬浮电位放电。

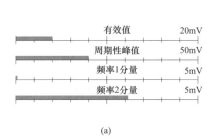

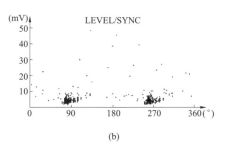

(a)   (b)

图 28-14　测量波形图

(a) 连续模式；(b) 相位模式

对该气室解体后发现，TA 导杆接头屏蔽不良，如图 28-15 所示。

二、特高频检测法

（一）检测原理

在 GIS 中发生局部放电时会产生正负电子的中和，同时伴随有一个很陡的电流脉冲。这个脉冲的持续时间只有几到几十毫秒，但微波在气室中的谐振时间可达到数毫秒，使得在气室中多次谐振的频率最高可达 1.5GHz 以上。这是因为 GIS 的同轴结构相当于一个良好的波导，信号在其内部传播时衰减很小。电晕放电

图 28-15　TA 导杆

在空气中的特征是电晕脉冲持续时间较长，波头上升较缓，其频率一般在 300MHz 以下，信号传播衰减很快。若使用特高频段检测 GIS 内部的局部放电信号，可以避开难以识别的电晕干扰，提高信噪比（S/N）。

GIS 中的局部放电总是发生在充满高压 SF_6 气体的很小的间隙内，而且局部放电存在的时间极短（ns 级），迅速衰减湮灭。局部放电脉冲的快速上升前沿包含频率高达 1GHz 的电磁波，该电磁波因为 GIS 气室的共振作用，进而形成多种模式的特高频谐振电磁波（UHV wave）。由于 GIS 气室就像一个低损耗的微波共振腔，局部放电信号的振荡波在气室中存在的时间得以延长，可以长达 1ms，从而使安装在 GIS 上的内置/外置耦合器（Internal/External Coupler）有足够的时间俘获这些信号。

常用的电测法即脉冲电流法频率测量范围一般为 40kHz～1MHz，而 UHF 法的测量频率范围为 300MHz～3GHz，具有更高的灵敏度和抗干扰能力，可以用于局部放电点定位、故障类型识别和在线检测。

特高频检测系统由特高频传感器、高速数据采集单元、分析诊断软件三部分组成。国外一般将特高频传感器内置于 GIS 设备内，以避免外界电磁干扰，其外观如图 28-16 所示，但是这需要在 GIS 制造阶段预先将传感器埋入设备内，这使 GIS 制造成本大幅增加，而且已运行的设备无法实现。目前在我国置传感器方法应用有限。

由于 GIS 内多处装有盆式绝缘子，这些绝缘子均为非铁磁材料，可以透射特高频电磁波信号，当 GIS 设备局部放电产生的电磁波沿金属轴（筒）传播时，部分信号可通过绝缘子向外辐射，将 UHF 传感器布置在盆式绝缘子处，即可接收这些从 GIS 设备内部传出的信号，实现对 GIS 局部放电的在线监测，如图 28-17 所示。利用便携式外置传感器可以方便地

对 GIS 局部放电进行检测；同时，还可以采用多个传感器对 GIS 局部放电实现连续的在线监测，而这种方法比内置传感器法成本要低很多。国内多采用这种方法。

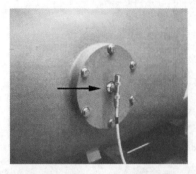

图 28-16　内置特高频传感器外观图

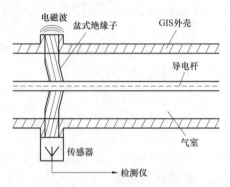

图 28-17　UHF 法测量 GIS 局部放电示意图

对于外置传感器，抗干扰是很重要的问题。局部放电测量中所遇到的干扰主要来自电网中的电磁信号，如电晕干扰、开关操作过程中产生的干扰以及各种高压电气设备产生放电等，这些干扰均属于脉冲型干扰信号，其特征往往与局部放电信号相近，甚至一致。因此，就局部放电检测技术而言，解决测量中所遇到的干扰问题是目前传统局部放电测量中的主要难题。研究认为，GIS 设备以外的干扰信号，其频谱范围较 GIS 设备内的局部放电信号要窄的多，一般认为频率在 150MHz 以下，信号在传播过程中衰减很快，几乎对 GIS 设备局部放电测量装置不构成影响。

（二）检测仪器及判据

特高频局部放电检测设备通常采用全波段检测技术，能够检测 100～1500MHz 的特高频信号，而且信号采集灵敏周期分为 64 个时间段（每个时间段 312μs），分别记录每个时间段内局部放电信号的数量、幅值和相位信息。耦合器俘获的局部放电信号的强度很弱，仅为毫伏级，经过放大器放大后，用局部放电专家软件进行分析，判断 GIS 可能存在的缺陷。

1. 检测仪器构成

系统由主机和传感器两部分组成。检测时，传感器安装在 GIS 外部的某一盆式绝缘子上，该盆式绝缘子的其他部分敷设柔软的金属屏蔽带，以防止外部干扰信号的传入，具体部件如图 28-18 所示。

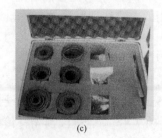

(a)　　　　　　　　　　(b)　　　　　　　　　　(c)

图 28-18　检测系统元件

（a）便携式主机；（b）安装在 GIS 盆式绝缘子上的传感器；（c）防止外部干扰的软屏蔽带

利用人工智能技术建立用于局部放电分析判断的人工神经网络模型，发展出了功能强大的局部放电专家分析系统，对局部放电信号进行分类识别，剔除各种杂波的影响（如空气中的局部放电信号、手机信号等），然后根据放电的类型、发展变化情况和数据库中的上百万个经典局部放电案例，分析判断该局部放电的发展趋势和可能造成的影响，给出合理建议。

在检测到 GIS 设备有局部放电现象时，通过分析、识别其波形图谱，确定引起局部放电的缺陷类型后，就需要进行定位，找出局部放电缺陷的位置，以便进行维修。局部放电的定位，是通过准确测定局部放电信号从不同方向经传感器到达检测仪的时间差来进行的。

由于系统工作在 100～1500MHz 的特高频电磁波段上，衰减、散射现象在传播过程中对特高频信号的影响很大，使局部放电信号快速减弱，因此为了获得准确的测量结果，沿着 GIS 最少每 20m 进行一次测量。

2. 检测判断判据

（1）自由粒子（particle）。自由粒子是 GIS 内部发生率较高的绝缘缺陷，自由粒子在电场作用下的移动会导致绝缘的破坏。自由粒子局部放电的典型图谱如图 28-19 所示。

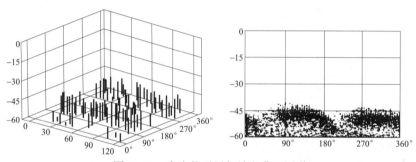

图 28-19　自由粒子局部放电典型图谱

（2）毛刺（protrusion）。毛刺局部放电是指 GIS 内部高压导体或外壳内部尖端突出部位发生的局部放电。GIS 运行操作中，断路器、接地开关及隔离开关的可动电接触部位分、合动作时也有可能发生毛刺局部放电。毛刺局部放电典型图谱如图 28-20 所示。

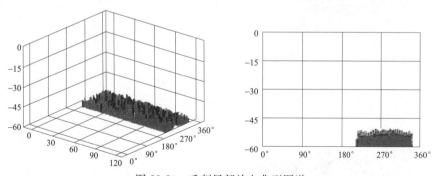

图 28-20　毛刺局部放电典型图谱

（3）悬浮电极（Floating electrode）。指本应完全附着在高压导体上的物质从高压导体脱落，形成浮游电极。悬浮电极局部放电典型图谱如图 28-21 所示。

（4）绝缘件缺陷（defective insulator）。GIS 绝缘件在生产或组装过程中，由于存在内部气孔、龟裂、表面受损或污染，有可能产生局部放电。绝缘件缺陷局部放电典型图谱如图 28-22 所示。

（5）外界杂波（noise）。变电站 GIS 周围的 UHF 频率波段可能存在多种电磁波信号，包括空气中发生的浮游电极及突出电极放电信号、无线通信信号、雷达信号、各种广播信号、电机等多种外界杂波。常见的外界杂波典型图谱如图 28-23 所示。

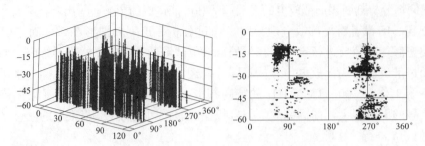

图 28-21　悬浮电极局部放电典型图谱

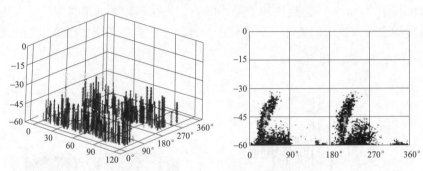

图 28-22　绝缘件缺陷局部放电典型图谱

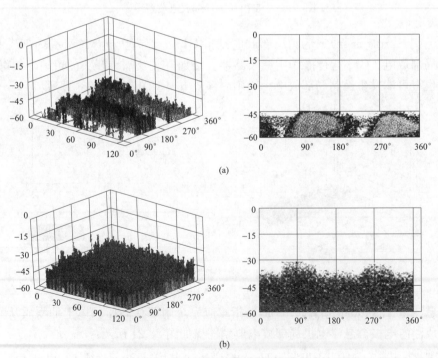

图 28-23　外界杂波典型图谱（一）

（a）电晕干扰；（b）电机干扰

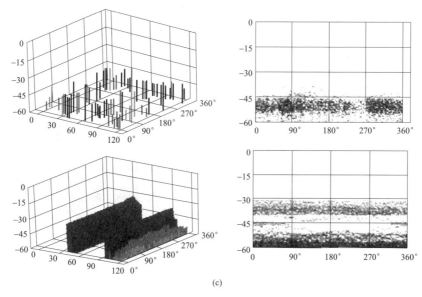

(c)

图 28-23 外界杂波典型图谱（二）

（c）无线通信干扰

（三）典型案例

1. 220kV GIS 特高频检测

某发电厂 220kV GIS，投运后检测中发现微弱放电信号，持续跟踪，局部放电信号持续增大，信号特征呈现悬浮电极的性质，停运解体后，发现导杆连接处断裂。放电图谱及缺陷如图 28-24 所示。

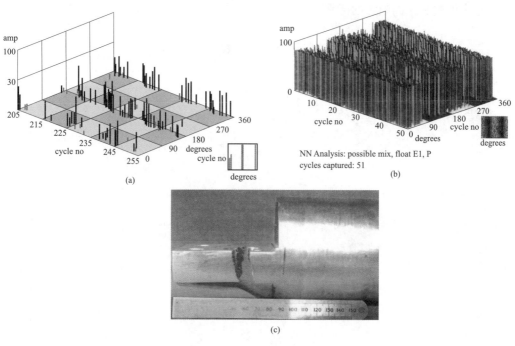

图 28-24　放电图谱及缺陷

（a）初次检测图谱；（b）停运前检测图谱；（c）缺陷

2. 500kV GIS 在线特高频检测

某变电站 500kV GIS，在例行带电检测中发现放电信号，图谱呈现毛刺放电的性质，解体发现一个隔离开关静触头触指座烧损。放电图谱及缺陷如图 28-25 所示。

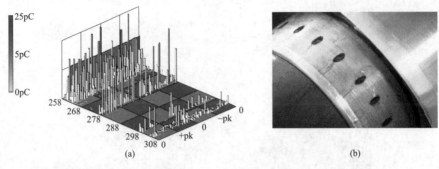

图 28-25　放电图谱及缺陷
（a）放电图谱；（b）缺陷

本章提示

　　在线检测技术是近年发展起来的新兴技术，能够在 GIS 正常运行的情况下进行局部放电检测，提前发现设备潜在缺陷。本章介绍了 GIS 局部放电在线检测的两种原理、常用检测仪器及判断依据。

本章重点

　　1. GIS 中局部放电的来源及分类。
　　2. 超声波法和超高频法的区别。

复 习 题

　　1. GIS 中局部放电的来源有几类，各有什么特点？
　　2. GIS 局部放电在线检测的常用方法有几类，各有什么特点？

第二十九章

变压器油在线监测

一、变压器油的色谱分析

通过对变压器和电抗器等充油设备定期进行油色谱分析，可以发现一些潜在缺陷，避免事故发生。但也出现个别变压器进行了色谱分析，结论为合格，但运行中仍然跳闸、设备损坏。经分析认为，由于定期检测周期不可能太短，本来合格的设备由于各种原因产生了缺陷，而且发展很快，未到下一个检测时间，事故就发生了。为了避免上述事故的发生，对于充油的变压器等设备，安装油色谱在线监测装置，可以实时监测内部的潜伏性故障。

二、在线监测装置及分类

目前常用的油色谱在线监测装置按检测原理可分为两类：气相色谱法监测装置和光声光谱法监测装置。

1. 气相色谱法监测装置

利用油泵、气泵将油气分离，利用载气带动气体样品定时传送至色谱柱进行分离，经分离后的气体通过检测器，转换成电信号，通过 A/D 转换获得气体组分的色谱出峰图，根据组分峰高或面积进行浓度定量分析。这种装置与实验室色谱分析仪原理类似，两者最大区别在于实验室采用的氢焰检测器精度要高于在线监测装置采用的热导传感器。

2. 光声光谱法在线监测装置

光声光谱技术是基于光声效应来检测吸收物体积分数的一种光谱技术，即气体分子吸收特定波长的电磁辐射（红外光）所产生的效应。气体分子吸收经过调制的特定波长红外辐射而被激发到高能态，由于高能态极不稳定，分子随即以无辐射跃迁形式将吸收的光能变为热能而回到基态；宏观上表现为压力的变化，即产生声波。光声信号的相位与光的调制相位相同，而光声信号的强度与气体的体积分数及光的强度成正比。光的强度一定时，根据光声信号强度就可以定量分析出气体的体积分数。

三、在线监测装置的技术要求

1. 基本功能要求

（1）能够提供各组分气体浓度、绝对产气速率、相对产气速率数据，并给出趋势图、实时数据直方图，并能够通过改良三比值法、大卫三角法等故障诊断方法给出综合辅助诊断分析结果。

（2）具有油中溶解气体超标报警、装置功能异常报警、电磁抗干扰等功能，根据现场环境要求，具有恒温、除湿功能。

2. 测量误差

按照 Q/GDW 10536《变压器油中溶解气体在线监测装置技术规范》技术要求，测量误差性能定义为 A 级、B 级和 C 级，要求满足该等级全部气体组分的误差要求。具体各级测

量误差限制的要求见表 29-1。测量误差按照以下公式计算

$$相对测量误差＝\frac{在线监测装置检测数据－实验室气相色谱仪检测数据}{实验室气相色谱仪检测数据}×100\%$$

$$绝对测量误差＝在线监测装置监测数据－实验室气相色谱仪检测数据$$

表 29-1   **多组分在线监测装置测量误差要求**

检测参量	检测范围（μL/L）	测量误差限制（A 级）	测量误差限制（B 级）	测量误差限制（C 级）
氢气	2～20	±2μL/L 或±30%	±6μL/L	±8μL/L
	2～2000	±30%	±30%	±40%
乙炔	0.5～5	±0.5μL/L 或±30%	±1.5μL/L	±3μL/L
	5～1000	±30%	±30%	±40%
甲烷、乙烯、乙烷	0.5～10	±0.5μL/L 或±30%	±3μL/L	±4μL/L
	10～1000	±30%	±30%	±40%
一氧化碳	25～100	±25μL/L 或±30%	±30μL/L	±40μL/L
	100～5000	±30%	±30%	±40%
二氧化碳	25～100	±25μL/L 或±30%	±30μL/L	±40μL/L
	100～15 000	±30%	±30%	±40%

3. 装置测量重复性

对同一油样（总体≥50μL/L）连续至少 5 次测量，各种组分的测量结果以相对标准偏差 RSD 表示，RSD 应不大于 5%。

4. 交叉敏感性

对存在高浓度影响气体的油样，氢气和烃类气体的测量值仍应满足测量误差要求。

5. 最小检测周期

由变压器油中溶解气体在线监测装置的工作原理可知，装置每次检测分析需要油样循环、油样采集、油气分离、气体分析、数据处理等步骤，检测时间较长，最小检测周期这个指标规定了装置完成每次检测时间的上限。最小检测周期指正常工作条件下，装置从自动进样开始到给出分析结果所需要的时间，最小检测周期应不大于 2h（首次冷启动应不大于 4h）。

本章提示

变压器油在线监测有哪几种方法？

本章重点

变压器在线监测的意义。

复习题

油色谱在线监测装置的技术要求有哪些？

第三十章

红外成像技术检测电力设备热故障

目前电力系统广泛采用红外成像技术检测电力设备热故障，取得了很好的效果，为电力设备状态检修提供了有力技术支撑。

第一节　红外成像技术检测电力设备热故障的理论

根据辐射理论，一切温度高于绝对零度的物体，每时每刻都会向外辐射人眼看不见的红外线，也同时发射能量。物体温度越高发射的能量也越大。根据斯蒂芬尔兹量定律，辐射能量为

$$W = \varepsilon \delta A T^4 \tag{30-1}$$

式中　W——发热体发射的功率；

　　　ε——发射体的黑度（也称发射率）；

　　　δ——玻尔兹曼常数；

　　　A——发射体表面积，cm^2；

　　　T——发射体的绝对温度，K。

由式（30-1）可知，只要知道发射体表面的发射率 ε，再检测出红外辐射能量，就可推断出发射体的温度。

电力系统不论是高压设备还是低压设备（包括二次设备），在运行过程中总会因各种原因产生一些热故障点，即设备故障前的热征兆。电力设备运行中，本身就是一个发热体，在一定发热范围内，即在允许的温度下，对设备没有什么危害，也不影响设备寿命。有时还需要电力设备有一定的温度（如户外套管温度很低时，绝缘油凝固，出现间隙和气泡，反而对绝缘不利）。如果发热达到一定温度，超过设备允许值，会威胁设备安全运行。因为电力设备绝缘材料耐热性都有一个允许值（参照附录C），超过这个允许值时，会加速其产生热老化和热击穿。超过允许值8℃，一般A、B级绝缘材料寿命减半，即所谓的8℃法则。电力设备所用的金属材料也同样有温度限值要求，若超过允许值产生熔化，造成事故。

当带电设备有了热故障，其特点是以过热点的最高温度，形成一个特定热场，并向外辐射能量。通过远红外成像仪的光扫描系统，可以把这一热场直观地反映在显示屏上。根据这个热像图，很容易找出热场中的最高温度点，这个最高温度点就是热故障点。另外，红外热成像仪配有计算机，设置某些特定参数后即可在现场直接测量热场内任意一点的温度值。因此，红外成像仪应用于电力系统后，及时、准确地检出大量过热点（尤其是户外接头），为及时消除隐患发挥了重大作用，随着对此理论深入研究和现场经验的积累，红外成像技术在电力系统中应用更加广泛。

第二节　电力系统热故障分类、检测方法及优缺点

一、热故障分类

电力系统热故障多种多样，但一般分为以下几类：接触热故障（也称电流型）、机械磨损热故障（如潜油泵、电机等机械磨损引起）、电压型热故障（如变压器、互感器铁芯过热等）、电力设备元件变质老化热故障等；有时热故障又分为设备外部热故障（如各种裸露接头、压接管、连接片和隔离开关刀口等）、设备内部热故障（如内部接头松动、导线焊接处接触不良、断股等）；设备元件劣化指避雷器并联电阻劣化所引起的热故障等。另外，充油设备当油循环受阻和假油位等即可引起热故障，又可能引起冷故障。如散热器上下阀门未打开，使整个变压器温度上升，而个别散热器上下阀门未打开，又出现该散热器呈现温度低的冷故障。

二、热故障检测方法

检测热故障传统的方法是电力设备停电测量绕组直流电阻以判断接头接触是否良好，间接判断发热；测量接头的接触电阻，判断接触情况同样是间接判断发热；在户内外发热处贴示温蜡片，根据示温片颜色变化判断发热（事先已知道示温片颜色变化的温度）；设备运行时用绑有石蜡的绝缘杆，将石蜡和发热点相接触，根据石蜡是否熔化判断热故障（一旦石蜡熔化，温度已达到危险值）。设备内部热故障用埋测温元件法测量，如发电机定子绕组、铁芯温度的测量就是埋设测温元件，变压器上层油温测量采用温度计。

20世纪70年代电力系统推广远红外测温技术。开始时主要检测户外、户内的裸露的接头发热，效果十分显著，发现大量过热点，经及时处理防止很多事故发生。广大检测人员设有满足只检测外部接头发热，又深入研究和实践高压设备内部热故障的传热、表面热场分布；并进行模拟试验研究和大量现场检测统计分析，逐渐掌握各种高压设备内部热故障的热场分布规律与设备外表面红外成像特征。目前除少数内部热故障和极特殊设备热故障外，大多数内部热故障均可在设备外壳有温度响应，适用于红外成像技术诊断。远红外成像技术基本上覆盖电力系统一次和二次设备热故障诊断。

三、热故障诊断方法的优缺点

传统的诊断方法也发现一些热故障，但也存在一些不足：有些诊断项目需要停电，而且所测温度是整体设备的平均温度，不是我们需要的最高温度。

远红外成像技术能检测大部分热故障，而且不需要停电，并能分辨最高热点，但目前远红外成像技术对某些设备存在盲区，如大型发电机、变压器和GIS装置内部有热故障时，还是难以诊断，绝缘子串当劣质时（绝缘电阻为$15\sim10\text{M}\Omega$），其温升和正常绝缘子相差较小，从热像图中也难以识别。

尽管远红外成像技术在电力系统的应用时间不长，但由于是非接触、不停电、安全、准确、使用方便和实时等优点，在电力系统应用方兴未艾，至于目前还存在的不足，也会逐渐得到克服，使该技术成为带电检测园地的瑰丽奇葩。

第三节　红外成像技术专用名词

红外成像技术测温有专用名词，个别专用名词和一般技术名词虽然名称相同，但含义有所区别。

一、温升

一般技术温升指设备温度与环境温度之差，但在红外成像技术中的温升指被测设备表面温度和环境温度参照体表面温度之差。环境温度参照体指用来采集环境温度的物体。它不一定具有当时的真实环境温度，但具有与被检测设备相似的物理属性，并与被检测设备处于相似的环境之中。

二、相对温差

两个对应测点之间的温差与其中较热点的温升之比的百分数。相对温差 δ_t 可用下式求出

$$\delta_t = (\tau_1 - \tau_2)/\tau_0 \times 100\% = (T_1 - T_2)/(T_1 - T_0) \times 100\% \qquad (30\text{-}2)$$

式中　τ_1、T_1——发热点的温升和温度；

　　　　τ_2、T_2——正常相对对应点的温升和温度；

　　　　τ_0——环境温度参照体的温度。

三、电压致热型缺陷

由于电压效应引起发热的缺陷。

四、电流致热型缺陷

由于电流效应引起的发热的缺陷。

五、综合致热型缺陷

即有电压效应，又有电流效应，或者电磁效应引起发热的缺陷。

六、一般检测

适用于用红外成像仪对电力设备进行大面积检测。

七、精确检测

主要用于检测电压致热型和部分电流致热型设备内部过热缺陷，以便对设备故障进行精确判断。

八、噪声等效温差（NETD）

用红外成像仪观察一个低空间频率的靶标时，当其视频信号的信噪比（S/N）为 1 时，观测者可以分辨的最小目标与背景之间的等效温差。NETD 是评价红外成像仪探测目标灵敏度和噪声大小的一个客观参数。

九、准确度

在最大测量范围内，允许的最大温度误差，以绝对误差或误差百分数表示。

第四节　红外成像技术判断方法和缺陷处理

根据红外成像技术的特点和多年实践经验，对过热缺陷的判断方法如下所述。

一、缺陷判断方法

（1）表面温度判断法。主要适用于电流致热型缺陷和电磁效应引起的发热缺陷。根据附录A、B有关规定，由所测表面温度高低、负荷大小、环境温度等综合判断。

（2）同类比较判断法。由同组三相设备、同相设备之间及同类设备之间对应部位的温差进行比较分析。因为处于同样条件下，设备之间温差应该很小，如果温差大，说明温度高的设备有问题。该方法对电压致热型设备，再结合图像特征进行判断；对电流致热型设备，再结合相对温差进行判断。

（3）图像特征判断法。该方法主要用于电压致热型设备。对比同类设备正常状态和异常状态的热像图，判断设备是否正常。在判断时结合电气试验或化学分析结果综合判断。

（4）相对温差判断法。该方法主要适用于电流致热型缺陷。特别是对小负荷电流致热型缺陷（如电流互感器）可降低缺陷漏判率。

（5）档案分析法。同一设备不同时间的温度场分布分析，可以找出致热参数的变化，判断设备是否正常。该方法根据运行参数和环境相同时温度场分布变化，可更直观反映设备是否有问题。

（6）实时分析判断法。在一段时间内使红外成像仪连续检测某一台设备，观察该设备随负荷、时间等因素的变化。对于有异常的设备，可以利用该方法进一步诊断其过热原因。

（7）图集法。将红外成像仪所检测图像，绘制图集，将所测图像和图集比对进行判断。相同设备所检测图像通过与图集中图像比对，可以判断设备目前是否有缺陷。

二、缺陷类型确定和处理方法

过热缺陷一般分为3类：①一般性缺陷，指设备存在过热，有一定温差，温度场有一定梯度，但不会引发事故。这种缺陷处理办法是要求记录下来，跟踪检测观察缺陷发展，如果发展很快，则应尽快安排停电处理；如果发展缓慢，则利用停电机会进行电气试验和检修消除。②严重缺陷，指设备存在过热，程度较重，温度场分布梯度较大，温升大的缺陷。这类设备缺陷应尽快处理。对电流致热型设备，应采取必要措施，如加强通风和检测，必要时降低负荷；对电压致热型设备，应加强检测并安排其他检测手段，待缺陷性质确定后，立即采取措施消除之。③危急缺陷，指设备最高温度超过最高允许温度的缺陷，如A级绝缘设备，最高温度已超过最高允许105℃。这类设备应立即安排处理。电流致热型设备，如变压器、电机等应立即降低负荷，使最高温度降低到允许值以下；对有些难以降低负荷使温度下降的设备，如并联电抗器，则应立即停电处理。对电压致热型设备，缺陷明显时，应立即处理，或退出运行，如有必要可安排其他试验手段进一步确定缺陷性质。

电压致热型设备一般定为严重及以上的缺陷。

第五节　红外成像技术现场检测的要求

为了正确检测出热故障，对现场检测有一定的要求。

一、对检测人员的要求

（1）检测人员应熟悉红外成像技术的基本原理和诊断程序，了解成像仪工作原理、技术参数和性能，掌握操作程序和使用方法。

（2）了解被检测设备的结构特点、工作原理、运行状况和导致热故障的基本因素。

（3）熟悉带电设备红外诊断应用规范内容。

（4）具有一定的现场工作经验，熟悉并能严格遵守安全规程。

二、检测环境条件要求

1. 一般检测要求

（1）被测设备是带电运行设备，应尽量避开视线中的遮挡物，如门窗和盖板等。

（2）环温一般不低于5℃，相对湿度不大于85%；天气以阴天、多云为宜，夜间最佳；检测时风速不大于5m/s，并不应在雷、雨、雾、雪等气象条件下进行。

（3）户外晴天检测应避免阳光直射或反射进入仪器镜头，在室内或晚上检测应避开灯光直射，闭灯检测。

（4）检测电流致热型缺陷，应在电流最大时进行。如果不是最大电流，一般应不低于额定电流的30%，并考虑小电流对检测结果的影响。

2. 精确检测要求

除满足一般检测要求外，还要满足以下要求：

（1）风速一般不大于0.5m/s。

（2）设备运行不小于6h，最好24h。

（3）检测为阴天、夜间或晴天日落2h后。

（4）避开强电场和强磁场对成像仪的正常工作的干扰。

（5）被检测设备应具有均衡的背景辐射，尽量避开附近热辐射源的干扰，某些检测设备还应避开人体热源的干扰。

三、成像仪的要求

1. 便携式成像仪

满足精确检测的要求，测量精度和测温范围满足现场测试要求，性能指标较高，具有较高的温度和空间分辨率，具有大气条件的修正模型，操作简便，图像清晰、稳定，有目镜取景器，分析软件功能丰富等。

2. 手持式成像仪

满足一般检测要求，有最高点温度自动跟踪，采用LCD显示屏，可光取景器，操作简单，仪器轻便，图像比较清晰、稳定等。

3. 线路适用型成像仪

满足成像仪的基本要求，配备有中、长焦距镜头，空间分辨率达到使用要求。当采用飞机巡线检测时，成像仪应具备普通宽视野镜头和远距离窄视野镜头，并可根据要求方便切换。

4. 在线型热成像仪

将成像仪固定在被测设备附近，进行在线监测，并将信号反馈到主控系统。要求有外部供电接口，连续稳定工作时间长，并能满足全天候的环境使用条件，其信号和接口可根据系统要求定制。

第六节　现场红外成像测温操作方法

现场红外成像测温分为一般检测和精确检测两种操作方法。

一、一般检测操作方法

仪器开机后需进行内部温度校准，待图像稳定后即可进行工作。一般先进行远距离所有被测设备全面扫描，如发现有异常时，再近距离针对性地对异常部位和重点被测设备进行准确检测。

仪器的色标温度量程宜设置在环境温度加 10～20K 的温升范围。有伪彩色显示功能的仪器，宜选择彩色显示方式，调节图像使其具有清晰的温度层次显示，并结合数值测温手段，如热点跟踪、区域温度跟踪等手段进行检测。

应充分利用仪器的有关功能，如图像平均、自动跟踪等，以达到最佳检测效果。

当环境温度发生较大变化时，应对仪器重新进行内部温度校准。一般被测设备的辐射率为 0.9 左右。

二、精确检测操作方法

检测温升所用的环境温度参照体应尽可能选择与被测设备类似的物体，且最好能在同一方向或同一视场中选择。

在安全距离允许条件下，红外仪宜尽量靠近被测设备，使被测设备（或目标）尽量充满整个仪器的视场，以提高仪器对被测设备表面细节的分辨能力及测温准确度，必要时，可使用中、长焦距镜头。当检测线路温度时一般需使用中、长焦镜头。

为了准确测温或方便跟踪，应事先设定几个不同方向和角度，确定最佳检测位置，并且做上标记，以供今后的复测用，提高互比性和工作效率。

正确选择被测设备的发射率，特别要考虑金属材料表面氧化对选取发射率的影响，发射率选取具体见附录 D 所示。

将大气温度、相对湿度、测量距离等补偿参数输入，进行必要修正，并选择适当的测温范围。

检测时应记录设备实际负荷电流、额定电流、运行电压、被检物体温度及环境参照体的温度值。

第七节　悬式绝缘子红外成像检测

对于悬式绝缘子中的零值绝缘子检测，传统的检测方法是在运行电压下，利用带电火花间隙放电。但这个方法属于带电作业，有一定风险，而且还是高空作业，很不方便。

经研究和实践采用红外成像技术，同样可以达到目的，但比较方便，而且风险降低。

《规程》规定：当悬式绝缘子的绝缘电阻降低到 300MΩ 以下，称为劣质绝缘子。如果绝缘电阻为 10～300MΩ 的绝缘子，称为低值绝缘子；而把绝缘电阻为 10MΩ 以下者称为零值绝缘子。

当绝缘子的绝缘电阻为 10～300MΩ 时，它的发热功率大于正常绝缘子的发热功率，其温升也亦高，用红外成像技术检测时，它的红外热图像特征为绝缘子钢帽呈明亮。当绝缘子电阻为 5MΩ 以下时，由于分布电压很低，它的发热功率小于正常绝缘子，温升亦低，其红外成像图特征为钢帽呈黑暗。

如果绝缘子电阻在 5～10MΩ 时，其发热功率和温升与正常绝缘子相差很小，使红外成像技术热图像完全相同而无法识别，称为检测盲区。为了减轻检测悬式绝缘子风险和劳动强度，采用红外成像技术是必要的。

本章提示

　　红外成像技术是近年来广泛应用于电力设备故障诊断的新方法之一。本章介绍了红外成像技术检测电力设备热缺陷的基本理论，介绍了电力设备发热的分类及热成像技术适用范围，介绍了红外成像技术在电力系统的具体应用及检测注意事项。

　　你知道红外成像技术可以检测出哪些电力设备的热缺陷？你会用红外成像检测仪器判断出零值绝缘子吗？

本章重点

　　1. 红外成像技术检测电力设备的热缺陷的理论。

　　2. 红外成像技术在电力系统的应用。

复习题

　　1. 试述红外成像技术的原理。

　　2. 红外成像技术应用范围有哪些？

　　3. 简述红外成像的判断标准。

　　4. 红外成像检测时应注意什么？

第三十一章

其他行业检测技术在电力设备试验中的应用

其他行业检测技术有些也可以在电力设备试验中应用，而且经过实践效果显著。最早应用的检测技术有绝缘油色谱分析和红外成像技术。近几年又有 X 光射线检测和超声波无损探伤、紫外成像检测等技术。随着技术的发展，将来还会有更多的其他行业检测技术被应用。

第一节 X 光射线检测技术

X 光射线检测技术最早应用于医学、金属探伤等领域。电气设备也有金属件、绝缘件，同样可利用 X 光射线检测技术，检测上述部件是否有裂纹等缺陷。

该技术比较成熟，在电力设备试验应用后，一方面可以直接检测金属件、绝缘件内是否有气孔、裂纹等缺陷，还可以检查绝缘拉杆（如 GIS 装置）两端嵌件与树脂结合面是否良好；另外 X 光射线成像仪的使用，应用在 GIS 装置检测，通过拍片或可视图像可获得内部各角度图像，一目了然找出存在的机械损伤、触头位置不正、元件松动、绝缘子中气泡等缺陷。

第二节 SF_6 气体分解物化学检测

与绝缘油色谱分析一样，对 SF_6 气体绝缘设备中的 SF_6 气体分解物成分、数量分析，可以判断故障性质和严重程度，如开展定期分析，可以事先发现存在的问题。

SF_6 气体分解物化学检测有两种方法，一种是现场采用化学剂试管法；另一种是专门检测仪法。

化学剂试管检测法，在试管内部装有敏感的指示剂，它们与 SO_2、HF（SF_6 气体分解物）相互作用后立即改变颜色。由颜色的改变判断产生的气体成分。另外，试管还可以鉴别出 SO_2、SOF_2，从而可判断设备内部闪络故障是发生在气体间隙还是在绝缘子附近。因为在绝缘子附近闪络时，含有 SO_2 浓度大。

化学检测另一种方法是采用专门的检测仪器进行。此类仪器可以分析 SOF_2、SO_2、CO、Mg 和杂质等。如对一台 GIS（750kV）装置跳闸后，对各气室气体成分和数量测量，其中一个气室测出 SO_2 含量为 $18.4\mu L/L$，HF 含量为 $5.29\mu L/L$，CO_2 含量为 $7\mu L/L$，其他气室气体含量正常，确定该气室为故障部位。后经解体检查证实上述判断是正确的。

如果现场定期开展对 SF_6 气体绝缘电力设备检测工作，如同绝缘油定期色谱分析一样，可以判断设备是否存在潜伏性故障。

第三节　超声波无损探伤检查

这项检测技术最早应用于金属探伤，在电力设备的应用最初是检测金属件、绝缘件裂纹等缺陷，后来又扩展应用范围，用于电力设备局部放电检测和定位。

对于支柱绝缘子事故统计，大多数是由于机械原因，如法兰处金属和瓷结合处开裂导致运行过程中断裂。如果通过定期进行超声波探伤及时发现裂纹可以避免断裂事故发生。

一、超声波探伤原理

超声波探伤仪由导线和探头连接。探伤仪中设有高频发生器产生高频电压，经连接导线加在探头中的压电晶片上，并用晶体的逆压电效应激活晶片以相同的频率做弹性振动。当探头与介质紧密接触时，高频振动便以波的形式在介质中传播，遇到异介质面（缺陷或工件底面）时，产生反射，并为探头晶片所接收，再由晶片的正电压效应将弹性振动转变为高频电信号，经放大后，在探伤仪示屏上以一定形式显示出来，从而获得被试品内部有无缺陷及缺陷位置、大小等信息。

二、超声波探伤应用范围

目前超声波探伤在电力设备试验中应用在支柱绝缘子和 GIS 装置；另外，还可以对局部放电定位。

（1）支柱绝缘子超声波探伤。主要对铁瓷结合处裂纹、气孔进行探伤。

（2）GIS 装置超声探伤。一方面可对 GIS 装置中的金属工件进行气孔、裂纹检测；另一方面就是对 GIS 装置局部放电检测。GIS 装置裂纹检测与支柱绝缘子方法相同。

第四节　紫外成像检测技术

紫外成像检测技术，最初应用在火灾报警、河流治理、地震预报等领域。后来把它应用于电力设备放电检测。

紫外成像检测技术具有不接触、不受高频干扰、灵敏度高的优点，而且不受电流条件和人为因素限制，很适合电力设备的放电检测。

一、紫外成像技术的原理

高压电气设备放电时，由于电场强度不同，会产生电晕、闪络或电弧等形式的放电。放电过程中，空气中的电子不断获得和释放能量（即放电），便会发出紫外线。紫外成像技术就是利用这个原理，接收设备放电时产生的紫外信号，经处理后与可见光影像叠加，显示在仪器屏幕上，达到确定放电位置和强度的目的，从而为进一步评估设备的运行情况提供参考。紫外成像仪工作原理如图 31-1 所示。

二、紫外成像技术的功能

根据国内外多年紫外成像技术的研究与实践，紫外成像技术主要功能如下：①检测悬式绝缘子串中的零值绝缘子；②检测电晕放电和表面局部放电的来源；③检测支柱绝缘子上的微观裂纹；④评估绝缘的表面电导（污秽程度）；⑤判定发电机定子线棒绝缘缺陷；⑥检测运行中电力设备外绝缘闪络痕迹；⑦评估高压带电设备布局、结构、安装工艺、设

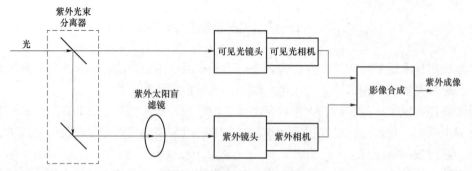

图 31-1　紫外成像仪工作原理图

计是否合理；⑧清晰观察由于高压输电线路断股及线径过小而引起的电晕放电；⑨找出干扰通信线路的高压输电线路放电部位；⑩快速发现高压输变电设备上可能搭接的导电物体，如金属丝。另外，在发电机定子绕组端部电晕检测也可应用此技术，详见第二十二章第二十节。

三、紫外成像仪技术要求

1. 基本功能

（1）成像：仪器应具备对紫外光和可见光分别成像和叠加显示的功能。

（2）日盲：仪器应具备屏蔽日光紫外线干扰的能力。

（3）变焦：仪器可见光和紫外光成像系统宜具有同步变焦功能。

（4）调焦：仪器应同时具备自动调焦和手动调焦功能。

（5）显示：仪器应具备可实时清晰显示视频图像及相关信息的功能。

（6）紫外光子计数：仪器应具备指定区域内紫外光子数计数的功能。

（7）增益调节：仪器应具备增益调节功能。

（8）紫外阈值滤波：仪器应具备预设或可调的紫外光信号阈值滤波功能。

（9）积分功能：仪器应具备紫外检测信号积分（延长叠加）功能。

（10）记录和回放：仪器应具备图像和视频数据的记录、存储功能，并可随时调取查看已记录的视频和图像。

2. 高级功能

（1）语音记录功能。

（2）测距功能。

（3）定位功能。

（4）环境温湿度测量功能。

（5）无线传输数据功能。

四、同类型设备典型缺陷及特征

（一）悬式绝缘子

1. 缺陷类型

悬式绝缘子缺陷类型包括以下三个方面：

（1）瓷绝缘子串中的零值绝缘子。

（2）绝缘子表面污秽、异物附着、裂纹、破损，钢脚胶装水泥开裂，连接部位松脱及腐蚀。

（3）复合绝缘子伞裙破损、开裂、穿孔、芯棒碳化、护套开裂和端部连接装置损坏等缺陷。

2. 零值绝缘子放电特征及判别

（1）瓷绝缘子串中存在一定数量的零值绝缘子时，可引起其余绝缘子两端电压增大，部分绝缘子可能出现异常放电现象，可借助紫外成像仪通过比对进行辅助检测。

（2）瓷绝缘子串中存在零值绝缘子会导致靠近导线的第一片绝缘子产生放电或使其放电光强增大。绝缘子串中的零值绝缘子位置越靠近导线，第一片绝缘子表面放电光强越大；存在零值绝缘子数量越多，第一片绝缘子表面放电光强越大。

（3）通过检测一定数量且具有代表性的绝缘子串（不少于 20 串）的第一片绝缘子表面放电，确定放电光强平均值。在相同的外部条件（温度、湿度、海拔、是否降雨雪）下，检测其他绝缘子串第一片绝缘子表面放电光强，将二者进行对比，其比值大于 1.3，则绝缘子串中可能存在零值绝缘子。

（4）在空气湿度较大的环境下，如大雾、结露、雨雪等天气，绝缘子串中可能存在数个或全部绝缘子表面放电，若在放电绝缘子之间存在不放电的绝缘子，则此绝缘子可能为零值绝缘子。

3. 绝缘子本体缺陷放电特征及判别

（1）当绝缘子表面存在裂纹等缺陷时，在潮湿环境下缺陷处会产生局部放电。

（2）由于绝缘子破口、微裂纹和玻璃绝缘子鳞片状剥离而导致的放电特征，表现为放电沿绝缘子盘面向外扩展，利用高倍望远镜观察，在缺陷周围可能会出现因放电而吸附的污染物。

（3）复合绝缘子的电晕放电通常发生在均压环及高压端连接装置上，主要由于均压环设计缺陷、安装错误、外表损伤、腐蚀、变形等原因造成，不会造成绝缘子本身的迅速损坏，但会造成绝缘子合成材料表面污染和老化。

（4）复合绝缘子表面固定不动的局部放电可能是因为自身缺陷或表面局部严重污染引起的，必须引起高度重视，应对其放电原因进行认真分析，并对放电光强进行评估，必要时还应当借助望远镜观察进行验证。这种放电通常由以下原因造成：

1）由于内部放电造成玻璃纤维树脂芯棒碳化，在碳化部位末端橡胶外套孔洞或裂缝处产生电晕放电，通常伴随有明显的温度升高。

2）由于橡胶外套的破损使玻璃纤维芯棒暴露于空气中，在潮湿情况下产生电晕放电。

3）由于橡胶外套的老化、破裂引起的电晕放电。

4）由于电弧及污染物在护套表面形成碳化道引起的放电。

5）由于伞裙穿孔引起的放电。

4. 绝缘子表面污秽放电特征及判别

（1）当空气相对湿度较大时，绝缘子表面被高电导率物质污染部位会产生较强烈的局部放电，可利用高倍望远镜观察确认此类污染。

（2）沿绝缘子表面移动的放电，通常是由于绝缘子表面污染造成的。运行在某些特定污染区域的绝缘子沿　面放电会比较严重，为了有效地检出这类放电，应在空气湿度相对较大的环境下进行检测。

5. 绝缘子连接部位缺陷放电特征及判别

（1）在绝缘子与钢脚连接部位，如果胶装材料出现裂纹或局部脱落时，在潮湿环境下会产生电晕放电。

（2）绝缘子胶装部位缺陷放电一般集中在连接部位，不会沿绝缘子盘表面移动。胶装材料破损会造成钢脚腐蚀并影响绝缘子机械强度。

（3）绝缘子钢脚与铁帽连接部位锈蚀造成接触电阻增大，引起连接部位放电。放电会引起连接部位温度升高，加速金属表面的氧化和腐蚀。严重时可导致铁锈覆盖于绝缘子表面，造成绝缘下降引起闪络。

（4）未安装均压环的复合绝缘子，通常会在芯棒与端部附件结合部位发生严重的放电，加速复合绝缘子老化。

（5）复合绝缘子均压环放电通常存在于复合绝缘子带电端，如放电发生于复合绝缘子末端，通常是由于电弧等因素使得末端配合装置损坏造成的。

（二）支柱绝缘子及套管

1. 缺陷类型

支柱绝缘子缺陷类型包括以下三个方面：

（1）支柱绝缘子及瓷套管表面裂纹及法兰连接部位裂纹。

（2）支柱绝缘子及瓷套管法兰胶装材料裂纹及缺陷。

（3）支柱缘子及套管表面污秽及复合材料老化引起的放电。

2. 缺陷放电特征及判别

（1）瓷与金属法兰胶装部位可能由于瓷柱、法兰和胶合剂三者材料热膨胀差异以及外力作用等原因产生裂纹，对绝缘子及套管的机械强度产生很大影响，但通常只有靠近带电端的上法兰部位裂纹会产生放电，这种放电位于法兰与瓷质的结合部位，应与结构形状改变引起的放电加以区分。

（2）在无均压环的支柱绝缘子上部金属法兰边缘，可能会出现尖端放电现象，如果联接部位胶合剂填充与法兰及瓷柱外形过渡不圆滑或法兰边缘留存有异物则更容易引起放电。应对放电部位及放电形状特征进行仔细观察和辨认，将这种尖端放电与填充物缺陷及裂纹产生的放电加以区分。

（3）支柱瓷绝缘子及瓷套管表面裂纹或缺陷的放电特征是表面放电点固定不动，而表面污染引起的电晕放电会沿着表面移动。

（4）在多元件绝缘结构上，由于电压分布不均匀，只能发现接近带电端耐压绝缘子上的表面裂纹。但是如果上部瓷柱存在竖向裂纹或整体绝缘性能下降，可导致其下部法兰处产生较强的电晕放电。

（5）复合绝缘子硅橡胶污垢和老化引起的电晕放电通常发生在接近带电端表面，以多个分散点状放电形式存在，污垢和老化较严重时，放电可沿绝缘子表面移动。

（三）导线及金具

1. 缺陷类型

导线及金具缺陷类型包括以下三个方面：

（1）导线及金具表面污秽、覆冰、异物搭接等缺陷。

（2）导线线径过小、断股、散股等缺陷。

（3）设备金具上的放电点，发现金具设计、制造、安装缺陷及外部损伤。

2. 缺陷放电特征及判别

（1）由导线线径过小引起的放电通常在整个导线上均匀分布。

（2）均压环、金具等带电设备尺寸及外形设计不合理引起的放电通常发生在结构突变部位及设备尖端。一般不会对安全构成直接影响，但会加速设备老化和造成环境影响。

（3）由于导线及金具安装错误、外表损伤等原因引起的放电通常在同类设备中的个别设备或个别部位出现，从外观及望远镜观察结果可以帮助分析判别此类缺陷。

（4）由于外部环境所导致的放电。如导线及金具表面积污、覆冰、异物搭接等，可采用望远镜观察帮助判别。

（5）由于长期运行而导致的设施变异。如连接松动，金具断裂、破损，导线断股、散股等引起的放电通常发生在设备局部区域，可采用望远镜观察帮助判别。

（6）设备接地不良会引起电位升高，导致其局部发生放电。接地设备如出现放电，应进一步检查其接地点连接是否良好。

（四）电缆、发电机及配电设备

1. 缺陷类型

电缆、发电机及配电设备缺陷类型包括以下三个方面：

（1）电缆绝缘缺陷以及电缆接头制作工艺不良。

（2）发电机线棒、发电机出线等局部绝缘缺陷。

（3）配电设备在设计、制造、安装、运行、检修等过程出现的缺陷。

2. 缺陷放电特征及判别

（1）电缆可能出现的放电多发生于电缆接头以及电缆交叉搭接、弯折、绑扎及机械损伤等部位。应分别从不同角度进行观测，防止遗漏可能存在的放电点。电缆接头内部放电可能会因外表绝缘材料的遮蔽而无法检出。

（2）发电机线棒表面防晕措施不良、绝缘老化、绝缘机械损伤等原因可引起局部电晕放电。发电机线棒的检测应在发电机解体进行耐压试验时同时进行。

（3）配电设备电压等级较低，通常不会发生放电。在保证安全的前提下，可以在相对较近的距离内采用紫外成像仪对设备进行检查，查找可能存在的放电部位，分析引起放电的原因和可能产生的危害。

本章提示

本章介绍其他行业检测技术应用于电气试验的典型，重点介绍无损探伤、紫外成像等技术。目前由于技术发展迅速，各行业检测技术同样日新月异，结合电气试验特点，有针对性引进其他行业先进检测技术，是电气试验人员的职责。

本章重点

1. 超声波技术应用的范围。

2. 紫外成像技术的功能。

3. 通过分析 SF_6 气体电力设备中的 SF_6 气体，可以判断内部是否有故障和故障严重程度。

复习题

1. x 光射线可检测电力设备什么缺陷?
2. 紫外成像技术的功能有哪些?
3. SF_6 气体分解物有哪些?

第三十二章

试 验 报 告

电气试验完毕后，应及时编写完整试验报告。

第一节 误 差 分 析

测量的数据不可避免产生误差，做不到误差为零。试验人员应该在技术经济允许且科学的基础上，尽量减少误差。

误差产生的原因有测量装置、测量方法、测量环境、测量人员以及被测量的特点等。

一、真值

真值的定义：与给定的特定量的定义一致的值。真值只能通过理想的测量才能获得，一般情况下真值 x 是不知道的。在实际工作中都是用经过修正的有限次观察的平均值作为近似真值。

二、误差

由于试验测量不到真值，因此必然存在着误差，误差有正有负。

误差 Δx 是测量结果 x_m 减去真值 x，即

$$\Delta x = x_m - x \tag{32-1}$$

三、相对误差

相对误差在工程上用下式表示

$$\gamma = \frac{\Delta x}{x} \times 100\% \tag{32-2}$$

式中　γ——相对误差。

但由于 x 是不知道的，而 x_m 是知道的，因此，相对误差的近似值可以如下表示

$$\gamma \approx \frac{\Delta x}{x_m} \times 100\% \tag{32-3}$$

误差只反映测量值与真值的差别，不能反映测量的正确程度。如对两个电压测量，$u_1 = 380V$，误差 $\Delta u_1 = 0.3V$；$u_2 = 38V$，$\Delta u_2 = 0.3V$，显然 $\Delta u_1 = \Delta u_2$。但 u_1 测量是 $\frac{\Delta u_1}{u_1} \times 100\% = \frac{0.3}{380} \times 100\% = 0.0789\%$；而对 u_2 测量是 $\frac{\Delta u_2}{u_2} \times 100\% = \frac{0.3}{38} \times 100\% = 0.789\%$。由上知道，$u_1$ 和 u_2 测量误差都是 $0.3V$，但显然 u_1 测量结果比 u_2 测量结果更准确一些。

四、测量仪表的引用误差

对测量仪表而言，用相对误差表示准确度等级是不方便的。因为仪表都有测量范围，被测量的值在测量范围内变化，即式（32-3）中的分母 x_m 可以在很大范围内变化，如果保持

相对误差不变，则式（32-3）中的分子 Δx 也随着分母的变化而变化，这是做不到的。如对刻度 150 格的表计，准确级是 0.5 级，即要求相对误差是 0.5％，在测刻度 150 格的相对误差是不大于 0.5％×150＝0.75 格；而在指示 50 格时，相对误差 0.5％的不大于 0.5％×50＝0.25 格，这对一般仪表是做不到的。

引用误差的定义：测量仪表的误差除以仪表的测量范围上限。

仪表的引用误差用来表示其准确度等级。如电压表、电流表的准确等级均是误差与相对于测量上限表示的。

由于测量仪表准确度通常用引用误差表示，所以，当测量数值大小不同时，应考虑选择合适量程的仪表，使所测量值尽量接近仪表满刻度或在 2/3 的刻度，以减少绝对误差和相对误差。

五、误差分类

误差根据性质和产生的原因分为系统误差、随机误差和粗大误差三类。

（1）系统误差。系统误差是服从某一确定规律的误差。如果多次测量误差不变，称为固定的系统误差；如果按某一规律变化，则称变化的系统误差。系统误差一般分为装置误差（测量装置本身结构、工艺、调整以及磨损、老化等引起）、环境误差（环境的各种条件，如温度、湿度、电场、磁均等引起）、方法误差（测量方法不十分完备引起）、人员误差（测量人员的技术水平、生理特点等引起）。

系统误差虽然不能完全被认知，也不能完全被消除，但在试验前仍可采取一些方法进行补偿或减少，如消除引起误差的误差源等。

（2）随机误差。在相同条件下对同一个量进行多次测量时，每个单独的误差出现没有规律性，误差数值大小和符号正、负不固定者，称为随机误差。也称偶然误差。随机误差在总体上服从于统计规律，可以用统计学方法估计它的影响。

（3）粗大误差。粗大误差是超出在规定条件下预期的误差。

粗大误差的产生是试验人员粗心大意，读数错误、操作错误、试验条件突然发生变化等引起。一旦发现粗大误差，应该从试验结果中剔除。

第二节　试验数据处理

在编写试验报告时，应正确对试验数据进行处理和计算工作。

一、有效数字

测量数据本身都是近似的，认为小数点后面位数越多，运算过程中保留的位数越多，准确度越高，这种看法是非常片面的。在试验记录数据位数、进行数据运算取多少位是十分重要的。

在工程技术记录只保留一位不准确数字，其余均为准确数字。如用 1.0 级测量出的数最多记录三位数，多于三位数，三位数以后的数字就无意义了。

二、修约

由于存在有效数字问题，必须对测量或计算得到的数据进行舍入处理，以使其具有要求的位数。这种舍入处理的过程在有关国家标准中称为"修约"。

常用的"修约"方法如下：

（1）保留位数的末位为 1 的整数倍。

1）四舍五入法。被舍去的尾数大于 5 的则进 1 位，小于 5 的则舍去。

2）偶数法。被舍去的尾数为 5 时，若拟保留的末位数为奇数，则进一位；如拟保留数为偶数，则尾数舍去。

（2）保留位数的末位为 2 的整数倍。

1）当似保留的末位数恰好为奇数，且其右边没有除 0 以外的数值时，可先将末位数除以 2，再按偶数值则进行舍入后再乘以 2。即欲保留的末位数为 3 和 7 时，进为相近的 4 和 8；恰为 1、5、9 时，退为相近的 0、4、8。

2）当拟保留的末位数为偶数时，应舍去其右边的尾数；当拟保留的末位数为奇数时，且其右边有不为零的数值，则应进一位，使保留数为偶数。

（3）保留的末位数为 5 的倍数。当拟保留的末位数和其后的尾数位值小于或等于 25 时，则舍去，末位化 0；当拟保留的末位数和其后的尾数的数位值等于或大于 75 时，则进位，末位化为 0；当拟保留的末位数和尾数之数位值介于 25 和 75 之间时，则修约为 5。

三、有效数字的运算

1. 加减运算

要把小数位数多的数进行舍入处理，使它们比小数位数最少的那个数只多保留一位小数。在计算结果中，应保留的小数点后的位数要与小数点位数最少的那个数相同。

2. 乘除运算

首先要把有效数字位数多的数做舍入处理，使它们比有效数字少的那个数只多一位有效数字，但在计算结果中应保留的有效数字与原来的近似数中有效数字最少的那个数相同。

3. 其他运算

如果计算时有 π、$\sqrt{2}$ 和 e 等常数参加运算，可根据需要取几位有效数字。在加减运算时，它们比小数位数最少的数多保留一位小数；在乘除运算时，比有效数字最少的多保留一位有效数字。

第三节 编写试验报告

试验工作结束后，应及时编写试验报告并存档。

一、试验报告的重要性

试验报告不仅对本次试验负责，而且还要为以后的试验报告参考、比对，是设备档案的一部分。一旦试验报告有遗漏，便失去历次试验报告比对作用，缺少纵向比较的一环节，所以，试验报告对设备综合分析、设备状态发展趋势都是十分重要的。

二、试验报告的及时性

试验做完后应及时编写试验报告。现场试验人员往往认为试验时的数据可以判断设备状态，如果数据正常设备也就没问题。但这是不正确认识。试验数据没有经过详细计算没有办法与规程标准值比较，如未经温度换算的试验数据，就难以判断是否合格。如果未及时编写试验报告，当设备投运后再发现试验数据有疑问，也不能复测了。如果在设备投运前把报告编写出来，除了发现有问题可以复测外，还可以使设备投运更有把握。

三、试验报告的全面性

试验报告需要进行比对，而且影响因素很多，试验报告应包括有关内容（如使用仪器仪表、环境条件等）。试验报告具体内容如下：

（1）按试验报告格式填写被试设备名牌、技术规范和运行编号。但设备的出厂编号一定要写清楚，这是设备终身的编号。

（2）填写试验日期、温度、湿度。

（3）填写所用仪器仪表名称和编号。

（4）填写试验人员和记录人姓名。

（5）数据的计算（包括温度换算等）。

（6）填写试验结论。

（7）经审批后存档。

编写的试验报告应该计算正确、数据齐全、字迹工整，无涂改痕迹。审批应分为拟稿人员、审核人员和批准人员三级审核签字。另外，要求审核人员和原始记录人员不得为同一人，正式报告拟稿人与审核批准人不得为同一人。

四、原始记录

现场的原始记录据作者了解，部分现场人员重视不够，认为只要正式报告正确就行了，这是十分有害的。正式报告正确的源是原始记录，只有原始记录规范、正确、才能使正式报告正确。原始记录绝对不允许随便记录在手背上、随意找一张纸记录。原始记录要求如下：①原始记录应该记录在试验前专门准备的原始记录本上或随作业指导书所附的专门记录卡上；②原始记录填写要字迹清晰、完整、准确，不得随意涂改、不得留有空白，并严格按表格内容认真填写；③若出现笔误，记录错误时，允许用"单线划改"，并要求更改者在更改旁边签字；④当记录表格出现某些"表格"确无数据记录时，可用"/"表示此格无数据；⑤原始记录应由记录人员和审核人员二级签字有效；⑥原始记录和正式试验报告一同按规定存档。

本章提示

本章介绍试验报告如何正确编写，介绍了误差理论和试验数据运算知识。另外，试验人员应该重视原始试验的记录工作，做到规范化。

本章重点

1. 试验数据正确计算方法。

2. 原始记录应注意事项。

3. 全面编写试验记录。

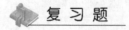

复 习 题

1. 如何正确选择测量仪器仪表的量程？

2. 试验报告应包括哪些内容？

附录 A 电流致热型设备缺陷诊断判据

电流致热型设备缺陷诊断判据见表 A.1。

表 A.1 电流致热型设备缺陷诊断判据

设备类别和部位		热像特征	故障特征	缺陷性质			处理建议	备注
				一般缺陷	严重缺陷	危急缺陷		
电器设备与金属部件的连接	接头和线夹	以线灰和接头为中心的热像，热点明显	接触不良	温度不超过 15K，未达到严重缺陷要求	热点温度≥80℃或δ≥80%	热点温度＞100℃或δ≥95%		δ：相对温差
金属部件与金属部件的连接	接头和线夹	以线夹和接头为中心的热像，热点明显	接触不良	温度不超过 15K，未达到严重缺陷要求	热点温度＞90℃或δ≥80%	热点温度＞130℃或δ≥95%		
金属导线		以导线为中心的热像，热点明显	松股、断股、老化或截面积不够	温度不超过 15K，未达到严重缺陷要求	热点温度＞80℃或δ≥80%	热点温度＞110℃或δ≥95%		
输出导线的连接器（耐张线夹、接续管、修补管、并沟线夹、跳线线夹、T形线夹设备线夹等）		以线夹和接头为中心的热像热点明显	接触不良	温度不超过 15K，未达到重要缺陷要求	热点温度＞90℃或δ≥80%	热点温度＞130℃或δ≥95%		
隔离开关	转头	以转头为中心的热像	转头接触不良或断股	温度不超过 11K，未达到重要缺陷要求	热点温度＞90℃或δ≥80%	热点温度＞130℃或δ≥95%		
	刀口	以隔离开关压接弹簧为中心的热像	弹簧压接不良	温度未超过 15K，未达到重要缺陷要求	热点温度＞90℃或δ≥80%	热点温度＞130℃或δ≥95%	测量接触电阻	
断路器	动静触头	以顶帽和下法兰为中心的热像，顶帽温度大于下法兰温度	压指压接不良	温差不超过 10K，未达到重要缺陷的要求	热点温度＞55℃或δ≥80%	热点温度≥80℃或δ≥95%	测量接触电阻	内外部的温差为 50～70K
	中间触头	以下法兰和顶帽为中心的热像，下法兰温度大于顶帽温度	压指压接不良	温差不超过 10K，未达到重要缺陷的要求	热点温度＞55℃或δ≥80%	热点温度＞80℃或δ≥95%	测量接触电阻	内外部的温差为 40～60K

设备类别和部位		热像特征	故障特征	缺陷性质			处理建议	备注
				一般缺陷	严重缺陷	危急缺陷		
电流互感器	内连接	双串并联出线头或大螺杆出线夹为最高温度的热像或以顶部铁帽发热为特征	螺杆接触不良	温差不超过10K，未达到重要缺陷的要求	热点温度＞55℃或δ≥80％	热点温度＞80℃或δ≥95％	测量一次回路电阻	内外部的温差为30～45K
套管	柱头	以套管顶部柱头为最热的热像	柱头内部并线压接不良	温差不超过10K，未达到重要缺陷的要求	热点温度＞55℃或δ≥80％	热点温度＞80℃或δ≥95％		
电容器	熔丝	以熔丝中部靠电容侧为最热的热像	熔丝容量不够	温差不超过10K，未达到重要缺陷的要求	热点温度＞55℃或δ≥80％	热点温度＞80℃或δ≥95％	检查熔丝	
	熔丝座	以熔丝座为最热的热像	熔丝与熔丝座之间接触不良	温差不超过10K，未达到重要缺陷的要求	热点温度＞55℃或δ≥80％	热点温度＞80℃或δ≥95％	检查熔丝座	

附录 B　电压致热型设备缺陷诊断判据

电压致热型设备缺陷诊断判据见表 B.1。

表 B.1　　　　　　　　　　　　电压致热型设备缺陷诊断判据

设备类别		热像特征	故障特征	温差(K)	处理建议	备注
电流互感器	10kV 浇注式	以本体为中心整体发热	铁芯短路或局部放电增大	4	进行伏安特性或局部放电量试验	
	油浸式	以瓷套整体温升增大,且瓷套上部温度偏高	介质损耗偏大	2~3	进行介质损耗、油色谱、油中含水量检测	
电压互感器(含电容式电压互感器的互感器部分)	10kV 浇注式	以本体为中心整体发热	铁芯短路或局部放电增大	4	进行特性或局部放电量试验	
	油浸式	以整体温升偏高,且中上部温度高	介质损耗偏大、匝间短路或铁芯损耗增大	2~3	进行介质损耗、空载、油色谱及油中含水量测量	铁芯故障特征相似,温升更明显
耦合电容器	油浸式	以整体温升偏高或局部过热,且发热符合自上而下逐步的递减的规律	介质损耗偏大,电容量变化、老化或局部放电	2~3	进行介质损耗测量	
移相电容器		热像一般以本体上部为中心的热像图,正常热像最高温度一般在宽面垂直平分线的 $\frac{2}{3}$ 高度左右,其表面温升略高,整体发热或局部发热	介质损耗偏大,电容量变化、老化或局部放电	2~3	进行介质损耗测量	采用相对温差差别即 $\delta > 20\%$ 或有不均匀热像
高压套管		热像特征呈现以套管整体发热热像	介质损耗偏大	2~3	进行介质损耗测量	穿墙套管或电缆头套管温差更小
		热像为对应部位呈现局部发热区故障	局部放电故障,油路或气路的堵塞			
充油套管	瓷瓶柱	热像特征是以油面处为最高温度的热像,油面有一明显的水平分界线	缺油			
氧化锌避雷器	10~60kV	正常为整体轻微发热,较热点一般在靠近上部且不均匀,多节组合从上到下各节温度递减,引起整体发热或局部发热为异常	阀片受潮或老化	0.5~1	进行直接和交流试验	合成套比瓷套温差更小

设备类别		热像特征	故障特征	温差（K）	处理建议	备注
绝缘子	瓷绝缘子	正常绝缘子串的温度分布同电压分布规律，即呈现不对称的马鞍形，相邻绝缘子温差很小，以铁帽为发热中心的热像图，其比正常绝缘子温度高	低值绝缘子发热（绝缘电阻在10～300MΩ）	1		
		发热温度比正常绝缘子要低，热像特征与绝缘子相比，呈暗色调	零值绝缘子发热（0～10MΩ）			
		其热像特征是以瓷盘（或玻璃盘）为发热区的热像	由于表面污秽引起绝缘子泄漏电流增大	0.5		
	复合绝缘子	在绝缘良好和绝缘劣化的结合处出现局部过热，随着时间的延长，过热部位会移动	伞裙破损或芯棒受潮	0.5～1		
		球头部位过热	球头部位松脱、进水			
电缆终端		以整个电缆头为中心的热像	电缆头受潮、劣化或气隙	0.5～1		采用相对温差判别，即δ＞20%或有不均匀热像
		以护层接地连接为中心的发热	接地不良	5～10		
		伞裙局部区域过热	内部可能有局部放电	0.5～1		
		根部有整体性过热	内部介质受潮或性能异常			

附录C 高压开关设备和控制设备各种部件、材料和绝缘介质的温度和温升极限

高压开关设备和控制设备各种部件、材料和绝缘介质的温度和温升极限见表C.1。

表C.1 高压开关设备和控制设备各种部件、材料和绝缘介质的温度和温升极限

部件、材料和绝缘介质的类别 （见说明1、说明2和说明3）	最大值	
	温度 （℃）	周围空气温度不超过 40℃时的温升 （K）
触头（见说明4）		
（1）裸铜或裸铜合金		
1）在空气中	75	35
2）在SF₆（六氟化硫）中（见说明5）	105	65
3）在油中	80	40
（2）镀银或镀镍（见说明6）		
1）在空气中	105	65
2）在SF₆（六氟化硫）中（见说明5）	105	65
3）在油中	90	50
（3）镀锡（见说明6）		
1）在空气中	90	50
2）在SF₆（六氟化硫）中（见说明5）	90	50
3）在油中	90	50
用螺栓或与其等效的联结（见说明4）		
（1）裸铜、裸铜合金或裸铝合金		
1）在空气中	90	50
2）在SF₆（六氟化硫）中（见说明5）	115	75
3）在油中	100	60
（2）镀银或镀镍		
1）在空气中	115	75
2）在SF₆（六氟化硫）中（见说明5）	115	75
3）在油中	100	60
（3）镀锡		
1）在空气中	105	65
2）在SF₆（六氟化硫）中（见说明5）	105	65
3）在油中	100	60
其他裸金属制成的或其他镀层的触头、联结	见说明7	见说明7
用螺钉或螺栓与外部导体连接的端子（见说明6）		
1）裸的	90	50
2）镀银、镀镍或镀锡	105	65
3）其他镀层	见说明7	见说明7

部件、材料和绝缘介质的类别 （见说明1、说明2和说明3）	最大值	
	温度 （℃）	周围空气温度不超过 40℃时的温升 （K）
油断路器装置用油（见说明9和说明10）	90	50
用作弹簧的金属零件	见说明11	见说明11
绝缘材料以及与下列等级的绝缘材料接触的金属材料（见说明12）		
1）Y	90	60
2）A	105	65
3）E	120	80
4）B	130	90
5）F	155	115
6）瓷漆：油基	100	60
合成	120	80
7）H	180	140
8）C其他绝缘材料	见说明13	见说明13
除触头外，与油接触的任何金属或绝缘件	100	60
可触及的部件 1）在正常操作中可触及的 2）在正常操作中不需触及的	70 80	30 40

说明1：按其功能，同一部件可以属于本表列出的几种类别。在这种情况下，允许的最高温度和温升值是相关类别中的最低值。

说明2：对真空开关装置，温度和温升的极限值不适用于处在真空中的部件。其余部件不应该超过本表给出的温度和温升值。

说明3：应注意保证周围的绝缘材料不遭到损坏。

说明4：当接合的零件具有不同的镀层或一个零件是裸露的材料制成的，允许的温度和温升应该如下：

　　a）对触头，表项1中有最低允许值的表面材料的值；

　　b）对联结，表项2中的最高允许值的表面材料的值。

说明5：SF_6是指纯SF_6或SF_6与其他无氧气体的混合物。

　　注1：由于不存在氧气，把SF_6开关设备中各种触头和连接的温度极限加以协调看来是合适的。在SF_6环境下，裸铜和裸铜合金零件的允许温度极限可以等于镀银或镀镍零件的值。在镀锡零件的特殊情况下，由于摩擦腐蚀效应，即使在SF_6无氧的条件下，提高其允许温度也是不合适的。因此镀锡零件仍取原来的值。

　　注2：裸铜和镀银触头在SF_6中的温升正在考虑中。

说明6：按照设备有关的技术条件，即在关合和开断试验（如果有的话）后、在短时耐受电流试验后或在机械耐受试验后，有镀层的触头在接触区应该有连续的镀层，不然触头应该被看作是"裸露"的。

说明7：当使用表C.1中没有给出的材料时，应该研究他们的性能，以便确定最高的允许温升。

说明8：即使与端子连接的是裸导体，这些温度和温升值仍是有效的。

说明9：在油的上层。

说明10：当采用低闪点的油时，应当特别注意油的汽化和氧化。

说明11：温度不应该达到使材料弹性受损的数值。

说明12：绝缘材料的分级在GB/T 11021《电气绝缘　耐热性和表示方法》中给出。

说明13：仅以不损害周围的零部件为限

附录 D 常用材料发射率的参考值

常用材料发射率的参考值见表 D.1。

表 D.1 常用材料发射率的参考值

材　料	温度（℃）	发射率近似值	材　料	温度（℃）	发射率近似值
抛光铝或铝箔	100	0.09	棉纺织品（全颜色）	—	0.95
轻度氧化铝	25～600	0.10～0.20	丝绸	—	0.78
强氧化铝	25～600	0.30～0.40	羊毛	—	0.78
黄铜镜面	28	0.03	皮肤	—	0.98
氧化黄铜	200～600	0.59～0.61	木材	—	0.78
抛光铸铁	200	0.21	树皮	—	0.98
加工铸铁	20	0.44	石头	—	0.92
完全生锈轧铁板	20	0.69	混凝土	—	0.94
完全生锈氧化钢	22	0.66	石子	—	0.28～0.44
完全生锈铁板	25	0.80	墙粉	—	0.92
完全生锈铸铁	40～250	0.95	石棉板	25	0.96
镀锌亮铁板	28	0.23	大理石	23	0.93
黑亮漆（喷在粗糙铁上）	26	0.88	红砖	20	0.95
黑或白漆	38～90	0.80～0.95	白砖	100	0.90
平滑黑漆	38～90	0.96～0.98	白砖	1000	0.70
亮漆（所有颜色）	—	0.90	沥青	0～200	0.85
非亮漆	—	0.95	玻璃（面）	23	0.94
纸	0～100	0.80～0.95	碳片	—	0.85
不透明塑料	—	0.95	绝缘片	—	0.91～0.94
瓷器（亮）	23	0.92	金属片	—	0.88～0.90
电瓷	—	0.90～0.92	环氧玻璃板	—	0.80
屋顶材料	20	0.91	镀金铜片	—	0.30
水	0～100	0.95～0.96	涂焊料的铜	—	0.35
冰	—	0.98	铜丝	—	0.87～0.88

参 考 文 献

[1] 沈阳变压器厂. 变压器试验. 修订本. 北京：机械工业出版社，1987.

[2] 张古银，郭守贤. 高压互感器的绝缘试验. 上海：上海科学技术文献出版社，1995.

[3] 曹华实. 高压开关出厂与现场试验. 北京：水利电力出版社，1993.

[4] 严璋. 电气绝缘在线检测技术. 北京：水利电力出版社，1995.

[5] 张仁豫，等. 高电压试验技术. 北京：清华大学出版社，1984.

[6] 陈化钢. 电力设备预防性试验方法. 北京：水利电力出版社，1993.

[7] 刘明生. 电力电缆故障的测寻. 北京：冶金工业出版社，1985.

[8] 速水敏幸. 电力设备的绝缘诊断. 北京：科学出版社，2003.

[9] 华北电网有限公司. 高压试验作业指导书. 北京：中国电力出版社，2004.

[10] 李伟清，王绍禹. 发电机故障检查分析及预防. 北京：中国电力出版社，1996.

[11] 胡启凡. 变压器试验技术. 北京：中国电力出版社，2010.

[12] 江日洪. 交联聚乙烯电力电缆线路. 北京：中国电力出版社，1997.

[13] 甘肃电力科学研究院. 甘肃电力公司电力设备预防性试验规程. 兰州：2007.

[14] 钱旭耀. 变压器油及相关故障诊断处理技术. 北京：中国电力出版社. 2006.

[15] 黎明，黄维枢. SF_6 气体绝缘变电站的运行. 北京：水利电力出版社. 1993.

[16] 陈泉斌. 电气设备故障检测诊断方法及实例. 北京：中国水利水电出版社. 2003.

[17] 山西省电力工业局. 电气试验. 北京：中国电力出版社，1997.

[18] 陈家斌. 电气设备故障检测诊断方法及实例. 北京：中国水利水电出版社，2003.